焊接技术应用专业、智能焊接技术专业系列教材
现代焊接技术与应用培训教材（焊接机器人应用系列教材第 1 册）
中国焊接协会培训指定教材
荣获 2014 年国家级教学成果奖二等奖

焊接机器人基本操作及应用

（第 3 版）

主　编　刘　伟
副主编　周广涛　王玉松
参　编　李守红　郭广磊　张　晋
主　审　戴建树　杜志忠

電子工業出版社
Publishing House of Electronics Industry
北京•BEIJING

内容简介

本书以弧焊机器人的编程操作为核心，以从认识到熟练编程操作焊接机器人为目的，结合 CO_2/MAG 弧焊机器人的应用，通过教学过程、操作步骤、图片、表格、实训项目等内容，对焊接机器人的主要技术参数、示教编程方法、基本设定、企业应用案例等进行较全面的介绍。

本书图文并茂、通俗易懂，结合焊接机器人编程操作岗位的特点，让读者能够在实训练习后掌握焊接机器人的基本操作及应用，充分体现了“做中教”“做中学”的教学理念，满足职业教育理实一体化教学需要。

本书可作为焊接机器人工具参考书，适合职业院校焊接及相关专业的学生使用，也可供从事机器人相关工作的工程技术人员和机器人爱好者阅读参考，对不同品牌和不同功能的机器人也能起到触类旁通的效果。

图书在版编目（CIP）数据

焊接机器人基本操作及应用 / 刘伟主编．—3 版．—北京：电子工业出版社，2023.9

ISBN 978-7-121-46220-7

Ⅰ．①焊… Ⅱ．①刘… Ⅲ．①焊接机器人－职业教育－教材 Ⅳ．①TP242.2

中国国家版本馆 CIP 数据核字（2023）第 158327 号

责任编辑：张　凌
印　　刷：三河市君旺印务有限公司
装　　订：三河市君旺印务有限公司
出版发行：电子工业出版社
　　　　　北京市海淀区万寿路 173 信箱　　　　邮编　100036
开　　本：880×1230　　1/16　　印张：17.25　　字数：398 千字
版　　次：2011 年 10 月第 1 版
　　　　　2023 年 9 月第 3 版
印　　次：2024 年12月第 3 次印刷
定　　价：48.50 元

凡所购买电子工业出版社图书有缺损问题，请向购买书店调换。若书店售缺，请与本社发行部联系，联系及邮购电话：（010）88254888，88258888。

质量投诉请发邮件至 zlts@phei.com.cn，盗版侵权举报请发邮件至 dbqq@phei.com.cn。

本书咨询联系方式：（010）88254583，zling@phei.com.cn。

序 1

焊接作为工业“裁缝”，是工业生产中非常重要的加工手段，同时由于焊接烟尘、弧光、金属飞溅的存在，焊接的工作环境非常恶劣，而焊接质量对产品质量起决定性的作用，因此焊接正经历着从手工焊到自动焊的过渡。目前，焊接机器人占工业机器人总量的 40%以上。

在我国，机器人经历了 30 多年的快速发展，在应用领域里取得了较大的成就。工业和信息化部等部门组织制定了我国机器人技术路线图及《“十四五”机器人产业发展规划》，以解决目前我国机器人产业发展过程中存在的技术积累不足、产业基础薄弱、高端供给缺乏等问题。我国已成为全球最大的机器人市场。然而，出于种种原因，我国机器人技能型人才培养严重滞后，机器人操作人员大多只参加过企业自行组织的售后短训班，以学习操作说明书为主，机器人应用技术技能人员也十分匮乏，可供职业教育使用的机器人教材有限。

厦门市集美职业技术学校积极服务当地产业升级，以高新技术引领职业学校升级，该校刘伟老师结合企业实际工作经验和职业教育特点，采用产教合作、工学结合的方式，组织编写了《焊接机器人基本操作及应用（第 3 版）》，并邀请中国焊接协会的 26 名国内知名专家，在焊接机器人编程操作和焊接工艺两个应用领域筛选典型机器人焊接工艺案例。

本书以弧焊机器人的编程操作为核心，以从认识到熟练编程操作焊接机器人为目的，结合 CO_2/MAG 弧焊机器人的应用，通过教学过程、操作步骤、图片、表格、实训项目等内容，对焊接机器人的主要技术参数、示教编程方法、基本设定、企业应用案例等进行较全面的介绍，并侧重实用性和通用性。为了提高教学效能，刘伟老师的团队通过查阅大量资料，列举了大量生产实例和较为实用的机器人焊接工艺案例，并配上大量图片，增加了本书的实用性，对不同品牌和不同功能的机器人也能起到触类旁通的效果。本书每章开头有“知识目标”“能力目标”“情感目标”，并按内容层次不同以逐级递进的理论知识和操作技能进行讲解，内容结束后有“实训项目”和“单元测试题”，供学生复习使用。本书兼顾焊接机器人考证的技能要求，可满足双证制教学需要。本书还配备了丰富的立体化教学和学习资源，包括教案、PPT、教学指南、单元测试题答案、视频教学资源等，非常有利于读者对本书的学习和理解。本书结合国家职业技能鉴定内容，相较前两版，增强了实用性和严谨性。

本书已经成为中国焊接协会“弧焊机器人操作员资质”培训指定教材。在欣赏这本行业认可的职业学校教材之余，我更欣慰的是看到了我国职业学校的升级版，看到了厦门市集美职业技术学校走出一条以高技术引领职业学校升级之路。

教育部职业技术教育中心研究所
中国职业技术教育学会学术委员会

2023 年 3 月 16 日

序 2

我国机器人经历了 30 多年的快速发展，在应用领域里取得了较大的成就。然而我国在机器人制造技术及机器人总量方面，与欧美及日本等国家和地区相比存在明显差距。其原因是多方面的，其中一个重要原因就是我国的机器人技术教育严重滞后，没有形成完整的机器人应用职业教育课程体系，机器人应用技术技能人员也十分匮乏，可供职业教育使用的机器人教材有限，难以满足企业对机器人技能型人才的需求。“十四五”期间，国家把机器人等新兴战略产业的发展提升到新的高度，以适应现代化生产的需要。机器人技术作为先进制造技术的典型代表和主要技术，在提高企业的产能、提高生产效率、改善劳动条件等方面有着重要的作用。焊接机器人以其应用行业广、工艺灵活多样、重复精度高、产品质量好、生产清洁，以及易于实现自动化、柔性化和智能化等优点，正逐步取代传统的焊接方法。

结合我国焊接作业的现状，焊工难招已成事实，而金属制造业在产能、产品质量方面亟待进一步提升，这成为制造业发展中的瓶颈。纵观发达国家的焊接技术发展史，由自动化机器代替人工是必然的发展趋势。

机器人技能型人才是机器人应用领域的重要组成部分。为更好地适应职业教育的跨越式发展，满足企业日益发展对机器人技能型人才的需要，《焊接机器人基本操作及应用（第 3 版）》结合职业教育的特点，较好地诠释了焊接机器人编程操作和焊接工艺这两个应用课题，在基础知识方面，以松下新型机器人 TM 系列为范例，配有大量产品图片及实际案例，语言叙述简练，由浅入深，图文并茂，侧重实用性和通用性，对不同品牌和不同功能的机器人也能起到触类旁通的效果；在内容的编排方面，从点到面依次展开，充分体现了“教学相长”的教学规律，遵循理论与实践相结合、重在技能培养的职业教育理念，适合职业院校焊接及相关专业的学生学习使用，也可供从事机器人相关工作的工程技术人员和机器人爱好者阅读参考。

俄罗斯自然科学院外籍院士
国际材料物理模拟与数值模拟联合会主席
联合国科学院首批院士
河南理工大学材料学院博士生导师/教授

2023 年 3 月 9 日

再版前言

根据职业教育的发展趋势和机器人教学需要，本书在总结第 2 版教材的不足及机器人教学实践的基础上，广泛征求各职业院校及行业培训基地的意见，为了更充分地体现焊接机器人职业教育和培训要求，以及最大限度地适应教学特点进行了修订、再版。

本书在修订过程中力求体现标准性、实用性、系统性和先进性的特点，在编排上进一步突出技能实训，在叙述上注重深入浅出，将知识点进行逐层分解，按职业素养、专业知识、操作要领、工艺应用的层次进行编写，每章都有“实训项目”和“单元测试题”。为便于教学，本书还配套了电子教学资源包，包括教案、PPT、教学指南、单元测试题答案、视频教学资源等，可在华信教育资源网下载使用。另外，为了方便教学，本书的视频资源以二维码的形式放在书中相应的知识点处，读者可扫二维码观看。

再版教材除在内容上进行了更新、删减和增补以外，主要做出了如下改变。

（1）每章开始有“知识目标”“能力目标”“情感目标”，明确知识点、重点和难点。

（2）针对机器人焊接在新技术、新工艺、新设备、新岗位方面的变化，以松下新型机器人 TM 系列为范例进行介绍，涵盖 G_{II}型和 G_{III}型机器人的操作内容，讲述系统功能与焊接工艺内容。

（3）增加了焊接机器人的系统知识、工装夹具应用的典型案例。

（4）为便于开展理实一体化项目教学，增加了 8 个基于典型工作任务的实训项目。

（5）将机器人指令与错误和警报代码作为附录内容，便于实际工作中查阅。

（6）进一步梳理课程框架结构，对章节和脉络做了合理的改变和调整。

全书共 8 章，华侨大学的周广涛编写第 1 章；唐山松下产业机器有限公司松下电器（中国）焊接技术学院的王玉松编写第 6 章，李守红编写第 3 章，张晋编写第 8 章；厦门市集美职业技术学校的郭广磊编写第 2 章，刘伟编写第 4、5、7 章。本书由戴建树、杜志忠担任主审。厦门松兴机器有限公司的刘道明具有丰富的机器人系统现场安装调试经验，对企业应用案例进行了审核。

作为焊接机器人编程操作的技能学习基础教程，本书内容编排深入浅出、通俗易懂、图文并茂，便于全面系统地学习焊接机器人编程操作的基本技能。为满足中国焊接协会机器人焊接培训基地的培训及认证要求，2014 年 3 月由中国焊接协会组织 26 名国内知名专家评审通过，2015 年 3 月中国焊接协会正式发文，确定本书第 2 版为中国焊接协会“弧焊机器人操作员资质”培训指定教材。

由于编者平有限，本书不足之处在所难免。敬请读者提出宝贵意见，深表感谢！

编　者

2023 年 3 月

目　录

绪论

知识目标

了解工业机器人的发展历史、工业机器人的定义、机器人编程语言及编程类型。

能力目标

1. 熟悉工业机器人与人的区别。
2. 理解机器人所具有的优势及替代人工的意义。
3. 了解机器人编程语言的特点。

情感目标

了解工业机器人、走近工业机器人、热爱工业机器人。

1. 机器人概述

（1）工业机器人的发展历史。

“机器人”一词最早出现在 1920 年捷克作家卡雷尔·恰佩克所著的科幻小说《罗素姆万能机器人》中，书中的“robot”一词在捷克文中是劳役和苦工之意，而其英文词意泛指机器人。机器人的本质是模仿人的某些特性，它具有移动性、个体性、智能性、通用性、半机械半人性、自动性、重复性，是具有生物功能的三维坐标机器。

自 1959 年美国第一台工业机器人诞生之日起，经过半个多世纪的飞速发展，欧美及日本等国家和地区逐渐形成种类繁多、功能齐全的机器人系列产品，其涉足的领域不断扩大，制造和应用技术都有了很大进步。工业机器人的发展历史（截取部分事件和时间节点）如下。

1959 年，美国 Unimation 公司研制出首台工业机器人 Unimate。

1961 年，美国通用公司首次将 Unimate 工业机器人用于汽车生产线。

1972 年，日本工业机器人协会（Japan Industrial Robot Association，JIRA）成立。

1973 年，德国 KUKA 公司研制出电动机驱动的六轴机器人 Famulus。

1974 年，瑞典 ASEA 公司（ABB 公司的前身）开发出全电动、微处理器控制的多关节机器人。

1974 年，日本发那科开发出自用机器人。

1977 年，日本安川电机发布了莫托曼。

1980 年，日本松下发布了 Pana Robo。

1980 年，中国成功研制出第一台工业机器人样机。

1995 年，中国首台四自由度点焊机器人研制成功，并投入使用。

1998 年，中国机器人领域唯一一家生产企业通过 ISO 9001 国际质量体系认证。

（2）机器人学遵循的三大原则。

第一条：机器人不得伤害人类，或在人类受到伤害时坐视不管。

第二条：机器人必须服从人类的命令，除非这些命令与第一条相矛盾。

第三条：机器人应在不违背第一条、第二条的前提下，保护自己。

2. 机器人的分类

机器人是一种机电一体化的设备，可以按结构坐标系特点、受控运动方式、驱动方式、用途等分类。

（1）按结构坐标系特点分类。

① 直角坐标型机器人。这类机器人的结构和控制方案与机床类似，它到达空间位置的三个运动由直线运动构成，运动方向互相垂直，末端执行器的姿态调节由附加的旋转机构实现，如图 1 所示。

② 圆柱坐标型机器人。这类机器人在基座水平转台上装有立柱，水平臂可沿立柱上下运动并可在水平方向伸缩，如图 2 所示。

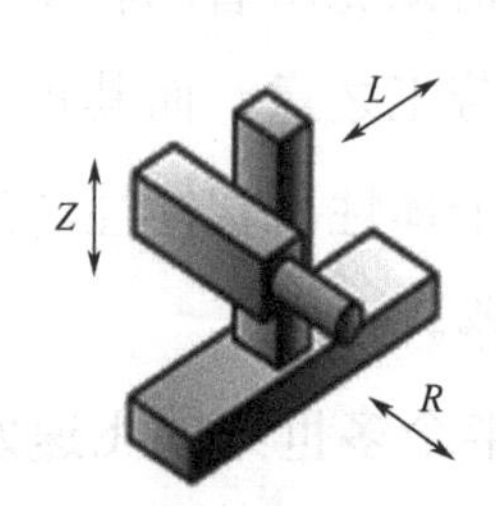

图 1　直角坐标型机器人

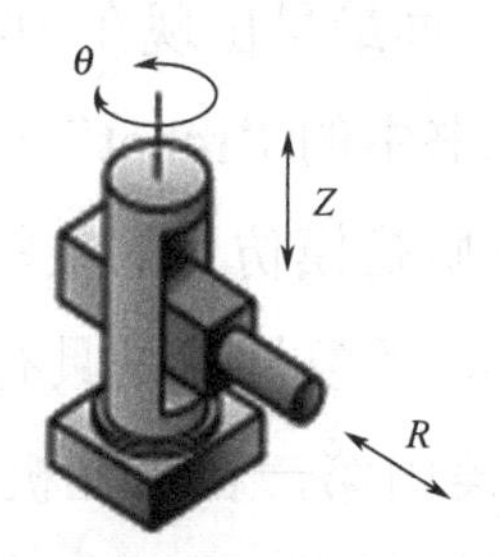

图 2　圆柱坐标型机器人

③ 极坐标型机器人。与圆柱坐标型机器人相比，这类机器人的结构形式更为灵活。当采用同一分辨率的码盘检测角位移时，极坐标型机器人虽然伸缩关节的线位移分辨率恒定，但转动关节反映在末端执行器上的线位移分辨率是一个变量，从而增加了控制系统的复杂性，如图 3 所示。

④ 全关节型机器人。这类机器人的结构类似于人的腰部和手臂，其位置和姿态全部由垂直旋转运动实现，如图 4 所示。目前，大多焊接机器人采用的是全关节型机器人。

（2）按受控运动方式分类。

① 点位（PTP）型机器人。这类机器人的受控运动方式为从一个目标点移动到另一个目标点，只在目标点上完成操作。要求机器人在目标点上有足够高的定位精度，相邻目标点间

的一种运动方式是各关节驱动机以最快的速度趋于终点，各关节因转角大小不同而到达终点有先有后；另一种运动方式是各关节同时趋于终点，由于各关节运动时间相同，所以角位移的运动速度较高。点位型机器人主要用于点焊作业。

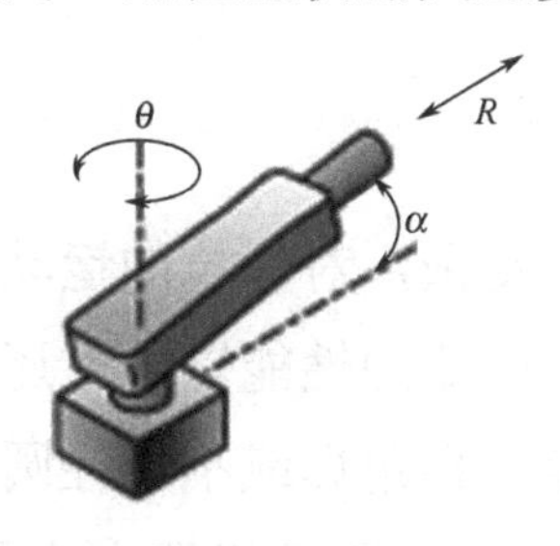

图 3　极坐标型机器人

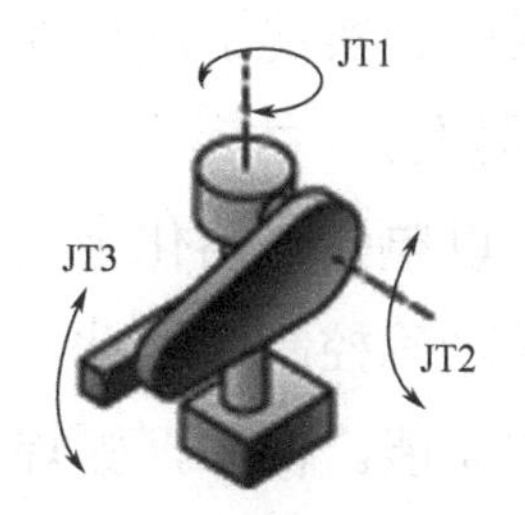

图 4　全关节型机器人

② 连续轨迹（CP）型机器人。这类机器人各关节做连续受控运动，末端执行器按预期的轨迹和速度运动，为此各关节控制系统需要实时获取各关节驱动机的角位移和角速度信号。连续轨迹控制主要用于弧焊机器人。

（3）按驱动方式分类。

① 气压驱动机器人。

② 液压驱动机器人。

③ 电气驱动机器人。电气驱动是最普遍、应用最多的驱动方式。

（4）按用途分类。

按用途不同，机器人可分为工业机器人、水下机器人、空间机器人、农业机器人、林业机器人、牧业机器人、医用机器人、娱乐机器人、建筑机器人、军用机器人、服务机器人等。

3. 工业机器人概述

（1）工业机器人的定义。

根据国际标准化组织（International Organization for Standardization，ISO）工业机器人术语标准，工业机器人的定义是一种多用途的、可重复编程的自动控制操作机（Manipulator），具有三个或更多可编程控制的轴，用于工业自动化领域。为了适应不同用途，工业机器人最后一个轴的机械接口通常是一个连接法兰，可接装不同工具（或称末端执行器）。它可以将任一物件或工具按空间位置、姿态的时变要求进行移动，以完成某一工业生产的作业要求。

以焊接机器人为例，在工业机器人的末轴法兰上连接焊（割）枪，使之能进行焊接、切割或喷涂作业。

（2）工业机器人的分类。

工业机器人按用途分类有焊接机器人、装配机器人、搬运机器人、涂胶机器人、喷漆机器人、打磨机器人等。其中，焊接机器人是用于进行焊接（包括切割与喷涂）作业的工业机器人，主要有点焊机器人、弧焊机器人和激光焊机器人。

① 点焊机器人。

点焊机器人基于电阻焊原理，利用电阻热熔化金属，工作时点和工件触碰，因此点和工件的准确定位是非常重要的。点焊机器人的移动轨迹没有严格规定。点焊机器人不仅承载能力强，而且在点与点之间移动时速度要快、动作要平稳、定位要准确，以减少移位的时间，提高工作效率。汽车工业是点焊机器人的典型应用领域，每辆汽车车体约有60%的焊点是由点焊机器人完成的，实现了汽车焊装生产自动化。

② 弧焊机器人。

弧焊机器人以电弧热熔化金属，弧焊工序比点焊工序复杂，对焊枪的运动轨迹、姿态、焊接参数都要求精确控制。因此，弧焊机器人除具有运行平稳的性能以外，还必须具备一些满足弧焊要求的功能。例如，弧焊机器人在进行“之”字形拐角焊或小直径圆焊缝焊接时，其运动轨迹应能够贴近示教的轨迹；在焊接厚板和较宽焊缝时，弧焊机器人应具备摆动功能，可以设置振幅点停留时间等，以满足工艺要求。此外，对于中厚板多层多道焊接，弧焊机器人应具备传感功能，以补偿工件组对精度不高和焊接热变形的影响。

本书主要介绍弧焊机器人的编程操作，并介绍CO_2/MAG焊接工艺的一般应用。

③ 激光焊机器人。

激光焊机器人以高性能的激光作为热源，其光束斑点小，加工精度成倍提高，热影响区极小，焊缝质量高，不易产生收缩、变形、脆化及热裂等热副作用，激光焊接熔池净化效应能净化焊缝金属，焊缝机械性能与母材相当或优于母材。激光焊机器人常用于对焊接精度要求比较高的场合。

（3）全关节型工业机器人的结构。

由于工业机器人是模仿人的手臂结构和动作特征设计的，所以人们常把工业机器人俗称为机械手或机械臂。以松下TA全关节型工业机器人为例，它与人的身体结构对比如图5所示。

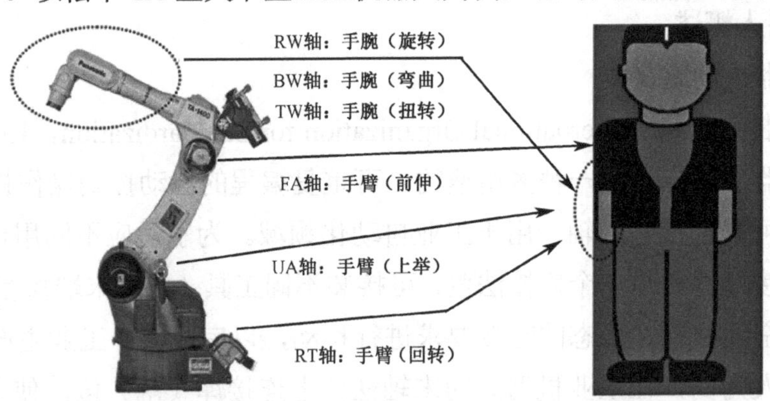

图5 松下TA全关节型工业机器人与人的身体结构对比

松下机器人各轴（关节）的名称如表1所示。

表1 松下机器人各轴（关节）的名称

轴的名称		轴的名称	
RT轴	Rotate Turn	RW轴	Rotate Wrist
UA轴	Upper Arm	BW轴	Bent Wrist
FA轴	Front Arm	TW轴	Twist Wrist

扫一扫：观看机器人现场配音视频

4．工业机器人的组成与特点

（1）工业机器人的组成。

工业机器人通常由主体、驱动系统和控制系统 3 个基本部分组成。主体包括机器人手臂和执行机构，机器人手臂包括臂部、腕部和手部，有的工业机器人还有行走机构。大多数工业机器人有 3～6 个运动自由度，其中腕部通常有 1～3 个运动自由度。驱动系统包括动力装置和传动装置，用以使执行机构产生相应的动作。控制系统按照输入的程序对驱动系统和执行机构发出命令信号，并进行控制。

（2）工业机器人的特点。

工业机器人的特点：①焊接生产效率高；②焊接参数的一致性好、成型美观、焊接质量好；③易于实现焊接生产过程的柔性化和自动化；④改善劳动条件；⑤生产管理的计划性和可预见性强。

例如，工业机器人不仅能够替代人的手工劳动在危险、恶劣的环境里工作，还具有生产效率高（是人工效率的 2～3 倍）、工作时间长（可 24h 连续作业）、综合成本低、产品质量好、易于实现生产自动化等诸多优点，相比传统的自动焊接专用机器，工业机器人具有的柔性化作业特点更能适应现代化生产。

5．机器人编程语言及编程类型

（1）机器人编程语言。

随着机器人作业动作的多样化和作业环境的复杂化，依靠固定的程序或示教方式已经无法满足生产要求，必须依靠能适应作业动作和环境随时变化的机器人编程语言来完成机器人作业。机器人编程常用的四大语言简述如下。

① VAL 语言。

VAL 语言是美国 Unimation 公司于 1979 年推出的一种机器人编程语言，是一种专用的动作类描述语言。VAL 语言是在 BASIC 语言的基础上发展起来的，所以其结构与 BASIC 语言的结构很相似。在 VAL 语言的基础上，Unimation 公司又推出了 VAL Ⅱ 语言。大多数欧系机器人采用的是此类语言。

② SIGLA 语言。

SIGLA 语言是一种仅用于直角坐标型 SIGMA 装配型机器人运动控制的编程语言，是 20 世纪 70 年代后期由意大利 Olivetti 公司开发的一种简单的非文本语言。这种语言主要用于装配任务的控制，它可以把装配任务划分为一些装配子任务，如取螺钉旋具及在螺钉上料器上取螺钉、搬运螺钉、定位螺钉、装入螺钉、紧固螺钉等。在编程时预先编制子程序，然后用子程序调用的方式来完成程序编制。

③ IML 语言。

IML 语言是一种着眼于末端执行器的动作级编程语言，由日本九州大学开发。IML 语言的特点是编程简单，能实现人机对话，适用于现场操作，许多复杂动作可由简单的命令来实现，易被操作者掌握。大多数日系机器人采用的是此类语言。

④ AL 语言。

AL 语言是 20 世纪 70 年代中期由美国斯坦福大学人工智能研究所开发的一种机器人编程语言，它是在 WAVE 的基础上开发出来的，是一种动作级编程语言，但兼具对象级编程语言的某些特征，适用于装配作业。它的结构及特点类似于 PASCAL 语言，可以编译成机器语言在实时控制机上运行，具有实时编译语言的结构和特征，如可以同步操作、条件操作等。AL 语言设计的原始目的是进行具有传感器信息反馈的多个工业机器人的并行或协调控制编程。

（2）机器人编程类型。

工业机器人按执行机构运动的控制机能可分为点位型和连续轨迹型两类。点位型工业机器人只控制执行机构由一个点到另一个点的准确定位，适用于机床上下料、点焊及一般的搬运和装卸等作业；连续轨迹型工业机器人可控制执行机构按给定轨迹运动，适用于连续焊接和涂装等作业。

工业机器人按编程类型分为以下几种。

① 操作型机器人：能自动控制，可重复编程，用于相关自动化系统。

② 程控型机器人：按预设的顺序及条件依次控制工业机器人的机械动作。

③ 示教再现型机器人：通过实时在线示教程序来实现控制，而工业机器人本身凭记忆操作，故能不断重复再现。目前大多工业机器人属于示教再现型机器人。

④ 数控型机器人：不必使工业机器人动作，通过数值、机器人编程语言等对工业机器人进行示教，工业机器人根据示教后的信息进行作业。

⑤ 感觉型机器人：利用传感器获取的信息控制工业机器人动作，是具有触觉或简单的视觉的工业机器人，能在较为复杂的环境下工作，若具有识别功能或更进一步增加自适应、自学习功能，则可成为智能型机器人。智能型机器人能按照人给的“宏命令”自选或自编程序去适应环境，并自动完成更复杂的工作。

扫一扫：观看机器人焊接及性能测试视频

防碰撞（传感器）性能试验

机器人 TIG 焊接

速度及飞溅对比实验

绪论单元测试题

问答题

1．何谓工业机器人？它具有哪些优势？

2．简述机器人的控制原理。

3．工业机器人的应用场合有哪些？

4．机器人学遵循的三大原则是什么？

5．何谓机器人的示教再现方法？

6．简述点焊机器人、弧焊机器人和激光焊机器人各自的特点和应用场合。

第1章　焊接机器人

知识目标

了解焊接机器人技术参数、焊接机器人组成形式、机器人控制原理、机器人运动数据、机器人示教编程及示教再现的概念。

能力目标

1. 理解机器人动作原理。
2. 了解机器人的设备构成和技术参数。
3. 掌握机器人安全条例及操作规程。

情感目标

培养学生的安全意识和规范操作意识。

1.1　焊接机器人技术参数及规格

1.1.1　机器人本体

1. 机器人本体技术参数

焊接机器人主要由机器人本体、控制柜、示教器和焊接电源等组成。TM-1400 机器人本体（机器人手臂）、控制柜及示教器如图 1-1 所示，它采用的是弧形前伸手臂，增加了机器人的动作空间，手腕部位设计小巧，可减少与工件干涉。TM 系列机器人本体技术参数如表 1-1 所示。

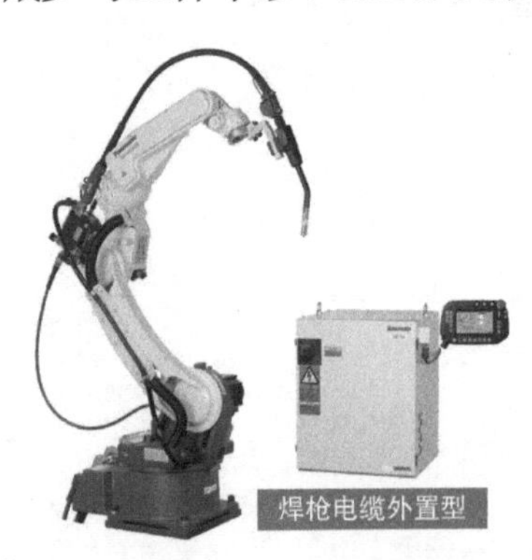

图 1-1　TM-1400 机器人本体（机器人手臂）、控制柜及示教器

表 1-1　TM 系列机器人本体技术参数

项　　目				规　　格	
				TM-1400	TM-1800
结构				6 轴独立多关节型	
动作范围	手臂	RT 轴（回转）	正面基准	±170°	±170°
		UA 轴（上举）	垂直基准	-90° ～+155°	-90° ～+165°
		FA 轴（前伸）	水平基准	-195° ～+240°	-205° ～+240°
			上臂基准	-85° ～+180°	-85° ～+180°
	手腕	RW 轴（旋转）		±190°	±190°
		BW 轴（弯曲）	前臂基准	-130° ～+110°	
		TW 轴（扭转）		焊枪电缆外置型：±400° （出厂默认设置）。 焊枪电缆内藏型：±220° 。 焊枪电缆分离型：±220°	
动作领域	手臂动作断面积	*P* 点		3.80m²	6.10m²
		O 点		3.52m²	6.47m²
	手臂前后动作距离（转动轴中心基准）	*P* 点		-1117～+1437mm	-1489～+1809mm
		O 点		-1093～+1413mm	-1465～+1785mm
	手臂上下动作距离（机器人上下面基准）	*P* 点		-803～+1697mm	-1204～+2069mm
		O 点		-779～+1673mm	-1180～+2045mm
瞬时最大速度	手臂	RT 轴（回转）		3.93rad/s（225(°)/s）	3.40rad/s（194(°)/s）
		UA 轴（上举）		3.93rad/s（225(°)/s）	3.43rad/s（196(°)/s）
		FA 轴（前伸）		3.93rad/s（225(°)/s）	3.57rad/s（204(°)/s）
	手腕	RW 轴（旋转）		7.42rad/s（425(°)/s）	
		BW 轴（弯曲）		7.42rad/s（425(°)/s）	
		TW 轴（扭转）		10.98rad/s（629(°)/s）	
最大可搬质量				6kg	
手臂部最大负荷	扭矩	RT 轴（回转）		12.2N•m（1.24kgf•m）	
		UA 轴（上举）		12.2N•m（1.24kgf•m）	
		FA 轴（前伸）		5.29N•m（0.54kgf•m）	
	惯量	RT 轴（回转）		0.283kg•m²（0.028kgf•m•s²）	
		UA 轴（上举）		0.283kg•m²（0.028kgf•m•s²）	
		FA 轴（前伸）		0.057kg•m²（0.0058kgf•m•s²）	
重复定位精度				±0.08mm 以内	
位置检出器				带多旋转数据备份	
驱动力	手臂	RT 轴（回转）		750W（AC 伺服电动机）	1600W（AC 伺服电动机）
		UA 轴（上举）		1600W（AC 伺服电动机）	2000W（AC 伺服电动机）
		FA 轴（前伸）		750W（AC 伺服电动机）	750W（AC 伺服电动机）
	手腕	RT 轴（回转）		100W（AC 伺服电动机）	150W（AC 伺服电动机）
		UA 轴（上举）		100W（AC 伺服电动机）	100W（AC 伺服电动机）
		FA 轴（前伸）		100W（AC 伺服电动机）	100W（AC 伺服电动机）

续表

项　目	规　格	
	TM-1400	TM-1800
制动	带全轴制动	
安全姿态	普通（天吊）	
搬运及保存温度	-25～60℃	
机器人本体质量	170kg	215kg

补充说明：

松下 TM 系列机器人是 TA 系列机器人的升级版，根据焊枪电缆的不同配置分为焊枪电缆分离型、焊枪电缆内藏型、焊枪电缆外置型。

2. 机器人控制器技术规格

机器人控制器是机器人系统的核心部分，包括控制柜和示教器两部分，控制柜的小型化使得其占用空间更少。G_{III}型机器人使用 64 位 CPU，处理速度更快，通过选装最多可控制 27 个轴，标准存储容量达 40 000 个点；根据安全标准设计，可以同先进的数字焊机通信，数字化设置焊接条件；采用 Windows CE 系统的控制器，操作性能大幅度提高，符合国际标准的安全性要求，具有自动停止功能；配备 IT 通信接口，可与互联网连接。G_{III}型机器人控制器技术规格如表 1-2 所示。

表 1-2　G_{III}型机器人控制器技术规格

项　目	规　格
名称	G_{III}型机器人控制器
外形尺寸	（W）553mm×（D）550mm×（H）681mm
质量	60kg（不含示教器及连接电缆）
外壳防护等级	相当于 IP32（机器人控制柜为密闭防尘结构）
接地	必须进行保护接地（PE）；根据系统要求，可能需要进行功能接地（FE）
冷却方式	间接风冷（内部循环方式）
存储容量	标准 40 000 个点（可连接外部存储设备扩大存储容量）
控制轴数	同时控制 6 个轴（最多控制 27 个轴）
编程方式	示教再现
位置控制方式	软件伺服控制
速度控制方式	线速度固定控制（连续轨迹控制时）
输入电源	三相 AC（200±20）V、3kV·A、50Hz/60Hz 通用
输入/输出信号	专用信号：输入 6/输出 8。 通用信号：输入 40/输出 40。 最大输入/输出：输入 2048/输出 2048
外部存储接口	示教器：SD 卡插槽×1，USB 接口×2
速度范围	最大速度控制在安全速度范围内（0.01～15m/min）（出厂默认设置：15m/min）
	0.01～180m/min（直接输入数值）

3．机器人尺寸规格及动作范围

（1）示教器尺寸规格。

示教器（Teach Pendant）是进行机器人操作、程序编写、参数设置及监控的手持装置，是人机对话的窗口，类似于计算机的操作键盘和显示器。示教器尺寸规格如图 1-2 所示，G_{III}型机器人示教器采用 7in（1in=2.54cm）彩色液晶屏显示，界面文字可根据需要设置为中文、英文或日文。示教器质量约为 0.98kg（不含连接电缆）。

（2）控制柜尺寸规格。

机器人控制柜外部为具有屏蔽功能的金属外壳，控制柜内部由背板、主 CPU 板、伺服 CPU 板、次序板、安全板、焊接控制板、电源板等主要部件组成，内部还有冷却风扇用于散热。控制柜主视和俯视两个方向的尺寸规格如图 1-3 所示。

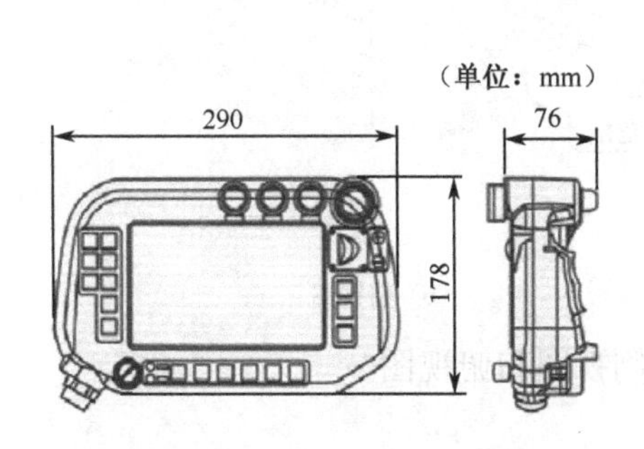

图 1-2　示教器尺寸规格

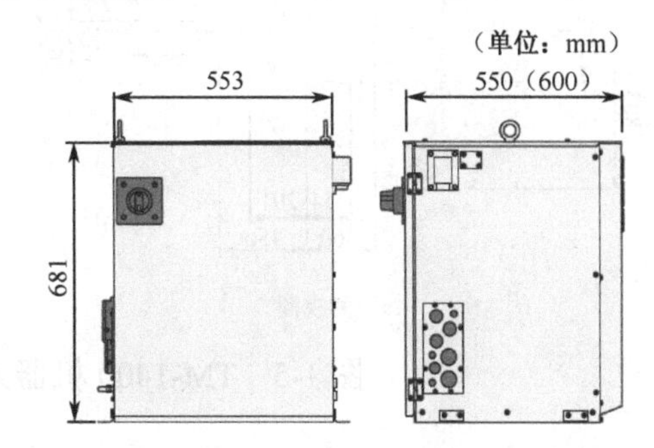

图 1-3　控制柜主视和俯视两个方向的尺寸规格

（3）机器人本体尺寸规格。

机器人本体主要包括高强度金属臂、驱动装置（伺服电动机）、减速装置（谐波传动减速器和 RV 摆线针轮减速机等）、传动装置（链条、皮带、连杆等）、检测装置（编码器、关节角反馈电路等）、连接电缆等。机器人本体可采用地装、壁装和吊装安装方式，也可装在行走机构上以扩大动作范围。TM 系列机器人本体尺寸规格如图 1-4 所示。

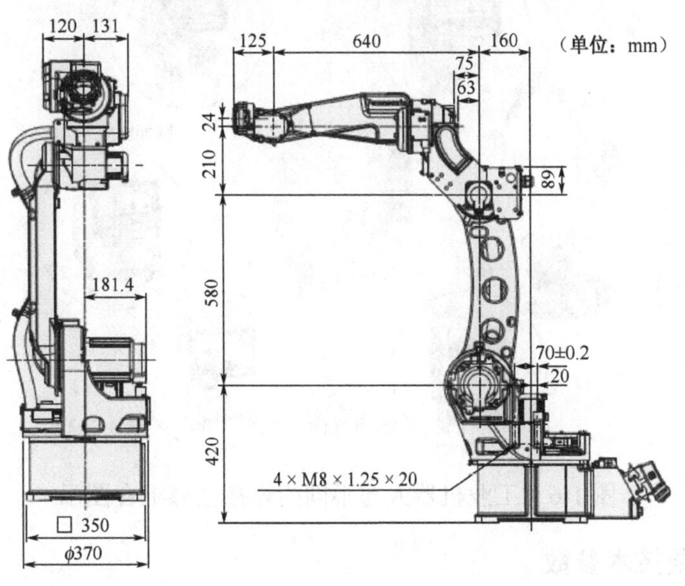

图 1-4　TM 系列机器人本体尺寸规格

（4）机器人动作范围。

TM-1400 机器人理论伸展距离为 1400mm。实际上一般以 P 点的最大伸展距离为最大臂伸长，TM-1400 机器人的最大臂伸长为 1437mm。TM-1400 机器人动作范围的侧视图和俯视图如图 1-5 所示。其中阴影部分为有效动作范围，机器人整个动作空间为一个球形。

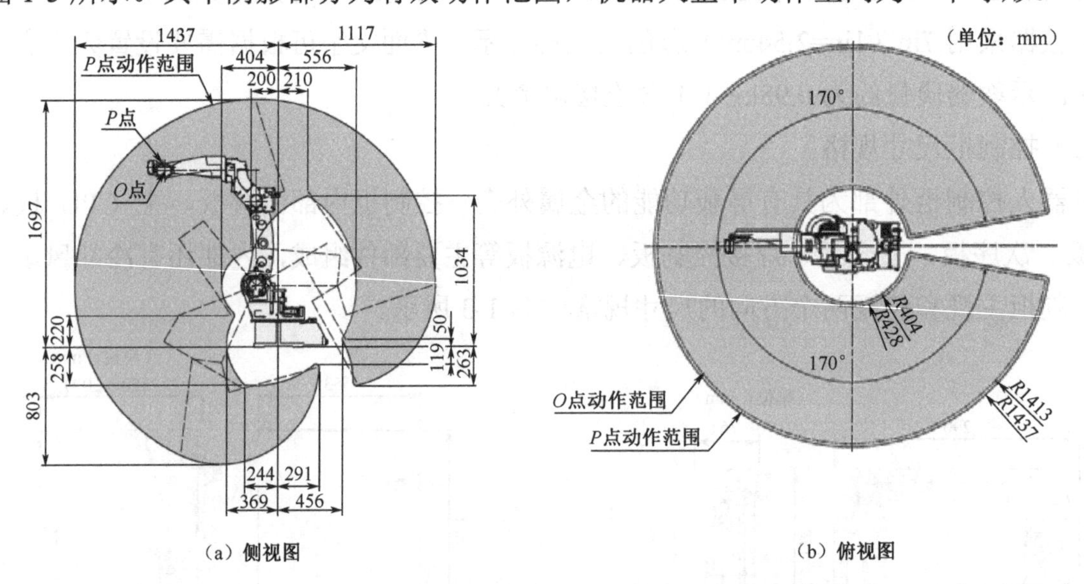

图 1-5　TM-1400 机器人动作范围的侧视图和俯视图

1.1.2　焊接电源

1．工业机器人与焊接电源

工业机器人只有配上执行机构才具有使用价值，工业机器人与不同的焊接电源组合，可构成不同功能的焊接机器人，如图 1-6 所示。

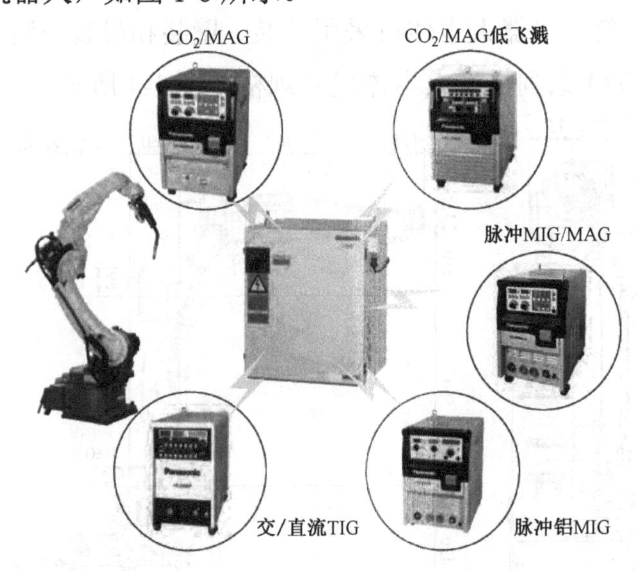

图 1-6　工业机器人与不同的焊接电源组合图示

2．焊接电源主要技术参数

焊接机器人对焊接电源的技术性能要求较高，焊接电源需要采用进行数字信号传输的全数字焊机，并具有与工业机器人进行通信的接口电路，以便能够在示教器上设置和修改焊接参数。例如，唐山松下生产的焊接碳钢和不锈钢的 GS6 系列焊接电源技术参数如表 1-3 所示。

表 1-3　唐山松下生产的焊接碳钢和不锈钢的 GS6 系列焊接电源技术参数

项　目	规格	
	YD-350GS6	YD-500GS6
额定输入电源相数	三相 AC 380V	
输入电源频率	50Hz/60Hz	
额定输入容量	17.6kV・A/13.5kW	28.2kV・A/24.3kw
额定输出空载电压	DC 76V	DC 80V
额定输出电流	DC 350A	脉冲“无”DC 500A。 脉冲“有”DC 400A
额定输出电压	31.5V	39V
额定负载持续率[①]	60%	100%
输出电流范围[②]	DC 40～430A	脉冲“无”DC 60～500A。 脉冲“有”DC 60～400A
输出电压范围[③]	16～35.5V	17～39V
控制方式	IGBT 逆变方式	
存储器	100 通道 存储·调用	
焊接法[④]	CO_2/MAG/脉冲 MAG/不锈钢 MIG/不锈钢脉冲 MIG	
波形控制功能	数字设置	
指令序列功能	起弧/焊接—收弧/初期—焊接—收弧/点焊	
保护气体	CO_2 焊接：$CO_2$100%。 MAG 焊接：Ar80%，CO_2 20%。 不锈钢 MIG 焊接：Ar 98%，O_2 2%；或者 Ar 98%，CO_2 2%	
适用焊丝直径[⑤]	0.8mm/0.9mm/1.0mm/1.2mm	1.2mm/1.4mm/1.6mm
焊丝材料	碳钢/碳钢药芯/不锈钢/不锈钢药芯	
提前送气时间	0～10s 连续调节（0.1s 递增）	
滞后停气时间	0～10s 连续调节（0.1s 递增）	
点焊时间	0.3～10s 连续调节（0.1s 递增）	
输入电源端子	端子台（三相用，M5 螺栓固定）	
输出端子	螺栓带紧固方式（M10 附带螺栓）	
外壳防护等级	IP23	
绝缘等级	200℃（主变 155℃）	
电磁兼容分类	A 类	
冷却方式	强制风冷	

续表

项　目	内　容	
	YD-350GS6	YD-500GS6
外形尺寸（长×宽×高）	750mm×380mm×655mm	750mm×380mm×875mm
质量	72kg	108kg

① YD-350GS6机型部分脉冲焊接数据因脉冲参数设置不同负载持续率可能有变化，具体视设置的参数而定。

② 按GB 15579.1—2013规定在电阻负载下测得的焊接电源输出电流范围如下。

YD-350GS6：DC 30～430A。YD-500GS6：脉冲“无”DC 30～500A、脉冲“有”DC 30～400A。

③ 输出电压范围是按GB 15579.1—2013规定在电阻负载下测得的焊接电源输出电压范围。

④ YD-350GS6HGE、YD-350GS6HGM不能进行脉冲焊接。

⑤ 具体各机型不同规范适用的焊丝直径参考“焊接法”类型。

3. 工业机器人与焊接电源的选配规格

具体选择哪种焊接电源与工业机器人组合，应视焊接工艺要求而定。另外，不同型号的焊接电源的配置不同，如CO_2/MAG与MIG、TIG焊枪各异，350A与500A焊接电源所配附件不同，选型时要根据不同规格做适当选配。TM系列焊接机器人选配表（参考）如表1-4所示。

表1-4　TM系列焊接机器人选配表（参考）

No.	名　称	型　号		说　明	备　注
机器人综合					
1	机器人本体	YA-1VAR61CJ0（TM1400G3）	YA-1VAR81C00（TM1800G3）	—	机器人本体、控制柜、示教器
	控制柜				
	示教器（含10m电缆）				
	机器人连接电缆	TSMWU894LM		通用4m标准机连接电缆	—
2	电缆单元	TSMWU600		YD-350GS6用	气管/焊接电缆/控制电缆/串口通信电缆/输入电缆组件
		TSMWU601		YD-500GS6用	
3	200V/380V变压器	TSMTR010HGH		机器人通用	可与机器人控制柜叠放
4	RT轴安装焊丝盘架	TSMYU204		机器人通用	含1.4m后送丝管
5	电缆固定单元	—	TSMYZ483	TM1800G3用	—
附　件					
6	焊接电源	YD-350GS6HWK		YD-350GS6焊机	CO_2/MAG/MIG低飞溅焊机
		YD-500GS6HWK		YD-500GS6焊机	MIG/MAG脉冲焊机
		YD-500WX4HWK		YD-500WX4焊机	直流、交流TIG脉冲焊机
		YD-400TX4HWK		YD-400TX4焊机	直流TIG脉冲焊机
7	送丝装置	YW-CRF011HAE		外置型，标配1.2mm送丝轮	适用丝径：1.0mm/1.2mm
		YW-CRF011HBE		内藏型，标配1.2mm送丝轮	

续表

No.	名 称	型 号		说 明	备 注
附 件					
8	焊枪	TSMKU833		外置型	300A 标配适用丝径：1.2mm
		TSMKU836			500A 标配适用丝径：1.2mm
		TSMKU835		内藏型	300A 标配适用丝径：1.2mm
		TSMKU977			500A 标配适用丝径：1.2mm
9	中继线扎	TSMWU967		YD-350GS6/YD-500GS6 用	配送丝机使用
10	焊枪电缆	TSMWU872	—	外置型	—
		—	TSMWU873	外置型	—
		TSMKU876	—	内藏型	—
		—	TSMWU877	内藏型	—
11	气体流量计	W-201THNM		CO_2/MAG	带加热器
		YX-25AJ1HAE		Ar	无加热器

1.1.3 焊接机器人设备构成

1. 焊接机器人设备

由机器人和焊接电源组合而成的部品被称为焊接机器人设备（企业称之为单体），通常由标准型号的工业机器人和与之配套的焊接设备构成。焊接机器人设备的基本构成如图 1-7 所示。

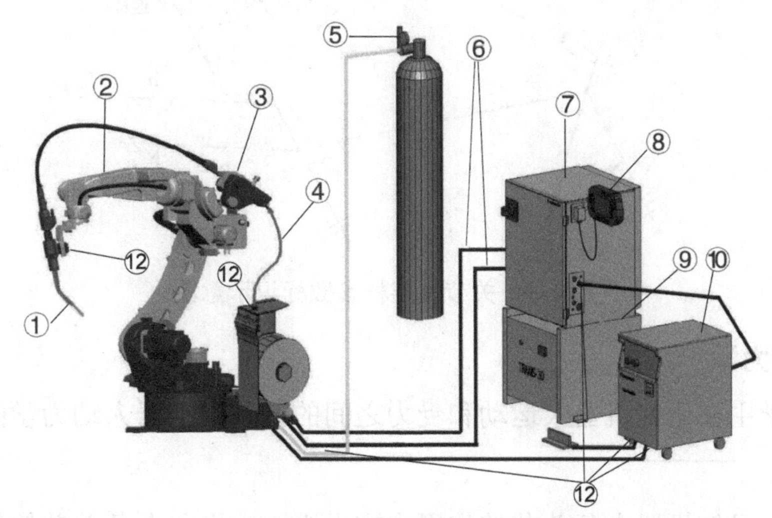

①—焊枪；②—机器人本体；③—送丝机；④—后送丝管；⑤—气体流量计；⑥—机器人连接电缆；
⑦—控制柜；⑧—示教器；⑨—变压器（200V/380V）；⑩—焊接电源；⑪—电缆单元；
⑫—安全支架；⑬—焊丝盘架（焊接量较大时多选用桶装焊丝）。

图 1-7 焊接机器人设备的基本构成

[焊丝和气瓶不属于焊接机器人设备（标准品）范畴]

2. 焊接机器人系统

实际应用于生产的是焊接机器人系统除焊接机器人设备以外，还包括外部控制电路、变位机、底座、工作台、工装夹具及周边配套设施等非标准设备。焊接机器人系统也被称为焊接机器人工作站。

1.2　机器人工作原理

1.2.1　机器人运动学和机器人动力学

1. 机器人运动学

机器人运动学的研究内容：一般可以将机器人看作一个开链式多连杆机构，始端连杆就是机器人的机座，末端连杆与工具相连，相邻连杆之间用一个关节（轴）连接。机器人运动学主要解决两个方面的问题。

（1）运动学正运算：已知各关节角值，求工具在空间中的位姿。

（2）运动学逆运算：已知工具在空间中的位姿，求各关节角值。关节及连杆参数标识示意图如图 1-8 所示。其中，α_{i-1}、θ_i 为关节角；a_{i-1}、d_i、a_i 为相邻连杆之间的轴心距。

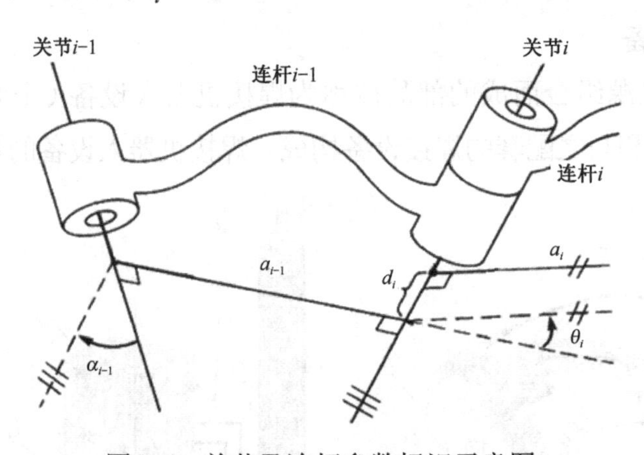

图 1-8　关节及连杆参数标识示意图

2. 机器人动力学

机器人动力学主要研究机器人运动和受力之间的关系。机器人动力学的正问题和逆问题如下。

（1）正问题：已知机器人各关节的作用力或力矩，求机器人各关节的位移、速度和加速度（运动轨迹）。

（2）逆问题：已知机器人各关节的位移、速度和加速度，求解所需要的关节作用力或力矩。机器人手臂关节链示意图如图 1-9 所示。

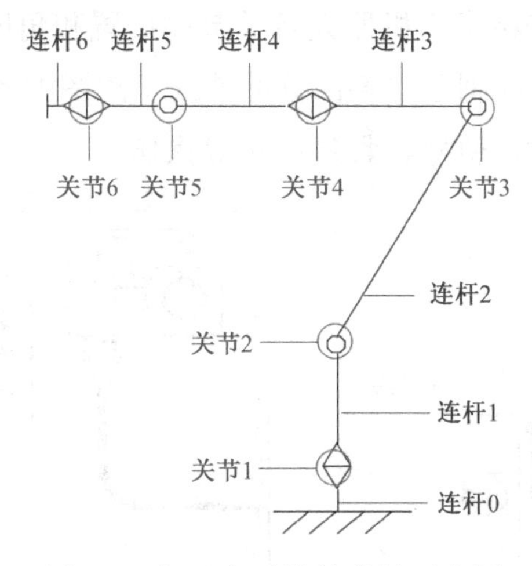

图 1-9　机器人手臂关节链示意图

1.2.2　控制原理和动作原理

1．控制原理

在机器人运动学中，已知机器人末端执行器欲到达的位姿，通过求解运动方程可求出各关节需转动的角度，称为运动学逆运算。其运动过程中各个关节的运动并不是相互独立的，而是各轴相互关联、协调运动的。机器人运动的控制实际上是通过各轴伺服系统分别控制来实现的。因此，机器人末端执行器的运动必须分解为各个轴的分运动，即末端执行器运动的速度、加速度、力或力矩必须分解为各个轴的速度、加速度、力或力矩，由各轴伺服系统的独立控制来完成。

目前的机器人多采用分布式计算机控制，分为两个层次：第一个层次为伺服控制器，每个关节电动机（伺服电动机）配置一套伺服控制器，实现伺服电动机的位移、速度、加速度及力或力矩的闭环控制；第二个层次为上位计算机，负责轨迹上示教点的生成、人机交互及其他一些管理任务。机器人位置控制框图如图 1-10 所示。

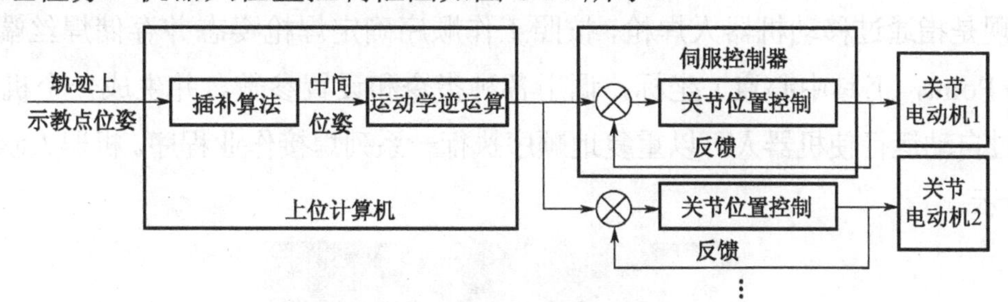

图 1-10　机器人位置控制框图

2．动作原理

机器人动作原理：编程人员根据机器人作业任务需要，先通过示教器向机器人输入动作程序，再将采集到的机器人手臂姿态所对应的关节角储存起来，并将其变成指令序列，然后运行这些程序，以及工具末端（焊丝末端）所在轨迹上示教点位姿的插补指令，通过机器人运动学逆运算，由这些点的坐标求出机器人各关节的位置和角度，最后由位置伺服闭环控制系统实现要求的轨迹。机器人控制器与各部分的连线示意图如图 1-11 所示，其中操作盒是外部操作按钮，可进行预约启动、暂停、紧急停止等操作。

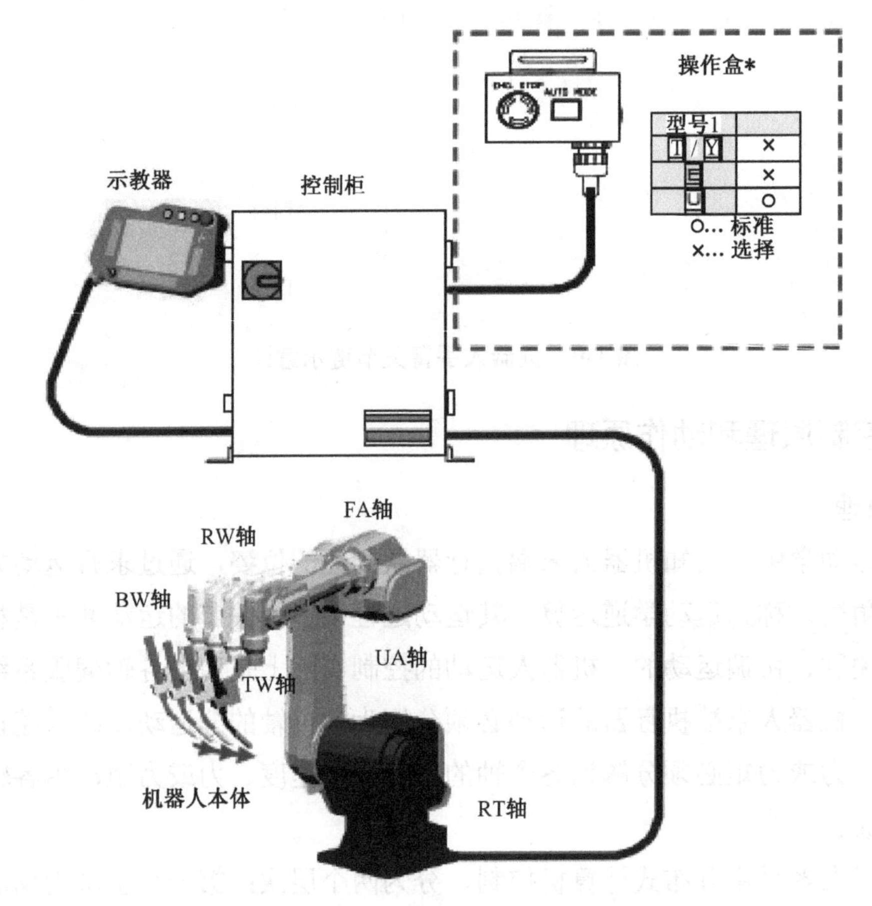

图 1-11　机器人控制器与各部分的连线示意图

1.2.3　机器人示教再现

示教再现是指通过移动机器人焊枪，按照工作顺序确定焊枪姿态并存储焊丝端部，即 TCP（Tool Center Point，工具中心点）坐标，调用各种指令和设置参数，并生成一个机器人焊接作业程序，通过自动运行使机器人可以重复地顺序执行一系列焊接作业程序。机器人示教再现图示如图 1-12 所示。

图 1-12　机器人示教再现图示

根据机器人编程的作业特点，通常把操作机器人移动焊枪、存储 TCP 坐标的过程称为“示教”，“示教”与“程序编辑”一并被称为“示教编程”。

1.2.4 机器人运动数据

机器人运动数据包括以下几种。

（1）示教点 1、示教点 2（P1、P2）的坐标数据。

（2）由示教点 1 向示教点 2 移动的速度。

（3）机器人在示教点的工作状态（焊接或空走）。

（4）由示教点 1 向示教点 2 移动的运动方式（插补），如图 1-13 所示。

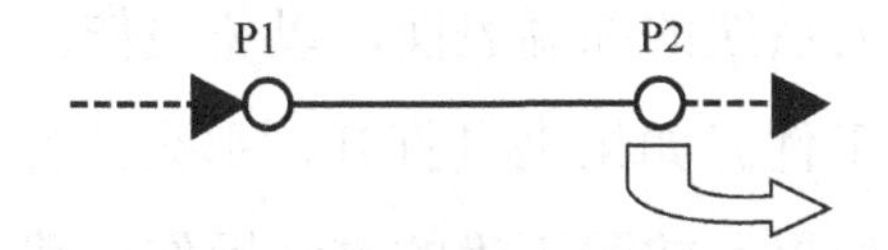

图 1-13 示教点的运动方式示意图

1.3 机器人安全条例及操作规程

1.3.1 机器人安全条例

1. 安装、维修和保养机器人时应切断总电源（空气开关）

在对机器人进行的安装、维修和保养时，切记要将总电源切断。带电作业可能会产生严重后果，如不慎遭高压电击可能会导致人烧伤、心跳停止或其他严重伤害。

2. 与机器人保持足够的安全距离

严禁无关人员在机器人动作范围内活动，没有防护栏的机器人系统应设定安全警戒线，在机器人工作时所有人员应撤离到安全警戒线以外。工作人员应时刻与机器人保持足够的安全距离。

3. 静电放电的防范

非专业人员禁止随意触碰控制器内线路板上的元器件。在有静电放电标识的情况下，要做好防静电工作（穿防静电服、佩戴防静电工具等）。

4. 紧急停止

紧急停止优先于机器人任何其他控制操作，它会切断机器人伺服电动机的电源，停止所有运行。出现下列情况时应立即按下任一紧急停止按钮（红色按钮）。

（1）机器人运动时工作区域内有工作人员。

（2）机器人将要伤害工作人员或损伤机器设备。

5. 灭火

当发生火灾时，确保全体人员安全撤离后再行灭火。应首先处理受伤人员。当电气设备（如机器人本体或控制器）起火时，使用 CO_2 灭火器灭火，切勿使用水或泡沫灭火。

6. 工作中的安全

（1）当在机器人动作范围内有工作人员时，停止操作或手动操作机器人系统。

（2）当工作人员必须进入通电的机器人动作范围时，另一个人须拿好示教器，以便随时控制机器人。

（3）旋转或运动的工具不许接近机器人，如切削工具等。

（4）注意焊后工件和机器人系统的高温表面，以免烫伤。

（5）注意夹具并确保夹好工件。如果夹具打开，那么工件会脱落，可能会导致人员受伤或设备损坏。夹具非常有力，如果不按照正确的方法操作，那么也会导致人员受伤。

（6）注意液压系统、气压系统及带电部件，断电后，这些部件上残余的电量也很危险。

7. 示教器的安全

（1）机器人的示教器在任何情况下受到摔打、磕碰都有可能损坏。在停止示教时，要将它挂到专门存放示教器的指定位置上，以防意外摔到地上，如图 1-14 所示。

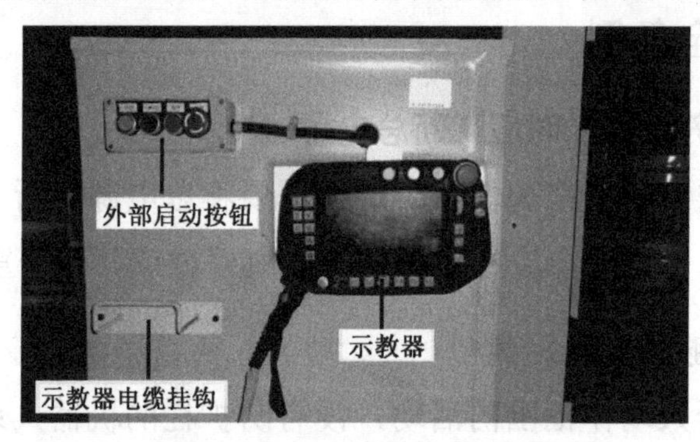

图 1-14　示教器悬挂示意图

（2）示教器的控制电缆应顺放在人踩踏不到的位置，并留出适当的长度，使用时应避免用力拉拽和踩踏。

（3）切勿划伤或磨损屏幕，以免导致示教器显示模糊不清。

（4）定期清洁示教器屏幕，使其保持清洁。使用软布蘸少量水或中性清洁剂轻轻擦拭。切忌使用溶剂、洗涤剂或擦洗海绵清洁。

（5）当示教器没有连接 USB 设备时，务必盖上 USB 接口保护盖。示教器长时间暴露在灰尘中会造成 USB 接口发生中断、接触不良等故障。

8. 示教模式下的安全

初学者在示教模式下将机器人的空走速度设定为中速（10m/min），以确保安全。

9. 运行模式下的安全

当在运行模式下运行机器人程序时，务必确认暂停按钮和紧急停止按钮都处于可控状态。

10. 检查、维护、保养及清洁

机器人应定期检查、维护、保养及清洁，发现异常问题要及时处理，以保证机器人在正常情况下使用。避免用潮湿的抹布擦拭机器人本体、示教器和控制柜。

11. 注意警示牌

要严格遵守装贴在机器人上的警示牌上的警示标志，以免造成人身伤害或设备损坏，安全注意事项有“危险”“注意”“强制”“禁止”四大类警示标志，如表 1-5 和表 1-6 所示。

表 1-5 须引起注意的警示标志

警示标志	标志名称	描 述
	危险	不当的行为和操作可能带来危险，将导致包括死亡或严重个人损伤的危险意外事件
	①警告	“警告”意味着操作不当将导致潜在的包括死亡或严重个人损伤的危险意外事件
	②小心	“小心”意味着操作不小心将导致潜在的包括不同程度或轻微个人伤害的危险意外事件及对设备的潜在的损坏
	③注意	“注意”事项表示可能导致中等程度伤害、轻伤事故或物件损坏，也可能因情况不同而产生严重后果，因此任何一条“注意”事项都极为重要，要务必遵守

表 1-6 强制性的警示标志

警示标志	符号标志	描 述
	强制	必须执行的操作，如接地
	禁止	不能执行的操作

1.3.2 机器人操作规程

（1）将组对好的工件固定在工作台的适当位置上，编程现场要做到光线充足、通风良好。操作机器人须经指导教师同意。所有无关人员应退至安全区域（机器人动作范围以外）。

（2）机器人送电程序：先闭合总电源，然后闭合机器人变压器电源，再闭合焊接电源，最后旋开机器人控制柜电源开关。

（3）机器人断电程序：先关闭机器人控制柜电源开关，然后断开焊接电源，再断开机器人变压器电源，最后断开总电源（空气开关）。

（4）机器人控制柜送电后，系统启动（数据传输）需要一定的时间，要等待示教器的屏幕进入操作界面后再进行操作。

（5）在示教过程中，操作人员要佩戴安全帽，并且要将示教器时刻拿在手上，不要随意乱放，左手套到示教器挂带里，避免示教器失手掉落。控制电缆顺放在不易被踩踏的位置，在使用中不要用力拉拽，应留出适当的长度。

（6）从操作者安全角度考虑已预先设定好一些机器人运行数据和程序，初学者未经许可不要进入这些菜单更改设置，以免发生意外。不要盲目操作。

（7）程序编制好后，用跟踪操作逐点修改、检查行走轨迹和各种参数，准确无误后旋开（沿逆时针方向转动）保护气瓶阀门，按亮示教器上的“检气”图标，调整气体流量计的悬浮小球至适当位置后，关闭“检气”图标，把示教器的光标移至程序的开始点。

（8）在进行焊接作业前，先将示教器挂好，将模式选择开关旋转到AUTO侧，打开排烟除尘设备，穿好焊接防护服，手持面罩，退至安全警戒线后，再按下机器人启动按钮。

（9）机器人自动运行过程中如遇危险状况，应及时按下紧急停止按钮，使伺服电动机断电，以免造成人员伤害或设备损坏。

（10）结束操作后，不要用手触碰工件，以免烫伤。先将模式选择开关旋转到TEACH侧；再放空气管内的残余气体，将机器人归为初始零位，退出示教程序，切断排烟除尘设备电源，关闭（沿顺时针方向转动）保护气瓶阀门；最后把示教器的控制电缆盘整好，将示教器挂在指定的位置，清理完作业现场，在检查无安全隐患后，观察焊缝情况及进行工件焊后清理。

实训项目1 更换焊丝

【实训目的】更换焊丝是机器人焊接岗位经常性的工作任务，通过练习更换焊丝，可以近距离接触焊接机器人，掌握焊接机器人送丝路径和穿丝方法，观察焊接机器人手臂各关节所在部位，对焊枪、送丝管、送丝轮及导电嘴规格有一个全面了解，为进一步学习焊接机器人操作打下良好的基础。

【实训内容】更换焊丝的方法和步骤。

【工具及材料准备】1.2mm、ER50-6焊丝一盒，偏口钳一把，手套一副。

【方法及建议】2人为一个小组，一人对准送丝管入口将焊丝慢慢往上推，另一人在送丝机构处观察，二人协调配合。

【实训步骤】

（1）剪断焊丝盘与送丝管之间的焊丝，把焊丝盘上的焊丝头穿到焊丝盘侧面的小孔里打结，防止焊丝回松。旋开机器人腰部焊丝轴中心的限位轮，取下焊丝盘，扳开机器人手臂上的四轮送丝机构的加压手柄，并从机器人导电嘴处抽出送丝管内剩余焊丝，如图1-15、图1-16所示。

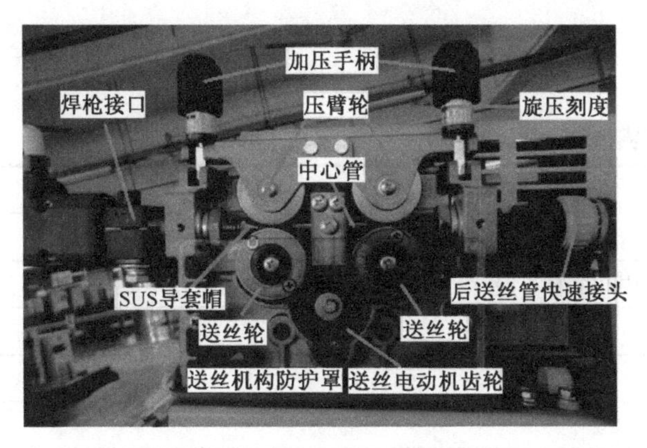

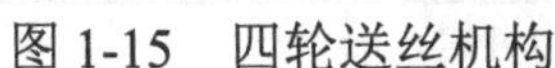
图 1-15　四轮送丝机构

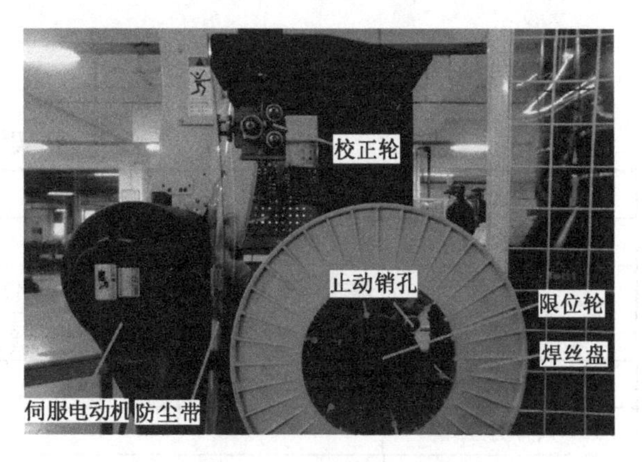

图 1-16　焊丝盘部位

（2）首先，把准备好的新焊丝盘装到机器人腰部的送丝盘轴上，需要注意的是，焊丝要与送丝管入口同向。其次，旋紧送丝盘限位轮，剪断打结弯曲部分的焊丝，将焊丝穿过校正轮，送入后送丝管。手动送丝速度不宜过快，如果出现卡丝现象，就回抽一下再试送。当焊丝穿到机器人手臂上的送丝机构时，另一人取下送丝机构防护罩，用手配合调整焊丝，使它穿过送丝机构的中心管，直至焊丝穿过送丝机构进入焊枪接口部位的后送丝管。

（3）先用手向下合上两个压臂轮，再向上合上两个加压手柄，转动加压手柄到刻度 1.2mm 标记处，一人按示教器上的“出丝”图标或“退丝”图标，另一人观察送丝轮是否转动和送丝，直至将焊丝送出导电嘴 10mm 左右的长度后停止送丝。示教器上的图标如图 1-17 所示。

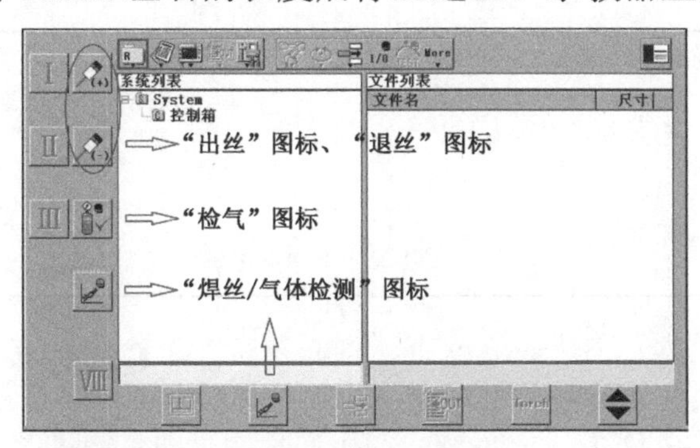

图 1-17　示教器上的图标

注意事项：

（1）送丝管入口处的校正轮起焊丝校正作用，调整校正轮使焊丝处于水平和无窜动状态后，锁紧校正轮。

（2）压臂轮的压力应适当，压力过大会损伤焊丝，压力太小会出现焊丝打滑现象，应旋动加压手柄到刻度 1.2mm 标记处作为参照。若发现送丝轮打滑不送丝，则通常是因为焊丝卡在了导电嘴与枪管的接口位置，不要继续按动“出丝”图标或“退丝”图标，以免烧坏送丝保险。解决方法是先用扳手将导电嘴逆时针旋下，再按动“出丝”图标或“退丝”图标，待焊丝送出枪管后，再将焊丝穿进导电嘴，将导电嘴旋紧后，剪掉多余的焊丝。

【实训报告1】

实训报告1

<table>
<tr><td>实训名称</td><td colspan="3">更换焊丝</td></tr>
<tr><td>实训内容与目标</td><td colspan="3">熟练掌握更换焊丝的方法与步骤</td></tr>
<tr><td rowspan="2">考核项目</td><td colspan="3">熟悉焊接机器人送丝路径及各部位的作用和名称</td></tr>
<tr><td colspan="3">焊丝、送丝轮、导电嘴的规格是否统一</td></tr>
<tr><td>小组成员</td><td colspan="3"></td></tr>
<tr><td>具体分工</td><td colspan="3"></td></tr>
<tr><td>指导教师</td><td></td><td>学生姓名</td><td></td></tr>
<tr><td>实训时间</td><td></td><td>实训地点</td><td></td></tr>
<tr><td>计划用时/min</td><td></td><td>实际用时/min</td><td></td></tr>
<tr><td colspan="4">实训准备</td></tr>
<tr><td>主要设备</td><td>辅助工具</td><td colspan="2">学习资料</td></tr>
<tr><td>焊接机器人</td><td></td><td colspan="2"></td></tr>
<tr><td>备注</td><td colspan="3"></td></tr>
<tr><td colspan="4">1. 简述更换焊丝的工作流程。</td></tr>
<tr><td colspan="4">2. 说明送丝路径各部位的名称。</td></tr>
<tr><td colspan="4">3. 收获与体会。</td></tr>
</table>

第1章单元测试题

一、判断题（下列判断题中，正确的请打“√”，错误的请打“×”）

1. 机器人专指焊接机器人。 （ ）

2. 焊接机器人的6个轴分别是RT轴、UA轴、EA轴、RW轴、DW轴、TW轴。 （ ）

3．TM-1400 机器人的最大承载质量是 8kg。（　　）

4．TM-1400 机器人 *P* 点的最大伸展距离是 1437mm。（　　）

5．TM-1400 机器人存储容量是 60 000 个点。（　　）

6．编码器的作用是驱动机器人关节动作。（　　）

7．伺服电动机都是直流电动机。（　　）

8．示教器不用时要放在工作台上。（　　）

9．示教器屏幕要经常用酒精擦拭。（　　）

10．示教时要将示教器的挂带套在左手上。（　　）

11．机器人本体包括手臂、控制柜、示教器。（　　）

12．机器人的示教再现方法无须移动机器人即可实现示教。（　　）

13．插补指令一般只用于修改程序。（　　）

14．为了使作业者在机器人异常动作时能够及时应对，不要背向机器人，而且要站在能够安全避让的位置上进行作业。（　　）

15．当必须在有电情况下进行检修工作时，必须有第二个人在现场进行监护，在主电源开关处随时做好准备，并且在检修现场设立必要的安全警示标志。（　　）

16．焊接机器人替代人工焊接的现实意义包括减小劳动强度、提高劳动效率、减少作业成本、改善劳动条件、提升产品质量等。（　　）

二、单项选择题（下列每题的选项中只有 1 个是正确的，请将其代号填在横线空白处）

1．TM-1400 机器人本体的供电电压是交流_______。

A．三相 220V　　B．三相 200V　　C．三相 380V　　D．单相 220V

2．TM-1400 机器人示教器为使画面清晰，采用_______显示。

A．7in 彩色液晶显示屏　　B．单色背光显示屏

C．8in 彩色液晶显示屏　　D．双色背光显示屏

3．TM-1400 机器人控制系统采用的是_______位 CPU。

A．32　　B．16　　C．64　　D．108

4．TM-1400 机器人采用的是_______操作系统的控制器。

A．Windows　　B．Windows CE　　C．VAL　　D．DOS

5．G_{III}型机器人示教器显示语言可根据需要设定为_______。

A．英文、日文　　B．中文、英文

C．中文、英文、日文、韩文　　D．英文、日文、中文

三、多项选择题（下列每题的选项中至少有 2 个是正确的，请将其代号填在横线空白处）

1．工业机器人的类型有_________。

A．操作型机器人　　B．程控型机器人　　C．示教再现型机器人

D．数控型机器人　　E．感觉型机器人　　F．自主移动型机器人

2．属于 TM-1400 机器人腕关节的轴是________。

A．RT 轴　　B．UA 轴　　C．FA 轴

D．AW 轴　　E．BW 轴　　F．TW 轴

3．焊接机器人包括以下哪几部分？________

A．机器人本体　　B．控制柜　　C．示教器

D．焊接电源　　E．排烟系统　　F．送丝装置

四、问答题

1．TM-1400 机器人有几个轴？各关节（轴）的名称及定义是什么？

2．何谓机器人重复定位精度？TM-1400 机器人的重复定位精度是多少？

3．TM-1400 机器人的最大承载质量是多少？它的最大臂伸长（*P* 点的最大伸展距离）是多少？

4．TM-1400 机器人存储容量是多少个点？

5．TM-1400 机器人采用何种驱动方式及何种反馈方式？

6．示教器在使用中应注意哪些安全事项？

7．焊接机器人由哪几部分组成？何谓机器人本体、机器人单体、机器人系统？

第2章 示教器

知识目标

掌握示教器各个按键的功能、示教器各个开关的功能、菜单图标及功能。

能力目标

1. 能正确辨识示教器按键的位置和功能。
2. 掌握紧急停止按钮、暂停按钮、启动按钮、安全开关等的正确使用方法。

情感目标

培养学生仔细观察的工作习惯。

2.1 示教器主要功能

通过示教器可以对机器人进行编程和操作，还可以监视机器人运行情况及进行系统设置等，因此在使用示教器之前必须了解其操作面板上的每个按键的位置和功能。

2.1.1 认识示教器

G_{III}型机器人示教器按键及功能——正面如图2-1所示，G_{III}型机器人示教器按键及功能——背面如图2-2所示。

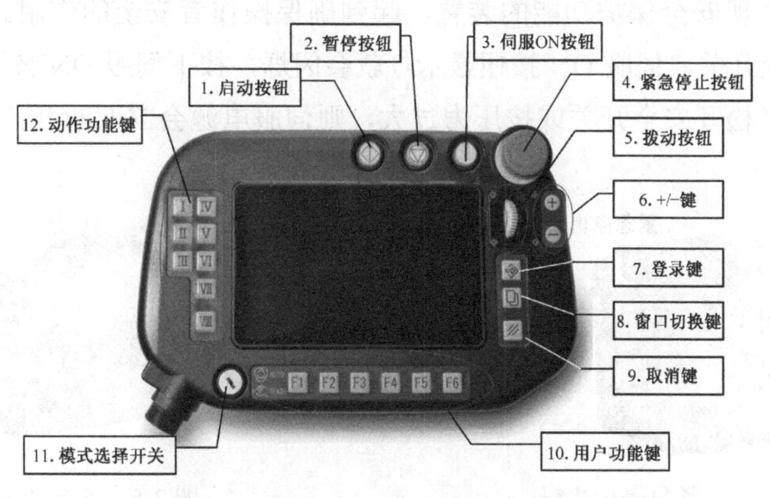

图2-1 G_{III}型机器人示教器按键及功能——正面

图 2-2 G$_{Ⅲ}$型机器人示教器按键及功能——背面

G$_{Ⅲ}$型机器人示教器的底部有外部存储器接口，包括两个 USB 接口和一个 SD 卡插槽，便于数据的导入和导出，如图 2-3 所示。

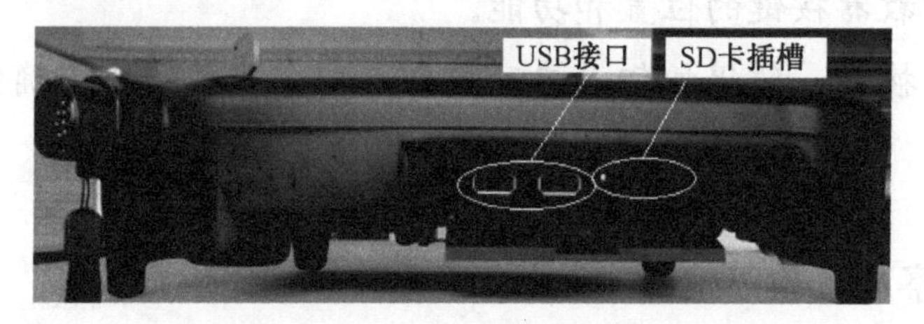

图 2-3 G$_{Ⅲ}$型机器人示教器外部存储器接口

2.1.2 示教器开关及按钮

1．安全保护开关

（1）紧急停止按钮。

紧急停止按钮通过切断伺服电源来立即停止机器人和外部轴的操作。一旦按下紧急停止按钮，紧急停止开关就保持紧急停止状态（保留功能）。紧急停止按钮如图 2-4 所示。解除紧急停止状态的操作为顺时针方向旋转使紧急停止按钮复位。

（2）安全开关。

安全开关是实现安全保护功能的装置，起到确保操作者安全的作用。在操作时，适度按住任意一个安全开关，伺服 ON 按钮显示灯就会闪烁，按下伺服 ON 按钮后，即可接通伺服电源。如果此时松开安全开关或按压力过大，则伺服电源会立即断开。安全开关如图 2-5 所示。

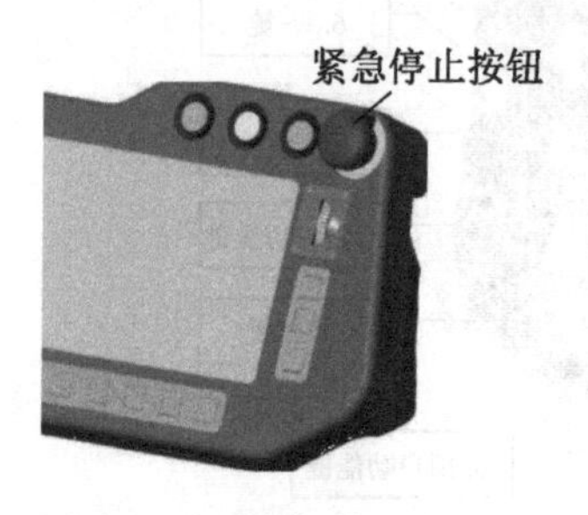

图 2-4 紧急停止按钮

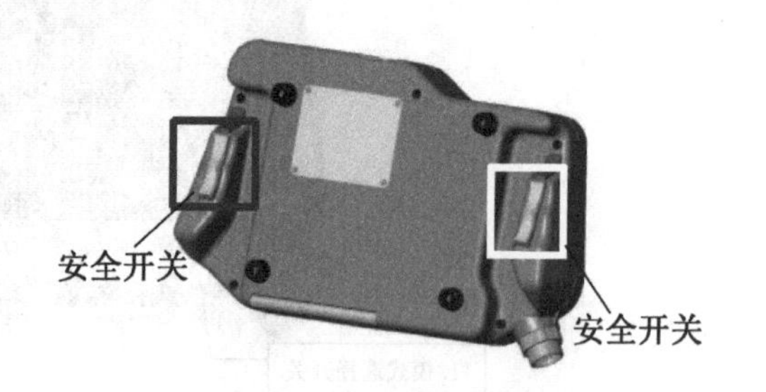

图 2-5 安全开关

2．操作按钮

（1）启动按钮。

启动按钮在运行模式下用于启动或重新启动机器人操作，如图 2-6 所示。

（2）暂停按钮。

暂停按钮用于在伺服电源接通的状态下暂停机器人操作，如图 2-6 所示。

（3）伺服 ON 按钮。

伺服 ON 按钮用于接通伺服电源（俗称给伺服电源上电），如图 2-6 所示。

3．模式选择开关

模式选择开关是一个两位置的钥匙开关，用于实现示教模式和运行模式切换。该开关被置于示教模式（TEACH 侧），即手动模式时，用于操作机器人示教编程；该开关被置于运行模式（AUTO 侧），即自动模式时，用于运行机器操作。模式选择开关如图 2-7 所示。

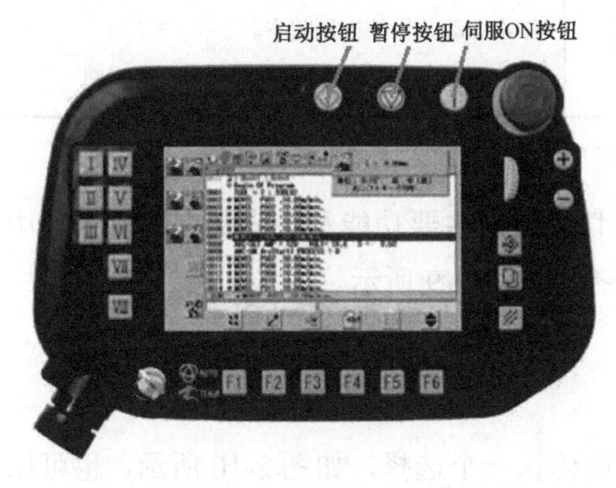

图 2-6　启动按钮、暂停按钮及伺服 ON 按钮

图 2-7　模式选择开关

4．拨动按钮（Jog 键）

拨动按钮用来控制机器人手臂和外部轴的运动，以及屏幕上的光标移动和对光标选项进行确认（按压+/−键，可代替拨动按钮操作，但动作幅度较大）。拨动按钮如图 2-8 所示。

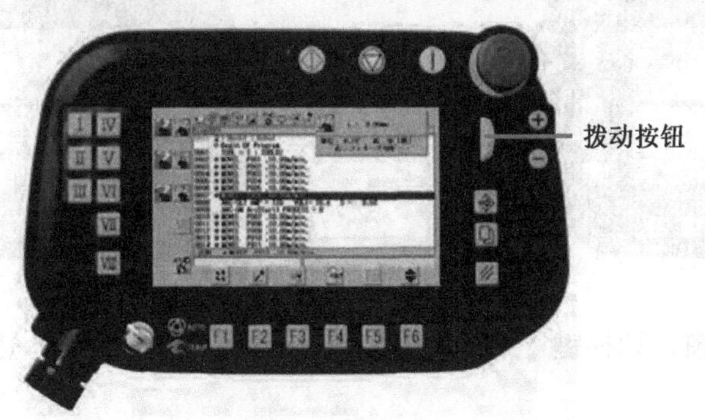

图 2-8　拨动按钮

拨动按钮有三种不同的操作方式：①向上/向下微动；②侧压；③侧压的同时向上/向下微动，如表 2-1 所示。

表 2-1　拨动按钮的操作方式

操 作 方 式	图　示	作　用
① 向上/向下微动		○移动机器人手臂或外部轴。 ○向上微动：向（＋）方向移动。 ○向下微动：向（－）方向移动。 ○移动屏幕上的光标。 ○改变数据或选择一个选项
② 侧压		○选定光标所在的项目并确认
③ 侧压的同时向上/向下微动		○保持机器人手臂的当前操作。 ○侧压后的拨动按钮移动量决定变化量。 ○停止微动并保持按压状态。 ○移动的方向与“向上/向下微动”方向相同

5. 窗口切换键

示教器屏幕能同时显示多个窗口，窗口切换键的主要功能是使光标在编辑窗口中移动，以及实现菜单栏与窗口之间的切换。窗口切换键如图 2-9 所示。

6. 登录键与取消键

（1）登录键。

登录键又称确认键或回车键，用于保存或确认一个选择，如图 2-10 所示，也可以通过点击对话框中的“OK”按钮完成相同的操作。在示教时，登录键用于保存或登录示教点。

（2）取消键。

取消键又称退出键，用于取消当前操作或返回上一个界面，如图 2-10 所示。

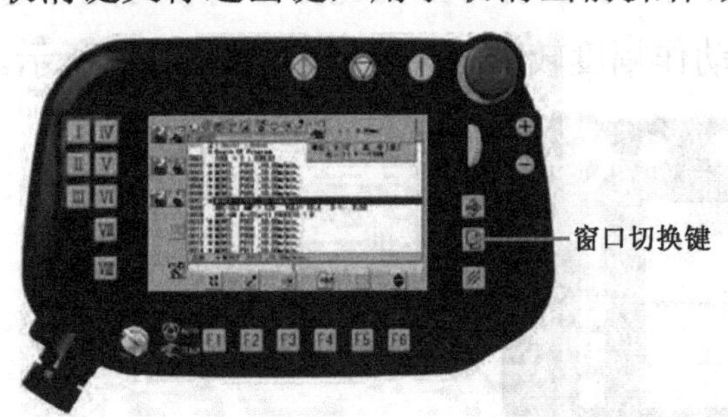

图 2-9　窗口切换键

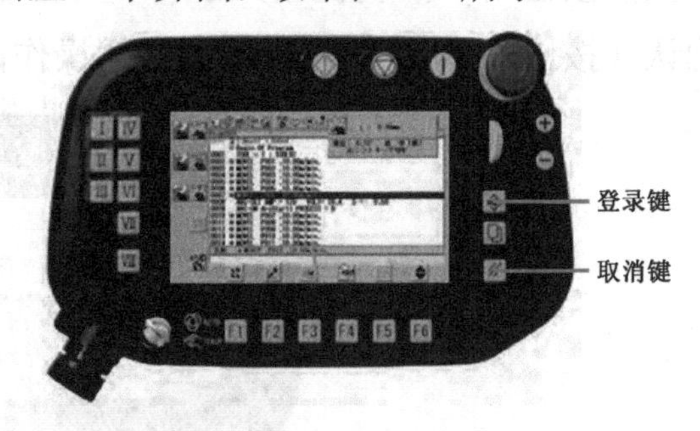

图 2-10　登录键与取消键

7. 功能键

（1）动作功能键。

每个动作功能键的作用分别与屏幕上显示的每个动作功能图标的作用相对应，如图 2-11 所示。

（2）用户功能键。

每个用户功能键的作用分别与用户功能键上方显示的用户功能图标的作用相对应，如图 2-11 所示。

8．左、右切换键

左、右切换键又称平移键或移动键，位于示教器背面安全开关的上方，用左手的食指、右手的食指进行操作，如图 2-12 所示。

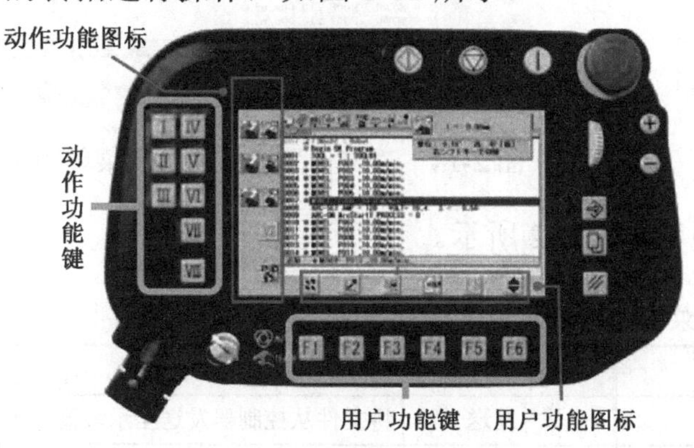

图 2-11　功能键及功能图标

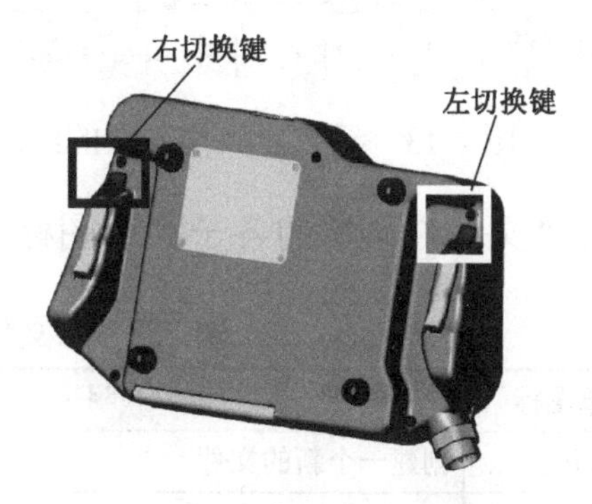

图 2-12　左、右切换键

（1）左切换键（L-切换键）。

当与其他功能键配合使用时，左切换键的功能如下。

① 左切换键用于坐标系的切换和外部轴的切换。

② 切换数位，即在数据的个位、十位、百位等之间进行切换，以便修改数值。

（2）右切换键（R-切换键）。

当与其他功能键配合使用时，右切换键的功能如下。

① 切换数位，以便于修改数值。

② 对拨动按钮的移动量进行“高、中、低”切换。

③ 作为功能选择的快捷键。

2.1.3　显示窗口及菜单图标

由于机器人控制器采用 Windows CE 操作系统，因此示教器是以窗口形式显示各操作界面的，示教器操作界面的组成如图 2-13 所示。

示教器提供了一系列图标来定义屏幕上的各种功能，易于辨识和操作。但是，当示教器屏幕处于初始界面、示教界面、编辑界面、运行界面时，有些图标无法显示和使用，必须切换到相应的界面才能进入图标项目，G_{II}型和 G_{III}型机器人示教器的子菜单图标和功能有所不同，下面就以常用的菜单和子菜单图标及其功能为例进行讲解。

1．“文件”菜单（图标 ）

（1）“文件”菜单的各子菜单图标如图 2-14 所示。

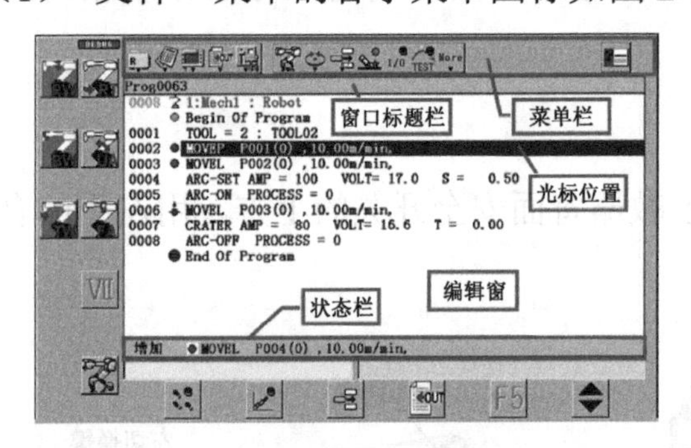

图 2-13　示教器操作界面的组成

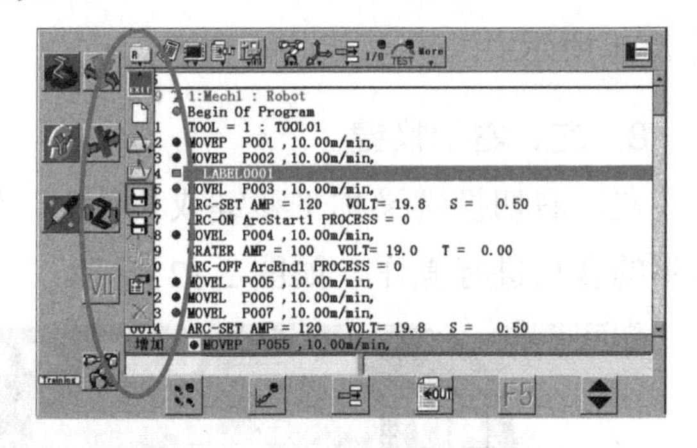

图 2-14　“文件”菜单的各子菜单图标

（2）“文件”菜单的各子菜单图标及说明如表 2-2 所示。

表 2-2　“文件”菜单的各子菜单图标及说明

子菜单图标	说　明	子菜单图标	说　明
新建	创建一个新的文件	发送	将文件从控制器发送至示教器
打开	打开一个文件	属性	显示文件属性
关闭	关闭当前打开的文件	删除	删除文件
保存	保存数据	重命名	重新给文件命名
另存为	将当前文件另存为其他文件名	—	—

2．“编辑”菜单（图标 ）

（1）“编辑”菜单的各子菜单图标如图 2-15 所示。

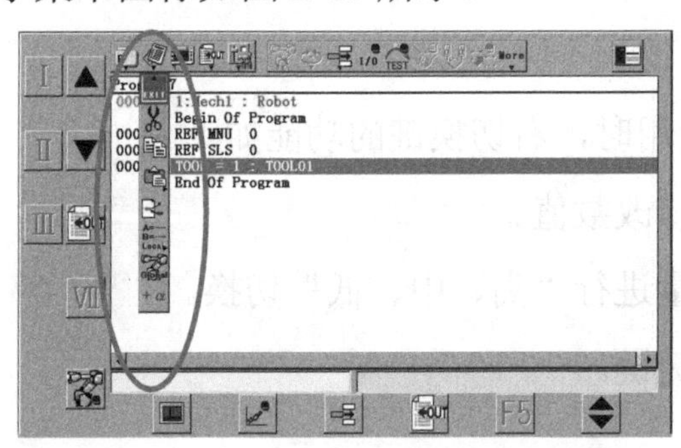

图 2-15　“编辑”菜单的各子菜单图标

（2）“编辑”菜单的各子菜单的图标及说明如表 2-3 所示。

表 2-3　“编辑”菜单的各子菜单的图标及说明

子菜单图标	说　明	子菜单图标	说　明
剪切	剪切选中的行，在剪切板中存储	查找	搜索文件中与指定条件一致的内容
复制	复制选中的行，在剪切板中存储	替换	搜索文件内容，并替换为设置的内容
粘贴	将复制或剪切内容插入光标位置	跳转	从一个标签名跳转到另一个标签名
顺粘贴	将剪切板中存储的内容顺序插入光标位置	全局变量	设置全局变量
逆粘贴	将剪切板中存储的内容逆序插入光标位置	选项	工具补正、变换补正（焊缝平移）

3. “查看”菜单（图标 ）

（1）“查看”菜单的各子菜单图标如图 2-16 所示。

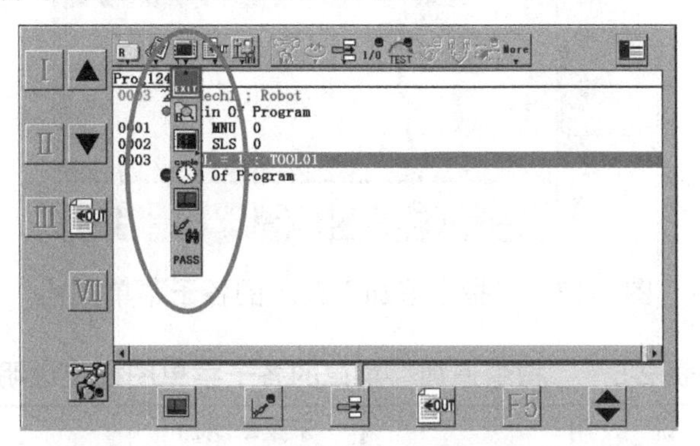

图 2-16 “查看”菜单的各子菜单图标

（2）“查看”菜单的各子菜单图标及说明如表 2-4 所示。

表 2-4 “查看”菜单的各子菜单图标及说明

子菜单图标	说 明	子菜单图标	说 明
文件列表	显示在屏幕上的文件列表	当前负荷率	显示当前负荷率
切换显示	选择显示在屏幕右侧的数据信息	平均负荷率	显示平均负荷率
电弧焊信息	显示电弧焊数据	最高负荷率	显示最高负荷率
XYZ XYZ	显示机器人当前工具端的位置坐标	累计时间	显示累计时间
AGL 角度	显示当前机器人姿态各关节值	运行状态	显示当前的操作状态
PLS 脉冲	显示当前机器人姿态各关节电动机脉冲	循环时间	显示选定程序的工作节拍
显示输入/输出端子	显示用户输入/输出端子的输入/输出状态	窗口	显示窗口
显示输入/输出状态	显示专用输入/输出端子的输入/输出状态	位置表示	显示机器人当前位置
显示变量	显示变量值	电流/电压	显示焊接电流/电压
字节	显示二进制变量的内容	焊接输入/输出	显示焊接输入/输出状态
整型	显示整型变量的内容	偏差统计	依靠焊接监控设置，显示机器人在范围外的次数
长整型	显示双精度整型变量的内容	TP 改变	显示示教器改变时间
实数	显示实数变量的内容	送丝监控	显示在数控焊接设备中的送丝状态
负荷率	显示负荷率	—	—

4. “指令追加”菜单（图标 ）

（1）“指令追加”菜单的各子菜单图标如图 2-17 所示。

（2）“指令追加”菜单的各子菜单图标及说明如表 2-5 所示。

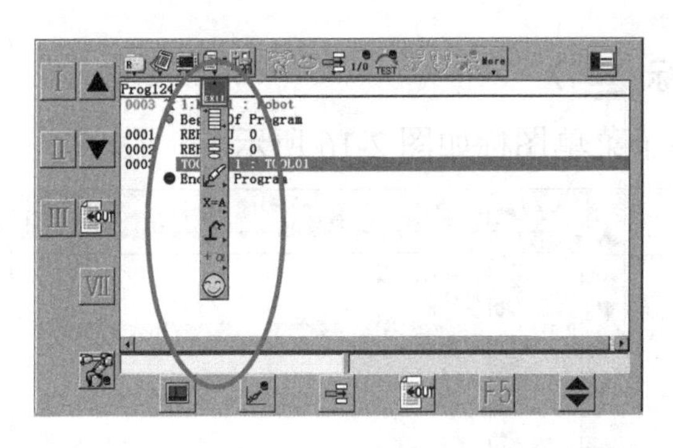

图 2-17 “指令追加”菜单的各子菜单图标

表 2-5 “指令追加”菜单的各子菜单图标及说明

子菜单图标	说明	子菜单图标	说明
增加指令	增加次序指令	动作	记录动作指令
流程	记录流程控制指令	移动指令	记录移动指令
焊接	寄存器存储焊接相关的指令	移动帮助	记录动作辅助指令
CO_2/MAG	记录 CO_2、MAG 或 MIG 的焊接条件	平移	记录平移指令
TIG	记录 TIG 焊接指令	选项	记录功能指令（与“编辑”菜单中的不同）
计算	记录操作指令	接触传感器	记录接触传感器相关的指令
算术计算	记录算术操作指令	外部轴	记录外部轴相关的指令
逻辑计算	记录逻辑操作指令	常用指令	移动指令

5.“设置”菜单（图标）

（1）“设置”菜单的各子菜单图标如图 2-18 所示。

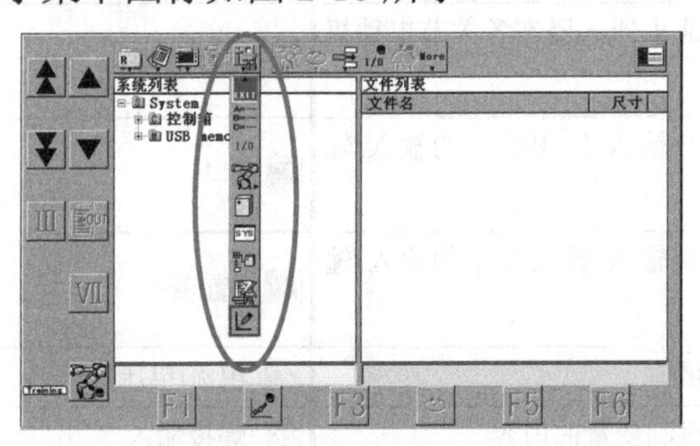

图 2-18 “设置”菜单的各子菜单图标

（2）“设置”菜单的各子菜单图标及说明如表 2-6 所示。

表 2-6 “设置”菜单的各子菜单图标及说明

子菜单图标	说明	子菜单图标	说明
变量	设置全局变量	坐标系（用户，协调）	设置用户坐标系
字节	设置 1 字节的整型变量	工具	设置工具补偿
整型	设置 2 字节的整型变量	标准工具	设置标准工具号码
长整型	设置 4 字节的整型变量	干涉领域（RT、程序块）	设置干涉领域（RT 或程序块）
实数	设置实数变量	RT 监控器	设置 RT 监控区域
基本设定	设置与机器人相关的参数	程序块监控器	设置程序块监控区域

续表

子菜单图标	说明	子菜单图标	说明
管理工具	设置与管理工具相关的参数	软限位	设置软限位
备份	进行系统数据和程序备份	微动	设置示教时的微动刻度盘旋转量和工具前端移动量的关系
电弧焊	设置与电弧焊相关的参数	系统	设置系统构成
输入/输出	设置输入或输出端子	控制器	进行关于控制器的设置
用户输入	设置用户输入端子	禁止编辑	禁止文件编辑
用户输出	设置用户输出端子	启动条件	设置启动方法（内部/外部）
用户输入（4）	设置4组用户输入端子	用户ID	编辑用户ID
用户输出（4）	设置4组用户输出端子	恢复	设置恢复
用户输入（8）	设置8组用户输入端子	速度限定	设置速度限定（手动、栏内）
用户输出（8）	设置8组用户输出端子	动作参数	设置移动速度和加速度
状态输入/输出	设置状态输入/输出端子	TP	示教时，设置与示教器相关的参数
位置（机器人）	设置机器人位置变量	选择坐标系	设置示教坐标系（直角坐标系、圆柱坐标系）
位置（机械）	设置示教点位置变量	显示语言	打开显示语言
位置（3D）	设置三维坐标变量	装载	在控制器中装载内存单元中保存的文件
画面切换时间	设置画面切换时间	核对	在控制器中核对保存在内存单元中的文件
系统信息	设置系统相关的参数	日期/时间	设置控制器的日期和时间
错误记录	显示错误记录	用户登录	运行或管理用户登录的ID、等级或功能
所有错误	显示所有错误	增加	增加登录用户
主要错误	显示主要的软件错误	监控器	设置用户相关的参数
伺服	显示伺服错误	电源闭合时用户ID	设置认可用户ID，闭合电源
TP	显示示教器错误	用户ID的时间管理	管理用户ID时间
输入/输出	显示输入或输出的错误	内存清除（控制器）	清除内存
其他	显示所有的其他错误	原点位置	调整机器人的原点位置
报警记录	显示报警记录	标准位置（主轴）	使用角度调整机器人的原点位置
焊接	显示焊接错误	标准位置（G1～G6）	使用角度调整外部轴G1～G6的原点位置
文件夹设置	设置程序存储位置和自动数据备份的时间间隔	标准位置（G7～G12）	使用角度调整外部轴G7～G12的原点位置
保存	将文件保存到控制器内存单元	焊丝/材质/焊接方法	设置焊丝类型、工件的材质和焊接方法
MDI（主轴）	使用MDI（坐标值）调整机器人的原点	值调整	设置机器人发出的命令值和焊机的输出值相吻合的调整值
MDI（G1～G6）	使用MDI（坐标值）调整外部轴G1～G6的原点	微调整	设置焊接微调整值（如热电压或FTT水平）

续表

子菜单图标	说　明	子菜单图标	说　明
MDI（G7～G12）	使用MDI（坐标值）调整外部轴G7～G12的原点位置	一元化/个体	设置一元化或个体
示教（主轴）	使用示教操作调整机器人的原点位置	焊接条件	编辑焊接条件表
示教（G1～G6）	使用示教操作调整外部轴G1～G6的原点位置	慢进速度	设置焊丝慢进速度
示教（G7～G12）	使用示教操作调整外部轴G7～G12的原点位置	再起弧	设置再起弧方式
重复再启动	设置再启动时的重复方法	粘丝解除	设置粘丝解除方式
结构	增加、删除或重命名焊机	更换导电嘴	设置情况指示时间替换项
增加焊机	增加焊机数据表	焊接监控器	设置导电嘴更换时的焊接条件
改变焊机名	重命名焊接数据表	显示焊接条件	设置显示焊接条件的方式
删除焊机	删除已注册的焊接数据表	快速启动	设置允许机器人在焊接开始点或焊接结束点之前运行次序指令的条件
设置默认值	选择焊机数据表	设置脉冲方式	设置脉冲模式条件（只针对有脉冲功能的焊机）
焊机1	设置与焊机相关的参数	摆动	设置摆动方式

6. “示教机构”菜单（图标 ）

“示教机构”菜单的各子菜单图标及说明如表2-7所示。

表2-7　“示教机构”菜单的各子菜单图标及说明

子菜单图标	说　明	子菜单图标	说　明
限定条件	限定操作条件	补偿	打开激活补偿功能
单步	单步运行操作	脱机编辑	离线编辑运行中的程序（脱机编辑）
程序单位	单次连续运行程序	正向跟踪	按照编程次序正向运行
连续	重复程序	反向跟踪	按照编程次序反向运行
周期时间	显示周期时间	—	—

7. “坐标系”菜单（图标 ）、“示教内容”菜单（图标 ）

“坐标系”菜单、“示教内容”菜单的各子菜单图标及说明如表2-8所示。

表2-8　“坐标系”菜单、“示教内容”菜单的各子菜单图标及说明

子菜单图标	说　明	子菜单图标	说　明
机器人	手动操作时的装置	速度	设置机器人操作时的运动速度为高速
关节	关节坐标系	增加	增加数据
直角	直角坐标系	更改	改变数据
工具	工具坐标系	删除	删除数据
圆柱	圆柱坐标系	跟踪	打开跟踪操作
用户	用户坐标系	空走点	切换焊接点、空走点
插补	插补指令	焊丝/气体检测	进行焊丝微动或气体检测
直线	直线插补	摆动	直线摆动插补
圆弧	圆弧插补	圆弧摆动	圆弧摆动插补

8. 其他菜单

其他菜单的各子菜单图标及说明如表 2-9 所示。

表 2-9　其他菜单的各子菜单图标及说明

子菜单图标	说　明	子菜单图标	说　明
程序测试	示教模式运行机器人	示教参数设置	示教参数默认值
输入/输出	可以手动进行输入、输出操作	示教设定	示教参数默认值设置
速度（低）	设置机器人操作时的运动速度为低速	示教扩展设定	扩展功能设定
速度（中）	设置机器人操作时的运动速度为中速	版本信息	显示机器人软件的版本信息
帮助	显示帮助信息	许可信息	显示许可信息

在操作过程中，如果要查看子菜单图标的功能，可将光标在图标上稍作停顿来显示图标名称，如图 2-19 所示。

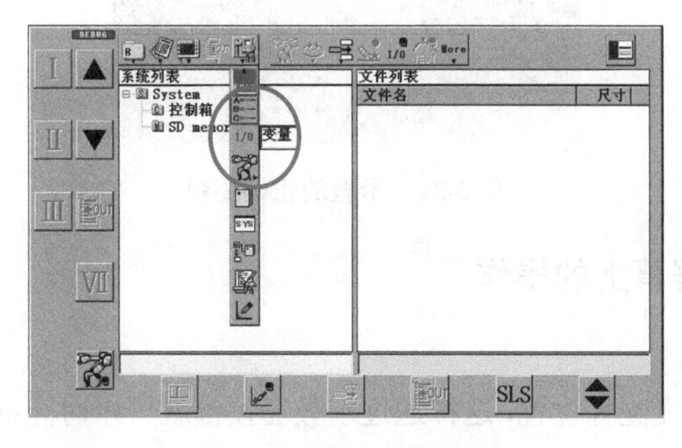

图 2-19　显示图标名称

2.2　示教器的操作

2.2.1　示教器持握姿势

采用正确的示教器持握姿势非常重要，一是可保证示教器的安全，二是便于持握和操作。正确持握示教器的方法：首先，将挂带套在左手上，以免示教器脱落损坏。左手和右手分别握住示教器的两侧，拇指在上，其余四指在下呈持握状。示教器的屏幕位置应便于眼睛观察，根据示教器正面按键所在位置，使用左手和右手的拇指来进行操作。示教器背面的左、右切换键由左手和右手的食指进行操作，左手和右手的中指、无名指、小拇指自然地放在安全开关的位置上，如图 2-20 所示。

示教的正确姿势：将示教器水平持握在靠近眼睛下方易于观察的地方，眼睛与示教点的最佳距离范围为 100～500mm。注意：不要将示教器顶靠在工作台上，或者置于工作台下方，以免造成示教器损坏，如图 2-21 所示。

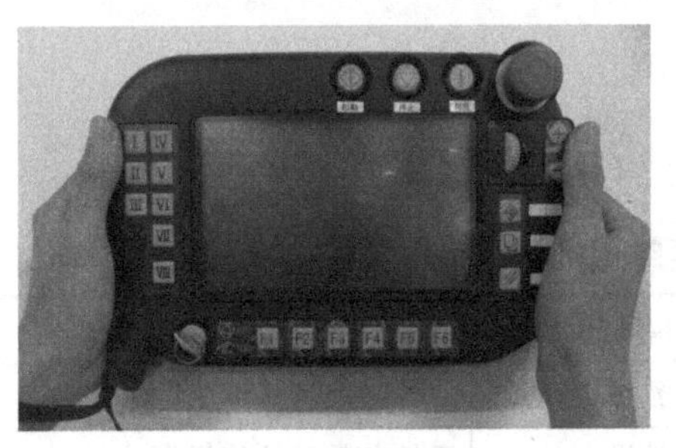

（a）示教器正面

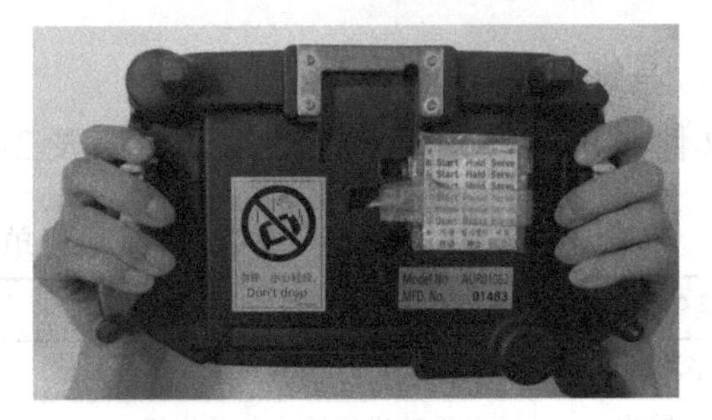

（b）示教器背面

图 2-20　示教器的正确持握姿势

图 2-21　示教的正确姿势

2.2.2　示教器屏幕上的操作

1．移动光标

通过窗口切换键改变光标位置，这样通过示教器按键就可以对光标所在的窗口进行操作，如图 2-22 所示。

（1）向上/向下微动拨动按钮可向上/向下轻微移动光标。光标位置由红色粗线轮廓或选黑表示。

（2）在光标所在位置，若侧压拨动按钮，则可进入子菜单或数据编辑界面。若按动窗口切换键，则每按动一下，光标在菜单与窗口之间移动一个位置。

（3）在数据编辑界面，先向上/向下微动拨动按钮移动光标到所需修改的位置，然后侧压拨动按钮进行数据修改，最后确认保存或退出，如图 2-23 所示。

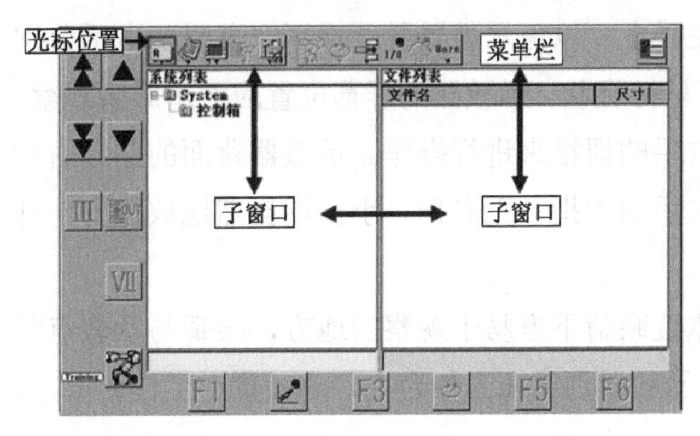

图 2-22　菜单与窗口之间的切换示意图

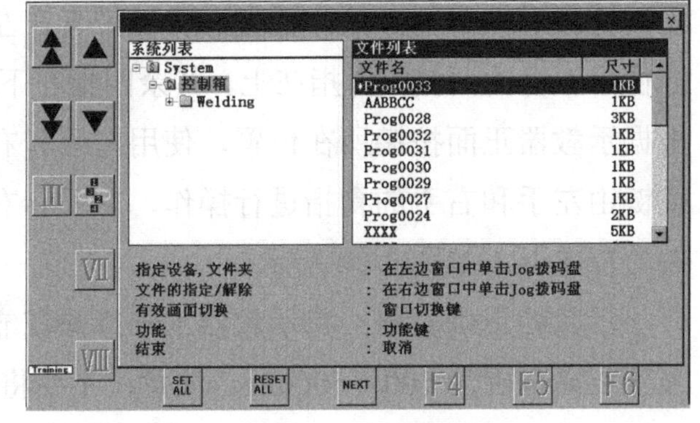

图 2-23　移动光标

2. 选择菜单

移动光标到菜单图标位置后侧压拨动按钮，显示子菜单图标，如图 2-24 所示。

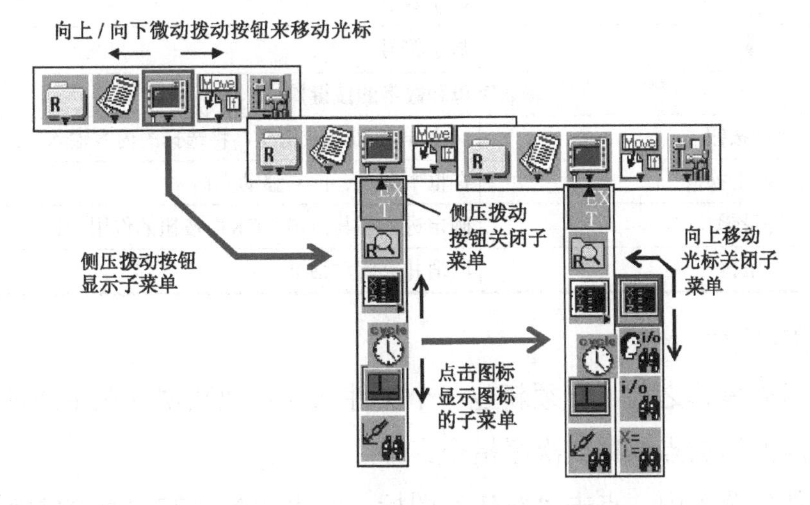

图 2-24　移动光标由菜单进入子菜单示意图

3. 输入数值

若要显示数字输入框，输入数值，则可按照以下步骤进行操作，如图 2-25 所示。

（1）点击数字所在的行，显示数字输入框后，使用左切换键或右切换键切换数位。

（2）使用拨动按钮修改数值。

（3）按登录键，关闭窗口并保存所修改的数值。

（4）按取消键，不保存所修改的数值直接关闭窗口。

4. 输入字母和数字

在进行新文件命名时，通过输入框来输入字母和数字，以便查找和辨识。大小写字母和数字输入图标显示在左侧，点击对应的图标即可输入大小写字母和数字，如图 2-26 所示。

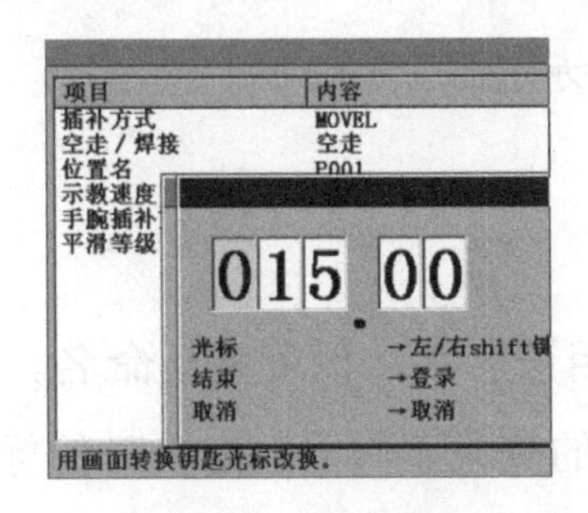

图 2-25　输入数值

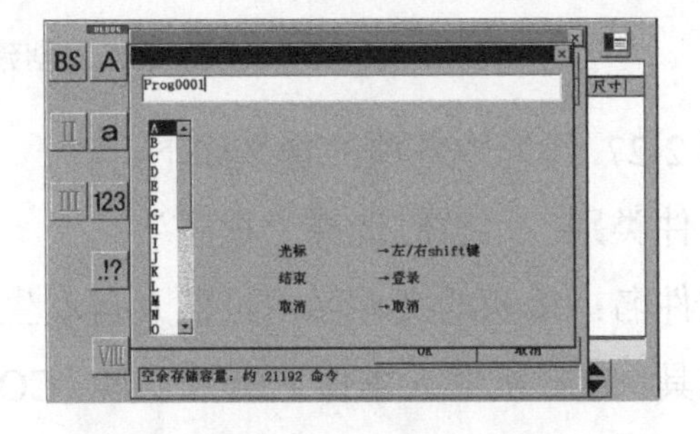

图 2-26　输入大小写字母和数字

输入字母和数字时的动作功能图标及输入方式如表 2-10 所示。

表 2-10　输入字母和数字时的动作功能图标及按键操作

动作功能图标	功　能
	显示大写字母
	显示小写字母

续表

动作功能图标	功　能
	显示数字
	显示符号
输入字母和数字的按键操作	
拨动按钮	向上/向下微动或侧压，将选择的内容输入相应的框
左、右切换键	在框中向左、向右移动光标
登录键	确定进入（与点击“OK”按钮的作用一样）
取消键	取消并关闭对话框

5. 创建新程序文件

在开始进行示教操作之前，必须新建一个文件保存示教数据。在生成的文件中存储示教或编辑文件时生成的示教点数据或次序指令。

（1）在“文件”菜单中，点击“新建”图标，弹出如图 2-27 所示的对话框。

（2）对话框中默认的文件名为 Prog****，若需重新命名，则可通过功能键编辑新的文件名，点击“OK”按钮保存文件。

（3）在示教操作中，追加的示教点数据和次序指令可通过文件编辑操作保存在文件中。

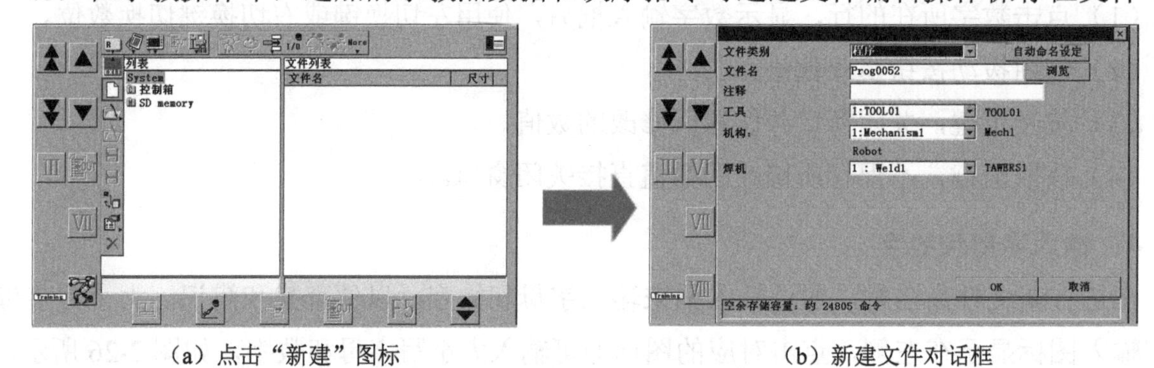

（a）点击“新建”图标　　（b）新建文件对话框

图 2-27　创建新程序文件示意图

图 2-27（b）中各项的含义如下。

文件类别：示教时选择“程序”。

文件名：最初的文件名由机器人自动生成，可使用该名字，也可重新命名。

工具：选择机器人本体上所带工具（CO_2 焊枪等）的登录工具号，出厂时的标准工具登录工具号为“1：TOOL01”。

机构：仅有机器人时为“1：Mechanism1”，有外部轴时为“2：Mechanism1+G1”。

2.2.3　在线帮助系统

G_{III}型机器人示教器有一项在线帮助功能，当在示教编程和运行过程中遇到问题时，若出现操作错误或警报显示，则点击“帮助”图标即可得到需要的信息，如图 2-28 所示，查看方法如下。

（1）移动光标到“帮助”图标上并点击进入帮助窗口。在帮助窗口中，移动光标到相应的项目上，侧压拨动按钮得到所需信息。

（2）按窗口切换键返回正在工作的机器人操作窗口。

注意：

当按下窗口切换键进行其他操作时，要关闭帮助窗口并保存当前的屏幕内容。

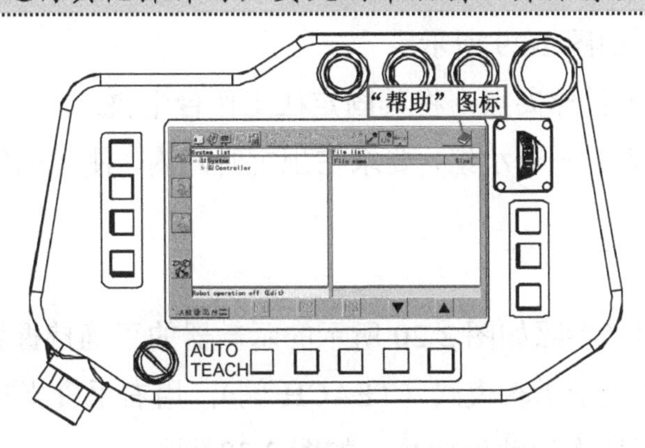

图 2-28　G_{III}型机器人示教器“帮助”图标

示教器上帮助窗口中各按键的功能如表 2-11 所示。

表 2-11　示教器上帮助窗口中各按键的功能

在帮助窗口中的操作	按　　键
链接移动（从上到下）	拨动按钮（向下微动）
链接移动（从下到上）	拨动按钮（向上微动）
移动到链接处	拨动按钮（微动）和Ⅳ键
返回上一个界面	右切换键，左切换键
向上移动	Ⅰ键
向下移动	Ⅱ键
返回正在工作的机器人操作窗口	窗口切换键
下一页	F4 键
上一页	F5 键
结束	取消键

“帮助”菜单内容如表 2-12 所示。

表 2-12　“帮助”菜单内容

菜　　单	描　　述
操作过程	解释示教、操作和文件编辑的顺序
次序指令	解释每个次序指令的功能、格式和说明
控制器的设置	解释输入/输出、软限位、间隔、速度限制、工具、焊接条件和其他显示的设置
错误和警报	解释每个错误和警报的内容、说明及进行检查的项目

实训项目2　移动机器人找点

【实训目的】熟悉示教器按键功能，掌握使用拨动按钮移动机器人找点的方法。

【实训内容】分别在关节坐标系、直角坐标系、工具坐标系中移动机器人焊枪，使焊丝末端与目标尖点轴向对准，如图2-29所示。

【工具准备】准备一个目标尖点，将其固定在工作台中央。

【方法及建议】3～5人为一个小组，要求在规定时间内，使焊枪的焊丝末端精确对准目标尖点且呈一条直线。

【实训步骤】

（1）正确持握示教器（参照如图2-20所示的示教器的正确持握姿势）。

（2）将模式选择开关置于示教模式（TEACH侧），用右手食指扣动右切换键，左手拇指按动作功能键Ⅳ，切换机器人运动坐标系，如图2-30所示。

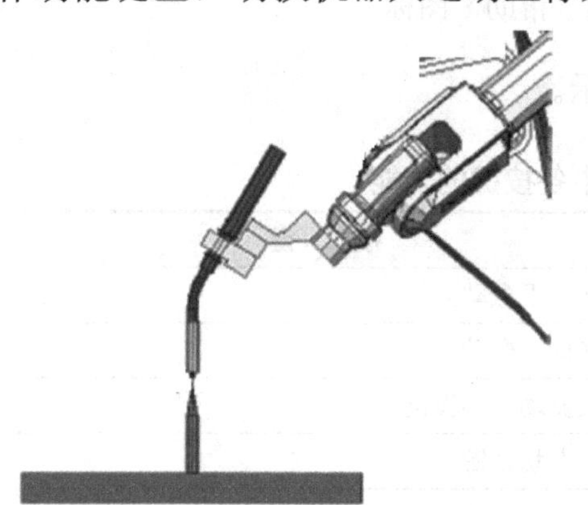

图2-29　焊丝末端与目标尖点轴向对准示意图

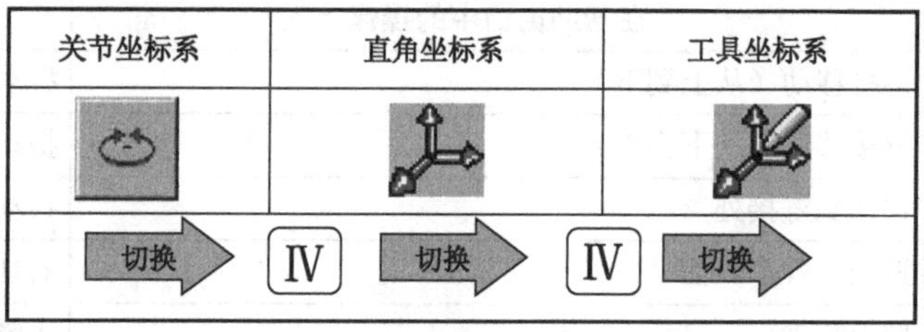

关节坐标系	直角坐标系	工具坐标系
切换 → Ⅳ	切换 → Ⅳ	切换 →

图2-30　切换机器人运动坐标系示意图

（3）左手（或右手）中指轻轻握压安全开关，待伺服ON按钮显示灯闪烁时，右手拇指按下伺服ON按钮，此时伺服电源接通，伺服ON按钮显示灯常亮，接着按动作功能键Ⅷ，点亮机器人运动图标灯，再按住相应的动作功能键，同时侧压或微动拨动按钮，使机器人相应进行连续或间断运动，此时再扣动右切换键可以调整机器人移动速度为高速、中速或慢速。

（4）切换至直角坐标系，通过直角坐标系的6种动作模式，从原点开始移动机器人焊枪，使焊枪及焊丝末端轴向对准目标尖点，在1min内完成为合格。

（5）切换至关节坐标系，通过关节坐标系的6种动作模式，从原点开始移动机器人焊枪，使焊枪及焊丝末端轴向对准目标尖点，在2min内完成为合格。

（6）切换至工具坐标系，通过工具坐标系的6种动作模式，从原点开始移动机器人焊枪，使焊枪及焊丝末端轴向对准目标尖点，在1min内完成为合格。

【实训报告 2】

实训报告 2

实训名称	移动机器人找点		
实训内容与目标	熟练并精确地用示教器操作机器人找点		
考核项目	熟悉各坐标系的功能及切换方法		
	熟练使用拨动按钮精确并迅速地移动机器人		
小组成员			
具体分工			
指导教师		学生姓名	
实训时间		实训地点	
计划用时/min		实际用时/min	
实训准备			
主要设备	辅助工具	学习资料	
焊接机器人			
备注			
1．简述移动机器人找点的操作过程。			
2．说出各坐标系的名称及使用场合。			
3．收获与体会。			

第 2 章单元测试题

一、判断题（下列判断题中，正确的请打“√”，错误的请打“×”）

1．图标表示打开一个文件。 （ ）

2．图标表示创建一个新的文件。 （ ）

3．图标表示保存数据。 （ ）

4．图标表示执行工具。 （ ）

5. 图标表示执行跳转。（　　）
6. 图标不表示循环执行程序。（　　）
7. 拨动按钮只能进行上下拨动操作。（　　）
8. 在修改数据时，使用左切换键或右切换键切换数位。（　　）
9. 紧急停止按钮通过切断伺服电源立即停止机器人操作。（　　）
10. 在机器人运动过程中，工作区域内如有人员进入，应按下紧急停止按钮。（　　）

二、单项选择题（下列每题的选项中只有1个是正确的，请将其代号填在横线空白处）

1. 当机器人示教工件时，示教器的挂带要套在左手上，应该时刻保持________操作。
   A. 双手　B. 单手　C. 左手　D. 右手
2. 清洗示教器的表面通常采用软布蘸少量________轻轻地进行擦拭。
   A. 香蕉水　B. 水
   C. 酒精　D. 水或中性清洁剂
3. 机器人本体是指________。
   A. 手臂部分　B. 整个系统
   C. 控制部分　D. 手臂和控制部分
4. 在机器人运动过程中，工作区域内如有人员进入，应按下________。
   A. 安全开关　B. 紧急停止按钮
   C. 暂停开关　D. 电源开关

三、问答题

1. 安全开关起什么作用？紧急停止按钮在什么情况下使用？
2. 伺服ON按钮的作用是什么？在什么位置？
3. 窗口切换键在什么位置？有什么作用？
4. 拨动按钮有哪几种不同的操作方式？
5. 如何用示教器修改数据？
6. 练习正确的编程姿势（手持示教器的姿势和手指位置）。
7. 菜单图标的类型有哪几种？和分别代表什么含义？
8. 是什么菜单图标？在什么情况下使用？
9. 菜单图标的含义是什么？在什么情况下使用？如何使用？
10. 菜单图标的含义是什么？在什么情况下使用？

第3章 示教模式

知识目标

了解示教模式下各轴的运动规律、坐标系的概念、插补指令、编程步骤、跟踪的作用及方法、示教点的修改与编辑，以及引起示教误差的因素等相关内容。

能力目标

1. 熟练操作机器人移动。
2. 熟练掌握示教编程的步骤及方法。
3. 掌握示教误差产生的原因及解决方法。

情感目标

培养学生认真细致的工作态度。

3.1 示教模式下的操作

示教模式是指模式选择开关在TEACH侧时的模式，在此模式下，可以使用示教器进行示教或程序编辑的操作。示教模式也被称为手动模式。

扫一扫：观看手动模式下机器人的设定和自动模式下机器人的运行视频

机器人的设定

机器人的运行

3.1.1 闭合伺服电源

⚠危险：

❗闭合伺服电源前要确定机器人动作范围内没有人。

闭合伺服电源是机器人进行工作的必要条件，这项操作需要开机、按住安全开关及按下伺服ON按钮三个动作，具体操作步骤如下。

（1）闭合控制器电源开关（开机）后，示教器要读取控制柜中的系统数据，约需要花费30s，如图3-1所示。系统数据传送结束后出现操作状态初始界面，如图3-2所示。

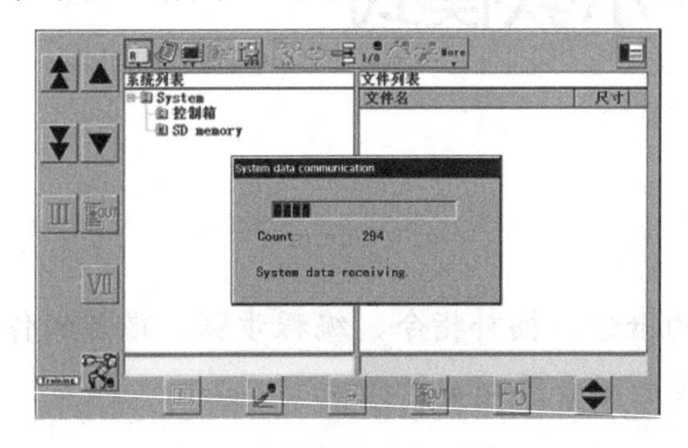

图3-1　传送系统数据

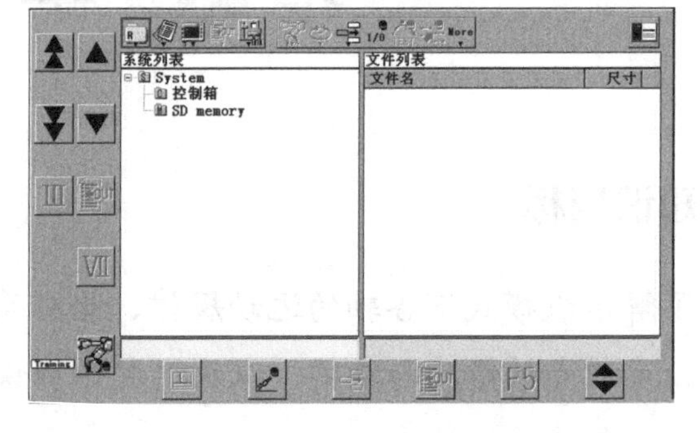

图3-2　操作状态初始界面

（2）安全开关为三段式开关，松开或用力按住安全开关都将切断伺服电源。在示教器启用时，左手（或右手）的中指和无名指用自然力按住其中任何一个安全开关，如图3-3所示，当伺服ON按钮显示灯闪烁时，按下伺服ON按钮，此时伺服ON按钮显示灯保持常亮，如图3-4所示。

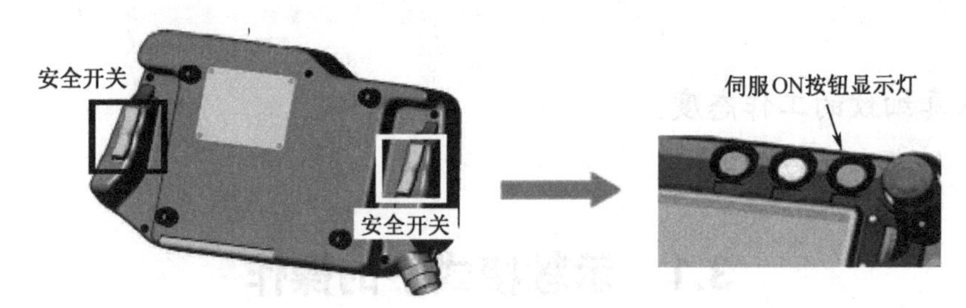

图3-3　安全开关　　图3-4　伺服ON按钮显示灯

（3）示教时在示教器背面的手指应一直按住安全开关，当不慎松开或按压力过大造成伺服电源断开时，应再次轻按安全开关，当伺服ON按钮显示灯闪烁时，按下伺服ON按钮。

注意：

切断伺服电源后，若需要再次闭合伺服电源，至少需要3s的等待时间。

3.1.2　移动机器人

危险：

在闭合伺服电源之前一定要确定在机器人的动作范围内没有干扰机器人运动的人和物。

提示：

在示教过程中，机器人TCP的最大移动速度应限定在15m/min（250mm/s）以内。

1．动作要领

在示教模式下使用示教器移动机器人的操作步骤如下。

（1）点亮机器人运动图标灯进入示教状态。机器人运动图标灯状态如表 3-1 所示。

表 3-1　机器人运动图标灯状态

（图标灯亮）　机器人运动：ON	进入示教状态，可移动机器人手臂
（图标灯灭）　机器人运动：OFF	进入编辑状态，可移动示教器界面上的光标

（2）用左手拇指按住动作功能键，右手拇指向上/向下微动拨动按钮，对应的机器人手臂随之运动。

（3）当松开动作功能键或停止向上/向下微动拨动按钮时，机器人停止运动。

补充说明：

如图 3-5 所示，窗口右上方阶梯图显示当前机器人 TCP 移动速度的快慢，阶梯位置越高，移动速度越快。当松开动作功能键或停止向上/向下微动拨动按钮时，阶梯图消失，TCP 移动停止。

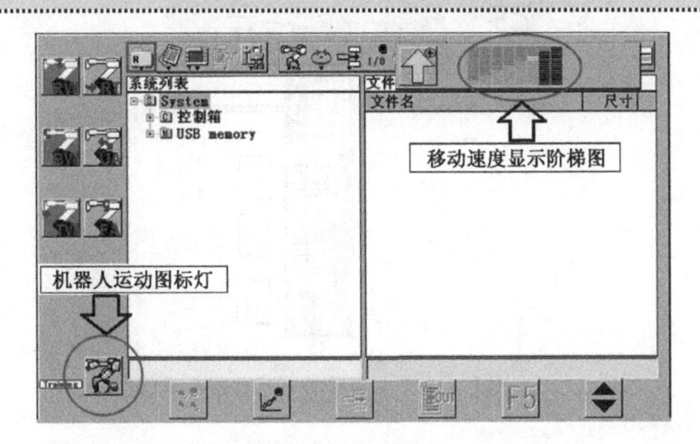

图 3-5　机器人运动图标灯和移动速度显示阶梯图

2．拨动按钮的正确使用

使用右手拇指操作拨动按钮是机器人操作的一项重要技巧，需要反复练习直至能熟练操作，以避免示教过程中撞枪情况的发生。拨动按钮具体的使用方法如下所述。

（1）当小幅度移动机器人或微调焊枪姿态时，用右手拇指向上/向下微动拨动按钮缓慢移动机器人，如图 3-6 所示。

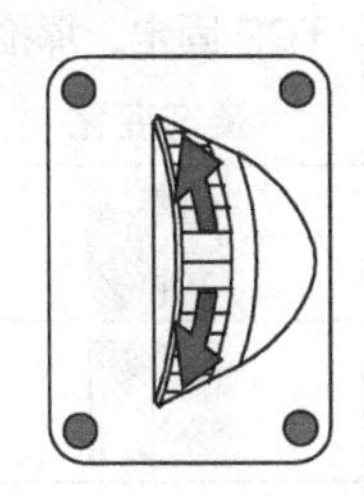

（a）向上/向下微动拨动按钮

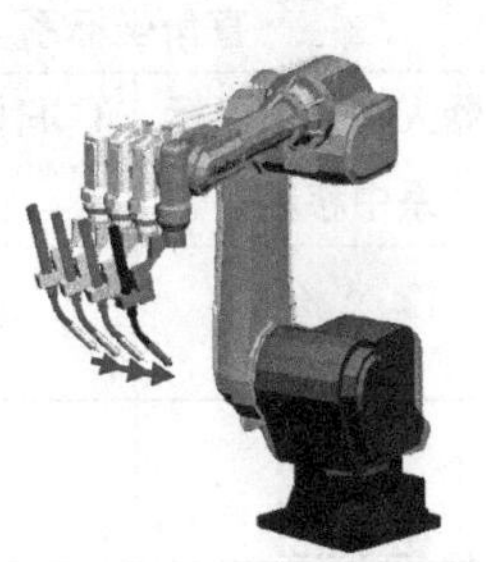

（b）对照旋转量移动机器人

图 3-6　向上/向下微动拨动按钮移动机器人示意图

（2）当大幅度移动机器人时，用右手拇指侧压的同时向上/向下微动拨动按钮可实现高速、中速、低速移动机器人，如图 3-7 所示。

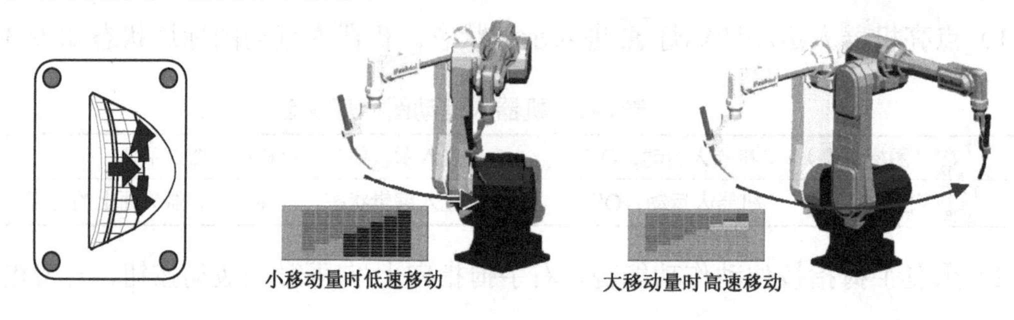

（a）侧压的同时向上/向下微动拨动按钮　（b）小移动量　（c）大移动量

图 3-7　用拨动按钮移动机器人示意图

3. 示教速度

示教速度是指机器人运行时 TCP（焊枪的焊丝末端）的移动速度。使用菜单切换功能（或扣动右切换键）可使示教速度为低速（L）、中速（M）或高速（H），如图 3-8 所示。

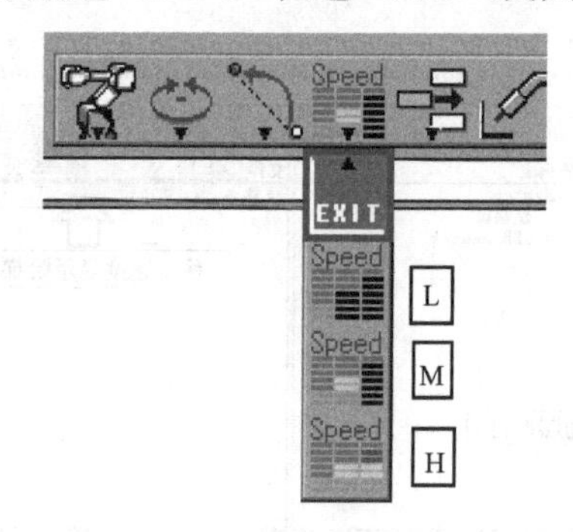

图 3-8　示教速度图示

3.1.3　转换坐标系

1. 机器人坐标系类别

机器人有五个坐标系可供选择，分别是关节坐标系、直角坐标系、工具坐标系、圆柱坐标系和用户坐标系。常用坐标系及外部轴动作图标如表 3-2 所示。

表 3-2　常用坐标系及外部轴动作图标

动作功能键	直角坐标系		工具坐标系		外部轴动作
	机器人在直角坐标系中移动	TCP 固定，机器人姿态变化	以工具为基准的机器人移动	TCP 固定，焊枪姿态变化	通过切换，使外部轴分别动作
Ⅰ　Ⅳ					
Ⅱ　Ⅴ					
Ⅲ　Ⅵ					

2．转换坐标系的操作步骤

（1）点亮机器人运动图标灯后，右手食指扣动右切换键，同时左手拇指按动作功能键Ⅳ转换坐标系，如图 3-9 所示。

（2）左手拇指按住动作功能键，右手拇指侧压的同时向上/向下微动拨动按钮，机器人随之在选定的坐标系中按照动作功能键模式移动，如图 3-10 所示。

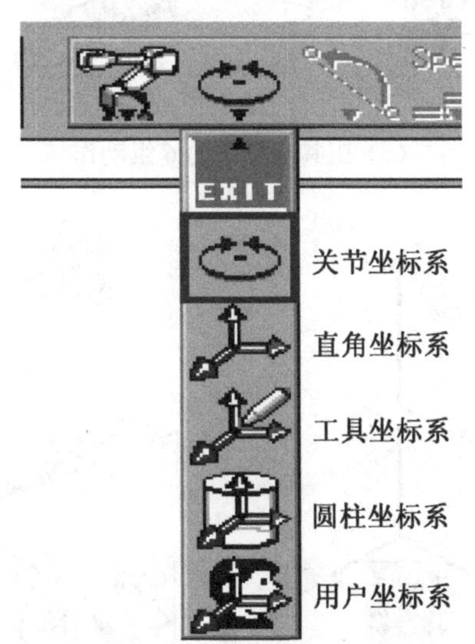

图 3-9　各坐标系图标

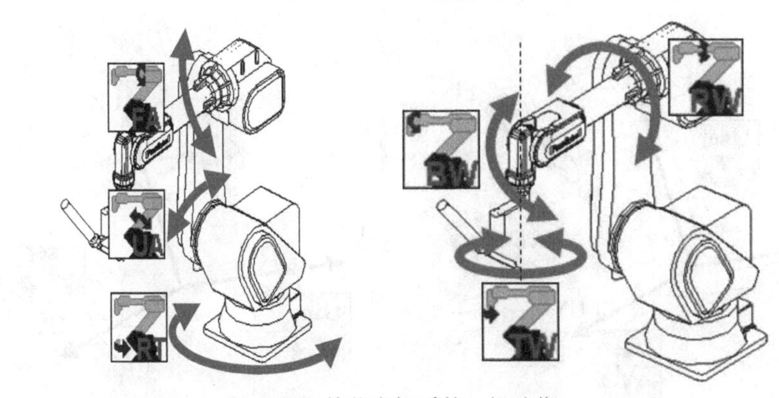

（a）关节坐标系的 6 组动作

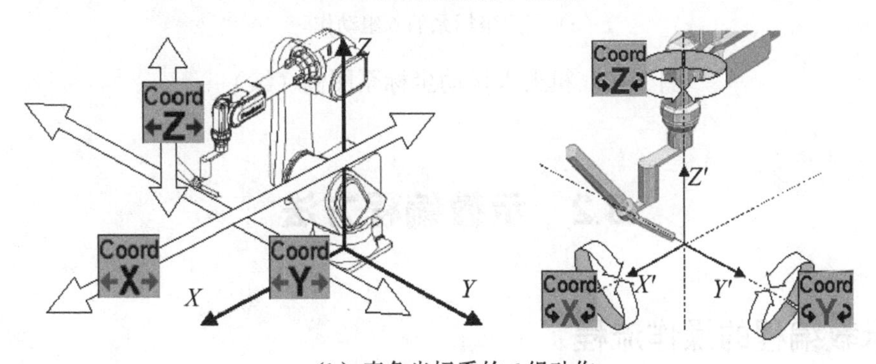

（b）直角坐标系的 6 组动作

图 3-10　机器人运动坐标系图例

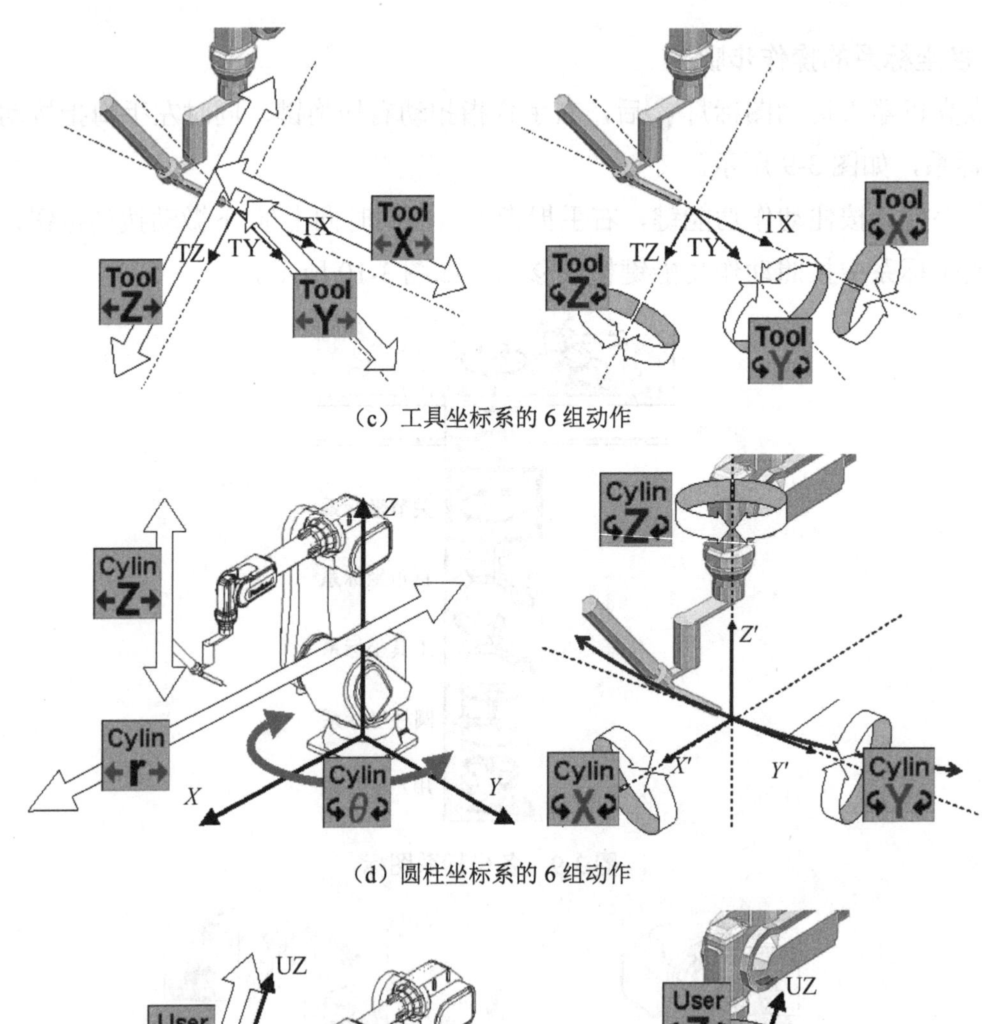

（c）工具坐标系的 6 组动作

（d）圆柱坐标系的 6 组动作

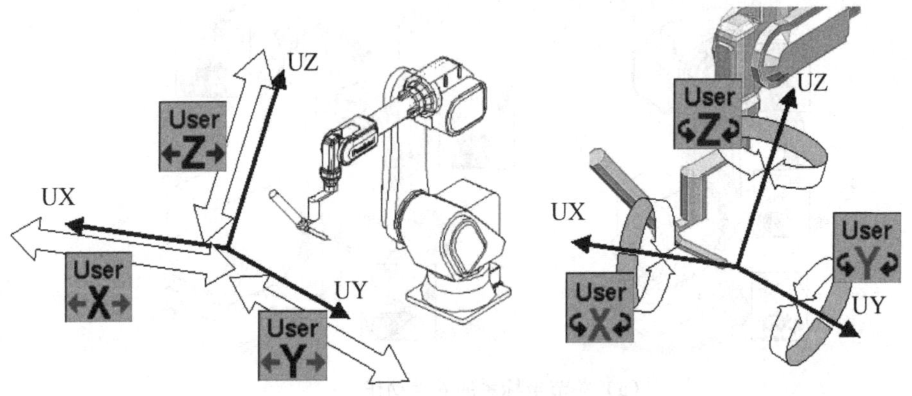

（e）用户坐标系的 6 组动作

图 3-10　机器人运动坐标系图例（续）

3.2　示教编程方法

3.2.1　示教编程的操作流程

掌握正确的示教编程操作流程是高效和精准完成示教编程工作的关键，示教编程的操作流程如图 3-11 所示。

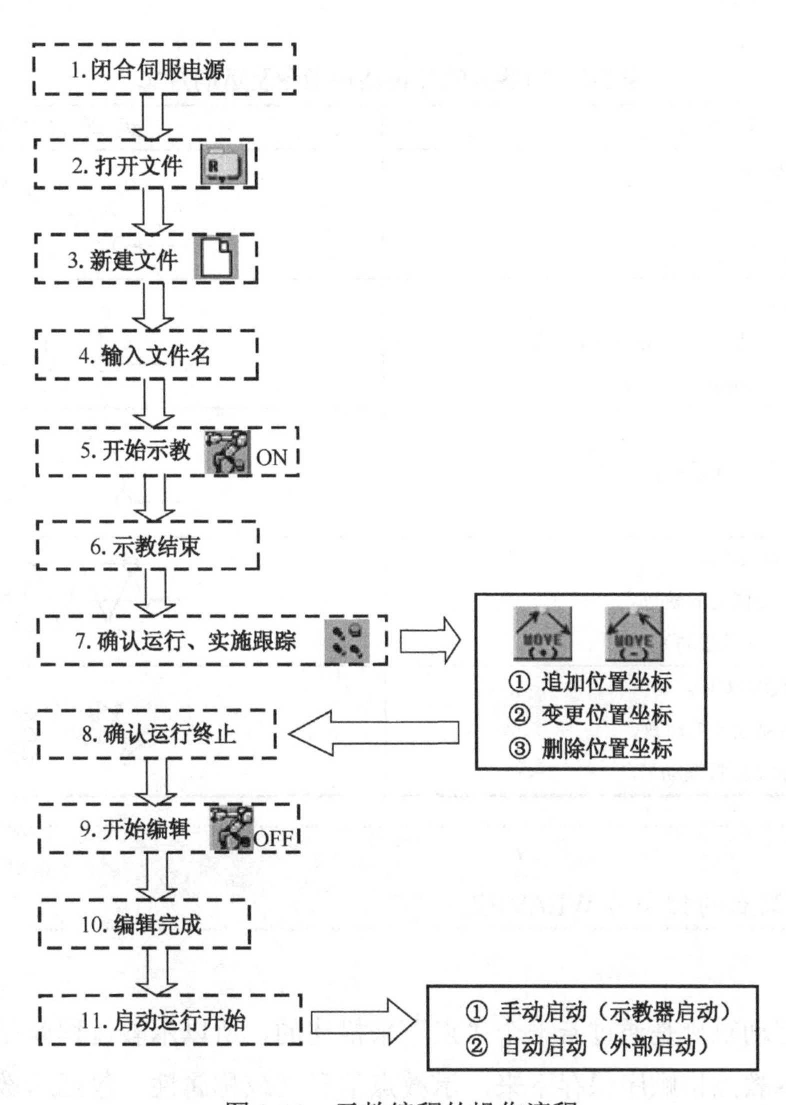

图 3-11 示教编程的操作流程

3.2.2 插补概念和示教点

1. 插补概念

插补（Interpolation）也称插值，是已知曲线上的某些数据，按照某种算法计算已知点之间的点的方法，也称轨迹起点和终点之间的数据密化方法。依据机器人运动学理论，在对机器人手臂关节在空间中的运动进行规划时，需要进行的大量工作是对关节变量的插补计算。

插补是一种算法，可以理解为示教点之间的运动方式。对于有规律的轨迹，仅示教几个特征点，机器人就能利用插补算法获得中间点的坐标，直线插补和圆弧插补是机器人系统中的基本算法，如两点确定一条直线、三点确定一段圆弧。在实际工作中，对于非直线和圆弧的轨迹，可以将其切分成若干个直线段或圆弧段，以无限逼近的方法实现轨迹示教。

2. 插补指令及运动方式

将机器人的移动指令储存在示教点中，用来决定每段的插补指令及运动方式。机器人的几种插补指令及运动方式如表 3-3 所示。

表 3-3 机器人的几种插补指令及运动方式

插补命令	运动方式
点到点插补指令：MOVEP。 描述点到点的运动，又称 PTP。 英译：MOVE（移动）；Point（点）	
直线插补指令：MOVEL。 描述机器人从该点到下一点运行一条线段的轨迹。 英译：MOVE（移动）；Linear（直线）	
圆弧插补指令：MOVEC。 描述机器人通过三点运行一条圆弧的轨迹。 英译：Circular（圆弧）	
直线摆动插补指令：MOVELW。 描述机器人运行一条直线摆动的轨迹。 英译：Linear-Weaving（直线摆动）	
圆弧摆动插补指令：MOVECW。 描述机器人运行一条圆弧摆动的轨迹。 英译：Circular-Weaving（圆弧摆动）	

补充说明：

摆动插补振幅点的指令为 WEAVEP。

3. 示教点

由于机器人移动轨迹是通过若干个“点”来描述的，所以示教过程就是示教“点”的过程，并要将这些示教点按顺序保存下来，示教点信息（或称属性）包括示教点坐标数据和运动方式（插补指令及运动速度）等，如图 3-12 所示。

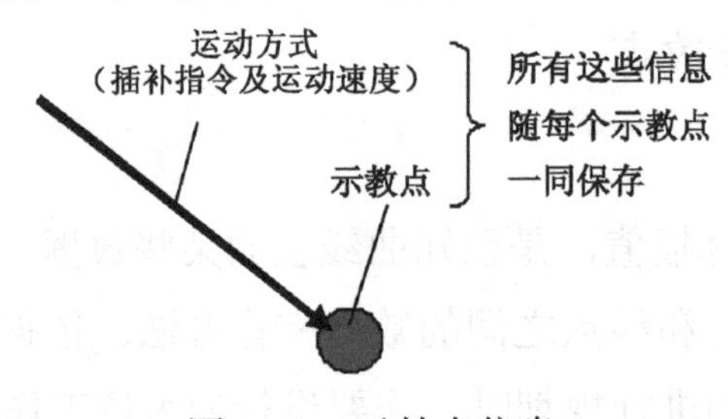

图 3-12 示教点信息

3.2.3 直线示教

1. 直线示教的基本法则

根据两点确定一条直线的插补算法，当示教焊接开始点（焊接段的第一个示教点）及中间点（焊接结束点之前的其他示教点）时，插补指令选择“MOVEL”，将焊接开始点和中间点的属性设为“焊接”，将焊接结束点的属性设为“空走”，如图 3-13 所示。直线示教的设置方法如表 3-4 所示。

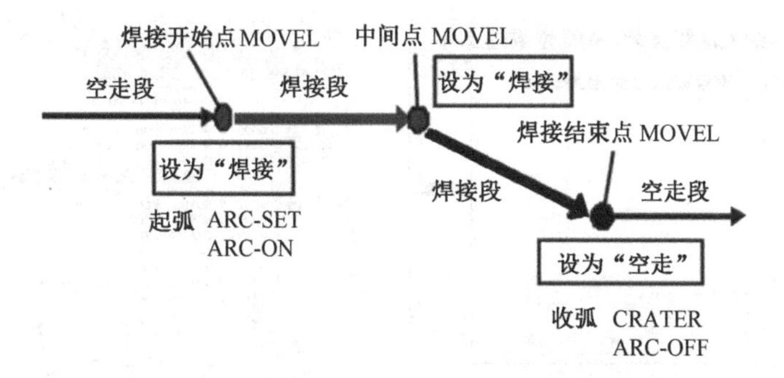

图 3-13 直线插补及示教方法图示

表 3-4 直线示教的设置方法

一、焊接开始点的示教	二、中间点的示教	三、焊接结束点的示教
1. 将机器人移到焊接开始点，按登录键，出现增加示教点对话框。 2. 在对话框中将点的属性设为“焊接”，插补指令选择“MOVEL”，如图 3-14（a）、（b）所示。 3. 按登录键将该示教点作为焊接开始点保存	1. 移动机器人到焊接段的一点并按登录键，出现增加示教点对话框。 2. 在对话框中将点的属性设为“焊接”，插补指令选择“MOVEL”。 3. 按登录键将该示教点作为中间点保存，如图 3-14（c）所示	1. 移动机器人到焊接结束点并按登录键，出现增加示教点对话框。 2. 在对话框中将点的属性设为“空走”，插补指令选择“MOVEL”。 3. 按登录键将该示教点作为焊接结束点保存，如图 3-14（d）所示
注意：在焊接开始点，将自动登录 ARC-SET 指令（指定焊接电流、焊接电压和焊接速度）和 ARC-ON 指令（调用焊接开始子程序）	注意：当改变中间点的焊接条件时，使用 ARC-SET 指令，可改变该段的焊接电流、焊接电压和焊接速度	注意：在焊接结束点将自动登录 CRATER 指令（指定收弧电流、收弧电压和收弧时间）和 ARC-OFF 指令（调用焊接结束子程序）

2. 焊接开始点的示教存储过程

以图 3-13 为例，编辑（存储）焊接开始点的步骤如下。

（1）使用用户功能键将编辑类型切换为增加。

（2）点亮机器人运动图标灯。

（3）将机器人移动到焊接开始点，按登录键，弹出示教点属性编辑对话框。

（4）设置示教点的插补指令为“MOVEL”。

（5）将该点设为“焊接”点，按登录键或点击“OK”按钮保存示教点。

示教点属性编辑（存储）步骤图如图 3-14 所示。

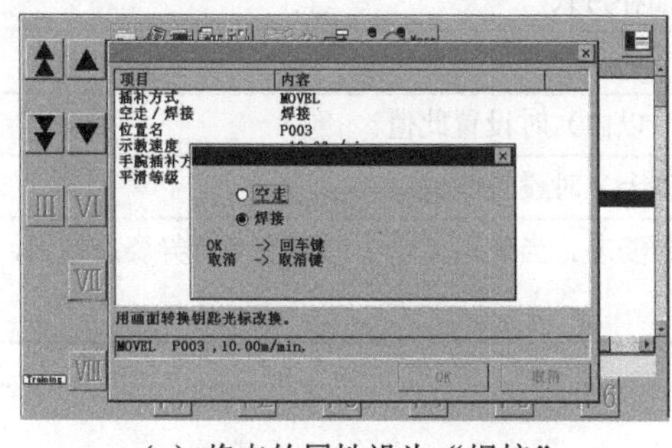

（a）将点的属性设为“焊接”

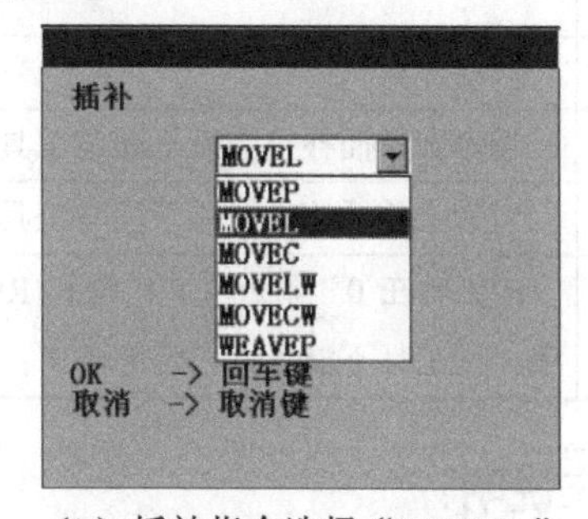

（b）插补指令选择“MOVEL”

图 3-14 示教点属性编辑（存储）步骤图

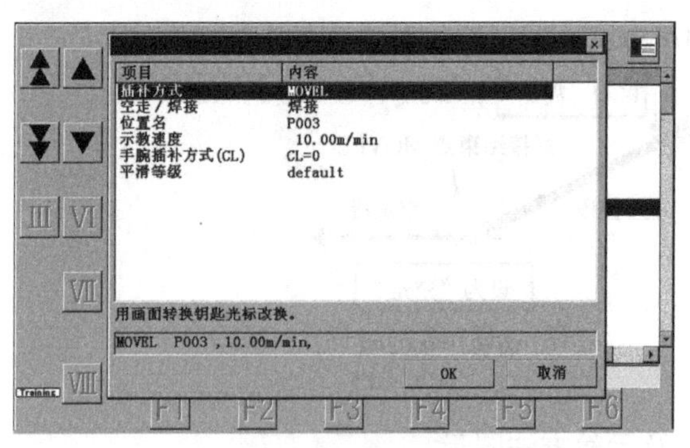
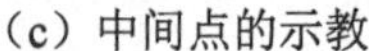

（c）中间点的示教

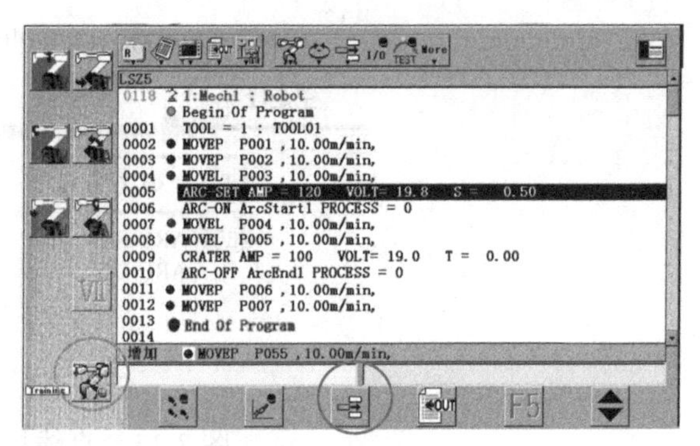

（d）示教过程图标状态

图 3-14　示教点属性编辑（存储）步骤图（续）

图 3-14（c）中各项的含义如下。

插补方式：定义示教点之间的运动方式。例如，MOVEL 表示机器人做直线运动。

空走：示教点为非焊接点或焊接结束点。

焊接：示教点为焊接开始点或中间点。

位置名：描述示教点位置参数。

示教速度：描述从前一示教点到当前示教点机器人的运动速度。

手腕插补方式（CL）：通常设置为“0”（自动计算），特殊计算时可以指定为 1～3。如果示教点的插补类型是“MOVEP”，则该项不显示。

平滑等级：机器人运动的平滑程度，等级为 1～10，系统默认值为 6。

当手腕的 3 个轴到特定位置，即形成特异姿态（RW 轴、BW 轴和 TW 轴呈一条直线）时，会发生 RW 轴的快速转动或停止运行并报警，这是由插补计算处理上的原因造成的。这时，如果指定特殊计算处理方法（CL=1～3），则反转动作解除。工具矢量示意图如图 3-15 所示，CL 号的设置如表 3-5 所示。

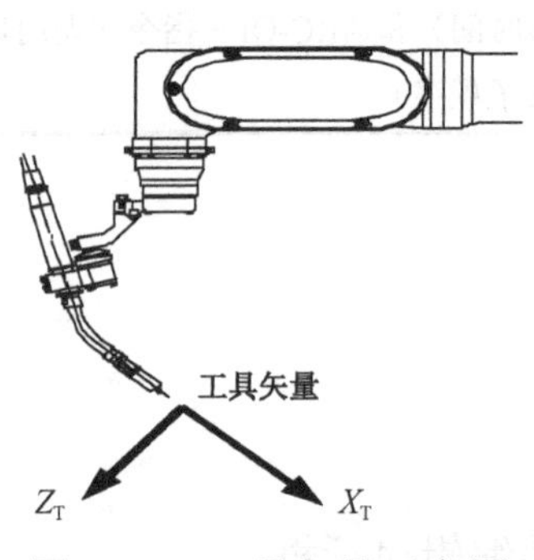

图 3-15　工具矢量示意图

表 3-5　CL 号的设置

CL 号	手腕插补方式
0	自动计算
1	当为圆弧插补且圆弧平面与工具矢量基本垂直（10°以内）时设置此值
2	当为圆弧插补且圆弧平面与工具矢量不垂直（10°以上）时设置此值
3	BW 轴在 0°附近（TW 轴和 RW 轴平行）形成特异姿态。当使用 CL=3 时可避免特异姿态错误，但可能导致：①工具不能保持一定的姿态；②示教速度变迟缓

补充说明：

使用拨动按钮点击界面上的“OK”按钮可以替代登录键操作来登录示教点。

3. 设置焊接条件

（1）焊接程序包。

在对焊接开始点和焊接结束点进行保存时，系统会自动调用相应的焊接程序包，其中包括焊接参数设置和焊接开始（结束）等焊接指令，如图 3-16 所示。

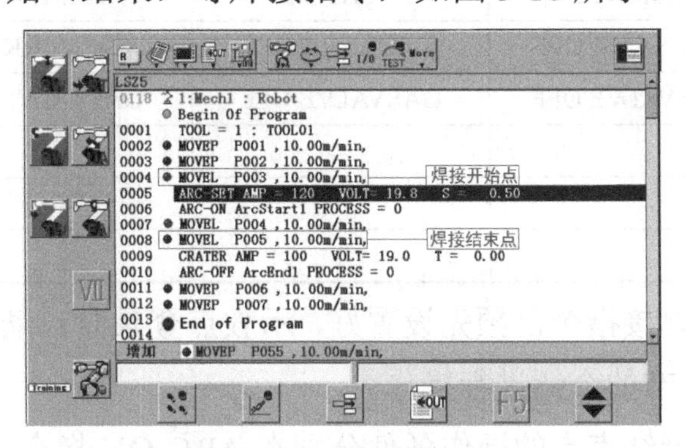

图 3-16　设置焊接条件

（2）焊接操作指令。

焊接程序包由若干条焊接操作指令组成，如表 3-6、表 3-7、表 3-8 所示。

表 3-6　焊接指令

指　　令	功　　能	说　　明
ARC-ON	焊接开始	选择 ArcStart1～ArcStart5 中的一个焊接开始子程序（打开焊枪开关、检测电流等）
ARC-OFF	焊接结束	选择 ArcEnd1～ArcEnd5 中的一个焊接结束子程序（关闭焊枪开关、检测粘丝等）
ARC-SET	设置焊接参数	设置焊接电流、焊接电压和焊接速度
CRATER	设置收弧参数	设置收弧电流、收弧电压和收弧时间
AMP	设置焊接电流	设置焊接电流数值
VOLT	设置焊接电压	设置焊接电压数值

表 3-7　出厂时设定的焊接开始子程序

序号	ArcStart1	ArcStart2	ArcStart3	ArcStart4	ArcStart5
1	GASVALVE ON	GASVALVE ON	GASVALVE ON	DELAY 0.10	DELAY 0.10
2	TORCHSW ON	DELAY 0.10	DELAY 0.20	GASVALVE ON	GASVALVE ON
3	WAIT-ARC	TORCHSW ON	TORCHSW ON	DELAY 0.20	DELAY 0.20
4		WAIT-ARC	WAIT-ARC	TORCHSW ON	TORCHSW ON
5				WAIT-ARC	WAIT-ARC
6					DELAY 0.20

表 3-8　出厂时设定的焊接结束子程序

序号	ArcEnd1	ArcEnd2	ArcEnd3	ArcEnd4	ArcEnd5
1	TORCHSW OFF	DELAY 0.20	DELAY 0.20	DELAY 0.30	TORCHSW OFF
2	DELAY 0.40	TORCHSW OFF	TORCHSW OFF	TORCHSW OFF	DELAY 0.20

续表

序号	ArcEnd1	ArcEnd2	ArcEnd3	ArcEnd4	ArcEnd5
3	STICKCHK ON	DELAY 0.30	DELAY 0.40	DELAY 0.40	AMP=150
4	DELAY 0.30	STICKCHK ON	STICKCHK ON	STICKCHK ON	WIRERWD ON
5	STICKCHK OFF	DELAY 0.30	DELAY 0.30	DELAY 0.30	DELAY 0.10
6	GASVALVE OFF	STICKCHK OFF	STICKCHK OFF	STICKCHK OFF	WIRERWD OFF
7		GASVALVE OFF	GASVALVE OFF	GASVALVE OFF	STICKCHK ON
8					DELAY 0.30
9					STICKCHK OFF
10					GASVALVE OFF

① 焊接程序包中的焊接指令已预先设置好，示教点登录时自动采用默认值。如果需修改默认值，则可参考5.1.14节的介绍进行操作。

② 焊接开始点和焊接结束点的操作条件分别在ARC-ON指令、ARC-OFF指令中。

③ 系统提供了5个焊接开始子程序，分别为ArcStart1～ArcStart5，以及5个焊接结束子程序，分别为ArcEnd1～ArcEnd5，操作者可根据不同工艺需要选择并使用。焊接开始子程序ArcStart1说明和焊接结束子程序ArcEnd1说明分别如表3-9、表3-10所示。

表3-9 焊接开始子程序ArcStart1说明

ArcStart1		焊接开始子程序说明
1	GASVALVE ON	气阀打开
2	TORCHSW ON	焊枪开关打开
3	WAIT_ARC	等待焊接电流检测

表3-10 焊接结束子程序ArcEnd1说明

ArcEnd1		焊接结束子程序说明
1	TORCHSW OFF	焊枪开关关闭
2	DELAY 0.40	延时0.4s
3	STICKCHK ON	粘丝检测信号有
4	DELAY 0.30	延迟0.3s
5	STICKCHK OFF	粘丝检测信号无
6	GASVALVE OFF	气阀关闭

补充说明：

机器人设备出厂时默认ArcStart1、ArcEnd1分别为焊接开始子程序和焊接结束子程序。

注意：

在焊接操作中，如果按下暂停按钮，那么机器人在完成一个收弧指令后暂停动作，在焊接段的焊接结束点执行ARC-OFF指令。

当再启动时，机器人重新开始焊接动作，在焊接段的焊接开始点执行ARC-ON指令。

4．示教直线程序点的方法及步骤举例

（1）掌握正确的示教编程方法。

① 在实践中很难做到示教一遍就编制出完美的程序，需要在初步示教后进行跟踪操作来修改和微调程序。

② 正确选择坐标系可以提高示教效率和质量。在通常情况下，点到点移动使用直角坐标系，示教接近点、退避点和变换焊枪角度使用工具坐标系，变换工位和圆周运动使用关节坐标系。

③ 不设多余的空走点，如多余的待机点、过渡点和中间点等。

④ 生成焊接点之后，焊枪后退设置接近点，为防止和夹具发生碰撞，焊枪应精确地靠近工件。

⑤ 熟练使用点动动作，掌握微动调整方法。固定焊丝伸出长度，增加示教准确度。

示教应根据机器人动作顺序逐点进行。图3-17所示为T形接头水平角焊缝示教程序点示意图，动作顺序为由示教点1开始，至示教点6结束。

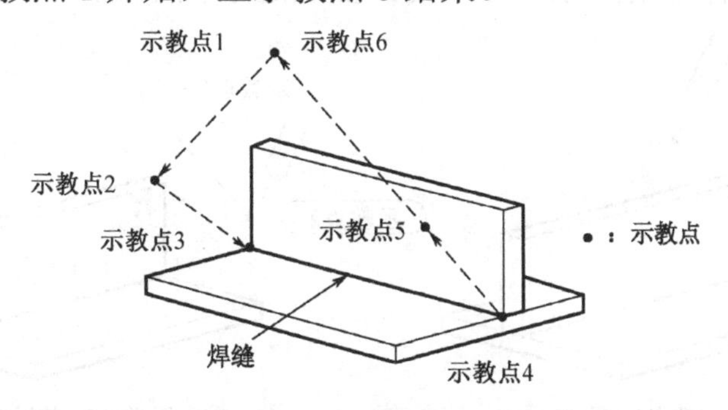

图3-17 T形接头水平角焊缝示教程序点示意图

在示教焊接点时，还应根据T形接头的焊缝特点，使在焊接段的焊枪前进角为80°～90°（或称焊枪倾角为0°～10°）、焊枪工作角为45°，如图3-18所示。

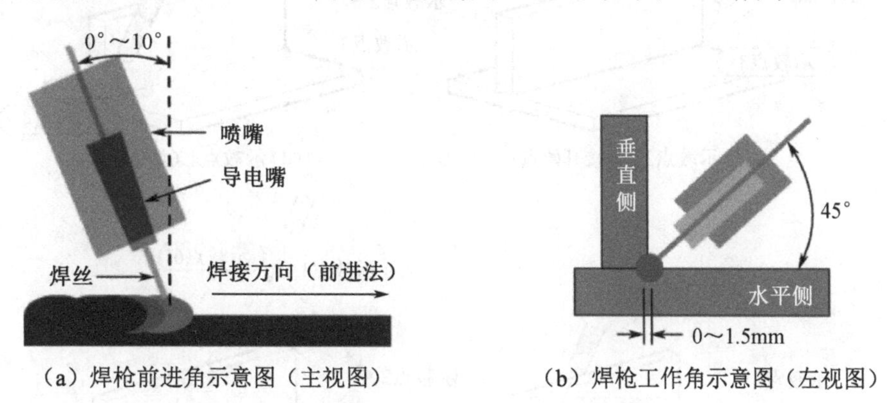

（a）焊枪前进角示意图（主视图）　（b）焊枪工作角示意图（左视图）

图3-18 T形接头水平角焊缝焊枪姿态示意图

（2）具体步骤。

从示教点1到示教点6逐点进行示教，如图3-19所示，具体步骤如下。

① 示教点1为原点，作为机器人运行程序的第一个点登录，在设置“MOVEP”“空走点”后保存。

② 示教点 2 为过渡点（又称接近点或进枪点），其作用是避免焊枪与工件相撞，该点应设在焊接开始点斜上方，略高于工件的位置处，焊枪姿态与焊接点一致（焊枪工作角为 45°），在设置“MOVEL”“空走点”后保存。

③ 示教点 3 为焊接开始点，使用工具坐标系，沿工具方向由示教点 2 移至示教点 3（焊接开始点的焊枪工作角为 45°、焊枪前进角为 80°），在设置“MOVEL”“焊接点”后保存。

④ 示教点 4 为焊接结束点，在设置“MOVEL”“空走点”后保存。注意：焊接段焊枪姿态不能改变。

⑤ 示教点 5 为过渡点（又称退避点、退枪点），为避免焊枪与工件相撞，使用工具坐标系，该点应设在焊接结束点斜上方，略高于工件的位置处，该点的焊枪姿态应与焊接点保持一致（焊枪工作角为 45°），在设置“MOVEL”“空走点”后保存。

⑥ 示教点 6 为结束点，与示教点 1（原点）重合。可以使用编辑功能，先将机器人运动图标灯熄灭，再将光标移动到原点程序处，复制这条程序后，粘贴到程序最后。

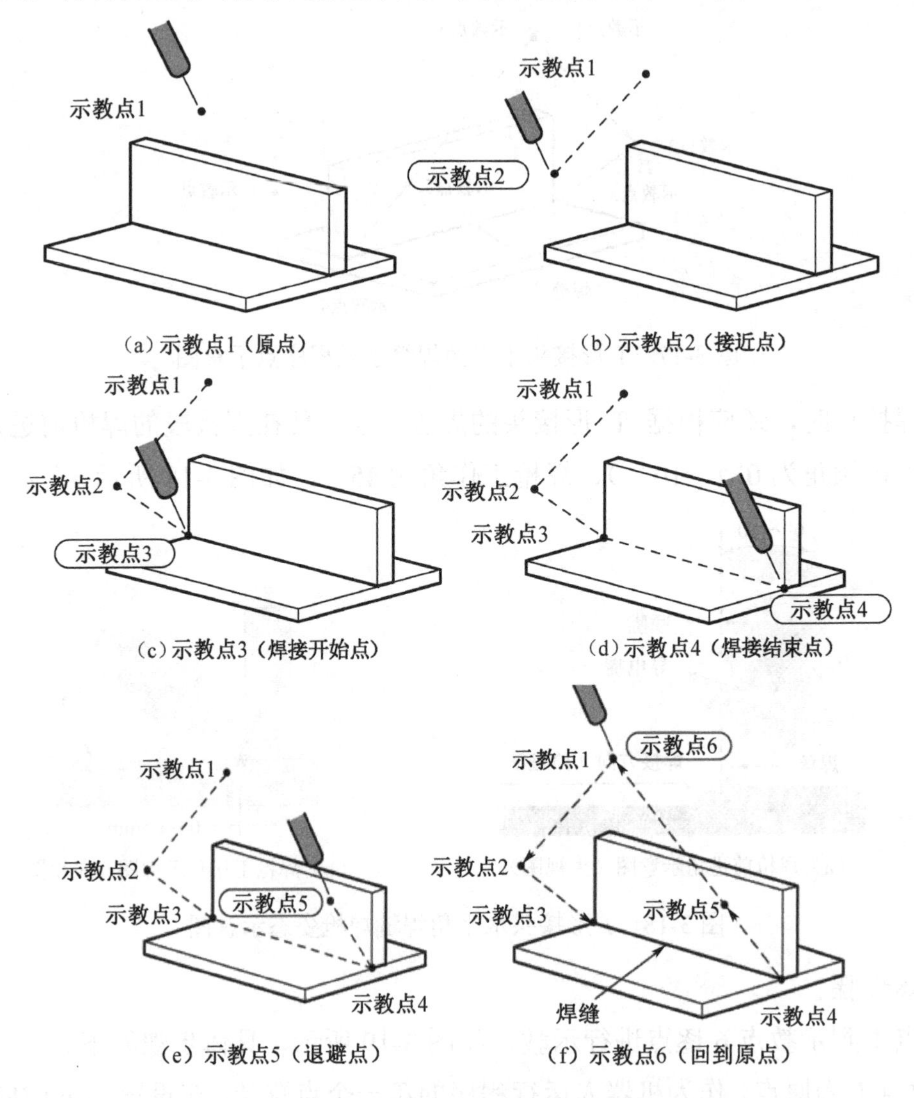

图 3-19　T 形接头水平角焊缝示教各程序点的步骤

图 3-19 所示 T 形接头水平角焊缝各示教点指令及说明如表 3-11 所示。

表 3-11　T 形接头水平角焊缝各示教点指令及说明

示教点指令	说　明
P1（示教点 1）　MOVEP　10m/min	移到待机位置（原点）　（示教点 1）
P2（示教点 2）　MOVEL　10m/min	移到焊接开始位置附近（接近点）　（示教点 2）
P3（示教点 3）　MOVEL　10m/min	移到焊接开始位置（焊接开始点）　（示教点 3）
ARC SET　AMP=120　VOLT=21　S=0.5	设置焊接参数（焊接电流、焊接电压、焊接速度）
ARC ON　ArcStart1	焊接开始指令（自动调用焊接开始子程序）
P4（示教点 4）　MOVEL　10m/min	移到焊接结束位置（焊接结束点）　（示教点 4）
CRATER　AMP=120　VOLT=21　T=0.2	设置收弧参数（收弧电流、收弧电压、收弧时间）
ARC OFF　ArcEnd1	焊接结束指令（自动调用焊接结束子程序）
P5（示教点 5）　MOVEL　10m/min	移到不碰触工件和夹具的位置（退避点）　（示教点 5）
P6（示教点 6）　MOVEP　10m/min	回到待机位置（原点）　（示教点 6）

注：10m/min 为示教速度，在焊接区间优先执行焊接速度 0.5m/min，收弧时间“T=0.2”的单位为 s。

5．程序的编辑

在进行程序的编辑时，首先要将机器人运动图标灯熄灭，即使机器人运动图标灯处于 OFF 状态（编辑状态），这样才能使光标上下移动，对次序指令进行编辑。

（1）增加次序指令。

① 将光标移动到想要增加次序指令的行。

② 将编辑类型切换为增加。

增加	在此图标状态下，点击增加指令图标，增加一个次序指令

③ 在“指令追加”菜单中，点击“增加指令”图标，如图 3-20 所示。

④ 弹出次序指令对话框，如图 3-21 所示。

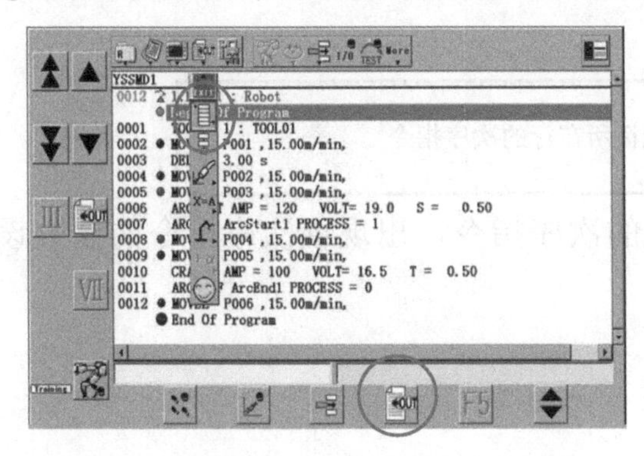

图 3-20　点击“增加指令”图标

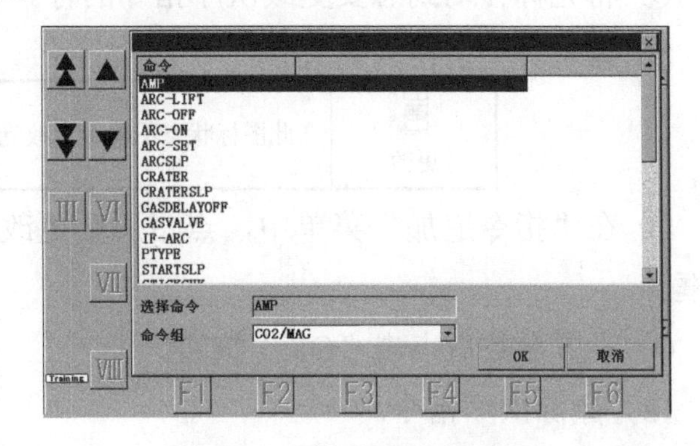

图 3-21　次序指令对话框

⑤ 选定次序指令，出现相应的设置焊接参数对话框，如图 3-22 所示，设置参数后点击“OK”按钮，出现指令列表。

图 3-21 中各项的含义如下（说明：界面中为“命令”，本书中统称为“指令”）。

选择命令：显示所选择的指令。

命令组：显示指令所在的指令组。

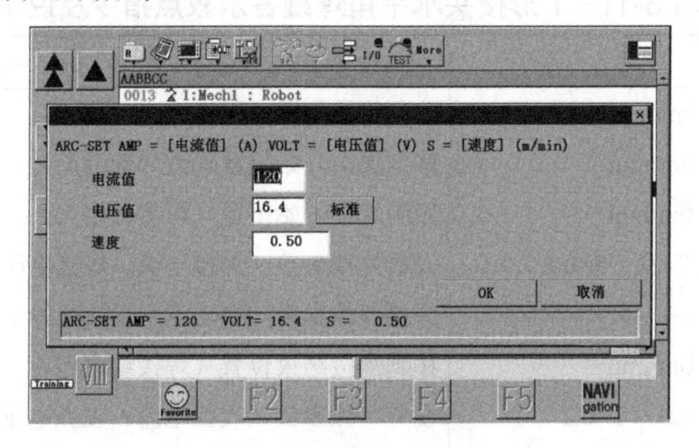

图 3-22　设置焊接参数对话框

次序指令分为以下几种类型，如表 3-12 所示。

表 3-12　次序指令类型

类　型	功　能
移动	描述机器人运动类型（或插补指令）
输入/输出	设置输入/输出端子信号的状态和类型
流程	设置程序的执行条件或顺序
焊接	设置焊接相关的控制和参数
算术操作	算术运算，机器人按照算术变量指令的运算结果进行动作
逻辑操作	逻辑运算，机器人按照逻辑变量指令的运算结果进行动作
外部轴	当使用外部轴时，控制一个外部轴（可选）
切换	示教位置的切换
传感器	当使用该功能时，可选设为接触传感器或电弧传感器

（2）更改次序指令。

① 将光标移动到想要更改次序指令的行。

② 编辑类型切换为更改。

更改	在此图标状态下，可更改光标所在行的次序指令

③ 在“指令追加”菜单中，点击所要更改的次序指令，出现该次序指令的参数设置对话框。

④ 设置参数后点击“OK”按钮。

（3）删除次序指令。

① 将光标移动到想要删除次序指令的行。

② 将编辑类型切换为删除。

删除	在此图标状态下，可删除光标所在行的次序指令

③ 点击次序指令行，通过示教器确定是否删除次序指令。

④ 点击“OK”按钮删除次序指令。

（4）剪切。

从文件中剪切所选择的行，并将其移动到剪切板中的操作步骤如下。

① 移动光标到想要剪切的行，如果要剪切连续的几行，则继续移动光标进行选择，选中的行将被加黑。

② 在“编辑”菜单中，点击“剪切”图标。

③ 侧压拨动按钮，剪切选中的行，出现剪切确认对话框，如图3-23所示。

注意：

（1）当移动或复制数据时，剪切板作为数据的暂时存储区暂存数据。

（2）如果要插入已经剪切好的数据，则可直接进行粘贴操作。

（3）剪切板中暂存的数据将被保存到下一个剪切操作执行为止。

图3-23中各按钮的含义如下。

OK：确定剪切选中的行。

取消：取消剪切操作。

（5）复制。

复制文件中的行，并将其保存在剪切板中的操作步骤如下。

① 在文件中移动光标选择想要复制的行，选中的行将被加黑。

② 在“编辑”菜单中，点击“复制”图标。

③ 侧压拨动按钮，出现复制确认对话框，如图3-24所示。

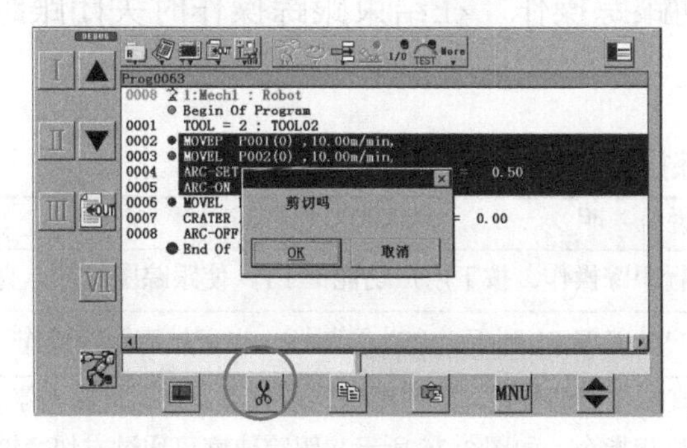

图3-23 剪切确认对话框

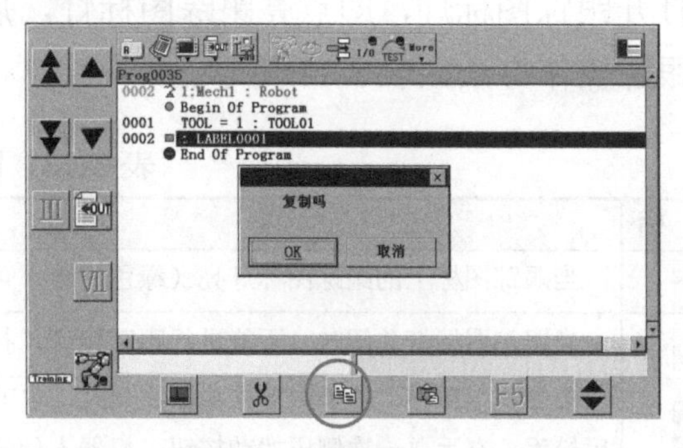

图3-24 复制确认对话框

注意：

（1）如果要插入已经复制到另一个不同的地方或文件中的数据，则直接进行粘贴操作即可。

（2）剪切板中暂存的数据将被保存到下一个复制操作执行为止。

（6）粘贴。

把剪切、复制的内容，粘贴到光标位置的操作步骤如下。

① 移动光标到想要插入数据的行。

② 在“编辑”菜单中，点击“粘贴”图标，可以选择“顺粘贴”或“逆粘贴”。

顺粘贴：将剪切板中存储的数据块按顺序依次粘贴。

逆粘贴：将剪切板中存储的数据块按相反顺序粘贴，即先粘贴最后剪切、复制到剪切板中的数据块。“顺粘贴”图标与“逆粘贴”图标如图 3-25 所示。

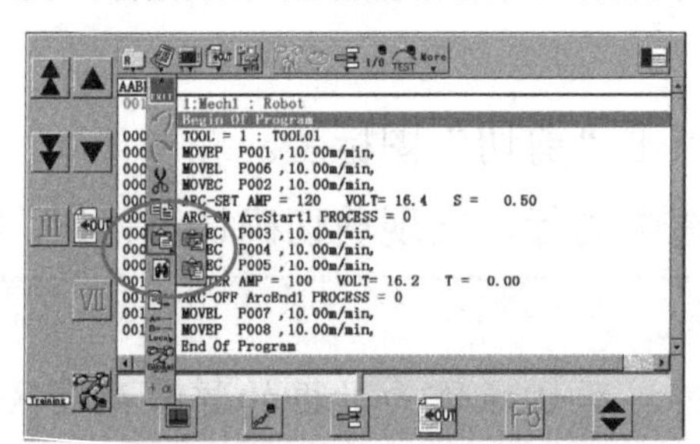

图 3-25 “顺粘贴”图标与“逆粘贴”图标

注意：

“逆粘贴”用于示教往返的动作较为方便，只需在示教“去程”后，先复制“去程”，再利用“逆粘贴”，便可完成“返程”示教。“逆粘贴”粘贴次数不限，可以重复执行。

3.2.4 跟踪操作

跟踪操作能够检查示教点是否偏离焊缝及焊枪运动轨迹是否顺畅合理。通过跟踪操作，可以找到示教点对应的程序指令，从而方便核对、查找、编辑、修改示教点的位置和数据。

1. 跟踪操作方法

打开跟踪图标灯，即点亮跟踪图标灯，启动跟踪操作。在结束跟踪操作时关闭跟踪图标灯。跟踪操作方法如表 3-13 所示。

表 3-13 跟踪操作方法

图　标	说　明
	当跟踪图标上的跟踪图标灯亮（绿色）时，可进行跟踪操作。按下用户功能键 F1，使跟踪图标灯点亮
	当跟踪图标灯关闭时，不能进行跟踪操作。按用户功能键 F1 到下一个功能图标，也可结束跟踪操作
	顺序执行程序。左手按下该图标的同时，右手一直按住拨动按钮，向前跟踪到示教点，直至机器人停止运动后松手。右手再一次侧压拨动按钮，机器人便逐条执行指令，如图 3-26 所示。跟踪速度可通过右切换键选择
	反向执行程序。左手按下该图标的同时，右手一直按住拨动按钮，向后跟踪到示教点，直至机器人停止运动后松手。右手再一次侧压拨动按钮，机器人便逐条反向执行指令，跟踪操作界面如图 3-27 所示
	点击跟踪图标使跟踪图标灯关闭，结束跟踪操作

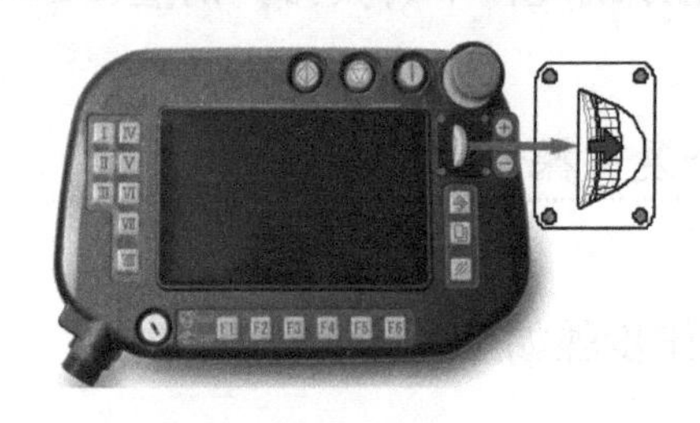

图 3-26 侧压拨动按钮进行跟踪

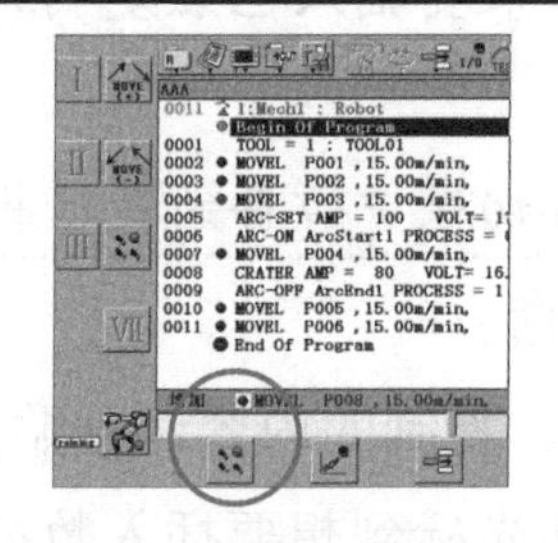

图 3-27 跟踪操作界面

2．增加示教点

（1）手动操作机器人，点亮机器人运动图标灯。

（2）点亮跟踪图标灯，按住跟踪操作图标或，移动机器人到要增加新示教点的前一点位置，如图3-28所示。

（3）将屏幕上的光标移动到要增加新示教点的位置。

（4）将编辑类型切换为增加，图标为。

（5）激活程序编辑窗口。

（6）按登录键显示增加示教点对话框，如图3-29所示。

（7）设置参数并点击“OK”按钮，将该示教点作为新增示教点保存。

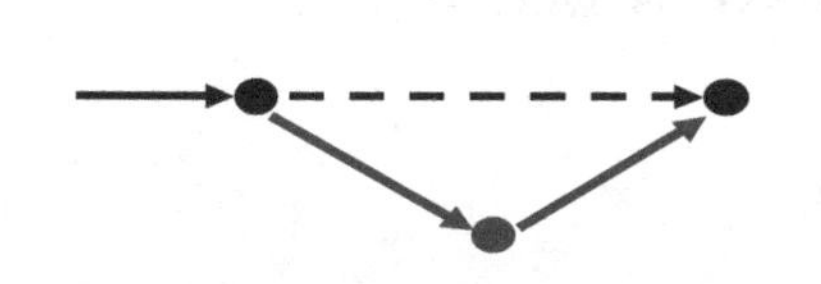

图3-28　增加新示教点

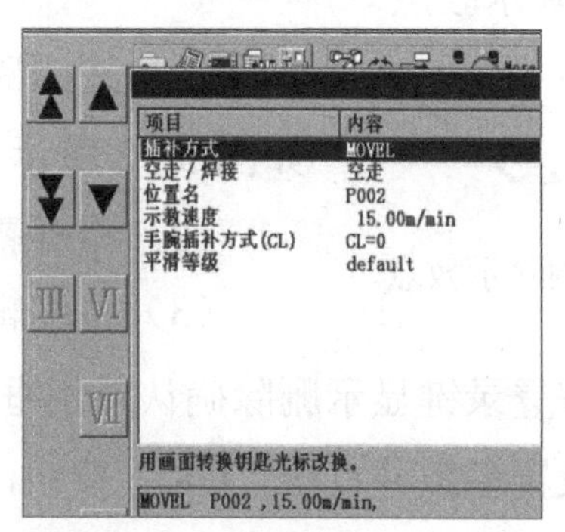

图3-29　增加示教点对话框

图3-29中各项的含义如下。

插补方式：在示教点之间描述一个插补类型，如MOVEL、MOVEC等。

空走/焊接：示教点是空走段的点还是焊接段的点。

位置名：描述示教点位置的变量。

示教速度：描述从前一点到当前示教点的机器人运动速度。

手腕插补方式（CL）：通常设置为“0”（自动计算），特殊计算时设置为1～3。如果示教点的插补类型是“MOVEP”，则该项不显示。

平滑等级：示教点通过拐角时的平滑程度。

3．改变示教点

（1）跟踪操作移动机器人。

（2）将屏幕上的光标移动到要改变的示教点的位置。

（3）将编辑类型切换为替换，图标为。

（4）激活程序编辑窗口。

（5）移动机器人到新的位置，如图3-30所示。

（6）按登录键显示改变示教点对话框，如图3-31所示。

（7）设置参数并点击“OK”按钮，更新示教点。

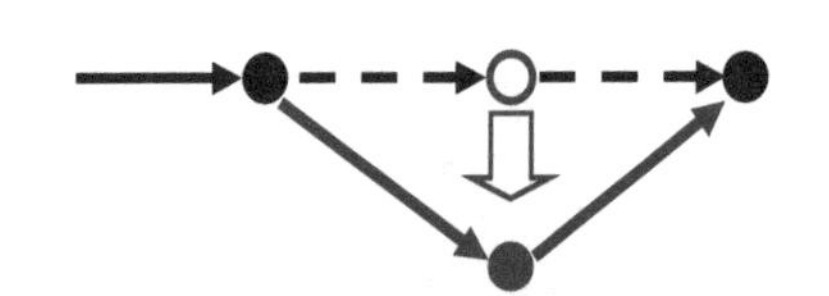
图 3-30　改变示教点

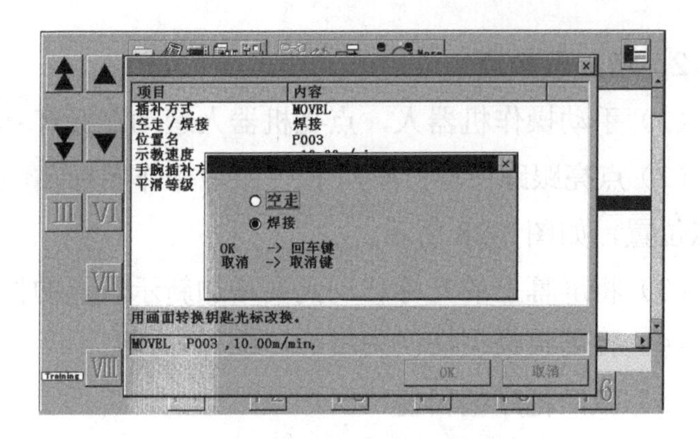

图 3-31　改变示教点对话框

4．删除示教点

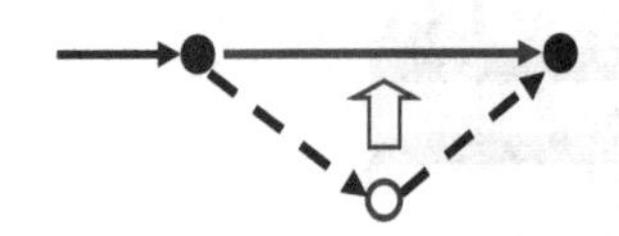
图 3-32　删除示教点

（1）在跟踪操作中，移动机器人到想要删除的示教点的位置，如图 3-32 所示。

（2）将屏幕上的光标移动到要删除的示教点位置。

（3）将编辑类型切换为删除，图标为 。

（4）按登录键显示删除确认对话框。

（5）设置参数并点击“OK”按钮，删除该示教点。

5．机器人位置和图标

利用屏幕上的图标可以很容易地知道机器人位置（焊枪的焊丝末端）是在示教点上还是在示教路径中。图 3-33 所示为机器人位置示意图，图 3-34 所示为机器人位置在示教点上，表 3-14 所示为机器人位置图标及说明。

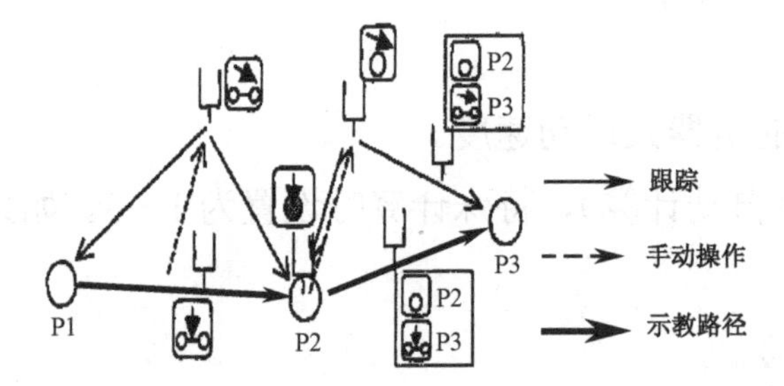

图 3-33　机器人位置示意图

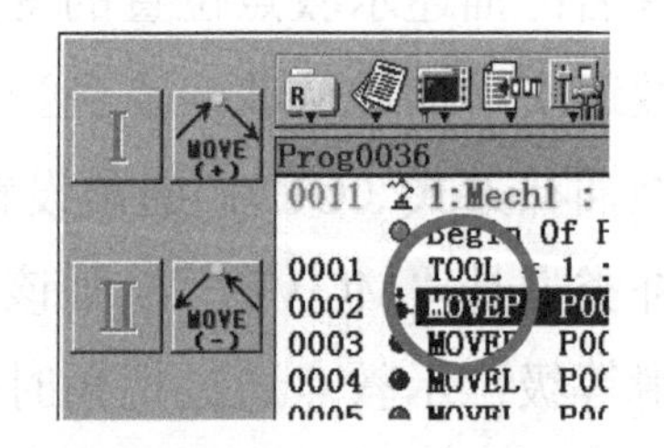

图 3-34　机器人位置在示教点上

表 3-14　机器人位置图标及说明

图　标	机器人位置	图　标	机器人位置	图　标	机器人位置
	在示教点上		在示教路径中		以上都没有
	不在示教点上		不在示教路径中		

6．改变示教点示例

下面各示例展示了利用跟踪操作改变示教点之后机器人向前/向后运动的情况。

（1）在示教点 4 处停止机器人运动，并改变示教点，示教点跟踪操作如表 3-15 所示。

表 3-15 示教点跟踪操作

情况	一、手动操作	二、向前跟踪	三、向后跟踪
机器人原始的运动	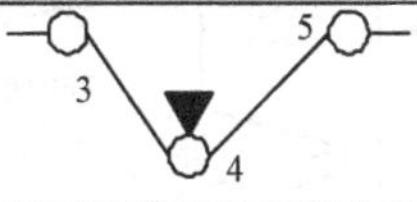 3 4 5	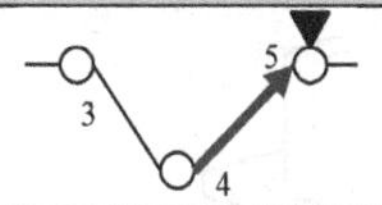 3 4 5	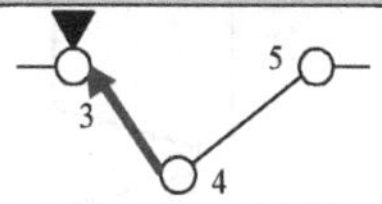 3 4 5
手动移动机器人	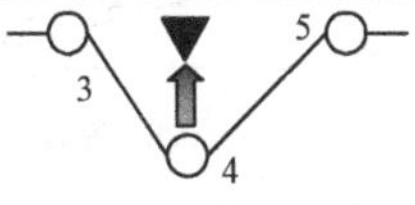 3 4 5	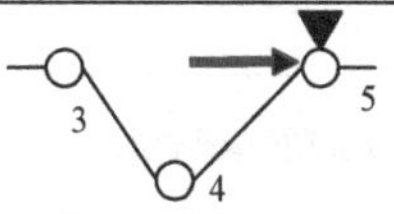 3 4 5	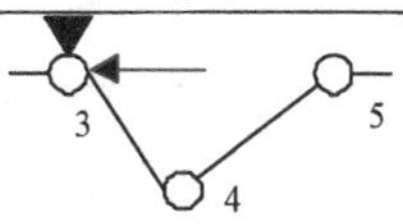 3 4 5
增加示教点 6	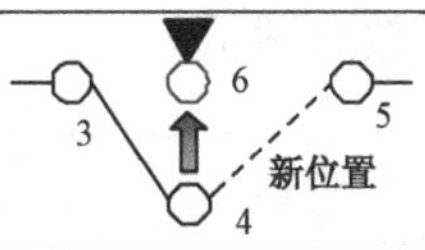 3 6 5 新位置 4	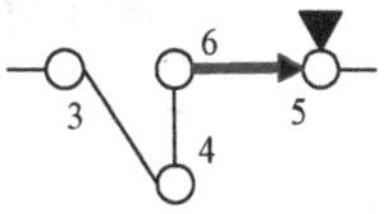 3 6 5 4	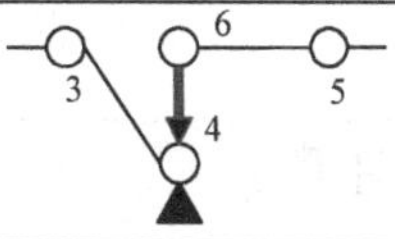 3 6 5 4
改变示教点 4 的位置	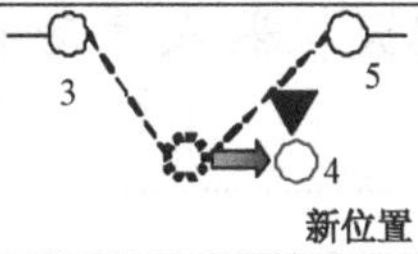 3 5 4 新位置	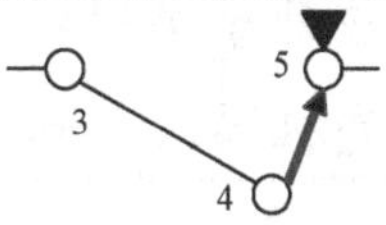 3 5 4	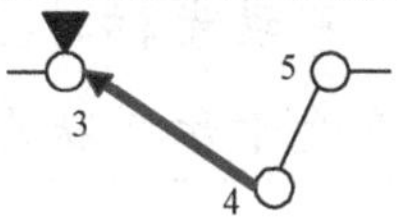 3 5 4
删除示教点 4	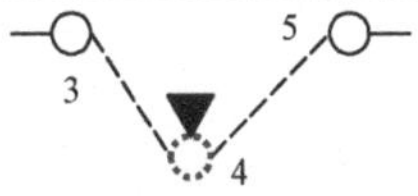 3 5 4	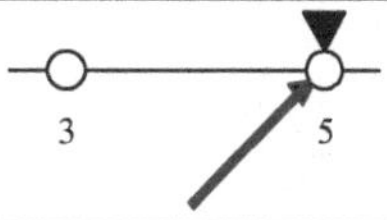 3 5	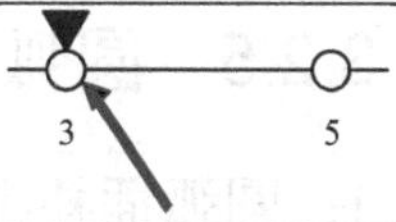 3 5

注：▼表示机器人位置。

（2）在示教点 4 和示教点 5 之间停止机器人运动，并进行编辑，示教点之间跟踪操作如表 3-16 所示。

表 3-16 示教点之间跟踪操作

情况	一、手动编辑	二、向前跟踪	三、向后跟踪
机器人原始的运动	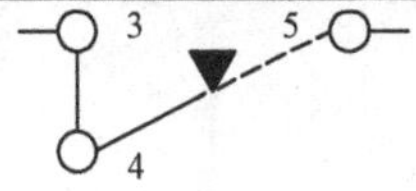 3 5 4	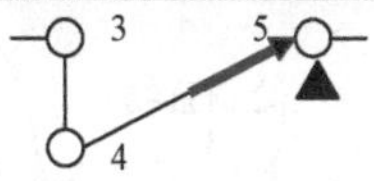 3 5 4	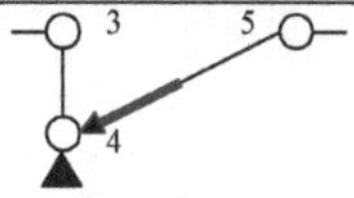 3 5 4
手动移动机器人	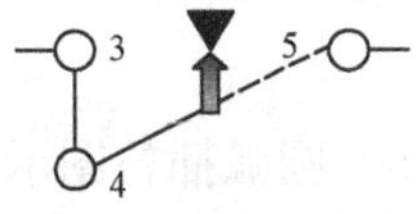 3 5 4	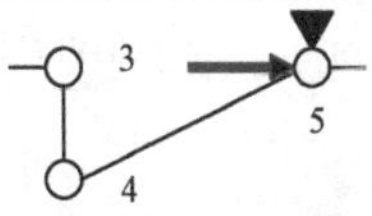 3 5 4	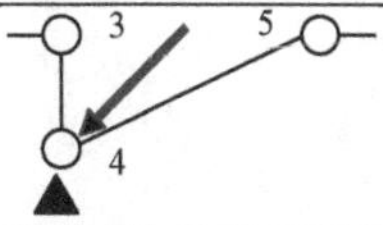 3 5 4
在示教点 4 和示教点 5 之间增加示教点 6	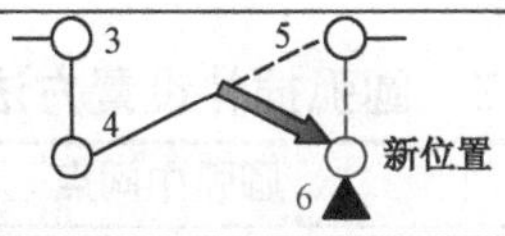 3 5 4 新位置 6	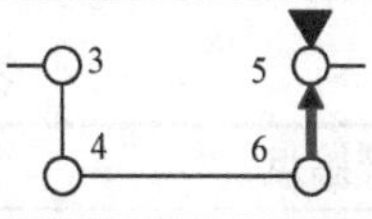 3 5 4 6	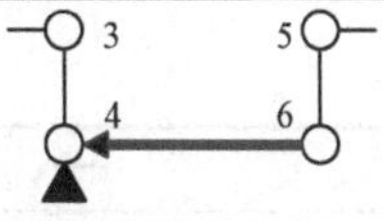 3 5 4 6
改变一个示教点的位置	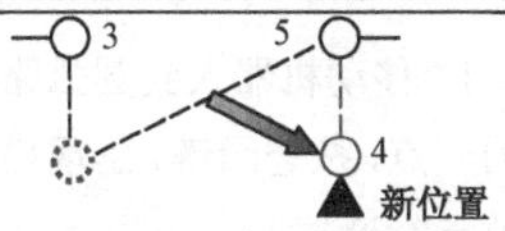 3 5 4 新位置	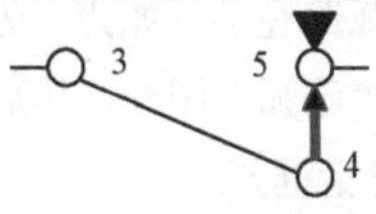 3 5 4	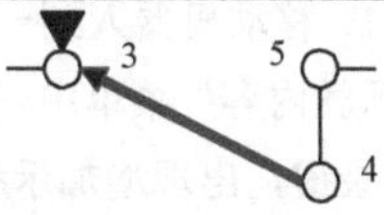 3 5 4
删除示教点 4	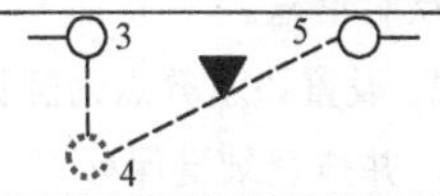 3 5 4	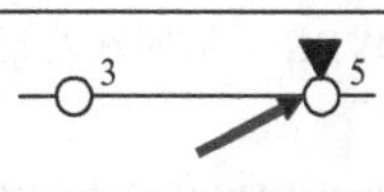 3 5	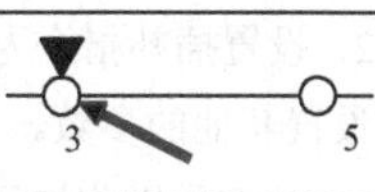 3 5

注：▼表示在退出或向前/向后跟踪后，机器人位置。

举例：在图 3-17 中，假设需要在示教点 5 和示教点 6 之间增加一个示教点（按排序新增加的示教点为示教点 6），如图 3-35（a）所示。先将光标移动到示教点 5 指令所在行，再将焊枪移动到增加的示教点位置，然后点亮机器人运动图标灯，使机器人处于示教状态，并使指令菜单处于增加状态，最后保存示教点 6，图 3-35（b）中的示教点 6 为新增加的示教点。

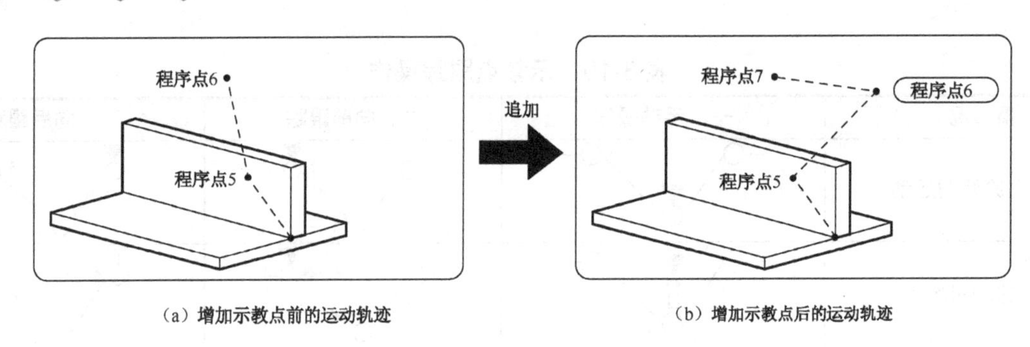

图 3-35　增加示教点图示

注意：

移动光标时指令菜单应处于编辑状态，须熄灭机器人运动图标灯；移动机器人时指令菜单处于示教状态，须点亮机器人运动图标灯。

3.2.5　圆弧示教

1. 圆弧插补指令

输入圆弧插补指令后，机器人 TCP 能够以圆弧路径运动，但一条圆弧路径至少要由 3 个连续的圆弧插补指令（MOVEC）插补点才能决定，如图 3-36 所示。圆弧插补设置方法如表 3-17 所示。

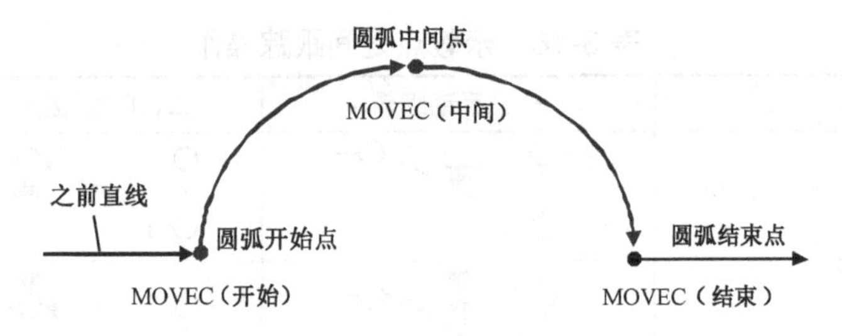

图 3-36　圆弧插补图示

表 3-17　圆弧插补设置方法

一、圆弧开始点	二、圆弧中间点	三、圆弧结束点
1. 移动机器人到一条圆弧路径的开始点。先在“示教内容”菜单中，点击“圆弧”图标，然后按登录键，出现增加示教点对话框。 2. 设置插补指令为“MOVEC”，同时在对话框中设置其他的参数。 3. 按登录键将该示教点作为圆弧开始点保存	1. 移动机器人到圆弧路径中的一点，按登录键，出现增加示教点对话框。 2. 设置该示教点为圆弧中间点，并按登录键保存	1. 移动机器人到圆弧结束点，按登录键，出现增加示教点对话框。 2. 若不改变参数，则按登录键保存。 3. 若下一个示教点是以圆弧插补指令以外的方式保存的，则将该示教点作为圆弧结束点保存

2. 圆弧插补的基本原则

一定要示教 3 个连续的圆弧点并保存，只有这样才能完成一段圆弧插补。如果示教并保存的点少于 3 个连续的点，则示教点的运动轨迹将自动变为直线。

（1）圆弧插补的不完全示教。

机器人根据插补计算一段圆弧，并沿圆弧运动。如果圆弧中间点超过一个，则从当前点到下一点的圆弧形式将由当前点和其后的两个示教点决定。对于圆弧结束点前的圆弧点，决定圆弧形状的 3 个点是前一点、当前点和圆弧结束点，如图 3-37 所示。

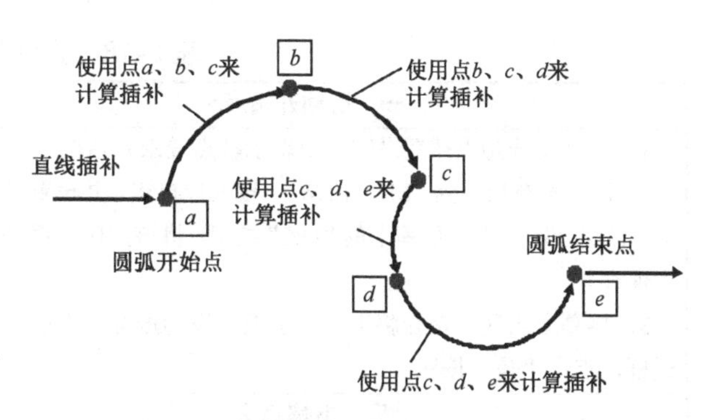

图 3-37　圆弧插补计算示意图

（2）圆弧插补的运用。

在有两个及两个以上圆弧路径组合的情况下，要明确所示教的 3 个点是否为一段圆弧上的 3 个点，否则机器人会出现计算错误，导致运动轨迹偏离示教点，如图 3-38 所示。解决办法有两种：一种是在两段圆弧路径共有的示教点 *a* 处重复登录 3 次，在中间增加一个 MOVEL 或 MOVEP 插补点，作为前一段圆弧和后一段圆弧的分离点；另一种办法是对于 G_{III}型机器人也可登录该点对话框选择“圆弧分离点”选项，将 *a* 点设为“圆弧分离点”。

（3）示教点的位置选择。

对于由 3 个圆弧点决定的圆弧路径，如果两个点彼此靠得太近，则其中任意一点的位置发生微小变化都将导致圆弧形状发生巨大变化，如图 3-39 所示。因此，示教点的位置选择要合理。

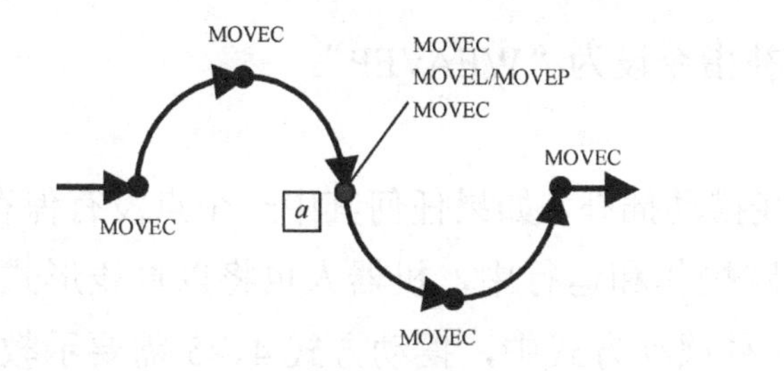

图 3-38　圆弧插补的运用示例

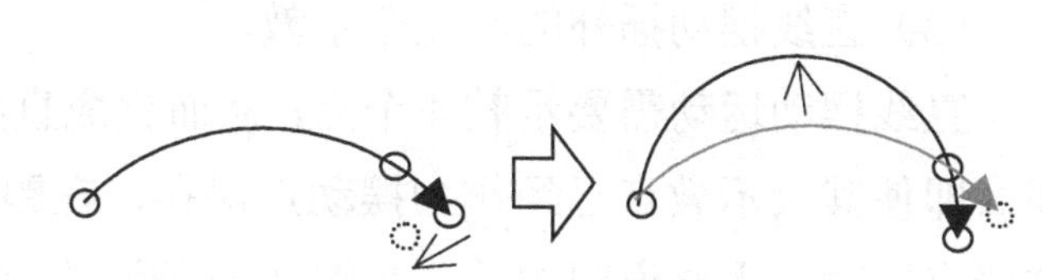

图 3-39　示教点的位置选择

3.2.6　直线摆动示教

1．直线摆动示教方法

机器人能够沿着一条直线做一定振幅的摆动运动。直线摆动程序先示教一个摆动开始点（MOVELW），再示教两个振幅点（WEAVEP）和一个摆动结束点（MOVELW），如图 3-40 所示。直线摆动插补设置方法如表 3-18 所示。

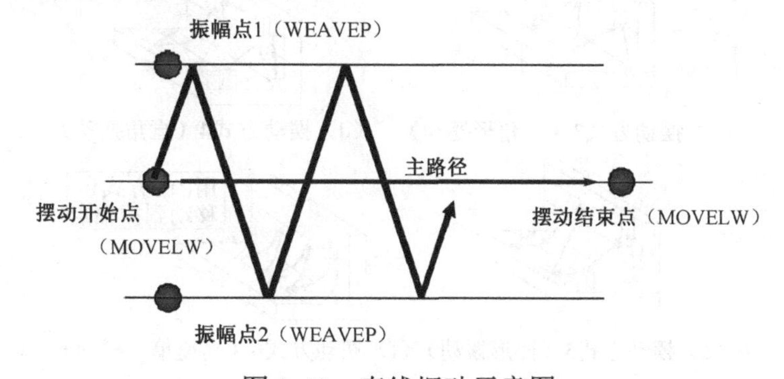

图 3-40　直线摆动示意图

表 3-18　直线摆动插补设置方法

一、摆动开始点	二、振幅点 1
1. 在摆动开始点按登录键，出现示教点登录对话框。 2. 设置插补指令为“MOVELW”，设为焊接点，并设置其他参数，按登录键或点击屏幕上的“OK”按钮，将该点作为摆动开始点保存。 3. 屏幕上出现“是否将下一个示教点设为振幅点”的确认对话框，点击“是”按钮	1. 移动机器人到振幅点 1，按登录键，在弹出的对话框中设置插补指令为“WEAVEP”，并设置其他参数，按登录键或点击屏幕上的“OK”按钮，将该点作为振幅点 1 保存。 2. 屏幕上再次出现“是否将下一个示教点设为振幅点”的确认对话框，点击“是”按钮
三、振幅点 2	**四、摆动结束点**
1. 移动机器人到振幅点 2。 2. 采用与振幅点 1 相同的方式保存振幅点 2。 3. 如果摆动方式为 4 或 5，则以相同的方式多示教两个点（振幅点 3 和振幅点 4）	1. 移动机器人到摆动结束点，按登录键，弹出增加示教点对话框，将插补指令设为“MOVELW”，按登录键或点击屏幕上的“OK”按钮保存该点。 2. 屏幕上出现“是否将下一个示教点设为振幅点”的确认对话框，点击“否”按钮

2. 直线摆动方式

（1）扩展摆动运动。

如果继续追加“MOVELW”示教点，就会继续摆动，扩展摆动段的振幅是相同的。

（2）改变扩展摆动段的摆动振幅。

在扩展摆动段示教和保存新的振幅点，将插补指令设为“WEAVEP”。

（3）直线摆动插补的不完全示教。

直线摆动运动需要示教 4 个点，从而完成直线摆动插补，如果任何其中一个点没有保存，那么即使其余示教点已经作为摆动点保存，在跟踪操作和运行中，机器人也将以直线形式沿这些点运动。需要说明的是，在图 3-41 所示的 6 种摆动方式中，摆动方式 4、5 需要示教和保存 6 个点。

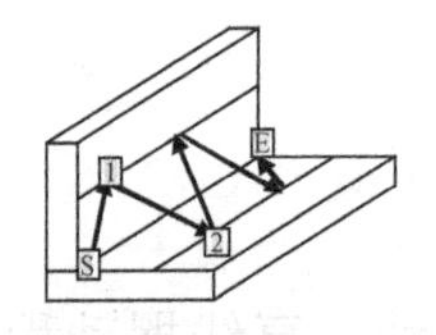

（a）摆动方式1（简单摆动）

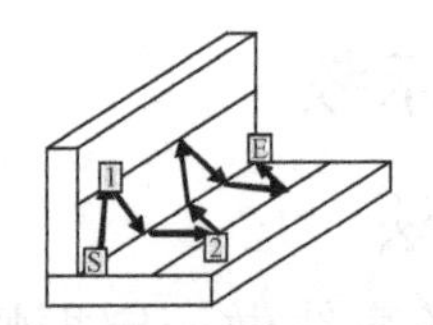

（b）摆动方式2（L形摆动）

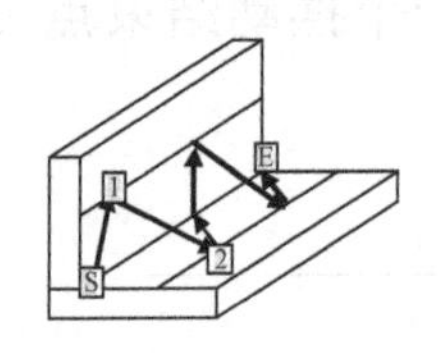

（c）摆动方式3（三角形摆动）

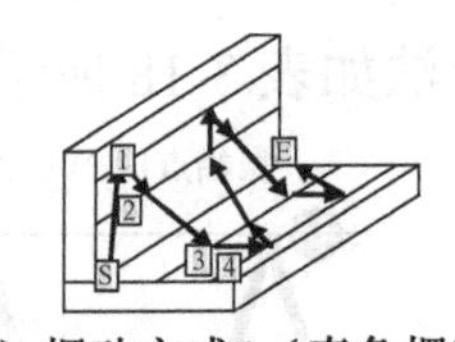

（d）摆动方式4（直角摆动）

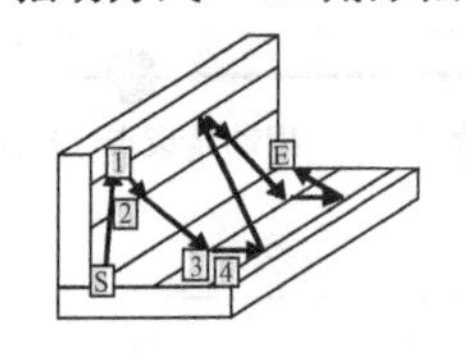

（e）摆动方式5（梯形摆动）

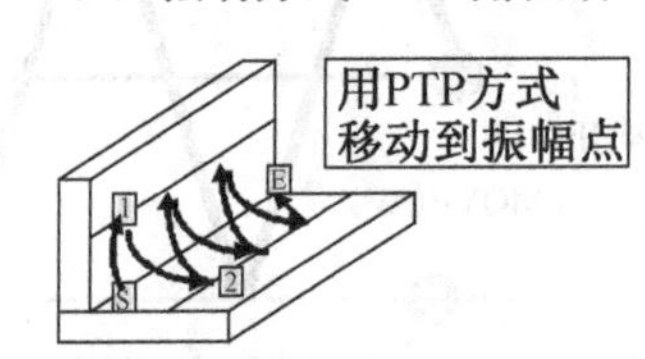

（f）摆动方式6（高速单一摆动）

图 3-41　6 种摆动方式

3. 直线摆动参数

（1）直线摆动应设置摆动的幅度和频率。

（2）直线摆动应设置摆动方式。

（3）直线摆动应设置摆动的主路径方向的运动速度。摆动方式设置对话框如图 3-42 所示。

（4）摆动时间是重要参数之一，它是指焊枪的焊丝末端在振幅点的停留时间。需要注意的是，虽然设置了停留时间，但主路径方向（从摆动开始点到摆动结束点的方向）的运动并不停止，如图 3-43 所示。

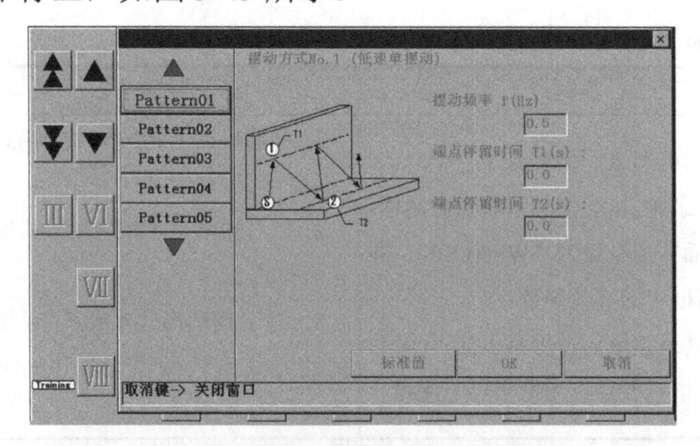

图 3-42　摆动方式设置对话框

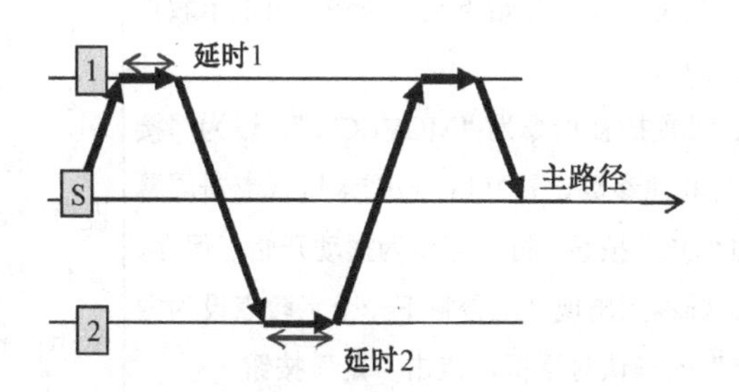

图 3-43　摆动时间示意图

4. 直线摆动的条件

（1）对于摆动方式 1～5：频率最大为 5Hz，振幅×频率不能超过 60mm • Hz。

（2）对于摆动方式 6：频率最大为 10Hz，摆动角×频率不能超过 125°• Hz。

（3）摆动运动必须满足：

$$1/f-(T_0+T_1+T_2+T_3+T_4)>A,\quad A=\begin{cases}0.1, & \text{摆动方式1、2、5}\\ 0.75, & \text{摆动方式3}\\ 0.15, & \text{摆动方式4}\\ 0.05, & \text{摆动方式6}\end{cases}$$

式中，f 为频率，单位为 Hz；T_0 为摆动开始点的定时器设置保存值；T_1～T_4 为振幅点 1～4 的时间值。

3.2.7　圆弧摆动示教

1. 圆弧摆动示教方法

机器人能够以一定的振幅摆动通过一段圆弧。圆弧摆动程序通过示教一段圆弧上的 3 个点和 2 个振幅点（WEAVEP）来确定机器人的圆弧摆动运动，如图 3-44 所示。圆弧摆动插补设置方法如表 3-19 所示。

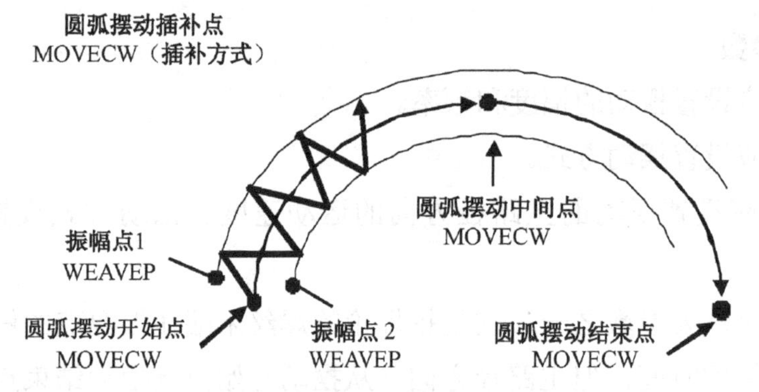

图 3-44　圆弧摆动示意图

表 3-19　圆弧摆动插补设置方法

一、圆弧摆动开始点	二、振幅点 1	三、振幅点 2
1. 在圆弧摆动开始点按登录键，出现示教点登录窗口。 2. 设置插补指令为“MOVECW”，设为焊接点，待其他参数设置好后，按登录键或点击屏幕上的“OK”按钮，将该点作为摆动开始点保存。 3. 屏幕上出现“是否将下一个示教点设为振幅点”的确认对话框，点击“是”按钮	1. 移动机器人到振幅点 1。 2. 按登录键，出现增加示教点对话框。 3. 将插补指令设为“WEAVEP”，并设置对话框中的其他参数。 4. 按登录键或点击屏幕上的“OK”按钮，将该示教点作为振幅点 1 保存	1. 移动机器人到另一个振幅点（振幅点 2）。 2. 以与振幅点 1 相同的方式保存振幅点 2。 3. 对于摆动形式 4 或 5，以相同的方式示教振幅点 3 和振幅点 4

四、圆弧摆动中间点	五、圆弧摆动结束点
1. 移动机器人到圆弧摆动主路径中间的一点，按登录键，出现增加示教点对话框。 2. 将插补指令设为“MOVECW”，若不改变参数，则按登录键。将该点作为圆弧摆动中间点保存。 3. 屏幕上出现“是否将下一个示教点设为振幅点”的确认对话框，点击“否”按钮	1. 移动机器人到圆弧摆动结束点，按登录键，出现增加示教点对话框。将插补指令设为“MOVECW”，设置圆弧摆动结束点参数。 2. 按登录键或点击屏幕上的“OK”按钮保存该点。 3. 屏幕上出现“是否将下一个示教点设为振幅点”的确认对话框，点击“否”按钮

2. 圆弧摆动方式

圆弧摆动方式与直线摆动方式一样，有 6 种。

3. 圆弧摆动的不完全示教

圆弧摆动插补必须示教和保存 5 个点（对于摆动方式 4、5，则要示教和保存 7 个点）。如果其中任何一个点没有保存，那么在跟踪和其他操作中，机器人将以直线运动方式通过这些点。

3.2.8　程序文件的编辑

文件的相关操作在“文件”菜单中进行，“文件”菜单的图标为▣，“文件”菜单的操作有打开、保存、删除、重命名等。

1. 打开文件

打开一个程序文件的具体步骤如下。

（1）在“文件”菜单中，点击“打开”子菜单中的任一图标，如图3-45所示，弹出打开文件对话框。

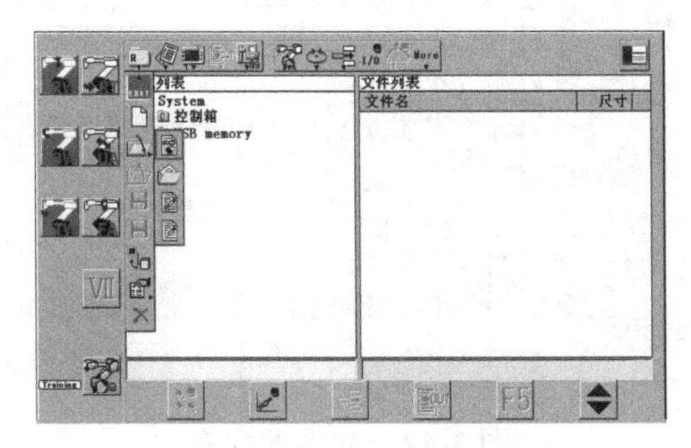

图3-45　“打开”子菜单

（2）向上/向下微动拨动按钮，将光标移动到要打开的程序文件名上，点击“OK”按钮或按登录键即可打开文件。

注意：

点击屏幕上的“OK”按钮，可代替按登录键打开文件。

2．文件排序

点击“文件排序”图标，可以选择将文件按保存时间、文件大小、文件名字母等进行排序，具体操作步骤如下。

（1）在“文件”菜单中，点击“打开”子菜单中的任一图标，弹出打开文件对话框。

（2）若要对打开文件对话框中的文件进行排序，则可点击“文件排序”图标，如图3-46所示。

（3）在弹出的对话框中选择文件的排序顺序，点击“OK”按钮，如图3-47所示。

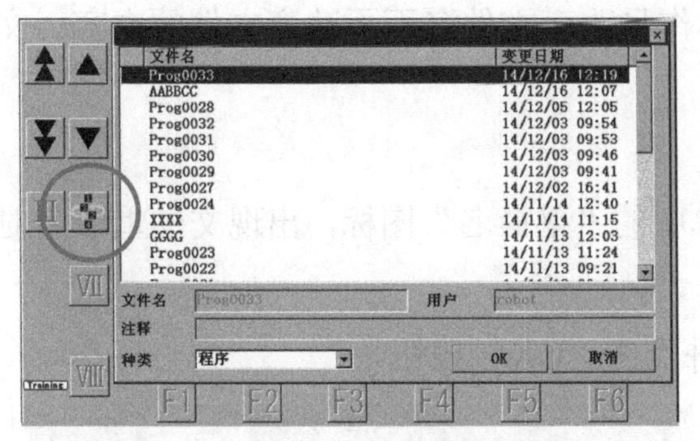

图3-46　点击“文件排序”图标

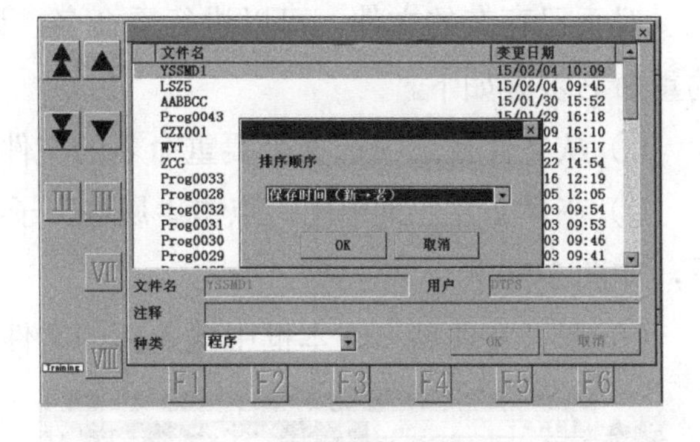

图3-47　选择文件的排序顺序

3．“文件”菜单的其他操作

（1）文件的保存。

在完成文件示教和编辑后，一定要保存示教数据。如果不保存直接关闭了文件，则将丢失所有数据或导致数据更改。文件的保存步骤如下。

在“文件”菜单中，点击“保存”图标。如果要用一个新文件名保存文件，则可修改文件名，并点击“OK”按钮保存，如图3-48所示。

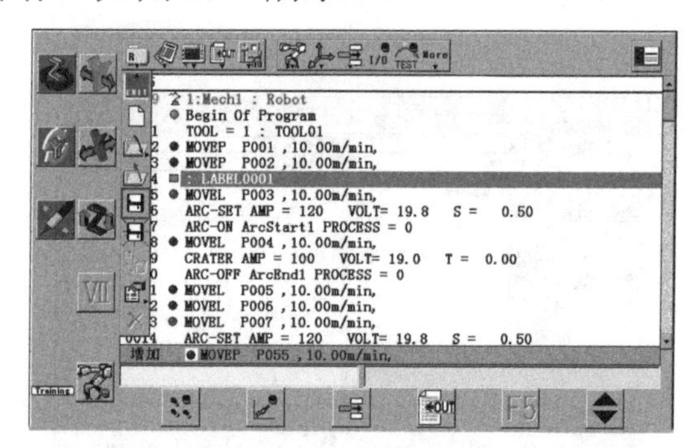

图3-48　文件的保存

（2）文件的关闭。

在完成文件示教和编辑后，需要关闭文件，操作步骤如下。

① 激活想要关闭的文件。

② 在“文件”菜单中，点击“关闭”图标，弹出“是否保存文件”的确认对话框，根据需要点击“是”或“否”按钮。

（3）文件的删除。

一个已保存的文件可以被删除，但需要注意的是，删除后的文件不能恢复，所以删除文件时应谨慎。删除文件的步骤如下。

① 在“文件”菜单中，点击“删除”图标，弹出文件列表对话框。

② 点击“NEXT”按钮，选择一个要从文件列表中删除的文件（打星号），点击“OK”按钮即可删除该文件，如图3-49所示。

（4）文件的重命名。

对于已存在的文件，可以进行重命名，该操作只改变文件名而不改变文件的内容。文件的重命名步骤如下。

① 从文件目录中选择想要重命名的文件。

② 在“文件”菜单中，点击“属性”子菜单中的“重命名”图标，出现文件重命名对话框，如图3-50所示。

③ 在“文件名”文本框中输入新的文件名并点击“OK”按钮。

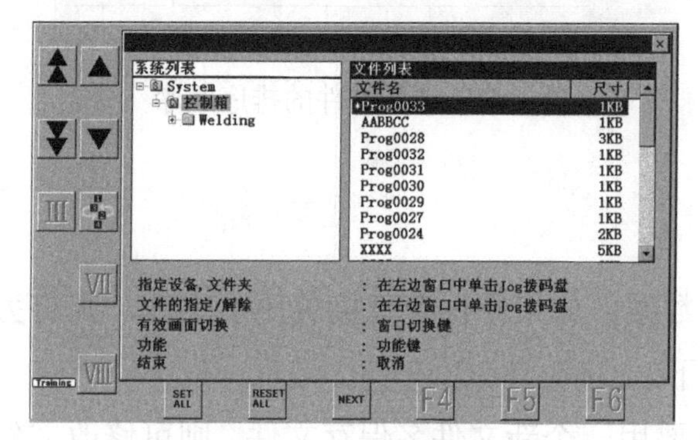

图3-49　文件的删除

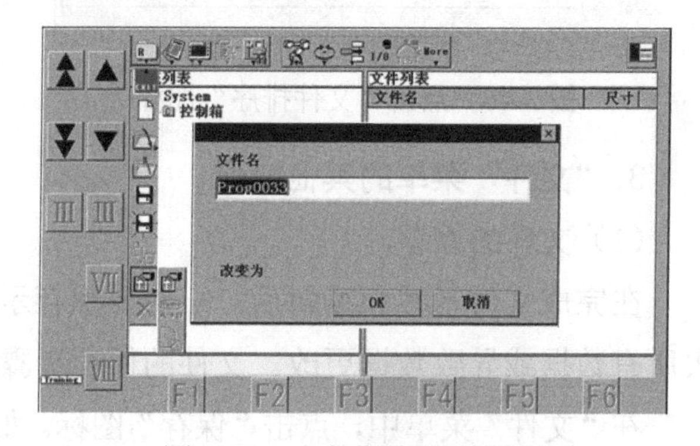

图3-50　文件重命名对话框

4．程序编辑的一些操作

（1）查找。

查找的操作步骤如下。

① 在“编辑”菜单中，点击“查找”图标，显示查找对话框，如图 3-51 所示。

② 当改变查找种类时，已选择的查找数据也随之改变。

向下查找：从光标位置向下查找。

向上查找：从光标位置向上查找。

（2）替换。

如果程序比较长，则逐条更改程序内的焊接参数非常烦琐，通过替换操作能够方便地替换焊接点的各项参数，操作步骤如下。

① 在“编辑”菜单中，点击“替换”图标，显示替换对话框，如图 3-52 所示。

② 选择要替换的区间，设置参数并点击“OK”按钮。

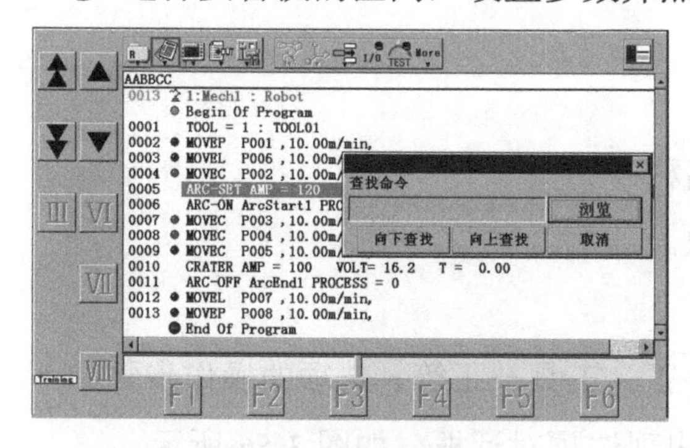

图 3-51　查找对话框

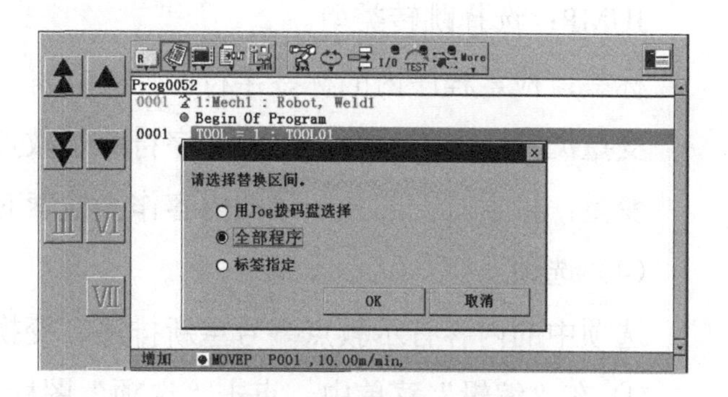

图 3-52　替换对话框

③ 当选择焊接条件时，进入焊接参数替换对话框，如图 3-53 所示。

④ 当替换程序中的焊接速度时，进入焊接速度替换对话框，如图 3-54 所示。

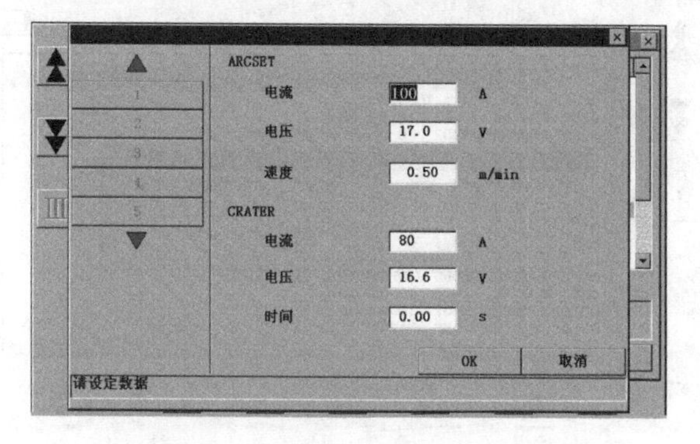

图 3-53　焊接参数替换对话框

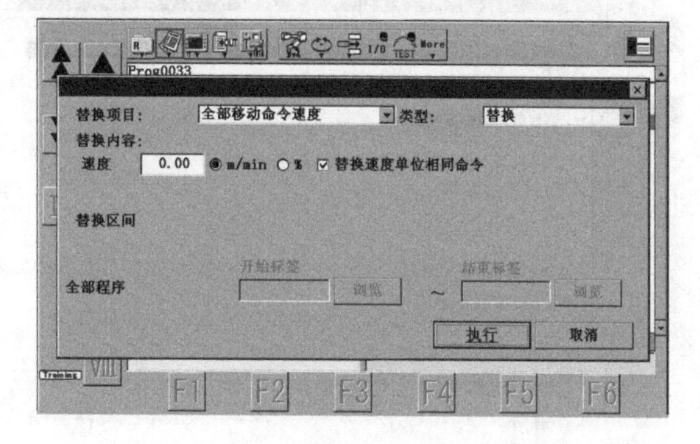

图 3-54　焊接速度替换对话框

（3）跳转。

检索 LABEL（标签）字符或示教点名称，示教点跳至下一个标签或示教点的位置。在“编辑”菜单中，点击跳转图标，显示跳转设置对话框，如图 3-55 所示。

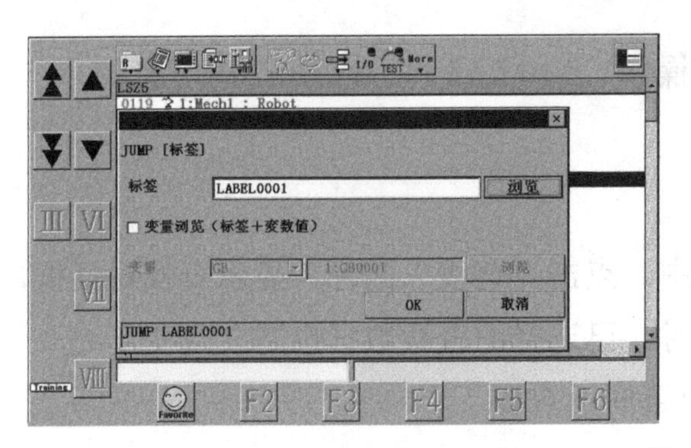

图 3-55 跳转设置对话框

注意：

在使用标签指令时，可在文件中插入指定的字符串标签。

可以通过标签指令跳转到选定的标签处。

图 3-55 中各项的含义如下。

JUMP：选择跳转类型。

标签：检索程序内的标签字符。

变量浏览：选择要检索的标签字符或示教点名称。

变量：检索时把部分一致的内容作为检索对象。

（4）选项。

选项中的内容有示教点编号重新排序、变换补正、工具补正等。选项的操作步骤如下。

① 在“编辑”菜单中，点击“选项”图标，出现选项对话框，如图 3-56 所示。

② 当选择“示教点编号重新排序”项目后，出现示教点编号重新排序确认对话框，如图 3-57 所示。点击“OK”按钮，系统会根据示教点运行的先后顺序对其进行重新排序。

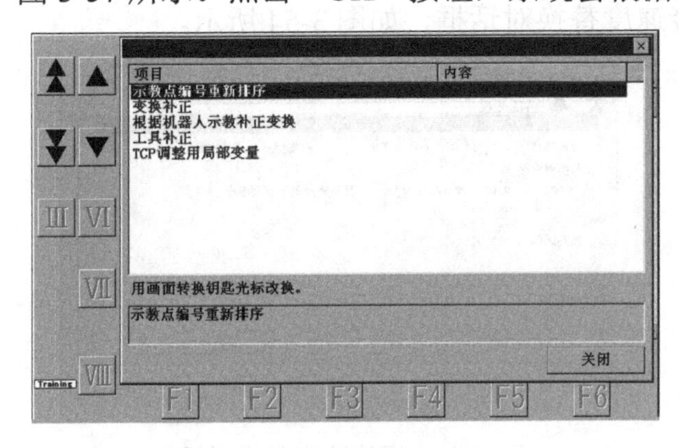

图 3-56 选项对话框

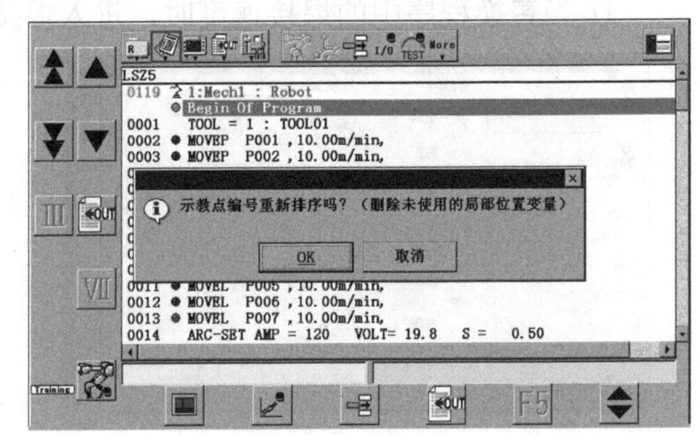

图 3-57 示教点编号重新排序确认对话框

3.2.9 局部变量和全局变量

变量是数值的记忆库，可与次序指令组合后进行代入、置换、算术运算、逻辑运算等操作。变量有两种，一种是只可用于一个程序的局部变量，另一种是可用于多个程序的全局变量。由于全局变量要跨程序使用，因此需要设置并登录变量名称。局部变量和全局变量说明如表 3-20 所示，变量类型说明如表 3-21 所示。

表 3-20 局部变量和全局变量说明

局部变量	全局变量
自动被赋予“L”和一个标识符	自动被赋予“G”和一个标识符
只可用于一个程序	可用于多个程序
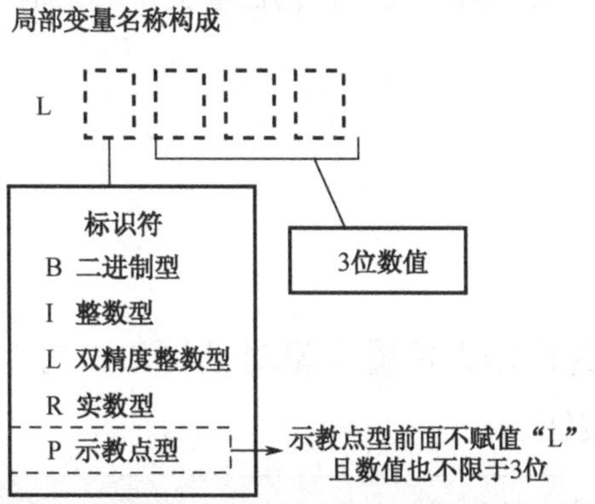 局部变量名称构成 L □ □□□ 标识符：B 二进制型；I 整数型；L 双精度整数型；R 实数型；P 示教点型 3位数值 示教点型前面不赋值“L”且数值也不限于3位	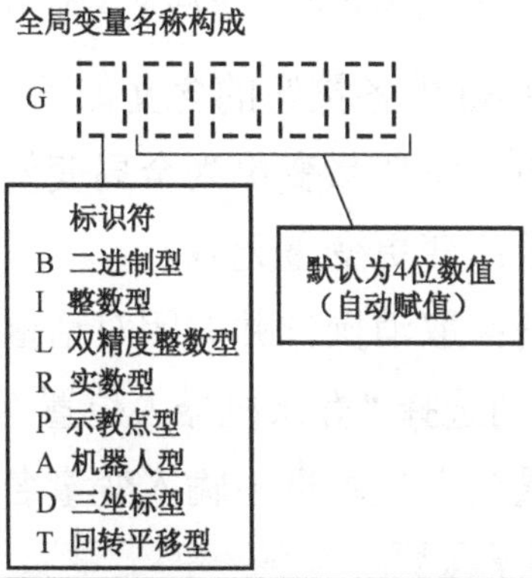 全局变量名称构成 G □ □□□□ 标识符：B 二进制型；I 整数型；L 双精度整数型；R 实数型；P 示教点型；A 机器人型；D 三坐标型；T 回转平移型 默认为4位数值（自动赋值）

表 3-21 变量类型说明

标识名	变量类型	说明
B	二进制型	1 位整数（设置范围为 0～255）。 在作为 ON/OFF 使用时，“0”为 OFF，“1”为 ON。只能设定为 0 或正整数
I	整数型	2 字节整数（设置范围为–32768～32767），可以设定为负值
L	双精度整数型	4 字节整数（设置范围为–2147483648～2147483647），可以设定为负值
R	实数型	4 字节实数（设置范围为–99999.99～+99999.99），可以设定为小数
P	示教点型	示教点，包括外部轴的位置。 示教时登录的示教点 P1,P2,P3,…变成局部的示教点型变量
A	机器人型	机器人单独坐标下的 XYZ 型的示教点位置信息，不含外部轴。当机器人带行走外部轴时，不考虑行走外部轴，只在将机器人返回待机位置时可以使用该变量
D	三坐标型	存储(X,Y,Z)变量，可以保存点坐标和矢量值。在使用了 SHIFT-ON 指令的三坐标平移时使用
T	回转平移型	用指定数值方式来设定回转平移变换时所用的变量，用 SHIFT-ON 指令来进行回转平移变换
变量的应用举例： 在一个程序中，为实现工件计数，可以每焊接完一个工件让某个变量自动加 1，或者与 IF 指令一起使用，当计数值达到规定数值时，可以通过程序发出信号，执行某种任务		

全局变量是在多个程序中共同使用的变量，如 TCP 变量，全局变量编辑步骤如下。

① 在“编辑”菜单中，点击“全局变量”图标，出现全局变量对话框，如图 3-58 所示。

② 选择“登录机器人位置”项目或“登录机构位置”项目。当选择“登录机构位置”项目时，出现设置机构位置变量对话框，如图 3-59 所示。

③ 在“变量名”文本框中输入想要设置的变量名，点击“OK”按钮（或按登录键）。如果输入的变量已经设置过，则出现如图 3-60 所示的对话框。

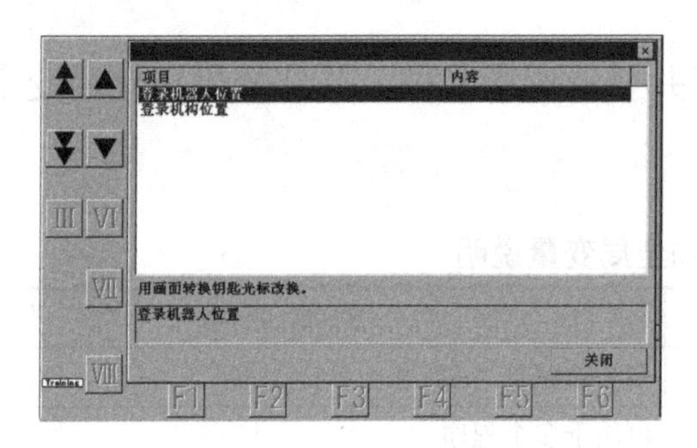

图 3-58 全局变量对话框

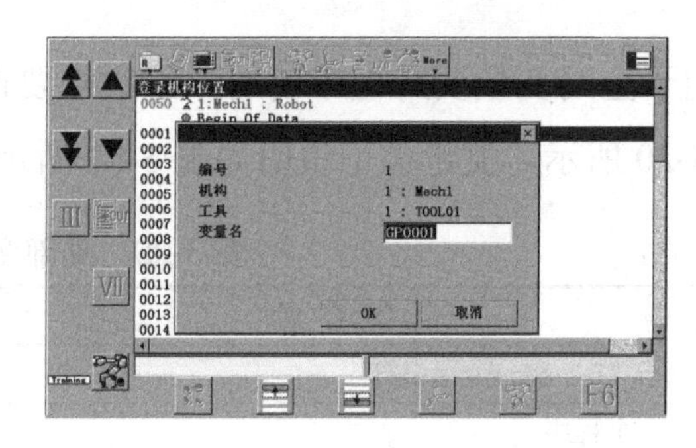

图 3-59 设置机构位置变量对话框

图 3-60 中各按钮的含义如下。

变更：将变量变更为全局变量。

无效：变更变量无效。

取消：取消操作并关闭对话框。

④ 当选择“登录机器人位置”项目时，出现设置机器人位置变量对话框，如图 3-61 所示。在“变量名”文本框中输入变量名并点击“OK”按钮。

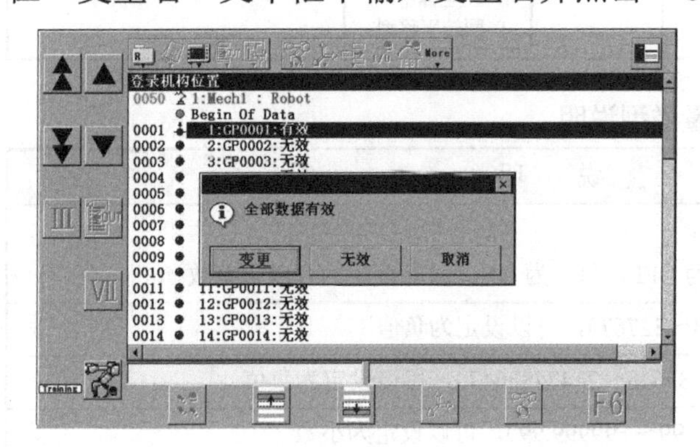

图 3-60 全局变量设置显示对话框

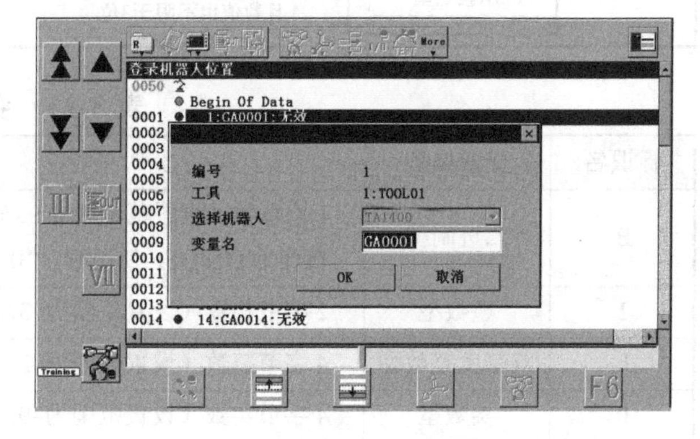

图 3-61 设置机器人位置变量对话框

3.2.10 焊接机器人示教编程误差分析

焊接机器人示教编程产生的误差主要有观测误差、工艺误差、系统误差、工件误差和其他因素产生的误差。下面逐一分析这些误差产生的原因及消除方法。

1. 观测误差

观测误差是指操作者所观测到的示教点位置与示教点实际位置点之间的偏差，主要包括视距误差和视角误差。

观测误差过大将导致焊偏或焊接失败。例如，在进行 CO_2/MAG 焊接时，观测误差超过焊丝直径的一半，就会导致焊偏或焊接失败。因此，示教点位置的选择是否准确与合理将直接影响到焊接质量的优劣。示教编程示意图如图 3-62 所示。

由于机器人的示教过程是通过“眼睛”“大脑”“手（动作）”的熟练配合及判断完成的，所以示教点位置选择的准确程度主要取决于示教编程人员的工作经验和眼睛的观测结果，如图 3-63 所示。

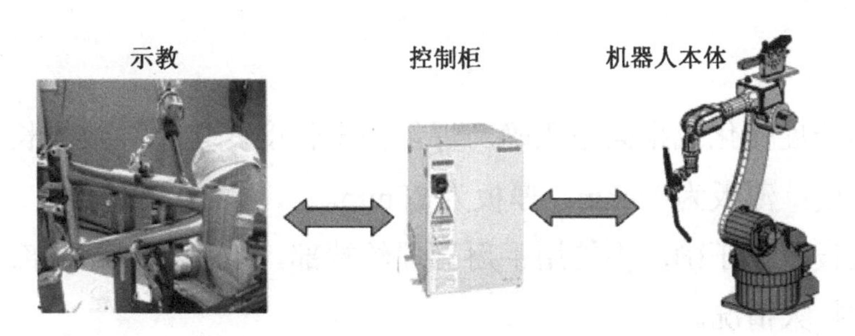

图 3-62　示教编程示意图

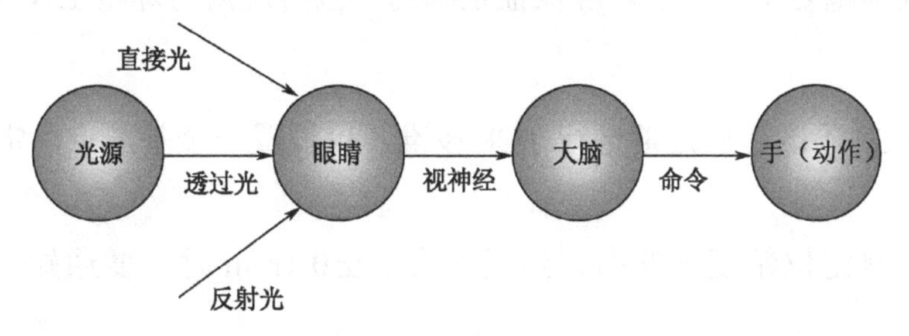

图 3-63　示教过程中“眼睛”“大脑”“手（动作）”的配合示意图

（1）视距误差。

人的眼睛能够观测较远和较近的物体，当物体与眼睛的晶状体（凸透镜）的距离大于凸透镜的焦距时，若眼睛从较远处向物体靠近，则成像会逐渐变大，如图 3-64 所示。

当示教编程人员在较远处观察示教点时，很容易因视距过大而产生误差，使焊丝偏离焊缝的程度增加。因此，建议示教编程人员的眼睛与示教点的观测距离为 100～500mm。

（2）视角误差。

当人的左、右眼看同样的物体时，由于两眼所观测的角度不同，所以在视网膜上形成的像并不完全相同，这两个像经过大脑综合以后就能区分物体的前后、远近，从而实现立体成像。对于观测而言，如果仅从一个方向目测焊丝指向与焊缝位置来确定示教点位置，则由于视角限制，眼睛观测到的位置是前点，而实际位置却在后点，这就产生了视角误差，如图 3-65 所示。

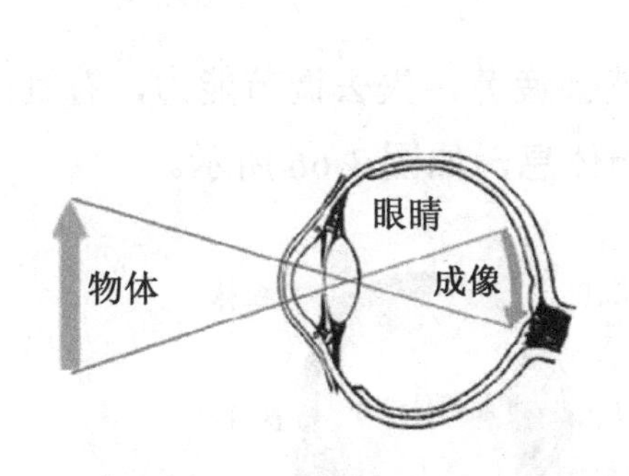

图 3-64　眼睛成像放大的原理

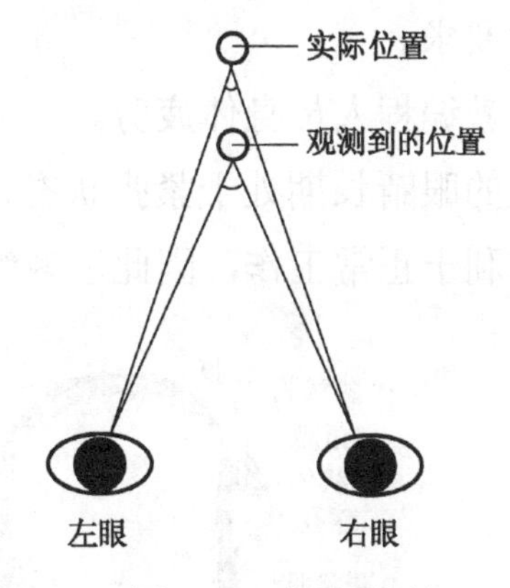

图 3-65　视角误差

因此，对于一个示教点位置的确定，除了要近距离观测，还要前后、左右、上下观测并修正焊枪的焊丝指向位置，以消除观测方法不正确而产生的视角误差。

2. 工艺误差

（1）焊丝伸出长度变化或指向不正确。焊丝伸出长度变化会导致弧长及焊接电流变化。正确的焊丝伸出长度：薄板为15mm、厚板为20mm。

（2）焊接参数设置不正确。不能用手掰直焊丝端部，应保持焊丝端部的自然状态，注意导电嘴磨损孔径的扩大情况。

（3）机器人或焊枪姿态不正确。应保证正确的焊枪前进角与焊枪工作角。

3. 系统误差

（1）机器人TCP不准。应定期进行TCP校准，可设置一个基准点，定期检查TCP是否偏离基准点。

（2）机器人重复定位精度不够高。当误差大于±0.1mm时，要通知机器人生产企业进行维修。

（3）工装夹具设计制作不合格。这会导致工件重复定位精度无法保证，要进行改进或重新设计。

4. 工件误差

工件重复制造精度不够高，主要是因为零件加工存在误差，属于上道工序的问题。若在进行CO_2焊接时工件的误差大于±0.5mm，或者在进行TIG焊接时工件的误差大于±0.2mm，则会导致焊偏或焊接失败。解决方法是改进制造工艺。

5. 其他误差产生的原因

（1）示教现场光线不足。

示教现场的光线强弱对视力会有一定影响，应增加示教现场的照明设备，提高示教现场亮度，或者使用磁吸式折叠工具灯近距离补光。

（2）示教编程人员水平不足。示教编程人员的身体条件和基础知识应满足机器人编程岗位技术技能要求。

（3）示教编程人员身体疲劳。

如果人的眼睛长期处于紧张状态，眼部睫状肌就会疲劳，失去调节能力，看到的景物就会模糊，不利于正常工作，因此示教编程人员要适当休息，如图3-66所示。

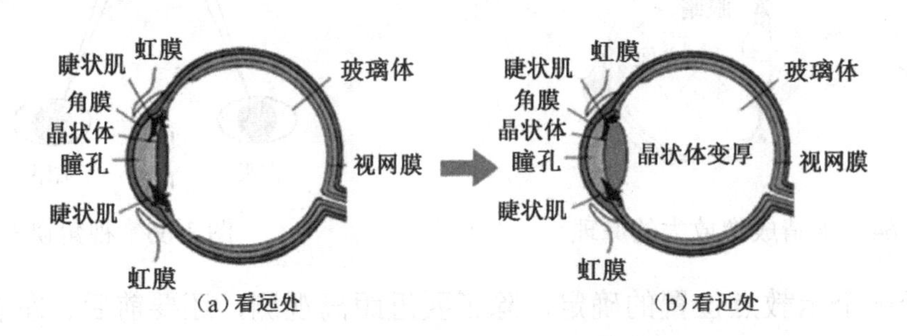

图3-66　由远至近眼睛晶状体的调节作用示意图

（4）示教编程人员工作态度不端正。应避免由于示教编程人员工作责任心不强造成的示教误差，着力培养示教编程人员精准、快速、协同、规范的职业素养。

总结：焊接机器人虽然是一种自动化程度很高的现代装备，但在目前的技术条件下，它还是要通过人工操作进行编程和示教的，这就需要从业者不仅具有操作应用技能，而且具有精益求精的工作责任感，只有这样才能使机器人设备在工业生产中发挥更大的作用。焊接机器人示教编程误差分析思维导图如图3-67所示。

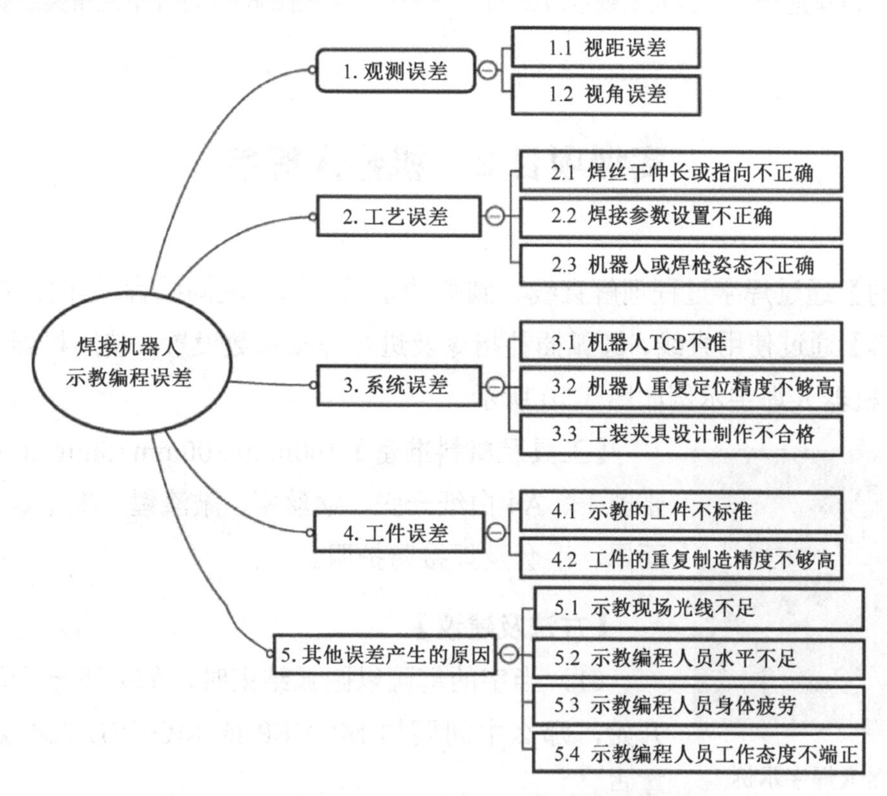

图3-67　焊接机器人示教编程误差分析思维导图

3.3　示教编程工作案例

在实际工作中，示教编程人员具备较高的职业素养是做好这项工作的基本条件。图3-68所示为汽车座椅双机器人系统示教案例，示教编程人员正在聚精会神地进行座椅示教，由于两个机器人同时焊接一个工件，并与外部轴变位协调，很容易发生焊枪干涉，因此示教编程人员设置了两个机器人的监视区域，反复修改示教点，减少机器人工作节拍，达到了生产工艺要求。图3-69所示为自行车三角架示教案例，固定双工位，由于为薄管焊接，焊缝复杂，接近全位置焊，因此焊接难度较大，对工件的加工精度要求也比较高，要求焊枪角度、行走速度、焊接参数非常精准，稍有一点偏移，钢管就会被焊穿，通过现场示教编程人员严谨认真的工作，最终达到了生产工艺要求。

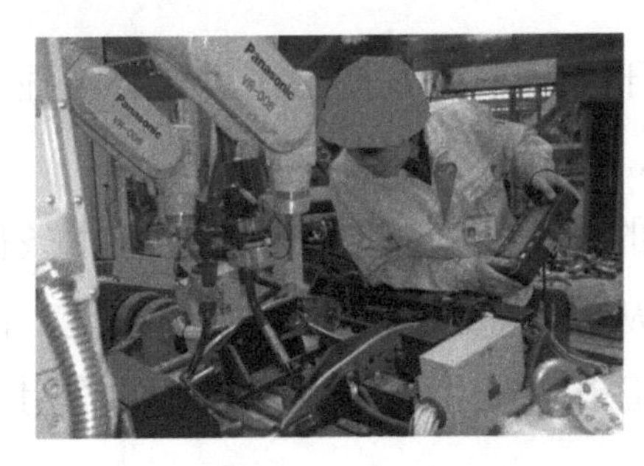

图 3-68　汽车座椅双机器人系统示教案例

图 3-69　自行车三角架示教案例

实训项目 3　机器人焊字

【实训目的】通过焊字过程理解直线、圆弧的示教方法，巩固编程操作技能。

【实训内容】通过使用直线、圆弧插补指令及进行焊接参数设置，使用机器人示教和焊接自己的名字。机器人焊字示例如图 3-70 所示。

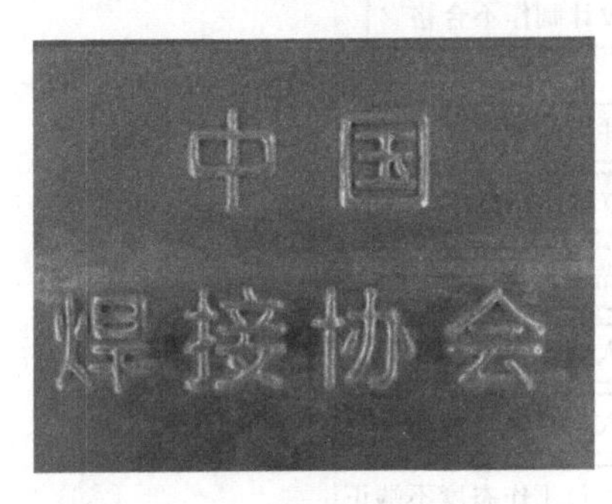

图 3-70　机器人焊字示例

【工具及材料准备】100mm×300mm×5mm 的钢板一块、胶带若干、A4 白纸一张、钢丝刷、敲渣锤、錾子、尖嘴钳、焊接面罩、手套及焊接防护服。

【方法及建议】

（1）当字的笔画以圆弧结束时，如果下一个笔画也以圆弧开始，那么中间要加 MOVEP 或 MOVEL 插补点作为圆弧分离点。

（2）避免过多笔画交叉在一点造成凸起，影响美观。焊接结束点要设停留时间以填满弧坑。

（3）焊枪姿态处于垂直位置，保持高度一致、速度一致。笔画较粗大的字可以摆动焊接。

（4）当字数较多时，为方便查找程序，可以对不同的字加标签指令作为标记。

【实训步骤】

（1）焊前准备：将钢板表面清理干净后固定好，将要焊的字打印在 A4 白纸上（建议字体选择空心黑体），将打印好字的白纸平铺并粘贴在钢板上，根据所焊字的笔画做好示教点标记。例如，“大”字的示教点位置选择如图 3-71 所示，参照点 1～9 的书写顺序，按字的笔画和形状进行示教和焊接。图 3-71 中各点的插补指令（属性）分别如下：第 1 点 MOVEL（焊接点）；第 2 点 MOVEL（空走点）；第 3 点 MOVEL（焊接点）；第 4 点

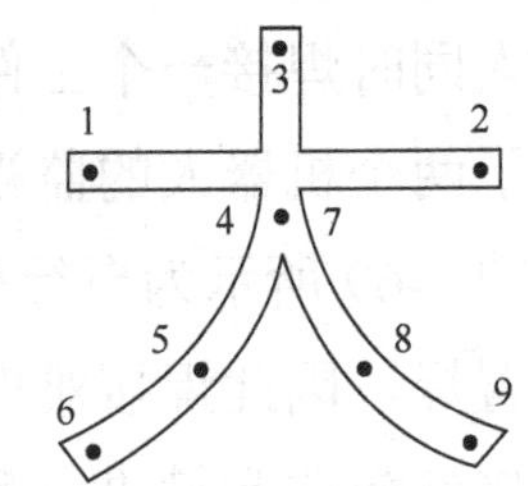

图 3-71　“大”字的示教点位置选择

MOVEC（焊接点）；第 5 点 MOVEC（焊接点）；第 6 点 MOVEC（空走点）；第 7 点 MOVEC（焊接点）；第 8 点 MOVEC（焊接点）；第 9 点 MOVEC（空走点）。

（2）示教编程：按照直线、圆弧的示教原理，力求与字的笔画和形状一致。减少多余的示教点，示教编辑完成后，跟踪检查字的位置和准确性。

（3）焊接参数设置：字的笔画粗细可通过改变焊接电流、焊接速度及焊接电压来加以调整。若让字的笔画粗一些，则应使焊接电流大或焊接速度慢；若要字体凸起一些，则应适当降低焊接电压；对于笔画比较复杂的字，焊接电流要小、焊接电压要低或焊接速度要慢，以免笔画不清晰。可先在试板上进行试焊，找出最佳焊接参数，由于程序较长，逐条修改焊接参数费时费力，所以可用“编辑”菜单中的“替换”功能设置焊接参数。焊接参数参考值：焊接电流为 90～120A，焊接电压为 18～20V，焊接速度为 0.4～0.6m/min，气体流量为 10～15L/min，焊丝伸出长度为 15mm。

（4）焊接：在正式焊接前，将白纸轻轻拿掉，注意钢板的位置不要挪动。穿戴好焊接防护服、手套，准备好焊接面罩，将光标移到程序首行后，将示教器挂好，确认机器人工作区域内无人员，将模式选择开关置于 AUTO 侧，先按下伺服 ON 按钮，再按下启动按钮，机器人开始焊接。焊接开始后，示教人员手持焊接面罩观察电弧。焊接过程中不要远离示教器，如果发现焊接过程出现异常，则要及时按下暂停按钮或紧急停止按钮。焊字结束，待焊件冷却后，用钢丝刷、敲渣锤、錾子清理焊件表面。机器人焊字程序如图 3-72 所示。

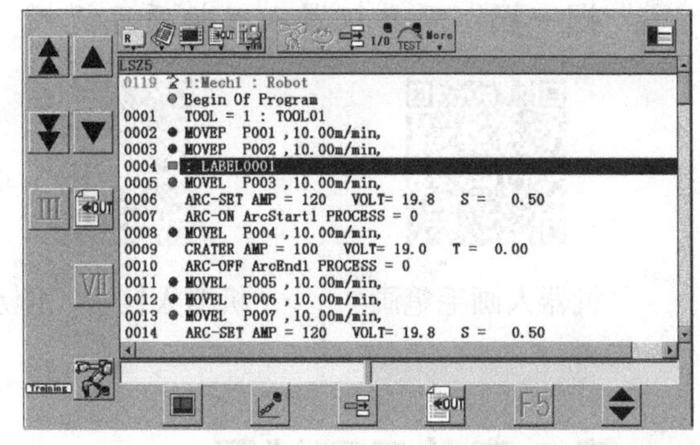

图 3-72 机器人焊字程序

【实训报告 3】

实训报告 3

<table>
<tr><td>实训名称</td><td colspan="3">机器人焊字</td></tr>
<tr><td>实训内容与目标</td><td colspan="3">临摹名字的笔画进行示教编程及焊接</td></tr>
<tr><td rowspan="2">考核项目</td><td colspan="3">熟练运用直线、圆弧插补指令进行编程</td></tr>
<tr><td colspan="3">正确设置焊接参数并实施焊接</td></tr>
<tr><td>小组成员</td><td colspan="3"></td></tr>
<tr><td>具体分工</td><td colspan="3"></td></tr>
<tr><td>指导教师</td><td></td><td>学生姓名</td><td></td></tr>
<tr><td>实训时间</td><td></td><td>实训地点</td><td></td></tr>
<tr><td>计划用时/min</td><td></td><td>实际用时/min</td><td></td></tr>
<tr><td colspan="4">实训准备</td></tr>
<tr><td>主要设备</td><td>辅助工具</td><td colspan="2">学习资料</td></tr>
</table>

续表

焊接机器人		
备注		
1. 简述机器人焊字的工作流程。		
2. 说明焊接参数的设置对机器人焊字的影响。		
3. 收获与体会。		

扫一扫：观看机器人兴趣项目视频

机器人画毛笔画

机器人接水、倒水

机器人识别黄、白球

机器人写毛笔字

第3章单元测试题

一、判断题（下列判断题中，正确的请打“√”，错误的请打“×”）

1．示教点的插补 PTP（MOVEP）表示点到点的运动。（　　）

2．焊接结束点应设为空走点。（　　）

3．焊接开始点应设为空走点。（　　）

4．次序指令专指移动指令。（　　）

5．ARC-OFF 是结束焊接操作指令。（　　）

6．ARC-SET 是设置焊接收弧参数指令。（　　）

7．CRATER 是设置焊接收弧参数指令。（　　）

8．摆动时间是指焊枪的焊丝末端在振幅点的周期。（　　）

9．○↓○ 表示机器人位置在示教点上。（　　）

10．程序文件的名称一旦确定后就不能够更改。（　　）

二、**单项选择题**（下列每题的选项中只有 1 个是正确的，请将其代号填在横线空白处）

1．机器人运动轨迹是由示教点决定的，一段圆弧至少需要示教________个点。

A．2　　B．5　　C．4　　D．3

2．插补就是示教点之间的移动方式，“MOVELW”指令表示________运动。

A．直线　　B．直线摆动　　C．圆弧　　D．圆弧摆动

3．叙述焊接开始条件的指令是________。

A．ARC-SET　　B．ARC-OFF　　C．ARC-ON　　D．CRATER

4．摆动时间是指焊枪的焊丝末端在振幅点的________。

A．摆动周期　　B．摆动频率　　C．焊接时间　　D．停留时间

5．机器人位置图标为 　　时表示________。

A．在示教点上　　B．不在示教路径中

C．在示教路径中　　D．不在示教点上

6．在松下机器人程序中，空走点所在指令行前用______圆点表示。

A．蓝色　　B．红色　　C．黑色　　D．绿色

三、**多项选择题**（下列每题的选项中至少有 2 个是正确的，请将其代号填在横线空白处）

1．TA-1400 机器人坐标系有________。

A．直角坐标系　　B．关节坐标系　　C．工具坐标系

D．圆柱坐标系　　E．用户坐标系　　F．极坐标系

2．属于焊接结束子程序的是________。

A．ArcStart1　　B．MOVEP　　C．ArcStart5

D．ARC-SET　　E．ArcEnd1　　F．ARC-ON

3．直线摆动插补需要使用以下哪些指令？________

A．MOVELW　　B．MOVEP　　C．WEAVEP

D．MOVECW　　E．MOVEL　　F．MOVEC

4．圆弧摆动插补需要使用以下哪些指令？________

A．MOVELW　　B．MOVEP　　C．WEAVEP

D．MOVECW　　E．MOVEL　　F．MOVEC

5．焊接参数的代表符号有哪些？________

A．ARC-OFF　　B．ARC-ON　　C．ARC-SET

D．VOLT　　E．AMP　　F．CRATER

6．增加、替换和删除次序指令时使用下列哪些图标?________

A． 　　B． 　　C．

D． 　　E． 　　F．

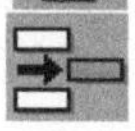

7. 进行跟踪操作时使用哪些图标?________

A.　　　　B.　　　　C.

D.　　　　E.　　　　F.

8. TA-1400 机器人的编辑功能有__________。

A. 复制　　　　B. 剪切　　　　C. 删除

D. 增加　　　　E. 修改　　　　F. 粘贴

四、编程练习

1. 如图 3-73 所示，假设直线段为 PTP 移动，在圆弧段进行焊接。如图 3-74 所示，直线段为直线移动，在圆弧段进行焊接，请按由左开始至右结束的顺序，标出各点的插补类型（包括焊接点和空走点）。

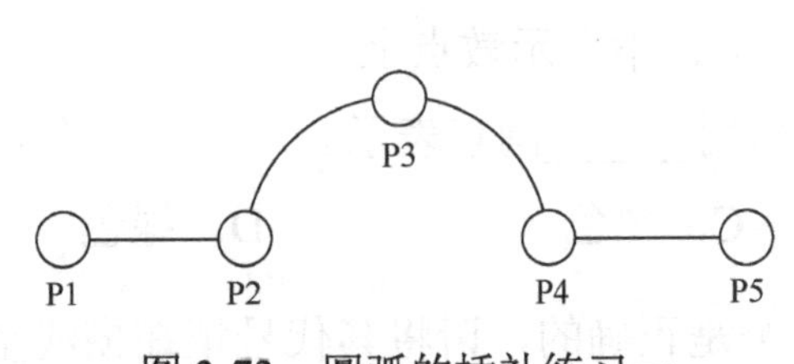

图 3-73　圆弧的插补练习一

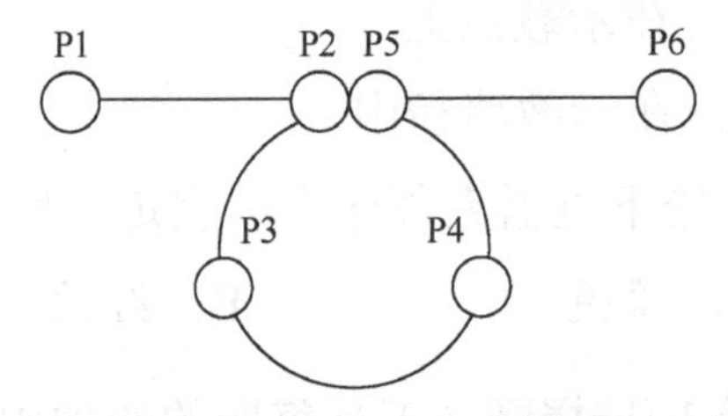

图 3-74　圆（弧）的插补练习二

2. 在实际工作中为减少机器人工作节拍，空走速度通常较快，如果对三维工件的示教采用直接从原点到焊接点的移动，则可能发生撞枪事故，这是由于在点到点（MOVEP）的移动过程中枪姿不断变化，撞枪轻则使 TCP 偏移，重则使焊枪撞坏或变形。为避免撞枪事故的发生，通常需要增设接近点和退避点（在工具坐标系中移动）。图 3-75 所示为管板平角焊示教点示意图。

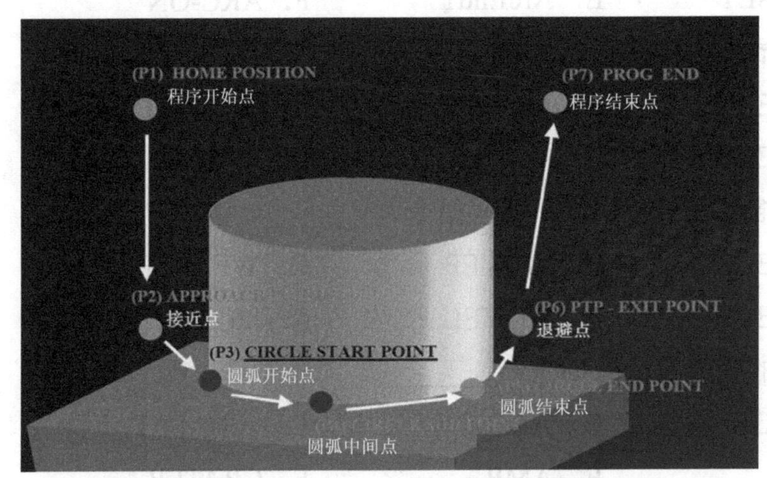

图 3-75　管板平角焊示教点示意图

示教编程后的程序及其解读和说明如表 3-22 所示，请正确填写表中 P1～P7 点的插补指令。

表 3-22 示教编程后的程序及其解读和说明

程　序	圆弧示教程序解读	说　明
Prog0005.prg	程序名为 Prog0005	顺序自动生成，可重命名
1:Mech1:Robot	机构：机器人	出厂时设置为“1:Mech1”
Begin of Program	程序开始	自动生成
TOOL＝1:TOOL01	指定储存工具的数据工具号	默认为 TOOL01 焊枪
______ P1 20m/min	P1 为原点，20m/min 表示返回原点的速度	P1 为程序开始点（空走点）
______ P2 10m/min	示教速度为 10m/min，由 P1 点向 P2 点移动	P2 为接近点（空走点）
______ P3 5m/min	示教速度为 5m/min，由 P2 点向 P3 点移动	P3 为圆弧开始点（焊接点）
______ AMP＝120 VOLT＝19.0 S＝0.50	设置焊接条件：焊接电流为 120A、焊接电压为 19.0V、焊接速度为 0.50m/min	根据工艺要求，设置焊接电流、焊接电压和焊接速度
______ ArcStart1.prg RETRY＝0	运行 ArcStart1 焊接开始子程序，不使用引弧再试功能	焊接开始子程序 ArcStart1
______ P4 10m/min	示教速度为 10m/min，由 P3 点向 P4 点进行圆弧焊接，焊接条件不变（同上）	P4 为圆弧中间点（焊接点）
______ P5 10m/min	示教速度为 10m/min，焊接速度为 0.5m/min 不变，继续由 P4 点向 P5 点进行圆弧焊接	P5 为圆弧结束点（空走点）
______ AMP＝100 VOLT＝18.0 T＝0.00	设置收弧条件：收弧电流为 100A、收弧电压为 18.0V、收弧时间为 0	设置收弧电流、收弧电压和收弧时间
______ ArcEnd2.prg RELEASE=0	运行 ArcEnd2 焊接结束子程序，不使用粘丝解除功能	焊接结束子程序 ArcEnd2
______ P6 5m/min	示教速度为 5m/min，由 P5 点向 P6 点移动	P6 为退避点（空走点）
______ P7 20m/min	示教速度为 20m/min，由 P6 点向 P7 点移动	P7 为程序结束点（空走点）
End of Program	机器人停留在 P7 点位置	程序结束

五、问答题

1．文件的编辑包括哪些内容？

2．复制一个程序需要进行哪些操作？

3．如何进行程序中参数的替换？

4．运行中的程序可以编辑吗？怎样操作？

5．如何变更机器人全局变量？

6．何谓插补？插补指令有几种？

7．次序指令有哪些类型？

8．焊接操作常用的次序指令有哪些？

9．什么是摆动时间？如何设置？

10．当焊接结束时，需要执行哪些指令？

11．解释程序“ARC-SET　AMP =200　VOLT=24　S=0.5”所表达的含义。

第4章 运行模式

知识目标

掌握示教模式和运行模式的作用及切换方法。基于在示教模式下编写的程序，对程序文件执行焊接操作，并学会在运行模式下限制机器人操作、参数补偿、暂停和重启动、输入/输出监视器设置、紧急停止和再启动、运行结束等操作。

能力目标

1. 能正确进行示教模式和运行模式的切换。
2. 能正确进行限制机器人操作的设置。
3. 能正确进行视窗的显示及设置。

情感目标

培养学生严谨、认真的工作习惯。

4.1 运行模式的操作

运行模式是指模式选择开关在 AUTO 侧时的模式，在该模式下，可以运行在示教模式下生成的任务程序。运行模式也称为自动模式。模式选择开关的切换示意图如图 4-1 所示。

4.1.1 启动操作

1. 启动操作方法

有两种方法可以实现启动操作（运行程序）：一种方法是使用示教器上的启动按钮启动，称为手动启动；另一种方法是使用外部操作盒启动，称为自动启动。

> **注意：**
> 当使用外部操作盒启动（自动启动）时，须对启动方式进行设置，具体设置方法参见5.2.3 节。

⚠危险：

❶确认在启动前安全防护栏范围内无人。

❶操作人员观察到危险，可以随时按紧急停止按钮。

2．启动操作步骤

（1）打开要运行的文件，如图4-2所示。

（2）将模式选择开关由TEACH侧切换到AUTO侧。

（3）按下伺服ON按钮。

（4）按下启动按钮，程序从光标所在行开始运行。

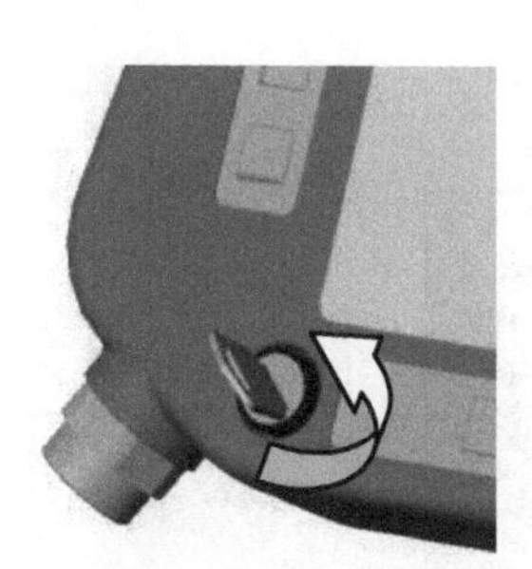

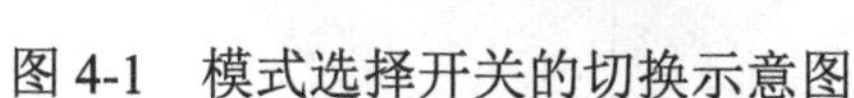

图4-1　模式选择开关的切换示意图

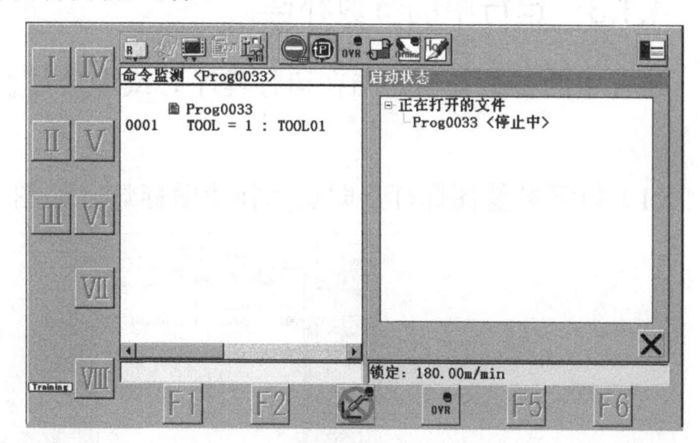

图4-2　打开要运行的文件

想一想：TEST（测试）程序与AUTO（运行）程序有何不同？

4.1.2　操作限制的设置

1．操作限制

可以通过锁定某些功能，实现对某些操作的限制。例如，锁定焊接机器人电弧功能，能够在不进行焊接的情况下运行程序。

2．设置步骤

（1）点击菜单栏中的“限制条件”图标，出现限制条件设置对话框，如图4-3所示。

（2）设置运转最高速度或勾选“I/O锁定”“电弧锁定”“机器人锁定”复选项后，点击“OK”按钮。

图4-3中各项的含义如下。

运转最高速度：限制示教操作的最高速度。

I/O锁定：若勾选，则不能使用输入/输出次序指令。

电弧锁定：若勾选，则不能使用焊接相关的指令。

机器人锁定：若勾选，则机器人不能运动。

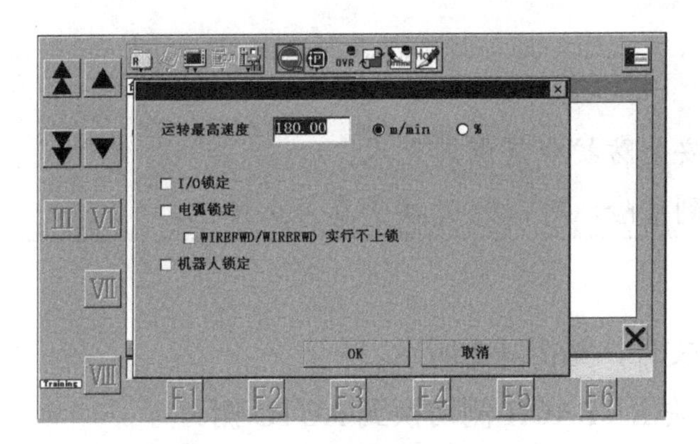

图 4-3　限制条件设置对话框

4.1.3　运行中的参数补偿

运行中的参数补偿是指在运行程序时或焊接过程中，对焊接条件进行调整，操作步骤如下。

（1）打开补偿图标灯，即点亮补偿图标灯，如图 4-4 所示。

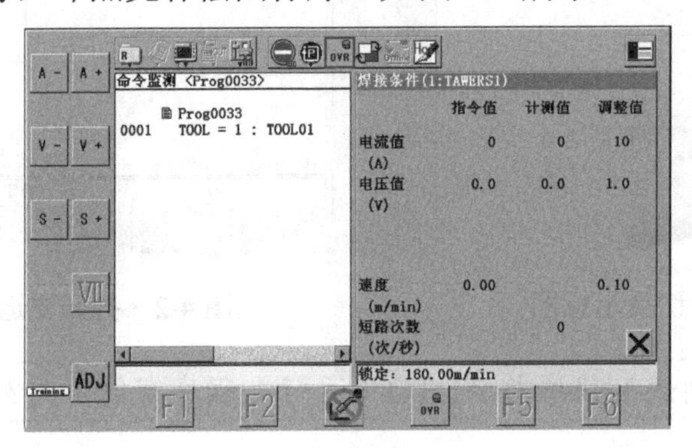

图 4-4　点亮补偿图标灯

（2）按下相应的动作功能键（Ⅰ、Ⅱ或Ⅲ），选择想要进行补偿的参数所对应的参数补偿调整键（见图 4-5），可分别对焊接电流、焊接电压、焊接速度进行补偿。

> **注意：**
>
> 在摆动示教中不能补偿焊接速度。

（3）在进行补偿时，左手拇指按住相应的动作功能键，即选中屏幕左侧显示的想要进行补偿的参数所对应的参数补偿调整键，同时向上/向下微动拨动按钮，即可调整相应的参数补偿值。停止向上/向下微动拨动按钮后出现补偿值显示对话框，如图 4-6 所示。

（4）松开动作功能键。

（5）关闭补偿图标灯。

> **注意：**
>
> 点击调整图标（ADJ），将显示调整量画面，即补偿值显示对话框（见图 4-6），点击参数补偿调整键即可进行调整量的设置。

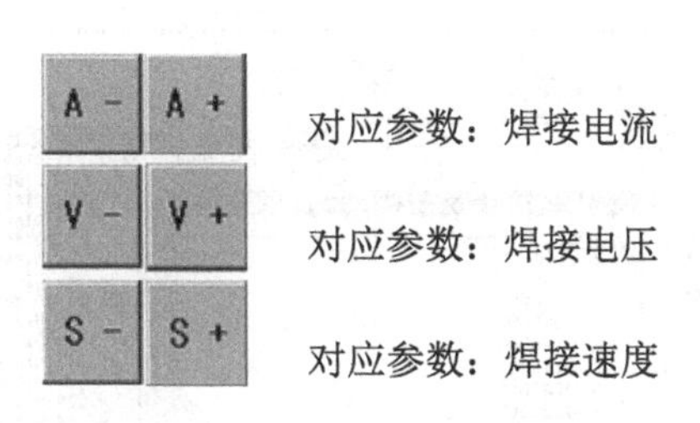

图 4-5　参数补偿调整键

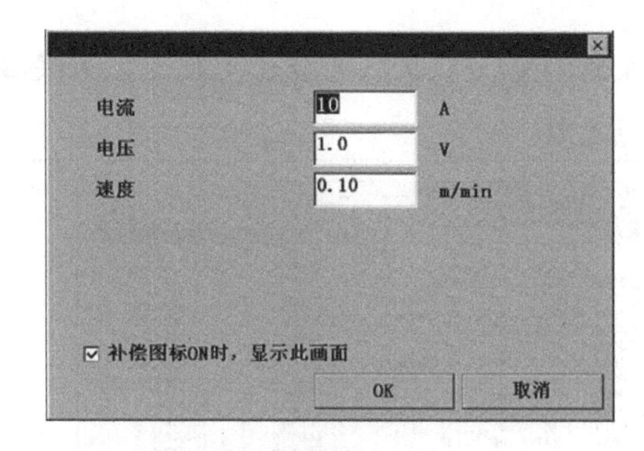

图 4-6　补偿值显示对话框

4.1.4　暂停和重启动

⚠危险：

🛇 不要进入安全防护栏范围内，因为机器人可能在暂停状态下突然移动。

❗ 重启动之前确定在机器人动作范围内没有人或干扰物。

暂停和重启动操作方法如下。

1．暂停

打开一个编辑好的程序文件，先将光标调至程序的开始位置，再将模式选择开关切换至 AUTO 侧，然后按下伺服 ON 按钮（若无须焊接，则将电弧功能关闭），最后按下启动按钮，机器人开始运行，在运行过程中，如果按下暂停按钮，则机器人停止运行。伺服 ON 按钮、暂停按钮、启动按钮如图 4-7 所示。

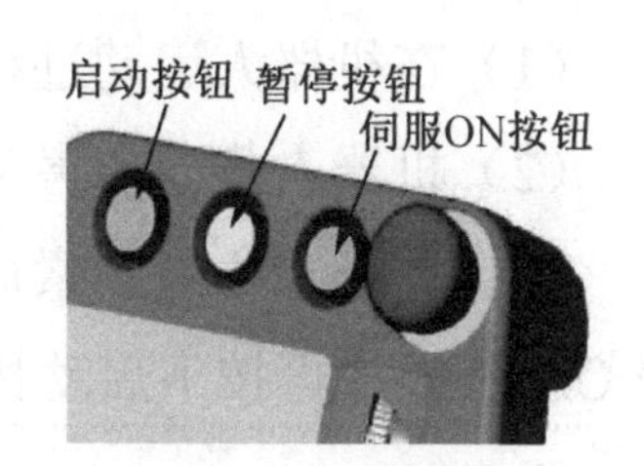

图 4-7　伺服 ON 按钮、暂停按钮、启动按钮

2．重启动

按下启动按钮，机器人从暂停位置继续运行。

❗ 注意：重启动后，如果机器人处于继续焊接位置，则要注意搭接距离的设置。

4.1.5　输入/输出监视器

输入/输出监视器可以用于显示用户输入/输出状态，也可以用于改变输入/输出端子的 ON/OFF 状态，操作步骤如下。

（1）在示教位置将模式选择开关切换至 AUTO 侧。

（2）点击图标，输入/输出监视器界面显示在屏幕右侧，如图 4-8 所示。点击界面中的图标，出现图 4-9 所示的对话框。

（3）选择想要改变 ON/OFF 状态的输入/输出端子，并改变其状态。

❗ 注意：

在机器人暂停状态下，若使用输入/输出监视器功能改变输出端子的 ON/OFF 状态，则机器人的ON/OFF状态也会发生改变。如果模式选择开关在示教模式下，则输入/输出监视器功能无效。

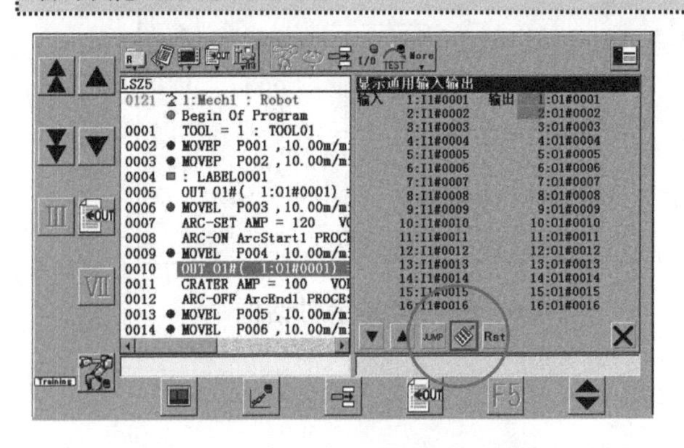

图4-8　输入/输出监视器界面

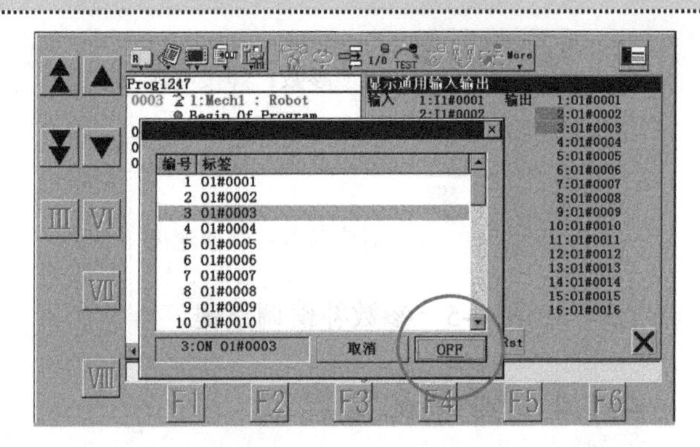

图4-9　输入/输出端子的ON/OFF状态设置对话框

4.1.6　紧急停止和再启动

紧急停止优先于任何其他对机器人的控制操作，它会断开机器人电动机的伺服电源，停止所有部件的运行，并切断由机器人系统控制且存在潜在危险的功能部件的电源。当出现下列情况时应立即按下示教器上的红色紧急停止按钮。

（1）在机器人运动过程中，工作区域内有工作人员。

（2）机器人将要伤害工作人员或损坏机器设备。

确认并排除危险因素后，顺时针旋松紧急停止按钮，点击紧急停止解除提示，先按下伺服ON按钮，再按下启动按钮，机器人恢复动作。

危险：

- 当观察到危险和反常的状况时，应立即按下紧急停止按钮。
- 再启动之前须确定没有人或干扰物在机器人动作范围内。

注意：

伺服电源闭合，机器人回到紧急停止前的输入/输出状态。

4.1.7　运行结束操作

按下暂停按钮，将模式选择开关由AUTO侧切换至TEACH侧，关闭运行程序，结束操作。

4.1.8　运行状态及编辑

（1）在运行状态时，显示的界面如图4-2所示。

（2）在预约状态时，显示的界面如图4-10所示。预约状态反映的是外部启动按钮信号的排队状况。

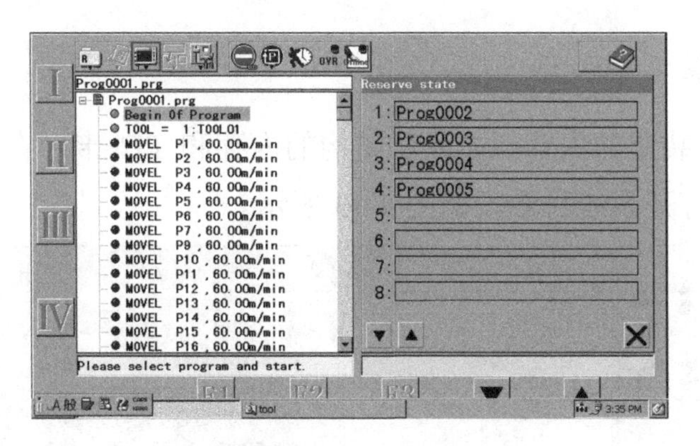

图 4-10　预约状态

（3）运行模式在线编辑。

在线编辑是指编辑运行中的程序，编辑结果将在下一次启动中反映出来，操作步骤如下。

① 点击菜单栏的“在线编辑”图标，点亮在线编辑图标灯，如图 4-11 所示。

② 打开要编辑的文件，如图 4-12 所示。

③ 编辑文件（除不能操作机器人以外，其余功能和示教模式中一样）。按动作功能键[I]，编辑功能的变化顺序依次为增加→更改→删除。

④ 编辑完成，关闭文件。

⑤ 关闭在线编辑图标灯。

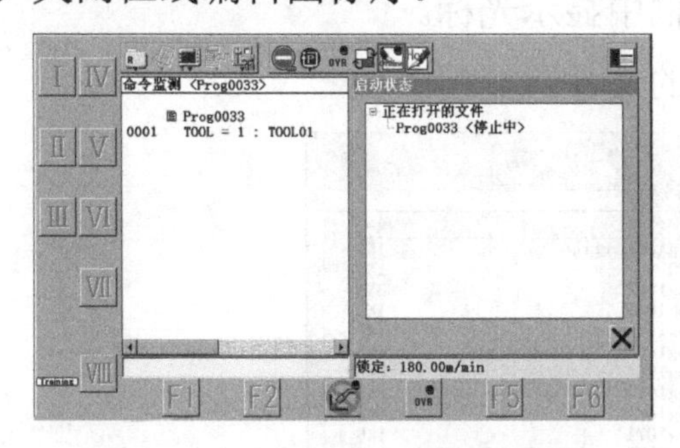

图 4-11　点击在线编辑图标

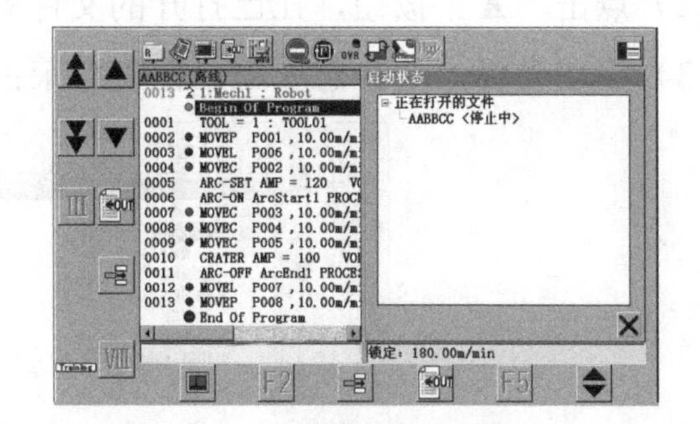

图 4-12　打开要编辑的文件

4.2　系统状态显示

系统状态显示在“查看”菜单中进行操作，通过进入“查看”菜单将系统参数及工作状态在示教器的屏幕上显示出来。“查看”菜单在示教模式和运行模式下都能使用。通用界面按钮的作用如表 4-1 所示。

表 4-1　通用界面按钮的作用

按　钮	作　用
☒	关闭当前活动窗口
▲ / ▼	上一页/下一页

4.2.1 系统目录

系统目录显示存储装置的内容，如分层结构的内存和 PC 卡，在“查看”菜单中，点击“文件列表”图标，可打开系统目录，如图 4-13 所示。

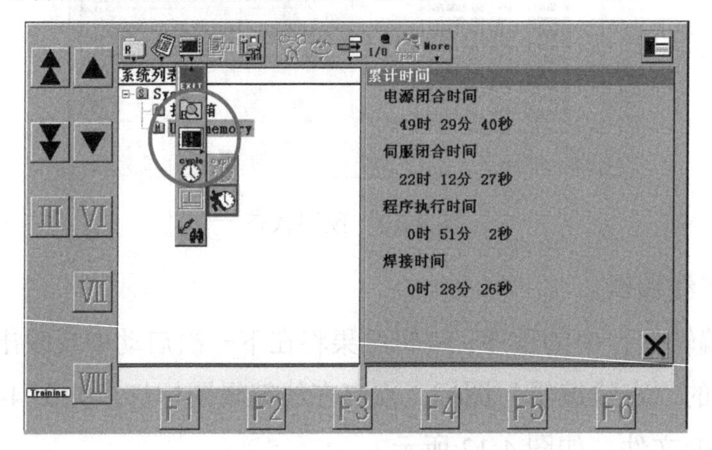

图 4-13 系统目录

4.2.2 已打开文件显示

（1）在“查看”菜单中，点击“窗口”图标，显示已打开的文件列表，如图 4-14 所示。

（2）点击“▲”按钮，在已打开的文件列表框中显示光标。

（3）移动光标，选择想要显示在窗口最前端的文件。

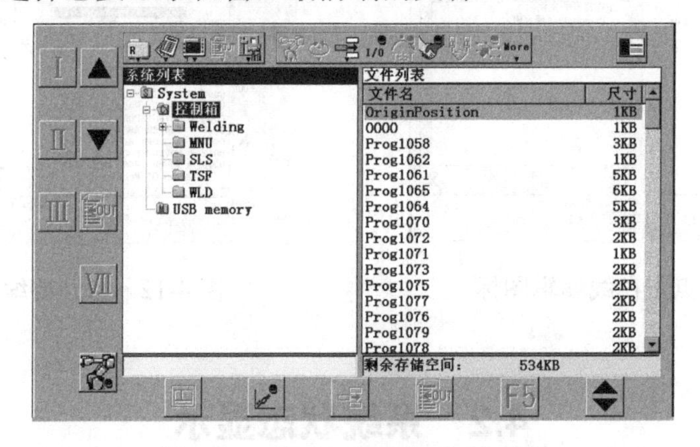

图 4-14 显示已打开的文件列表

4.2.3 工具位置显示

工具位置显示功能用于显示当前机器人 TCP（焊枪的焊丝末端）的位置及各关节的角度。

（1）在“查看”菜单中，先点击“切换显示”图标，然后点击“位置表示”图标。

（2）选择想要显示的工具位置数据，右侧窗口中会出现位置数据显示界面。例如，当选择“XYZ 表示”时，显示界面如图 4-15 所示。

在图 4-15 中：“X”“Y”“Z”表示直角坐标系机器人 TCP 坐标；“U”“V”“W”表示直角坐标系工具姿势的角度，“U”表示焊枪绕 *Z* 轴旋转的角度；“V”表示焊枪绕 *Y* 轴旋转的角度；“W”表示焊枪的焊丝伸出端轴向扭转角度。

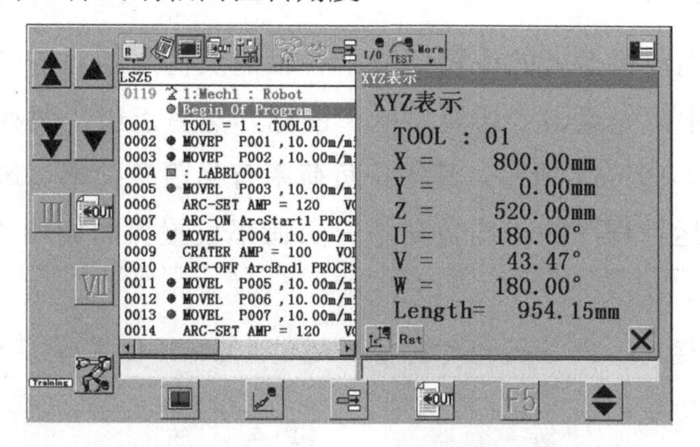

图 4-15 机器人工具位置显示

（3）反映当前机器人关节轴的位置参数有各关节的编码器脉冲数值显示，如图 4-16 所示，以及每个轴的角度显示，如图 4-17 所示。

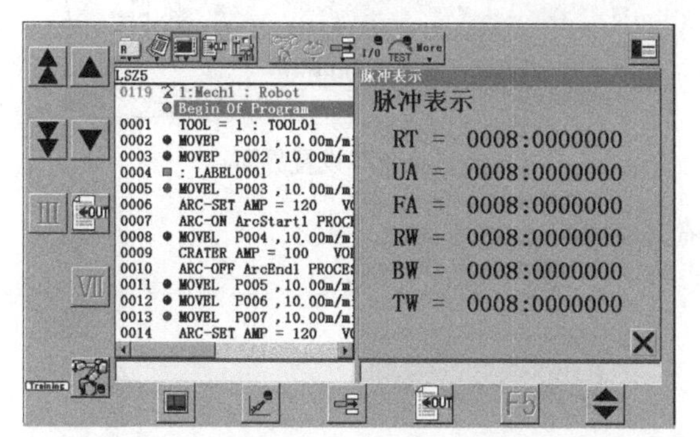

图 4-16 各关节的编码器脉冲数值显示

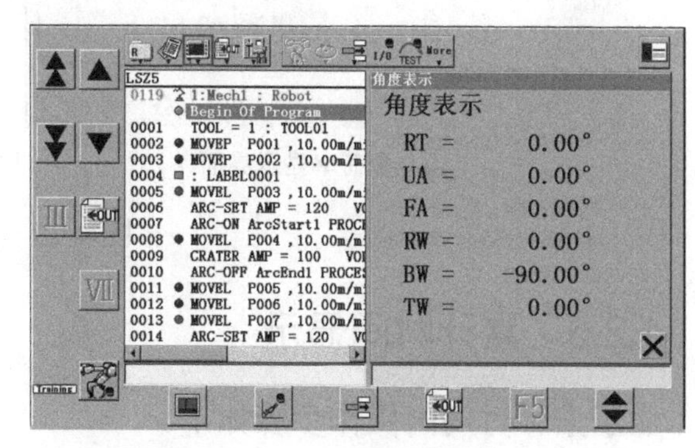

图 4-17 每个轴的角度显示

4.2.4 变量显示

显示变量的操作步骤如下。

在“查看”菜单中，先点击“切换显示”图标，然后点击“显示变量”图标和所需变量类型图标，右侧窗口中显示变量。例如，点击“字节”图标，右侧窗口中显示字节型变量，右侧的数值为存入值，如图 4-18 所示。

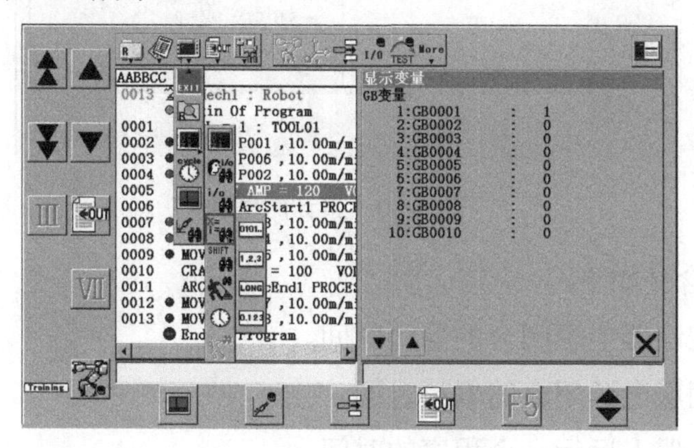

图 4-18 变量显示

4.2.5 负荷率显示

负荷率用于显示当前机器人的位置姿势中各轴的负荷与相对的额定负荷之间的比率。

在“查看”菜单中，先点击“切换显示”图标，然后点击“负荷率”图标，右侧窗口中显示负荷率，如图 4-19（a）所示。其中，负荷率有当前负荷率、最大负荷率和平均负荷率。平均负荷率表示运行程序的平均负荷率。负荷率设置界面如图 4-19（b）所示。

注意：

当机器人用于搬运时，以各轴的负荷率不超过 100%的位置/姿势作为示教标准。

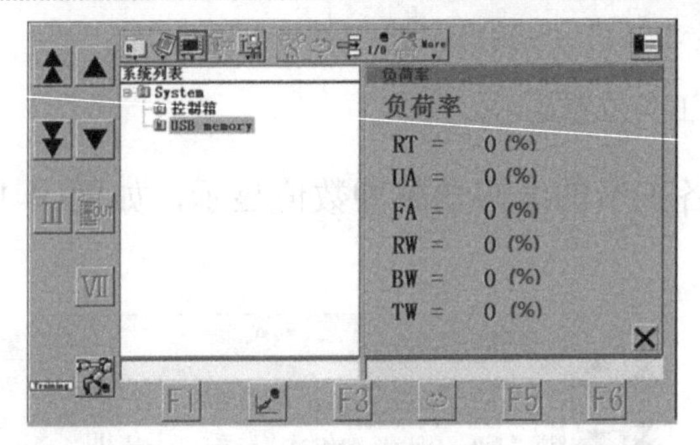

（a）负荷率显示界面

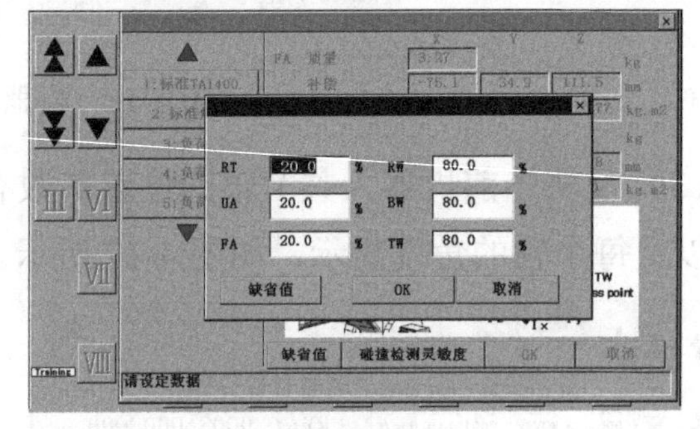

（b）负荷率设置界面

图 4-19　负荷率因数

4.2.6 累计时间显示

显示累计时间的操作步骤如下。

在“查看”菜单中，先点击“切换显示”图标，然后点击“累计时间”图标，右侧窗口中显示累计时间，如图 4-20 所示。

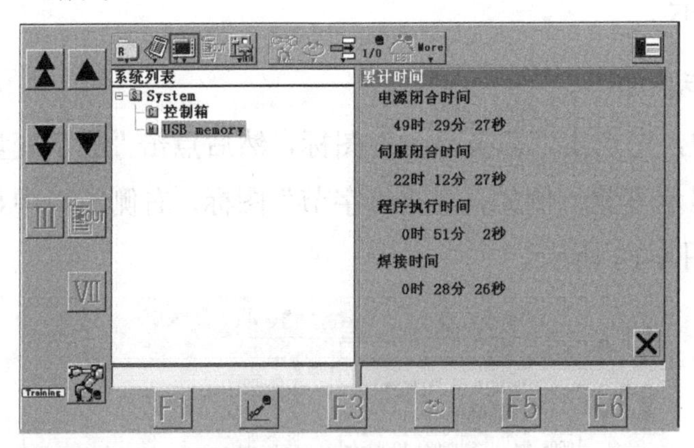

图 4-20　累计时间

图 4-20 中各项的含义如下。

电源闭合时间：控制器电源闭合的累计时间。

伺服闭合时间：伺服电源闭合的累计时间。

程序执行时间：机器人运行一个程序的时间。

焊接时间：程序中的焊接时间。

4.2.7　送丝监测显示

使用送丝监测功能，能显示数控焊接设备的送丝速度和电机电流。在“查看”菜单中，点击“电弧焊信息”图标，进入送丝监测显示界面，如图 4-21 所示。

图 4-21 中各项的含义如下。

送丝速度：送丝电机的旋转速度。

电机电流：送丝电机的电流。

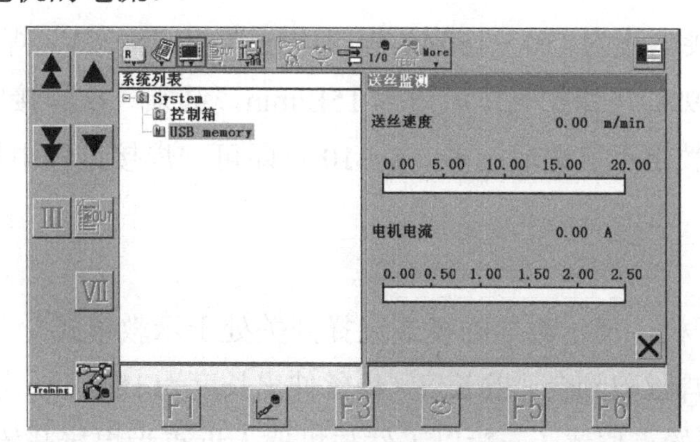

图 4-21　送丝监测显示界面

实训项目 4　板与圆管焊接

【实训目的】掌握板与圆管的机器人焊接的操作方法。

【实训内容】板与圆管的机器人焊接，圆弧示教及机器人焊接工艺。

【工具及材料准备】

（1）气保焊丝：ER50-6，规格为ϕ1.0mm。

（2）辅助工具及量具：钢丝刷、敲渣锤、扁口钳、粉笔、焊缝万能量规、三角卡盘、定位块。

（3）焊前准备。

① 材料准备：材质为 Q235。工件尺寸：圆管ϕ60mm×6mm（壁厚）×40mm（长度），板 80mm×80mm×4mm，如图 4-22 所示。

② 表面处理：将工件焊缝两侧 20～30mm 范围内内外表面上的油、污物、铁锈等清理干净，使其露出金属光泽。

③ 试件点焊组装：在点焊工作台上用 CO_2 气保焊机先将圆管与板固定点焊，焊接点数以 2～4 为宜（内圆对称方向点固）。点焊时注意动作要迅速，防止因焊接变形而产生位置偏差，造成焊缝位置变动。

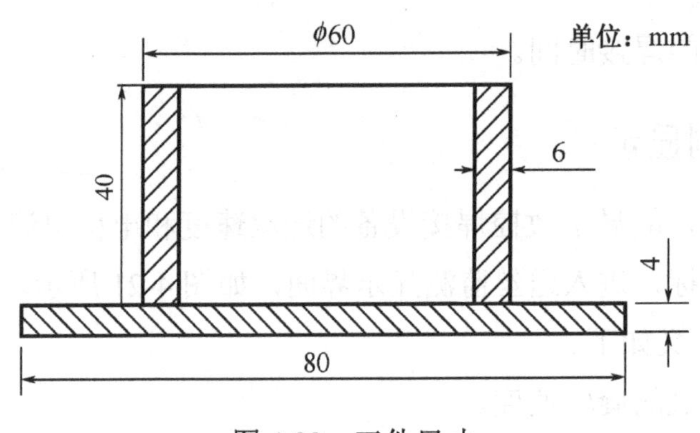

图 4-22　工件尺寸

④ 焊接要求：焊接电流为 110～160A；焊接电压为 19.5～22V；焊接速度为 300mm/min；保护气体为 CO_2（99.99%）；保护气体流量为 15L/min，必须一次焊接完成。

【方法及建议】示教点不宜选取过多，5～10 点即可。焊接过程中枪姿、焊丝伸出长度、焊接速度均不要变化。

【实训步骤】

（1）按操作程序开机，使示教器的模式选择开关处于示教模式。

（2）示教前，应把焊丝剪到合适的长度（焊丝伸出长度为 15mm），与设定的伸出长度一致。

（3）先确定焊接开始点位置（一般以工件与机器人近点为焊接开始点），将机器人原点设为第一点，再将 TW 轴逆时针旋转 180°（预设焊枪姿态，以保证焊枪能连续旋转一周，注意焊枪与机器人手臂不要发生干涉），然后移动机器人焊枪到距焊接点 10～30mm 处，将该点设为进枪点（进枪点的枪姿与焊接点的枪姿要一致），最后在工具坐标系中使用动作功能键移动焊枪到焊接点。

（4）示教一个圆至少要示教 4 个点（焊接开始点、焊接结束点和 2 个中间点），并且要等距离选点，选择正确的插补指令并确定是焊接点还是空走点。每示教一个点都要重新调整枪姿，时刻保持焊枪工作角为 45°，焊枪前进角为 80°～90°。另外，在每个示教点处还要注意焊丝伸出长度的变化。焊枪姿态如图 4-23 所示。

（5）焊接结束点与焊接开始点之间要有 2～3mm 的搭接距离，并且要设置收弧时间。另外，焊接结束后要设退避点（进、退枪点的示教应在工具坐标系下进行，进、退枪速度可降低一些）。

（6）跟踪和修改示教点将示教器功能调至跟踪状态，单步执行程序。检查并修改各示教点位置，设置示教点焊接参数。

（7）试运行程序（空走）。

板与圆管的机器人焊接程序如图 4-24 所示。检查机器人工作区域内有无人员及其他干扰物，先锁定电弧，然后点击 TEST 图标，观察机器人空走运行程序时焊枪姿态和焊丝对准焊缝的情况是否正确。

图 4-23　焊枪姿态

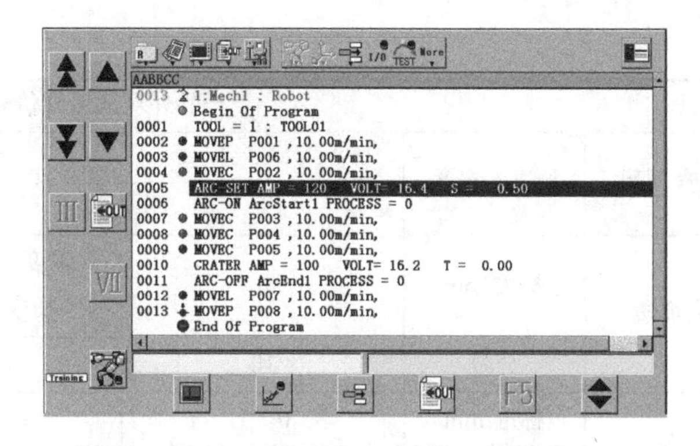

图 4-24　板与圆管的机器人焊接程序

（8）试件焊接。

① 检查保护气体气瓶开关是否为开启状态，按亮示教器上的“检气”图标，调整流量计的气体流量为 15L/min，然后关闭“检气”图标。确定无误后准备焊接。

将光标移至程序开始处，使示教器模式选择开关处于运行模式，先按下伺服 ON 按钮，再按下启动按钮。

② 在焊接过程中可能会因为焊枪姿态变化过大或焊接参数不当等造成断弧。这时不要急于停止运行程序，应让机器人继续运行下去，机器人会重新起弧焊接。

③ 当断弧且重新起弧后还不能正常焊接时应停止运行程序，检查断弧原因。

图 4-25　焊后工件

【质量评价】

焊后工件如图 4-25 所示。

产品外观质量评价表如表 4-2 所示。

表 4-2　产品外观质量评价表

产品外观质量评价表（100 分）						
检查项目	标准、分数	焊 缝 等 级				实际得分
		Ⅰ	Ⅱ	Ⅲ	Ⅳ	
焊缝余高	标准/mm	0～1	1～2	2～3	>3 或<0	
	分数	10	8	6	0	
焊缝高低差	标准/mm	≤1	1～2	2～3	>3	
	分数	10	8	6	0	
焊缝宽度	标准/mm	8～10	7～11	6～12	>12 或<6	
	分数	10	8	5	0	
焊缝宽窄差	标准/mm	0～1.5	1.5～2	2～3	>3	
	分数	10	8	6	0	
咬边	标准/mm	0	深度≤0.5，长度≤15	深度≤0.5，15<长度≤30	深度>0.5 或长度>30	
	分数	10	8	6	0	

续表

产品外观质量评价表（100分）						
检查项目	标准、分数	焊缝等级				实际得分
		I	II	III	IV	
未焊透	标准/mm	0	深度≤0.5，长度≤15	深度≤0.5，15<长度≤30	深度>0.5或长度>30	
	分数	10	8	6	0	
角变形	标准/mm	0～1	1～3	3～5	>5	
	分数	10	8	6	0	
错边量	标准/mm	0	≤0.7	0.7～1.2	>1.2	
	分数	10	8	6	0	
焊缝脱节	标准/mm	0	0～0.5	0.5～1	>1	
	分数	10	8	6	0	
焊缝正面外表成型	标准/mm	优	良	一般	差	
		成型美观，焊纹均匀、细密，高低、宽窄一致	成型较好，焊纹均匀，焊缝平整	成型尚可，焊缝平直	焊缝弯曲，高低、宽窄明显，有表面焊接缺陷	
	分数	10	8	6	0	
注： 1. 焊缝未盖面、焊缝表面及根部已修补或试件做舞弊标记的，该单项记0分处理 2. 凡焊缝表面有裂纹、夹渣、未熔合、气孔、焊瘤等缺陷之一的，该试件外观为0分					总分	

项目总分（100分）			
操作规程（20%）	示教编程效率（30%）	外观质量（50%）	总分

扫一扫：观看视频

ABB机器人板与圆管焊接视频

松下机器人示教空走视频

【实训报告4】

实训报告4

实训名称	板与圆管焊接		
实训内容与目标	板与圆管焊接		
考核项目	合理设置焊枪过渡点、退避点和焊枪姿态		
	正确设置焊接参数并实施焊接		
小组成员			
具体分工			
指导教师		学生姓名	

续表

实训时间		实训地点	
计划用时/min		实际用时/min	
实训准备			
主要设备	辅助工具	学习资料	
焊接机器人			
备注			
1.简述板与圆管焊接的工作流程。			
2.说明焊接焊接开始点和焊接结束点的设置。			
3.收获与体会。			

第 4 章单元测试题

一、判断题（下列判断题中，正确的请打“√”，错误的请打“×”）

1．当模式选择开关处于运行模式（AUTO 侧）时，可以进行示教、编辑程序和焊接。（　　）

2．在运行模式下可以设定速度限制，但不能锁定机器人。（　　）

3．能对一个正在运行程序或正在焊接的机器人进行焊接条件调整。（　　）

4．按下紧急停止按钮将机器人停止，再按下启动按钮，机器人就会继续运行。（　　）

5．在操作盒上启动运行程序，无须打开伺服电源。（　　）

二、单项选择题（下列每题的选项中只有 1 个是正确的，请将其代号填在横线空白处）

1．当模式选择开关处于运行模式（AUTO 侧）时，可以进行________。

A．示教和编辑　　B．编辑和焊接　　C．焊接　　D．示教和焊接

2．示教模式和运行模式切换是通过_______实现的。

A．示教器命令　　B．设定动作方式

C．旋动模式选择开关　　D．进入设定程序

三、程序解读

工程机械行业挖掘机结构件有很多搭接焊缝，多采用直线摆动焊接方式，直线摆动程序对于这样一段焊缝至少要示教 5 个点，如图 4-26 所示。

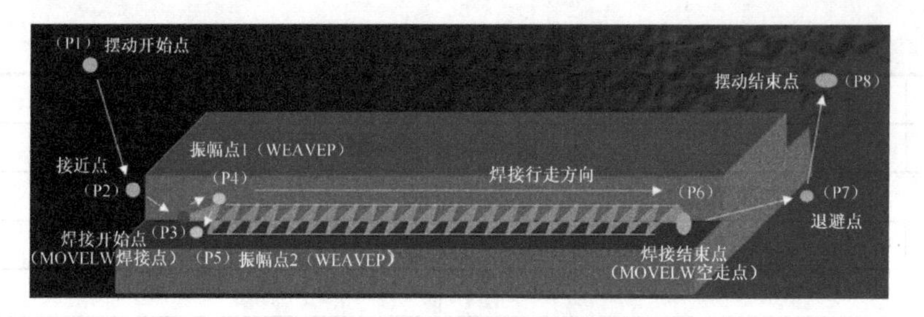

图 4-26　直线摆动示教图示

根据图 4-26 中的标识，示教程序如表 4-3 所示，请逐条填写程序解读和说明。

表 4-3　直线摆动示教程序

程　序	程序解读和说明
CIRCULAR　PROGRAM　EXAMPLE	
CIRCLE　WEAVEprg.prg	
BEGIN　OF　PROGRAM	
TOOL=1 TOOL01	
MOVEP　P1　30m/min	
MOVEL　P2　10m/min	
MOVELW　P3　5m/min	
ARC-SET　AMP =200　VOLT=24　S=0.3　F=0.8	
ARC-ON ArcStart1.prg　RETRY=0	
WEAVEP　P4　10m/min　　T1=0.2s　（上） WEAVEP　P5　10m/min　　T2=0.1s　（下）	
MOVELW　P6　10m/min	
CRATER　AMP =160　VOLT=22	
ARC-OFF　ArcEnd1.prg　RELEASE=0	
MOVEL　P7　5m/min	
MOVEP　P8　30m/min	

注：由于熔化金属受重力作用，因此上、下振幅点的停留时间设置得不同。

四、问答题

1. 怎样实现示教模式和运行模式的切换？
2. 在运行模式下可以设定哪些操作的限制？
3. 如何对一个正在运行程序或焊接过程中的机器人进行调整焊接条件的操作？
4. 如何进行正确的紧急停止和再启动操作？
5. 如何在示教器上启动运行程序？
6. 位置数据“X”“Y”“Z”和“U”“V”“W”分别表示什么含义？
7. 如何改变用户的输入/输出状态？
8. 累计时间窗口可以显示哪些时间？
9. 如何进行送丝监测？
10. 什么是机器人的负荷率？

第 5 章 机器人设定

知识目标

1. 系统基本设置、输入/输出设置、焊机设置、功能扩展设定、原点设置。

2. 设置程序启动方式、焊接参数、工具补偿，RT 监视设置、块监测设置。

能力目标

1. 掌握机器人系统基本设定的方法和步骤。

2. 掌握设置程序启动方式、焊接参数、焊丝/材料/焊接方法，掌握校枪（校正焊枪）的方法和步骤。

情感目标

培养学生树立正确学习态度。

机器人设定的相关操作在“设置”菜单中进行，包含系统基本设置、输入/输出设置、功能扩展设定等各项内容。

5.1 系统基本设置

5.1.1 用户等级设置

机器人设有用户等级权限，在注册用户 ID 时，机器人将记录登录系统时的用户数据。通过将不同的用户等级指定给操作者，可控制其对机器人系统的操作范围，如示教编程、系统参数设置等。用户等级权限如表 5-1 所示。

表 5-1 用户等级权限

用户等级	描　述	允许操作的范围
操作员	机器人操作人员	机器人操作
程序示教员	负责示教机器人程序的人员	机器人操作和示教编程
系统管理员	机器人系统管理人员	机器人操作、示教编程和系统参数设置

注意：

具有系统管理员等级的用户才能设置、改变和删除机器人的所有参数。

1. 系统管理员登录

在用户登录对话框中输入用户 ID“robot”和密码“0000”，即可以系统管理员的身份登录。系统管理员有权更改系统设置，具体操作步骤如下。

（1）使用窗口切换键将光标移至菜单栏。

（2）在“设置”菜单中，点击“扩展设定”，选择“登录”项目，出现用户登录对话框，如图 5-1 所示。

（3）在“用户 ID”文本框中输入“robot”，在“密码”文本框中输入“0000”，点击“OK”按钮，即可以系统管理员的身份登录。

2. 更改用户

更改用户功能用于增加/变更登录用户、改变用户等级和删除登录用户。

（1）用户等级。

用户分为操作员、程序示教员和系统管理员三个等级：操作员是指机器人操作人员；程序示教员是指负责示教机器人程序的人员；系统管理员是指机器人系统管理人员。其中，系统管理员为最高用户等级。

（2）增加/变更登录用户、改变用户等级。

① 在“设置”菜单中，点击“管理工具”→“用户管理”，出现用户管理项目对话框，如图 5-2 所示。

图 5-1　用户登录对话框

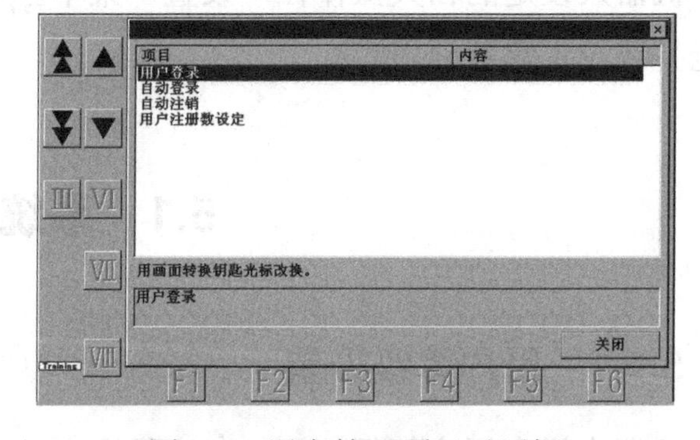

图 5-2　用户管理项目对话框

② 选择“用户登录”项目，进入用户登录对话框后，如果要设定新用户，则按用户功能键 F1 可以增加/变更登录用户，在增加/变更登录用户对话框中输入用户 ID 和密码即可，如图 5-3 所示；按用户功能键 F2 可以改变用户等级。

图 5-3 中各项的含义如下。

用户 ID：设置用户名。

口令：设置登录密码。

等级：设置用户等级。

（3）删除登录用户。

① 按用户功能键 F3，显示删除登录用户的确认信息。

② 点击“OK”按钮，删除选定的登录用户。

3. 用户 ID 时间管理

用户 ID 时间管理功能用于监测无操作时间是否超出设定值，当超出设定值时，将在屏幕上显示用户登录对话框，该功能可防止其他用户误操作，具体操作步骤如下。

选择“自动注销”项目，显示用户 ID 时间管理对话框，如图 5-4 所示①。

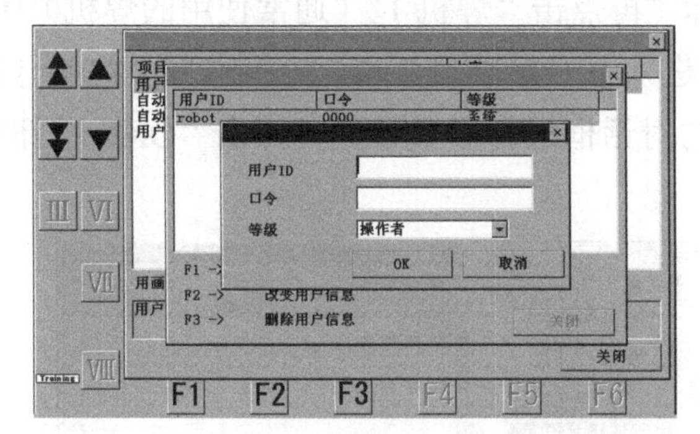

图 5-3　增加/变更登录用户对话框

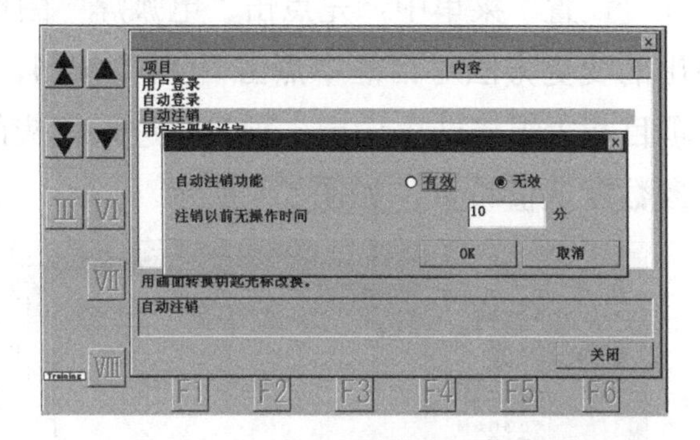

图 5-4　用户 ID 时间管理对话框

图 5-4 中各项的含义如下。

自动注销功能：当选择“有效”时，如果在超出设定时间后无任何操作，则系统将自动显示用户登录对话框。

注销以前无操作时间：设置监测时间值（单位为 min），即在该时间内，如果无任何操作，则将显示用户登录对话框。

4. 闭合电源时显示用户登录对话框

闭合电源时显示用户登录对话框功能用于设置是否在闭合电源时显示用户登录对话框。选择“自动登录”项目，显示设置对话框，如图 5-5 所示。

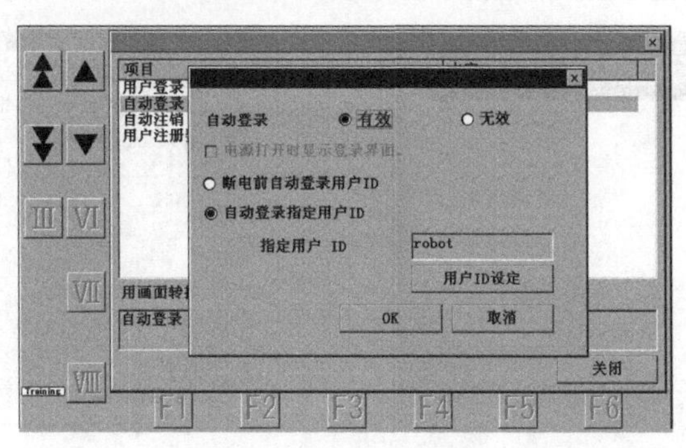

图 5-5　设置对话框

图 5-5 中各项的含义如下。

自动登录：当选择“有效”时，闭合电源时不显示用户登录对话框。

---

① 在本书部分界面图中，时间单位为“分”或“分钟”及“秒”，为了全书描述的一致性，在正文中统一用“min”及“s”进行描述。全书类似的地方都做此处理，后续不再单独说明。

自动登录指定用户 ID：点选此项，设置自动登录时所使用的用户 ID。

指定用户 ID：指定自动登录的用户 ID。

用户 ID 设定：设置新的自动登录账号和密码。

5.1.2 系统参数默认值设置

在“设置”菜单中，先点击“电弧焊”图标，再点击“焊机 1”（通常使用的焊机）图标，在弹出的变更方法对话框中点击“OK”按钮，进入下一级项目菜单，分别选择“焊接开始设定”项目和“焊接结束设定”项目，进入相应的对话框进行参数设置并点击“OK”按钮完成系统参数默认值设置，如图 5-6 所示。

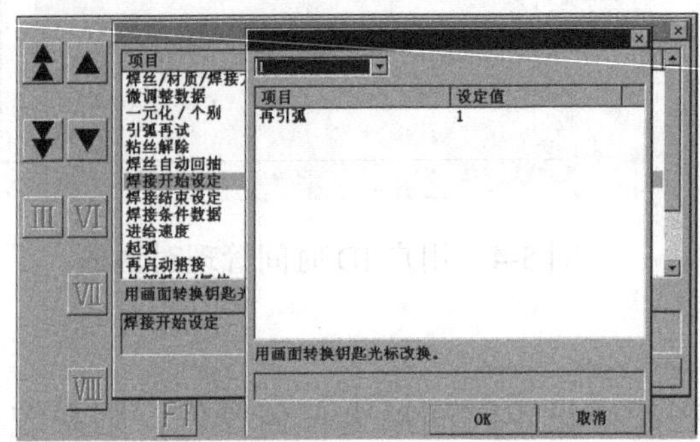

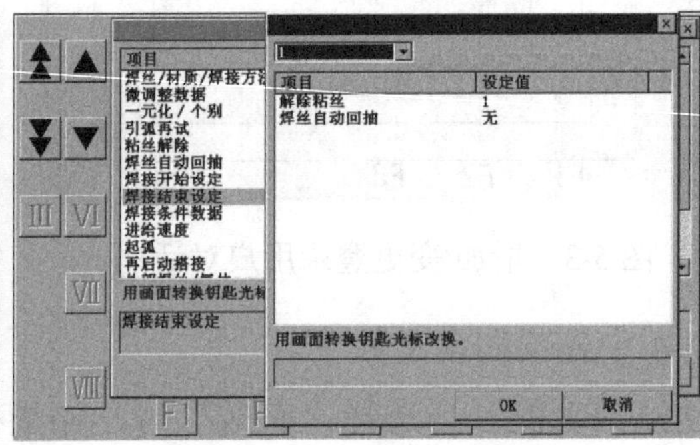

图 5-6 系统参数默认值设置

> **注意**：其余系统参数默认值的设置，可参照上述基本操作步骤完成。

5.1.3 全局变量设置

在“设置”菜单中，点击“变量”图标，显示变量设置子菜单，如图 5-7 所示。

选择变量类型，显示变量设置对话框，如图 5-8 所示，在该对话框中可进行全局变量的设置。

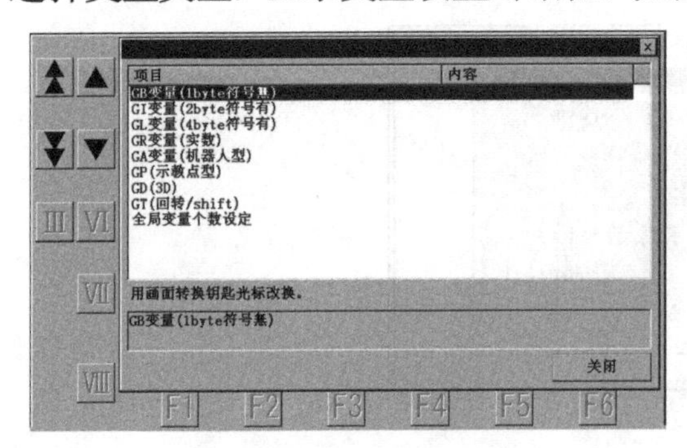

图 5-7 变量设置子菜单

→

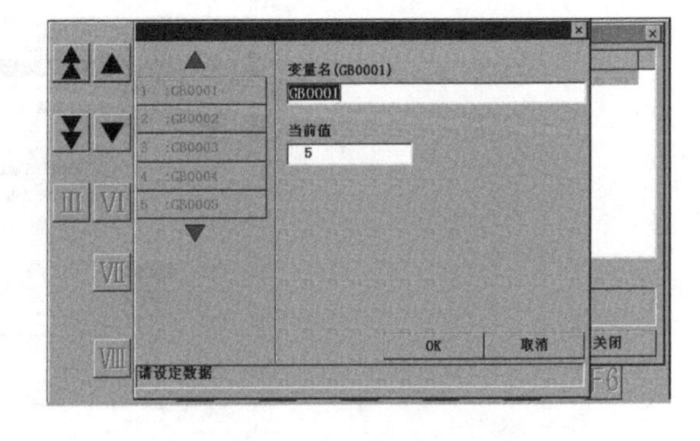

图 5-8 变量设置对话框

在图 5-8 中，“GB0001”表示选择的变量名，其当前值设置为 5。

5.1.4 用户坐标系设置

1. 用户坐标系的定义

用户坐标系是指用户自定义的坐标系。例如，用户正在使用一张倾斜的工作台，可定义一个基于工作台表面的坐标系，并在此坐标系中操作机器人，如图 5-9 所示。

一个用户坐标系由三个点 P_1、P_2、P_3 定义。

P_1：表示用户坐标系的原点。

P_1P_2：表示 X 轴（X_u 轴）的方向。

$P_1P_2P_3$：表示用户坐标系的 X_u-Y_u 平面。

垂直于 X_u-Y_u 平面的轴为用户坐标系的 Z 轴（Z_u 轴），用右手定则可以确定 Z 轴。

2. 用户坐标系的设置步骤

在“设置”菜单中，点击“扩展设定”→“设定坐标系”→“用户坐标系”，显示用户坐标系设置对话框，如图 5-10 所示。

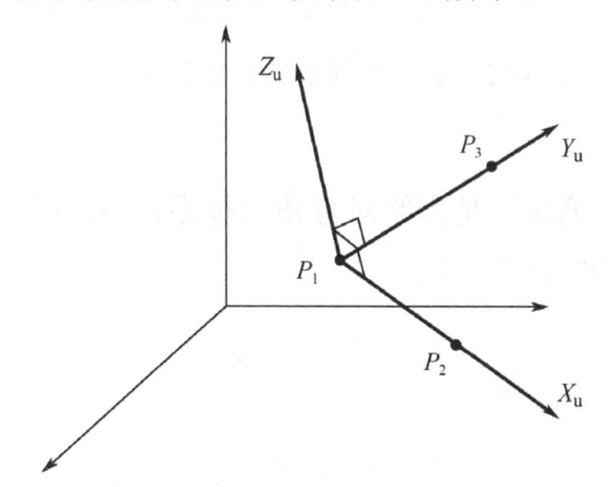

图 5-9　用户坐标系的定义

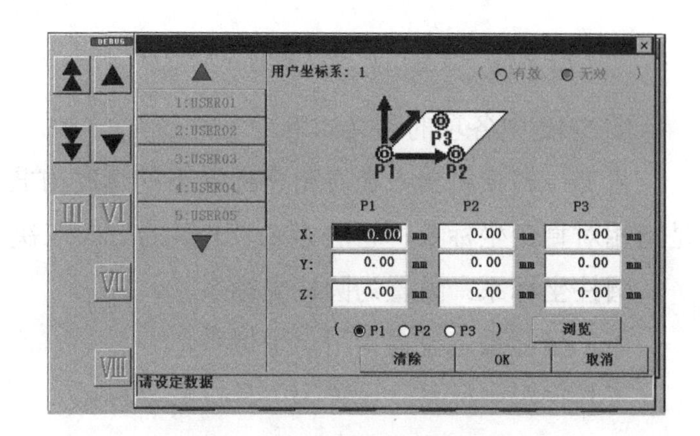

图 5-10　用户坐标系设置对话框

图 5-10 中各项的含义如下。

用户坐标系：设置用户坐标系的有效性（有效/无效）。

P1：设置用户坐标系原点的坐标值。

P2：定义 P_2 点的坐标值，P_2 点与原点（P_1）共同确定 X 轴的方向。

P3：设定 P_3 点的坐标值，P_3 点和 P_1、P_2 点共同确定 X-Y 平面的位置。

浏览：选择 P_1、P_2 或 P_3 点，点击此按钮，可以从全局示教点列表中选择一组 X、Y、Z 值作为 P_1、P_2 或 P_3 点的坐标值。

清除：删除所设置的用户坐标系。

OK：保存所设置的用户坐标系。

注意：

为确保用户坐标系的精度，各示教点之间应尽可能远离，如图 5-11 所示。

通过 P_1、P_2、P_3 点的位置可确定 Y 轴和 Z 轴的方向。确认所示教的点是正确的，以便得到所需要的结果。

3. 其他坐标系的设置步骤

其他坐标系的设置是指选择用户操作机器人时所使用的坐标系类型，如直角坐标系和圆柱坐标系，设置方法如下。

在“设置”菜单中，点击“扩展设定”→“设定坐标系”，显示设置坐标系类型对话框，如图5-12所示。

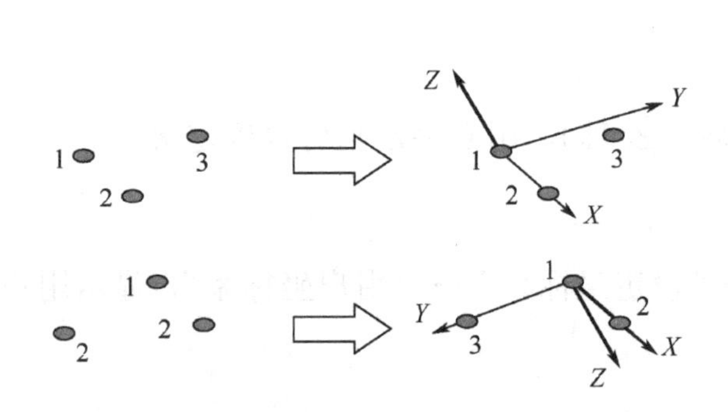

图5-11　设置用户坐标系的各示教点

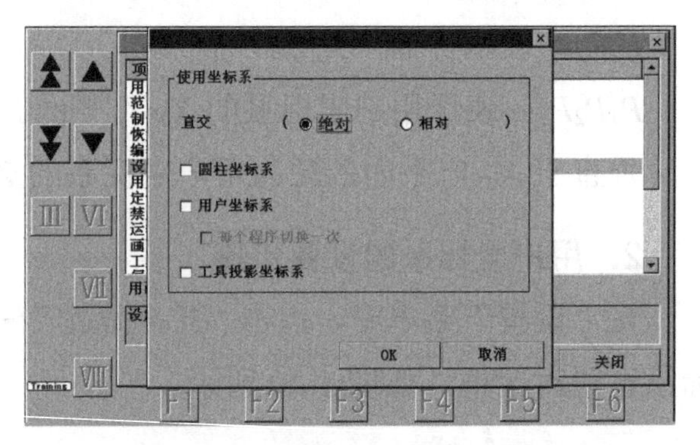

图5-12　设置坐标系类型对话框

图5-12中各项的含义如下。

直交：转换机器人在直角坐标系下的运动方式。“绝对”是指绝对直角坐标系；“相对”是指相对直角坐标系，它的 X 轴、Y 轴的方向取决于RT轴的方向。

圆柱坐标系：设置为圆柱坐标系。

用户坐标系：设置为用户坐标系。

工具投影坐标系：设置为工具投影坐标系。

5.1.5　工具补偿设置

1. 工具补偿

工具补偿即确定TCP的位置，该位置是指机器人处于零位时TW轴法兰平面中心点延长线与焊枪的焊丝末端相交的位置。

由于机器人重复定位精度是以焊枪的焊丝末端（焊丝伸出长度一定）和机器人TCP相一致为基准的，但在机器人使用过程中，由碰撞等各种原因引起的焊枪松弛、变形、移位等将导致焊枪的焊丝末端偏离机器人TCP，产生运行误差，因此要经常性地确认TCP是否发生偏离，适时进行工具补偿，俗称校枪。

工具补偿的功能和作用如下。

（1）机器人利用所设置的工具补偿值来计算TCP位置及焊枪在工具坐标系中的运动方向。

（2）如果工具补偿值设置的不正确，那么机器人将不能正确控制焊枪的运动速度和运动轨迹插补（如直线插补、圆弧插补等）。

（3）当在工具坐标系中手动操作机器人时，如果工具补偿值不正确，那么将会造成机器人运动异常。

（4）机器人可存储30组工具补偿值，根据操作需要在各组工具补偿值间进行切换。

2. L1 型工具补偿

（1）TCP

TCP 为焊接机器人的原点（焊枪的焊丝末端）。

（2）补偿方法

L1 型工具补偿是使用 4 个参数 L_1、L_2、L_3 和 TW 来实现工具补偿的一种方法，如图 5-13 所示。

当 BW 轴处于-90° 时，将 RW 轴和 TW 轴的交点定义为 P 点（见图 5-14），仅旋转 TW 轴时 TCP 运动轨迹所确定的平面为平面 Q。

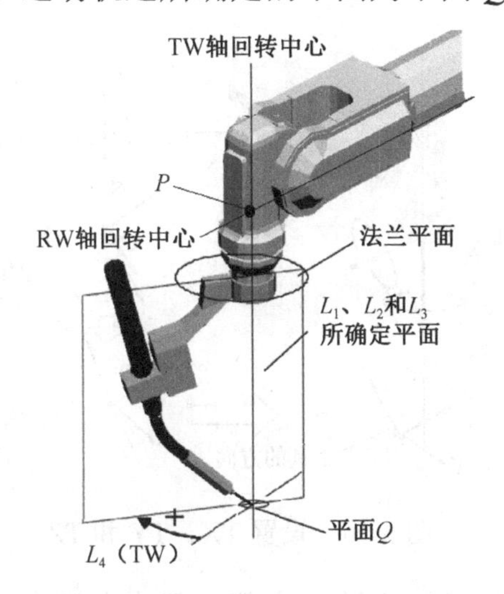

图 5-13　L1 型工具补偿

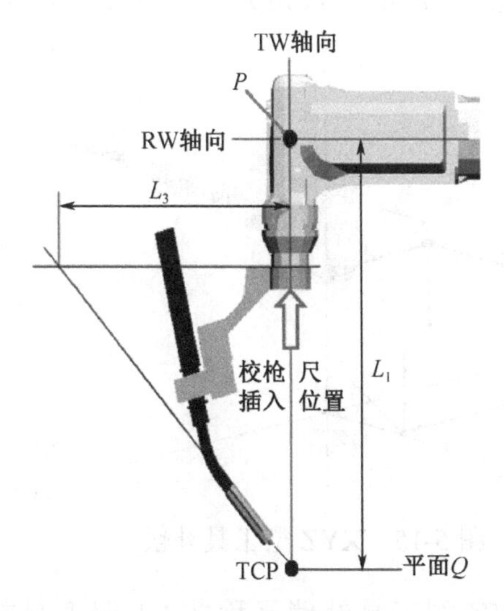

图 5-14　人工校枪示意图

在图 5-13、图 5-14 中，L_1 是点 P 和平面 Q 之间的垂直距离，单位为 mm。

L_2 是 TCP 和 TW 轴旋转中心之间的距离，单位为 mm。

L_3 是工具延长线与法兰平面的交点和 TW 轴旋转中心之间的距离，单位为 mm。

TW 是 TW 轴为 0° 时工具的实际偏角（偏移值），单位为度。

对于松下系列的标准焊枪，通常采用 L1 型工具补偿法校枪，即使用“校枪尺”进行校正，如图 5-14 所示。具体方法和步骤参照“实训项目 5”。（小窍门：可以在工位上设置一个尖点，示教并存储一个找点程序，每次生产前运行一下该程序，快速判断 TCP 是否发生偏移。）

提示：

校枪尺又称对中尺，是 TA 系列机器人设备的附件，属于标准件，平时应妥善保管，避免弯曲和锈蚀。

注：TM 系列机器人可以通过调用系统提供的校枪程序，将焊枪运行到机器人底座正面的基准点位置，进行 TCP 调整，实施校枪。

3. XYZ 型工具补偿

（1）XYZ 型工具补偿的基本概念。

根据生产工艺需要，当机器人配备宾采尔或 TBI 等非标配水冷焊枪时，由于其 L_1 与松下系列的标准焊枪不同，因此须采用非L1型工具补偿法进行工具补偿，这种方法又称XYZ型工具补偿（计算补偿），它是使用6个参数*X*、*Y*、*Z*、TX、TY和TZ来进行工具补偿的一种方法。

（2）补偿方法。

① TCP的位置由*X*、*Y*和*Z*确定，所在的坐标系为法兰坐标系，坐标原点为TW轴旋转中心，如图5-15所示。

② 工具坐标系通过设置TX、TY和TZ的值来确定，TX、TY和TZ的值通过依次绕*X*轴、*Y*轴和*Z*轴旋转得到，如图5-16所示。

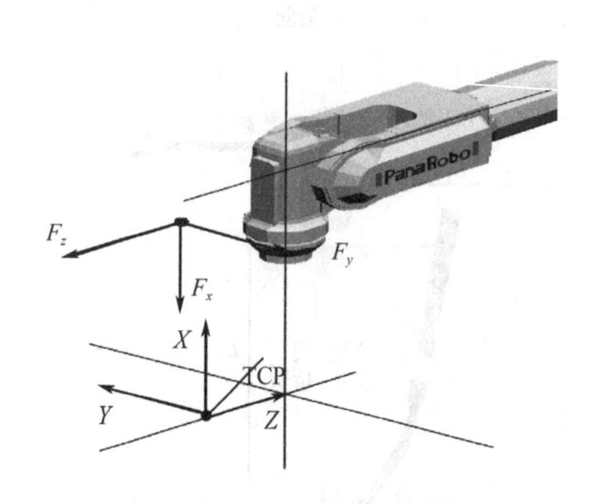

图5-15　XYZ型工具补偿

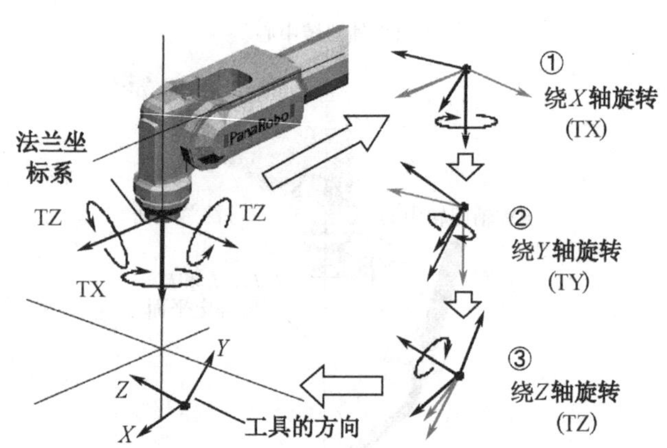

图5-16　设置TX、TY和TZ

XYZ型工具补偿又称非L1型工具补偿，操作的具体方法和步骤参见本书配套资料包。

4．工具补偿值的设置

在“设置”菜单中，点击“基本设定”→“工具”，进入下一级工具菜单，显示工具补偿设置对话框，在该对话框中可以设置工具补偿值，如图5-17所示。

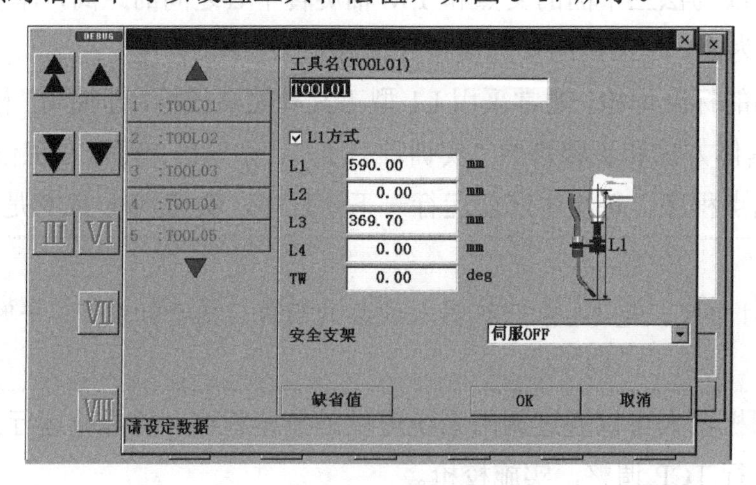

图5-17　工具补偿设置对话框

图5-17中各项的含义如下。

工具名：输入要使用的工具名（主要用来标识每个工具）。工具名可由20个字母组成。

L1 方式：若勾选此复选框，则以 L1 型工具补偿法设置参数。

安全支架：确定当安全支架起作用时，机器人应该处于伺服 ON 状态还是伺服 OFF 状态。

缺省值：将参数恢复为出厂时设置的标准值。

5.1.6 软限位设置

每个轴的旋转范围可由软件来限制，称为软限位，具体设置方法如下。

先在“设置”菜单中点击“基本设定”图标，然后选择“软限位”项目，显示软限位设置对话框，如图 5-18 所示，在该对话框中可设置每个轴的旋转范围。

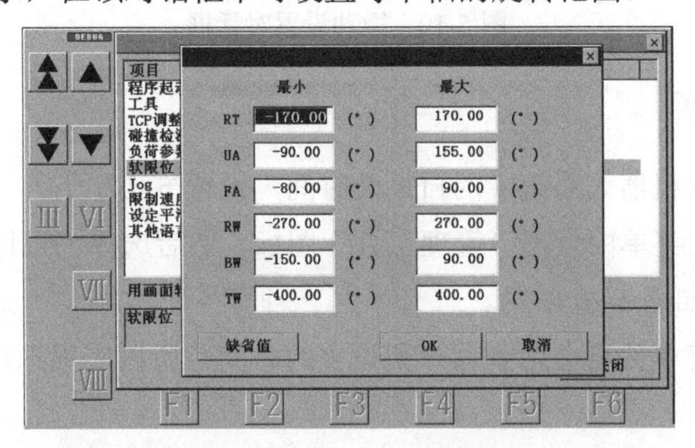

图 5-18 软限位设置对话框

图 5-18 中各项的含义如下。

RT：设置 RT 轴的旋转范围。

UA：设置 UA 轴的旋转范围。

FA：设置 FA 轴的旋转范围。

RW：设置 RW 轴的旋转范围。

BW：设置 BW 轴的旋转范围。

TW：设置 TW 轴的旋转范围。

缺省值：将各选项内容恢复为出厂状态。

5.1.7 微动设置

“微动”是指操作机器人移动的最小度量，微动设置用于设置拨动按钮移动一格机器人移动的距离，设置方法如下。

先在“设置”菜单中点击“基本设定”图标，然后选择“Jog”项目，显示微动设置对话框，如图 5-19 所示。

图 5-19 中各项的含义如下。

直交动作：设置拨动按钮转动一格机器人的直角运动量。

旋转动作：设置拨动按钮转动一格机器人的回转运动量。

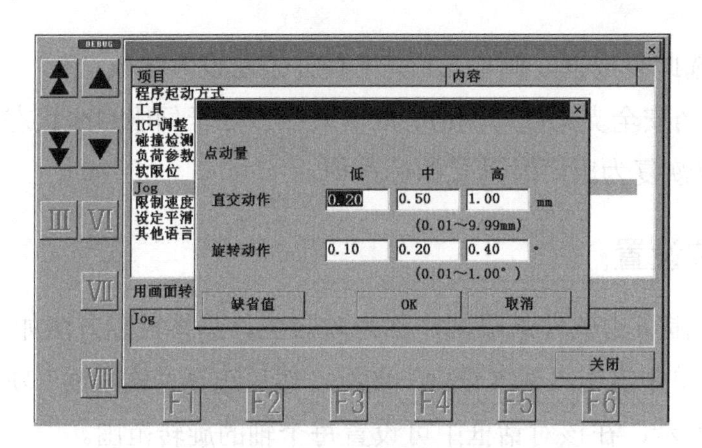

图 5-19　微动设置对话框

5.1.8　日期设置

日期设置用于设置机器人系统中的日期及时间，设置方法如下。

（1）先在“设置”菜单中点击“管理工具”图标，然后选择“日期/时间”项目，显示日期/时间设置对话框，如图 5-20 所示。

（2）错误、警报等事件将会用到用户所设置的时间，所以应根据用户所在的时区进行正确的设置。

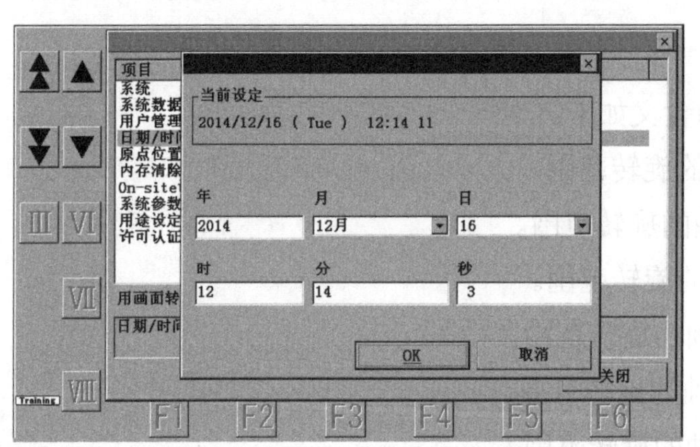

图 5-20　日期/时间设置对话框

5.1.9　语言设置

语言设置决定了菜单、对话框等内容的语言显示形式，如中文、英文、日文或韩文，设置方法如下。

先在“设置”菜单中点击“基本设定”图标，然后选择“其他语言”项目，显示语言设置对话框，如图 5-21 所示。

图 5-21 中各项的含义如下。

选择语言：在下拉列表中选择所需要的显示语言。G_{III}型机器人新版本有中文（Chinese）、英文（English）、日文（Japanese）、韩文（Korean）可选。

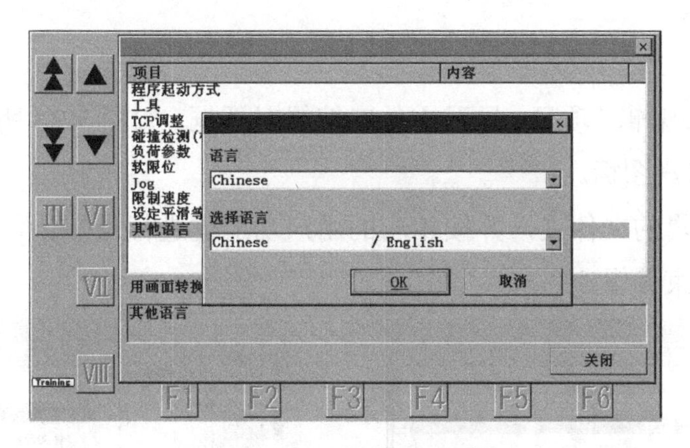

图 5-21　语言设置对话框

5.1.10　屏幕保护设置

在一段时间内如果无任何操作，则可通过设置屏幕保护使显示器自动关闭，以延长 LED 的使用寿命，设置方法如下。

在“设置”菜单中，点击“扩展设定”，选择“画面关闭时间”项目，显示屏幕保护设置对话框，如图 5-22 所示。

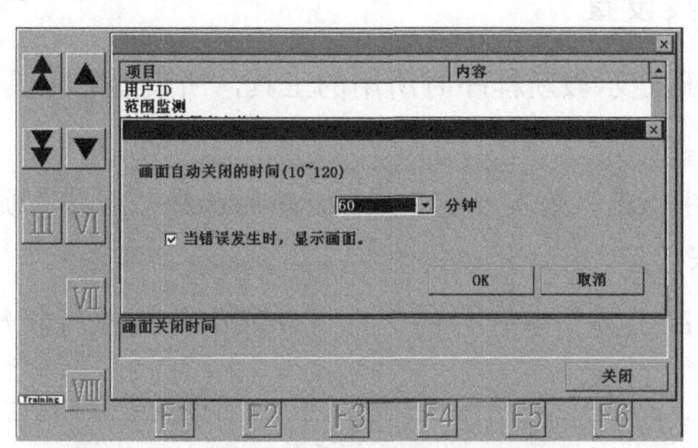

图 5-22　屏幕保护设置对话框

图 5-22 中各项的含义如下。

画面自动关闭的时间（10～120）：设置关闭显示器的无操作等待时间（在 10～120min 范围内）。

当错误发生时，显示画面：若勾选此复选框，则当有错误发生时显示器会自动打开。只有设置了“画面自动关闭的时间”此功能才有效。

5.1.11　示教文件夹设置

1．文件夹的指定

示教文件夹设置用于允许用户自定义用于保存所示教程序的文件夹，设置方法如下。

在“设置”菜单中，点击“扩展设定”→“制作示教程序文件夹”，选择“TP 编辑环境”项目，显示示教程序文件夹的指定设置对话框，如图 5-23 所示。

2. 文件夹编辑

（1）选择“文件夹编辑”项目，显示文件夹编辑对话框，如图5-24所示。用户功能键F1～F3处将显示对应的用户图标。

（2）选择想要编辑的文件夹，并按相应的用户功能键进行操作。

（3）按取消键结束编辑。

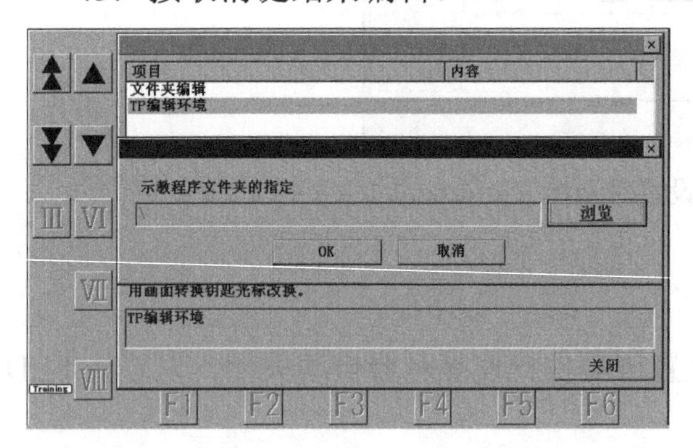

图5-23　示教程序文件夹的指定设置对话框

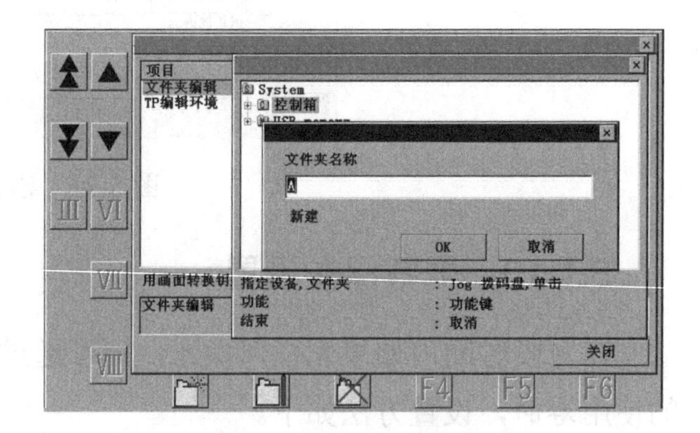

图5-24　文件夹编辑对话框

5.1.12　标准工具设置

标准工具设置用于确定示教新程序时所用的工具，所设置的工具即示教新程序时所显示的工具，设置方法如下。

先在“设置”菜单中点击“基本设定”图标，然后选择“工具”项目，显示标准工具设置对话框，如图5-25所示。

在图5-25中，“标准工具”中选择的“1：TOOL01”为执行机构，对于弧焊机器人来说，专指焊枪。

注意：

当在机器人本体上搭载不同类型的焊枪或其他类型的工具时，需要设置此参数。

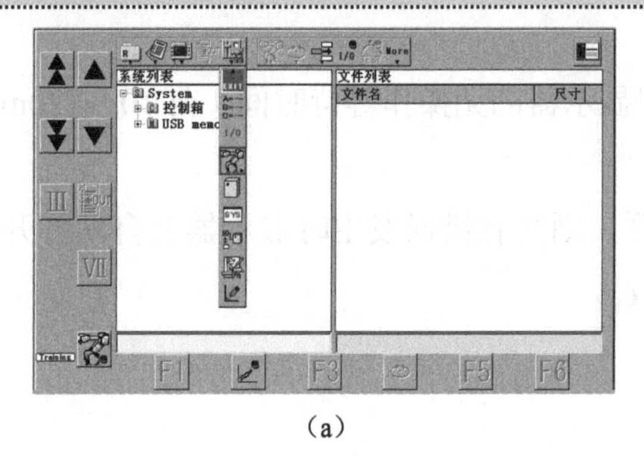

（a）

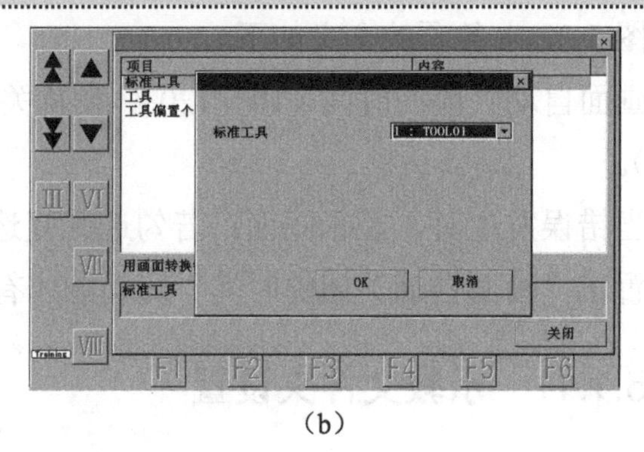

（b）

图5-25　标准工具设置对话框

5.1.13　速度限制设置

速度限制设置用于限定手动操作时机器人的最大运动速度，设置方法如下。

先在“设置”菜单中点击“基本设定”图标，再选择“限制速度”项目，然后选择“TCP 速度限制设置”项目，进入 TCP 速度限制设置对话框，如图 5-26 所示。

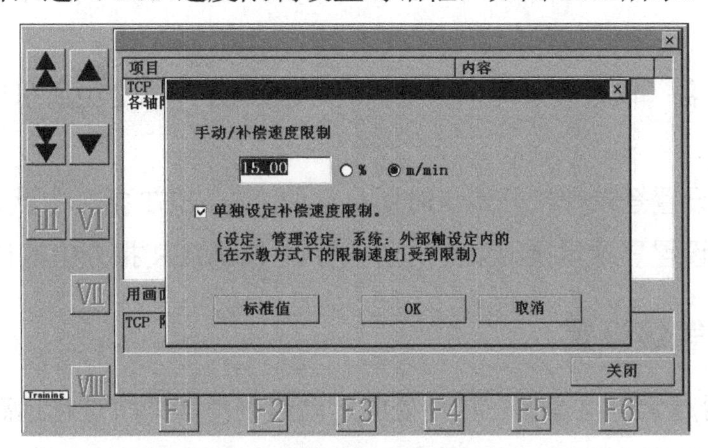

图 5-26　TCP 速度限制设置对话框

在图 5-26 中，手动/补偿速度限制用于设置手动操作时机器人的最大运动速度，设置范围为 0～12.5%或 0～15.00m/min。

5.1.14　示教参数默认值设置

“更多”设置功能用于进行示教点属性及焊接、焊接开始子程序、焊接结束子程序包编号等相关示教参数默认值的设置，设置方法如下。

在“更多”菜单（More 图标）中，点击“示教设定”图标，显示示教参数默认值设置对话框，如图 5-27 所示。

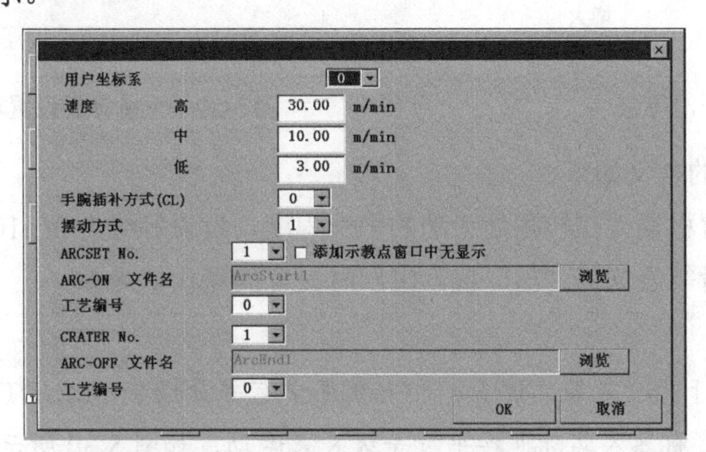

图 5-27　示教参数默认值设置对话框

图 5-27 中各项的含义如下。

用户坐标系：设置默认的用户坐标系编号。当设置为 0 时，用户坐标系无效。

速度：设置在增加示教点对话框中默认的机器人运动速度，可设置为高速、中速、低速。

手腕插补方式（CL）：设置手腕插补方式。设置为 0 表示自动计算；设置为 1～3 表示特殊计算。

摆动方式：设置默认的摆动方式。

ARC-ON 文件名：设置登录焊接开始点时 ARC-ON 指令中所引用的焊接开始子程序 ArcStart 的编号。

ARC-OFF 文件名：设置登录焊接结束点时 ARC-OFF 指令中所引用的焊接结束子程序 ArcEnd 的编号。

ARCSET No.：设置登录焊接开始点时所执行的 ARC-SET 指令中默认的焊接参数。

CRATER No.：设置登录焊接结束点时所执行的 CRATER 指令中默认的收弧参数。

5.1.15 平滑等级设置

平滑等级设置得越大，机器人在转角处的运动越平滑，即轨迹越远离示教点，如图 5-28 所示。当将平滑等级设为“0”时，机器人将移动到转角处的示教点。平滑等级设置方法如下。

先在“设置”菜单中点击“基本设定”图标，然后选择“设定平滑等级”项目，显示平滑等级设置对话框，如图 5-29 所示。

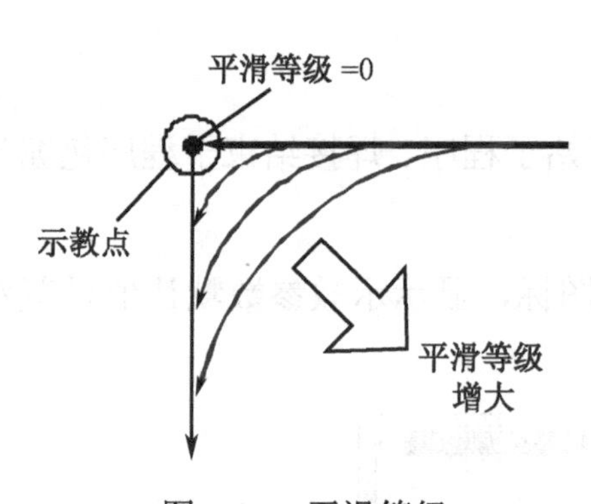

图 5-28　平滑等级

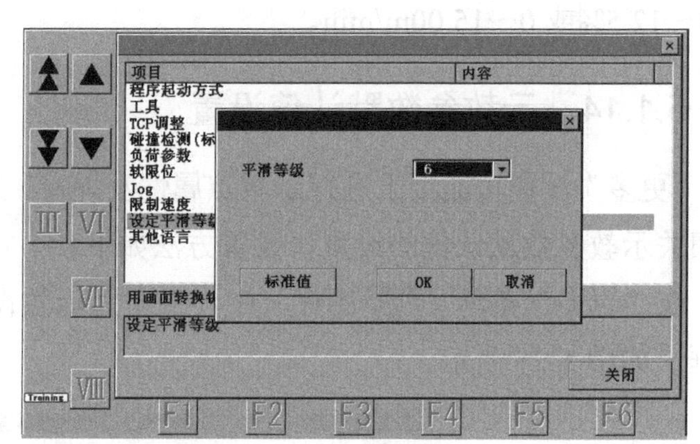

图 5-29　平滑等级设置对话框

图 5-29 中各项的含义如下。

平滑等级：设置机器人在转角处运动的平滑程度，设置等级为 0～10。

标准值：将平滑等级恢复为出厂值，出厂时设置的默认值为 6。

注意：

平滑指令优先于平滑等级的设置，即当程序中有平滑指令 SMOOTH=8 时，即使平滑等级预先设置为 4，机器人实际也按平滑等级 8 来运动，如图 5-30 所示。

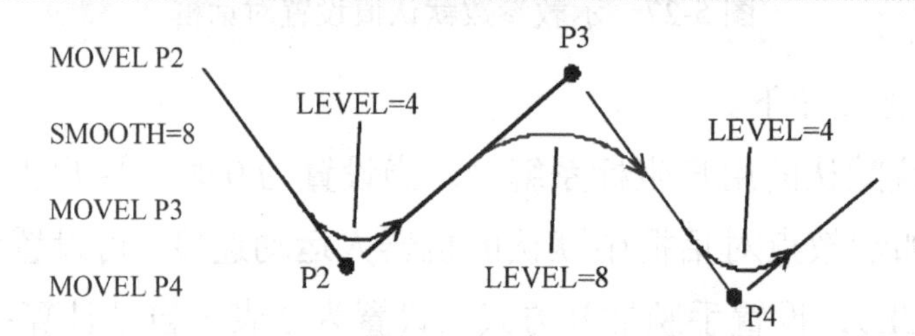

图 5-30　平滑指令与平滑等级图例

在焊接区，为了确保机器人的平滑运动（平滑焊接），平滑等级自动被设置为 10。

5.2 输入/输出设置

5.2.1 输入/输出类型

1. 输入/输出端子类型

机器人的输入/输出信号是其与外部设备实现通信和构成系统的必要条件，需要根据不同的信号或端口进行设置。用户输入/输出端子有以下几种类型。

（1）机器人与其他系统设备相连的端子，用于接收信号（输入端子或 INPUT 信号）或发送信号（输出端子或 OUTPUT 信号）。

（2）允许用户与外部设备相连的输入/输出端子，用于在程序中接收信号或发送信号。

（3）状态输入/输出端子是一种特殊的输入/输出端子，这种端子有固定的用途。

2. 用户输入/输出

用户输入/输出端子分为 1 位输入/输出端子（1 个端子）和 4 位、8 位输入/输出端子（多端子），如表 5-2 所示。

表 5-2 用户输入/输出端子类型

端子类型	描述	端子类型	描述
I1#	1 位输入	O1#	1 位输出
I4#	4 位输入	O4#	4 位输出
I8#	8 位输入	O8#	8 位输出

3. 1 位输入的设置过程

（1）在“设置”菜单中点击“输入/输出”图标，显示用户输入/输出对话框，如图 5-31 所示。

（2）选择“通用输入”项目，显示 1 位输入设置对话框，如图 5-32 所示。

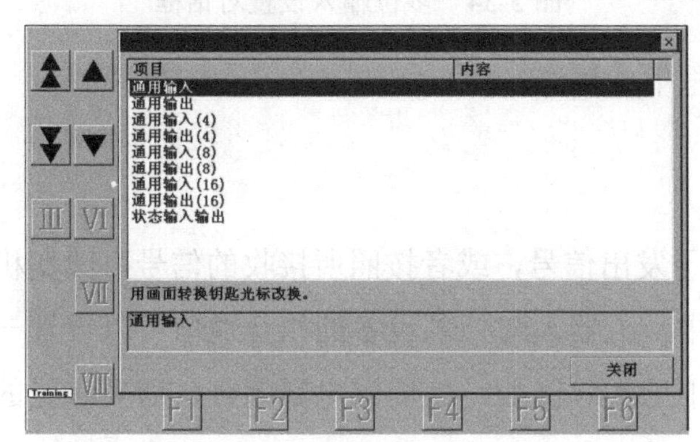

图 5-31 用户输入/输出对话框

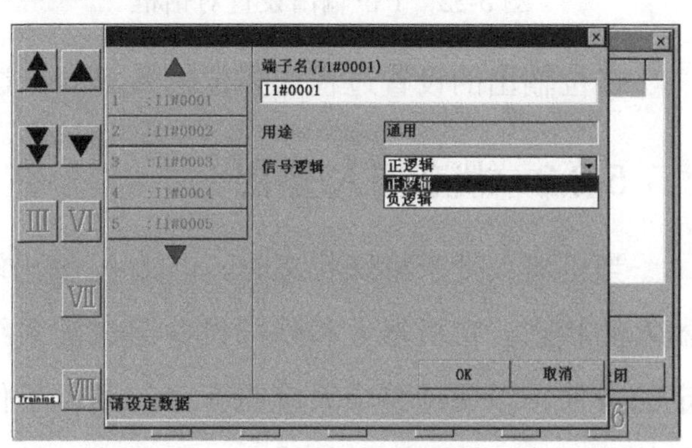

图 5-32 1 位输入设置对话框

图5-32中各项的含义如下。

端子名：显示所选端子的名称。

用途：显示端子所具有的功能。

信号逻辑：设置信号为正逻辑或负逻辑。

4. 1位输出的设置过程

（1）在“设置”菜单中点击“输入/输出”图标，显示用户输入/输出对话框。

（2）选择“通用输出”项目，显示1位输出设置对话框，如图5-33所示。

图5-33中各项的含义如下。

端子名：显示所选端子的名称。

用途：显示端子所具有的功能。

接通电源时状态：设置接通电源时输出端子的ON或OFF状态。

信号逻辑：设置信号为正逻辑或负逻辑。

暂停：设置输出端子在暂停状态下是否保持ON状态。

紧急停止：设置输出端子在紧急停止状态下是否保持ON状态。

5. 多位输入的设置过程

选择“通用输入（4）”项目，显示多位输入设置对话框，如图5-34所示，在该对话框中进行设置。

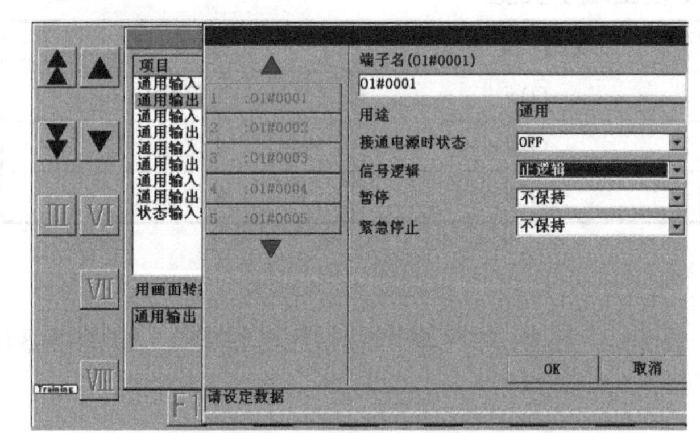

图5-33　1位输出设置对话框

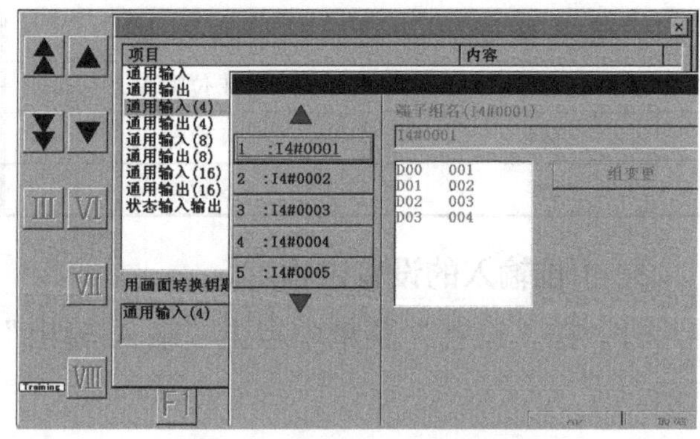

图5-34　多位输入设置对话框

多位输出的设置过程与多位输入相同，这里不再赘述。

5.2.2　状态输入/输出

当机器人处于特殊状态时，向输入/输出端子发出信号，或者按照所接收的信号可改变机器人的状态。在机器人和外部设备组成的系统中，机器人与外部设备的相互通信可以设置一定的条件，以保证整个系统在有序的逻辑条件下工作。例如，使伺服电源闭合，需要满足的条件之一就是输入端子保持ON状态0.2s以上。

1. 状态输入

外部信号通过状态输入端子向机器人输入的信号类型如表 5-3 所示。

表 5-3　外部信号通过状态输入端子向机器人输入的信号类型

状态输入端子		描　述
指定的状态输入端子	伺服闭合（ON）输入端子	在下列条件全部满足的基础上，向机器人发出信号使伺服电源闭合。 条件 1：状态输出端子——准备端子输出 ON 信号。 条件 2：模式选择开关切换到运行模式，并且不在模式错误状态。 条件 3：模式选择设置成自动操作（运行模式）。 条件 4：操作超程时模式选择开关没有切换到示教模式。 条件 5：紧急停止端子输入信号不为 ON 信号。 输入信号必须满足下列条件。 ① 准备端子输出 ON 信号后 0.2s 内必须输入信号。 ② 输入端子保持 ON 状态 0.2s 或以上
	错误解除输入端子	当机器人处于错误状态时，示教器将显示出错对话框，向此端子输入 ON 信号可关闭此对话框。此时如果此端子处于 ON 状态，则错误输出停止（OFF）。当信号状态切换并保持 0.2s 以上时，输入信号才有效
	启动输入端子	向此端子输入信号可运行一个程序。当机器人处于暂停状态时，向此端子输入信号可再启动程序。 在下列情况下输入信号将不起作用。 ① 伺服电源断开（OFF）。 ② 未设置为运行模式。 ③ 出错。 ④ 停止输入“通道”信号处于 ON 状态。 ⑤ 处于超程状态
	停止输入端子	向此端子输入 ON 信号，可使运行中的机器人处于暂停状态。 ① 当此端子处于 ON 状态时，无法进行再启动、手动操作、跟踪操作。 ② 当此端子断开时，机器人仍然处于暂停状态。 ③ 向启动端子输入 ON 信号时，可重新启动程序
	运行模式输入端子	通过此端子可将示教模式切换成运行模式。 ① 需要将机器人从示教模式切换成运行模式时使用此输入端子。 ② 当向此端子输入 ON 信号时，将显示提示信息。 ③ 将模式选择开关切换到运行模式或关闭运行模式输入信号可关闭此提示对话框
	示教模式输入端子	通过此端子可将运行模式切换成示教模式。 ① 需要将机器人从运行模式切换成示教模式时使用此输入端子。 ② 当向此端子输入 ON 信号时，将显示提示信息。 ③ 将模式选择开关切换到示教模式或关闭示教模式输入信号可关闭此提示对话框
※	无电弧输入端子	输入信号在运行模式下有效。向此端子输入 ON 信号可使机器人处于电弧锁定状态

注：有※记号的状态输入端子位于用户输入端子处。

2. 状态输出

机器人通过状态输出端子向外部输出的信号类型如表 5-4 所示。

表 5-4 机器人通过状态输出端子向外部输出的信号类型

状态输出端子		描　述
指定的状态输出端子	报警输出端子	① 当机器人处于报警状态时，此端子输出信号（此时伺服电源处于断开状态）。 ② 报警输出端子保持 ON 状态，除非电源断开
	错误输出端子	① 当机器人处于错误状态时，此端子输出信号。 ② 当错误状态解除时，错误输出信号停止
	运行模式输出端子	① 当机器人处于运行模式时，此端子输出信号（包括超程）。 ② 当示教器显示切换到示教模式的提示信息时（有示教模式信号输入），如果选择运行模式，则此端子仍保持 ON 状态
	示教模式输出端子	① 当机器人处于运行模式时，此端子输出信号（不包括超程） ② 当示教器显示切换到运行模式的提示信息时（有运行模式信号输入），如果选择示教模式，则此端子仍保持 ON 状态
	准备完毕输出端子	① 当机器人准备好接收状态输入信号时，此端子输出信号。 ② 当机器人处于报警状态或紧急停止状态时，此端子结束输出
	伺服闭合（ON）输出端子	当伺服电源闭合（ON）时，此端子输出信号
	运行中输出端子	① 当正在运行一个程序时，此端子输出信号（包括超程）。 ② 当机器人处于暂停或紧急停止状态时，此端子结束输出，当机器人再启动时此端子继续输出信号
	暂停状态输出端子	① 在运行模式下，当正在运行的程序停止时，此端子输出信号。 ② 当机器人处于暂停或紧急停止状态时，此端子结束输出，当机器人再启动时此端子继续输出信号。 ③ 当模式选择开关处于示教模式时信号输出结束。当模式选择开关处于运行模式，并且闭合伺服电源后机器人准备再启动时，此端子输出信号
分派给用户的状态输出端子	紧急停止输出端子	① 当紧急停止起作用时，此端子输出信号。当紧急停止状态解除时，信号输出结束。 ② 当紧急停止的输出端子被设置成 OUTMD0 时，闭合伺服电源，信号输出结束
	预先设置完成输出端子	在主电源闭合后，第一次闭合伺服电源时，若结束预设动作，即输出信号，则输出信号一直保持到主电源断开为止（预设动作只限于第一次闭合伺服电源时）。 注意：此设置将从下次电源闭合时生效
	无焊接状态输出端子	在运行模式下此端子有效。当机器人处于电弧锁定状态时，此端子输出信号

3. 输入/输出端子

输入/输出（Input/Output，I/O）端子的状态输入/输出设置方法如下。

（1）在“设置”菜单中点击“I/O”图标，选择“状态输入输出”选项，如图 5-35 所示。进入下一级项目列表后选择“启动方式输出”项目，显示启动方式输出设置对话框，如图 5-36 所示。

（2）将启动方式输出设置为“有效”或“无效”。

（3）设置完成后，点击“OK”按钮确定。

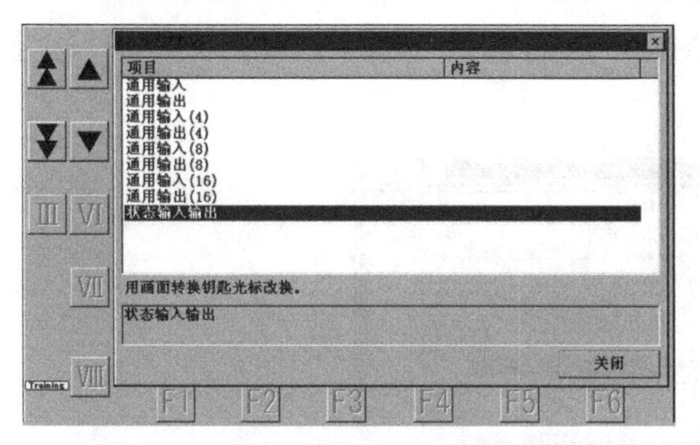

图 5-35　选择“状态输入输出”选项

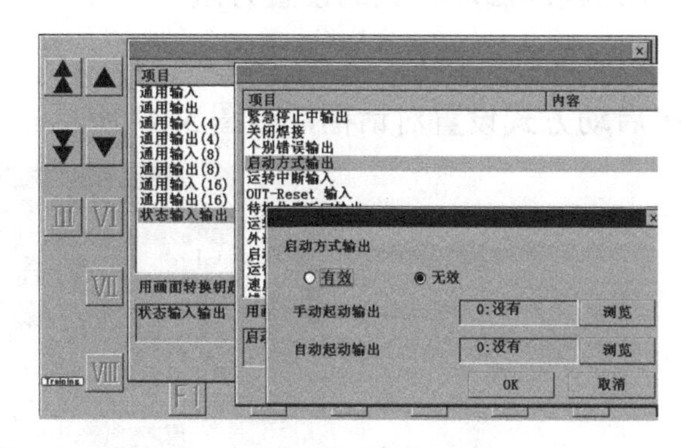

图 5-36　启动方式输出设置对话框

5.2.3　设置程序启动方式

在设置程序启动方式前，必须指定一个用户输入/输出端子，此端子负责接收外部发来的启动信号。

程序启动方式有两种：手动启动和自动启动。自动启动方式又分为两种：主动方式和编号指定方式。程序启动方式如表 5-5 所示。

表 5-5　程序启动方式

<table>
<tr><th>启动方式</th><th colspan="2">选择方法</th><th>描　述</th></tr>
<tr><td>手动启动</td><td colspan="2">示教器启动</td><td>使用示教器上的启动按钮来运行一个程序。
注意：请参照第 4 章的内容进行示教器的基本操作</td></tr>
<tr><td rowspan="5">自动启动</td><td colspan="2" rowspan="2">主动方式</td><td>使用外部的信号输入来运行一个程序</td></tr>
<tr><td>当从外部接收到启动信号时运行一个特定程序</td></tr>
<tr><td rowspan="3">编号指定方式</td><td>信号方式</td><td>运行编号为 1、2、4、8、16、32、64、128、256 或 512 的主程序</td></tr>
<tr><td>二进制方式</td><td>运行一个程序，此程序的编号与用户所设置的数值之和相等。此种方式可运行的程序编号为 1～999</td></tr>
<tr><td>BCD 方式</td><td>四个端子作为一组，设置所要运行程序的每位编号。此种方式可运行的程序编号为 1～999</td></tr>
</table>

注：程序名以“Prog××××.prg”方式来指定，其中××××部分为计算结果。

当采用自动启动方式时，无法通过示教器上的启动按钮来启动机器人，而要通过外部的信号输入来启动机器人，如通过操作盒按钮给出一个开关信号。

信号方式是最常用的自动启动方式，其运行的程序为主程序，主程序名可以任意指定。二进制方式则不同，假设计算结果是 16，那么运行的主程序名应设为“Prog0016.prg”。

1. 主程序启动方式

在系统中设定要运行的主程序后，将模式选择开关切换到 AUTO 侧，则用户所指定的主程序处于自动待运行状态。当从外部接收到主程序启动信号时，机器人开始运行主程序。主程序运行结束后，机器人将会再次处于自动待机状态，等待下一次运行主程序。

2. 程序启动方式的设置方法

（1）先在“设置”菜单中点击“基本设定”图标，然后选择“程序启动方式”项目，显示程序启动方式设置对话框，如图 5-37 所示。

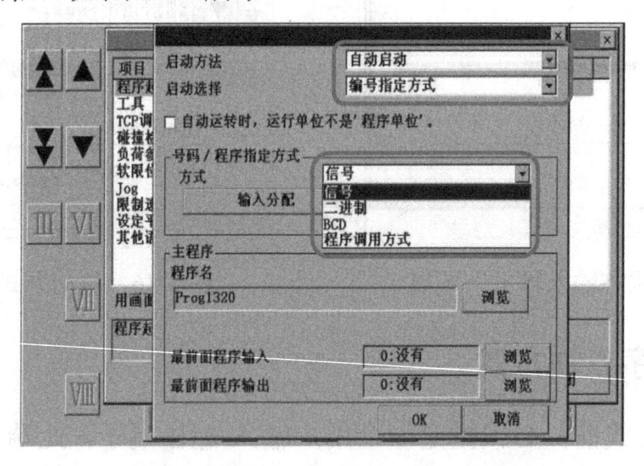

图 5-37　程序启动方式设置对话框

（2）选择“启动方法”为“自动启动”，确认外部启动盒与机器人控制柜接线端子连接后，通过设定相应主程序名和输入端子编号，即可运行一个指定的主程序。

图 5-37 中各项的含义如下。

启动方法：选择“自动启动”。

启动选择：选择“编号指定方式”。

号码/程序指定方式：外部按钮启动，选择“信号”。

输入分配：“程序选择启动”设定 3 个工位的输入端子编号为 1、2、4，如图 5-38 所示。

主程序：在自动启动方式下，设置启动的主程序名。每个工位的操作盒按钮对应 1 个输入端子，每个输入端子指定一个主程序文件。如图 5-39 所示，通过“浏览”选择所要启动的主程序，如 Prog1320，通过使用流程指令 call 可将其他任何程序调用到主程序中运行。这样，操作者按下其中一个工位的按钮，即可运行这个工位指定的主程序，利用预约信号的排队功能，交错装卸各工位上的工件，即可实现机器人连续作业。

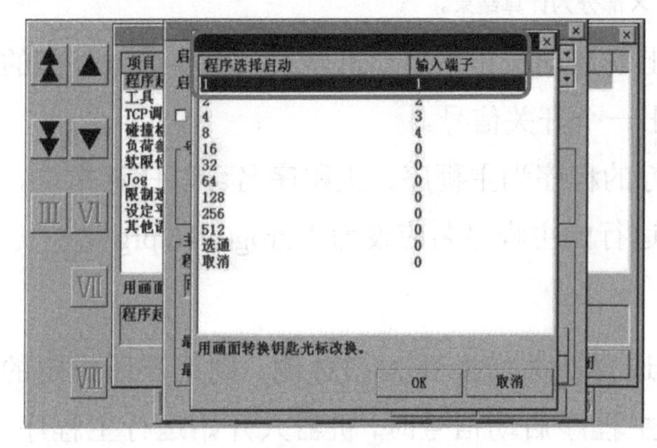

图 5-38　输入分配对话框

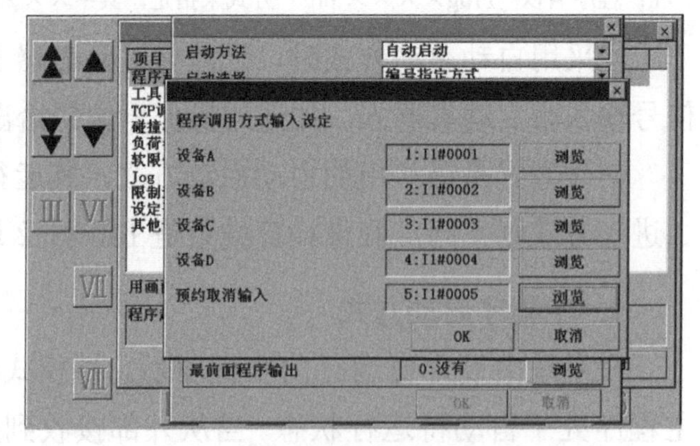

图 5-39　程序调用方法输入设定

注意：

状态输入/输出端子中带有记号（＊）的端子应与操作盒（选装件）中的引线相连，用户输入/输出端子的设置根据所采用的程序启动方式的不同而不同。图 5-40 所示为次序板上的端子排列图，其中专用输入/输出端子各 8 个，通用输入/输出端子各 40 个，状态输入/输出端子各 8 个。左侧为插座式输入/输出接线端子。具体内容参照之后程序选择方式的介绍。

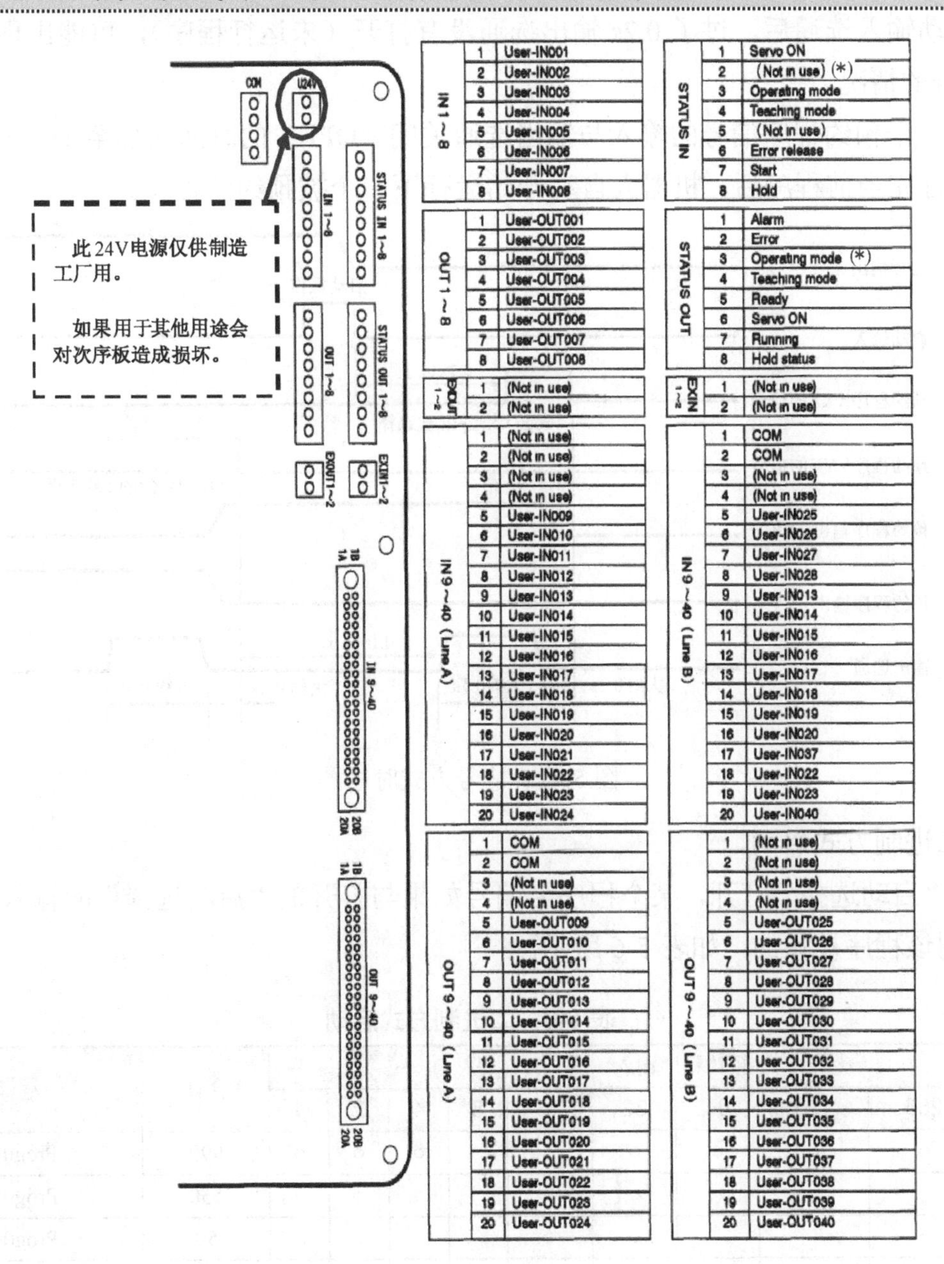

图 5-40 次序板上的端子排列图

3．程序选择方式

（1）信号方式启动。

① 当启动输入状态打开（ON）时，该编号所对应的程序被预约，如图 5-41 所示。

② 当接收到启动输入信号时，选择的程序开始运行。

③ 程序名编号可以指定为1、2、4、8、16、32、64、128、256或512。

④ 信号方式时序图说明如下。

a.“XXX”和“YYY”可设置为001、002、004、008、016、032、064、128、256或512编号中的任意一个。

b．预约程序信号的关闭与下一次启动输入信号的时间间隔一定要保持在0.2s以上。

c．启动输入选通后，过了0.2s输出选通没有打开（未运行程序），可能出现未接收到启动输入信号的情况。

d．下一个预约程序信号的输入与输出选通关闭（OFF）的时间间隔至少为0.1s。

e．运行完当前程序后，机器人自动开始运行下一个被预约的程序。

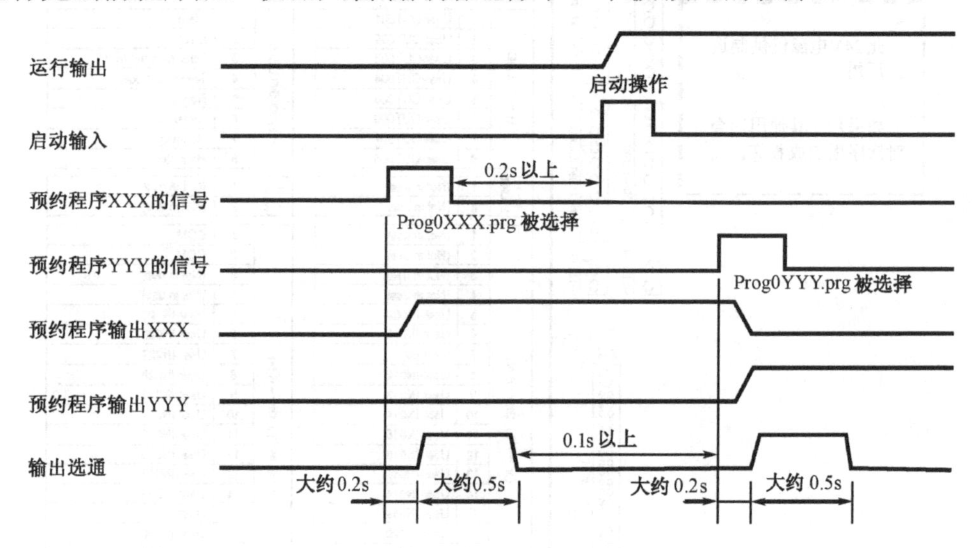

图5-41 信号方式时序图

（2）二进制方式启动。

① 将“启动选择”打开，某个程序名编号如果与打开的“启动选择”的输入编号的合计值相符，则该程序被预约，如表5-6所示。

表5-6 二进制方式启动

预约程序输入										合计	程序名
512	256	128	64	32	16	8	4	2	1		
○	○	○	○	○			○	○	○	999	Prog0999.prg
○				○			○	○		550	Prog0550.prg
				○	○			○		50	Prog0050.prg
					○				○	17	Prog0017.prg
									○	1	Prog0001.prg

注：○表示输入状态是开（ON）；空格表示输入状态是关（OFF）。

② 二进制方式时序图如图5-42所示，其说明如下。

a.“XXX”和“YYY”可以设置为001、002、004、008、016、032、064、128、256或512编号中的任何一个。

b．“ZZZ”是“XXX”和“YYY”相加后的值。

c．图 5-42 所示的例子中同时有两个预约程序信号的输入处于 ON 状态，机器人将检查所有预约程序信号输入的 ON/OFF 状态，并计算输入状态为 ON 的端子编号总和。

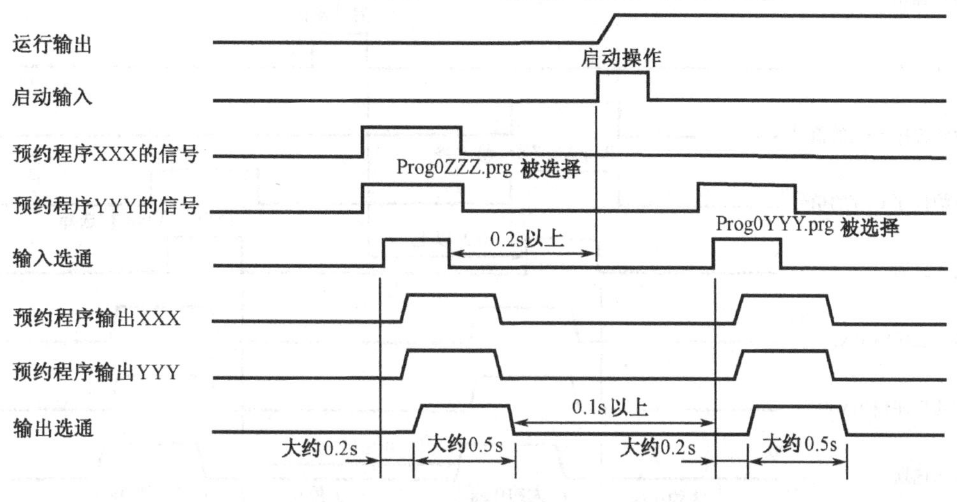

图 5-42　二进制方式时序图

d．输入选通 ON 信号与下一次启动输入信号的时间间隔要保持在 0.2s 以上。

e．启动输入选通后，经过 0.2s 输出选通没有打开（未运行程序），可能出现未接收到启动输入信号的情况。

f．下一个预约程序信号的输入与输出选通关闭的时间间隔至少为 0.1s。

g．运行完当前程序后，机器人自动开始运行下一个被预约的程序。

（3）BCD 方式启动。

BCD 是 Binary Coded Decimal 的缩略语，BCD 方式是用二进制数表示十进制数的一种方式。

① 将启动选择输入的 1、2、4 和 8 定为个位，启动选择输入的 16、32、64 和 128 定为十位，启动选择输入的 256 和 512 定为百位，每位数的值用 BCD 码来表示。BCD 方式如表 5-7 所示。

表 5-7　BCD 方式

预约程序输入										合计	程序名
512	256	128	64	32	16	8	4	2	1		
第 3 位数（百位）		第 2 位数（十位）				第 1 位数（个位）					
200	100	80	40	20	10	8	4	2	1		
○	○	○			○	○			○	399	Prog0399.prg
○				○			○	○		226	Prog0226.prg
				○	○			○		32	Prog0032.prg
					○				○	11	Prog0011.prg
									○	1	Prog0001.prg

注：○表示输入状态是开（ON）；空格表示输入状态是关（OFF）。

② 将“自动选择选通”输入打开时的值作为运行的程序进行预约。

③ BCD方式时序图如图5-43所示，其说明如下。

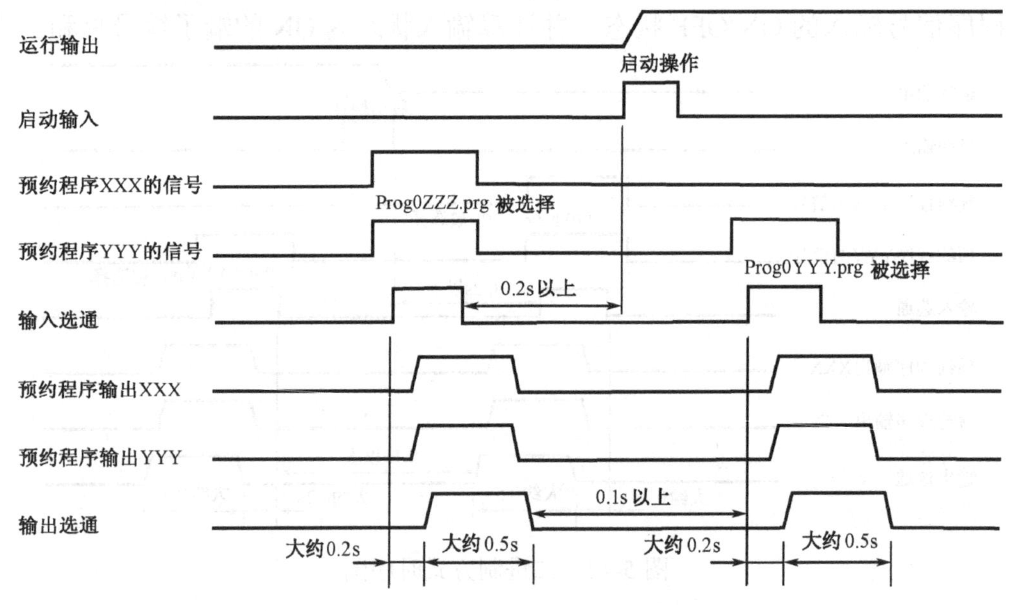

图5-43 BCD方式时序图

a．在BCD方式时序图中，“XXX”和“YYY”可以设置为001、002、004、008、016、032、064、128、256或512编号中的任意一个。

b．“ZZZ”是“XXX”和“YYY”之和。图5-43所示的例子中同时有两个程序被预约，使用启动选择001～512可以计算出输入状态为ON的端子编号总和。

c．输入选通ON信号与下一次启动输入信号的时间间隔一定要保持在0.2s以上。

d．启动输入信号选通后，经过0.2s输出选通没有打开（未运行程序），可能出现未接收到启动输入信号的情况。

e．将输出选通关闭，经过至少0.1s以后开始接收下一次输入选通信号。

f．运行中的程序结束后，如果预约了下一个程序，该程序就会自动运行。

5.3 焊接电源的设置

5.3.1 焊接电源初始设置

本节主要介绍设置机器人所连接的焊接电源的相关问题。用户最多可设置5台焊机（焊机1～5）的焊接电源并保存相应的数据设置，设置步骤如下。

在“设置”菜单中点击“电弧焊”图标，显示焊机设置子菜单，如图5-44所示。

1. 设置默认焊机

设置默认焊机是指当用户没有选择其他焊机时，设置系统默认使用的焊机类型。

（1）在焊机设置子菜单中选择“通常焊机的设定”项目，显示用户能够预先选择设置的焊机列表对话框，如图 5-45 所示。

（2）选择所需设置的默认焊机，点击“OK”按钮确定。

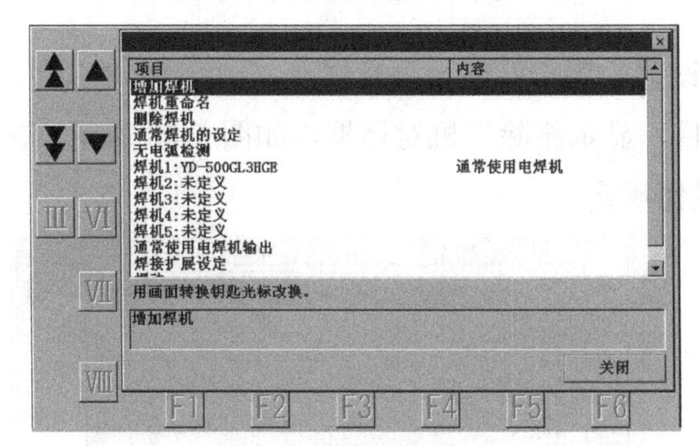

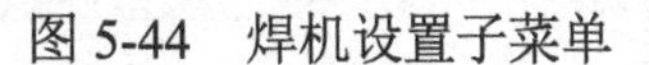
图 5-44 焊机设置子菜单

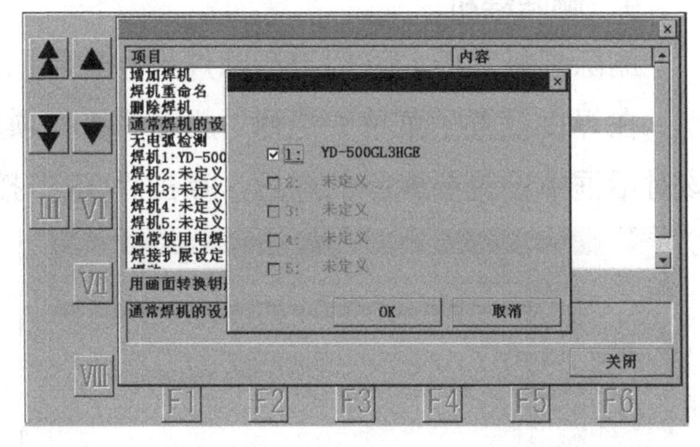

图 5-45 焊机列表对话框

2. 增加新焊机

增加新焊机功能允许用户在焊机列表中加入新焊机。

（1）在焊机设置子菜单中选择“增加焊机”项目，显示增加焊机对话框，如图 5-46 所示。

（2）如果点击“数字”单选按钮，则须设置“通信速度”。

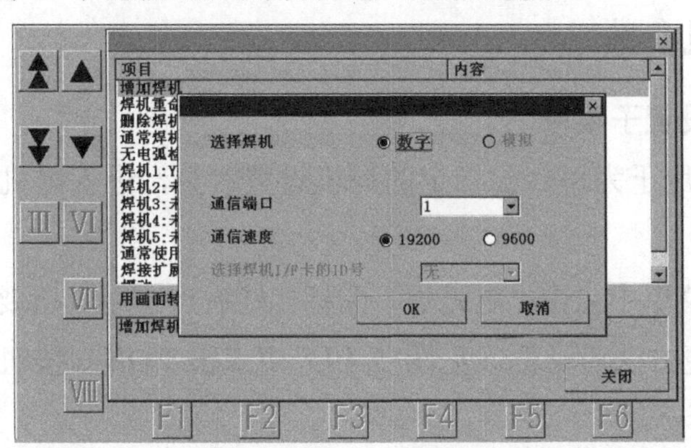

图 5-46 增加焊机对话框

图 5-46 中各项的含义如下。

选择焊机：选择焊机的通信类型。

通信端口：设置焊机所连接的端口。

通信速度：设置焊机与控制柜间的通信速度。例如，使用松下焊机 YD-500GL 时通信速度选择 19200（bps），使用其他焊机时通信速度选择 9600（bps）。

选择焊机 I/F 卡的 ID 号：对于模拟量焊机，设置焊机 I/F 卡的 ID 号。

3. 改变焊机名称

改变焊机名称功能用于重命名焊机列表中的焊机。在焊机设置子菜单中选择“焊机重命名”项目，如图 5-47 所示，显示焊机重命名对话框。

注意：

指定焊机1～5后，用户可随意改变它们的名称。

4. 删除焊机

删除焊机功能允许用户删除焊机列表中已设置的焊机及其相关数据。

在焊机设置子菜单中选择“删除焊机”项目，显示删除焊机对话框，如图5-48所示。在该对话框中设置要删除的焊机，点击“OK”按钮确定。

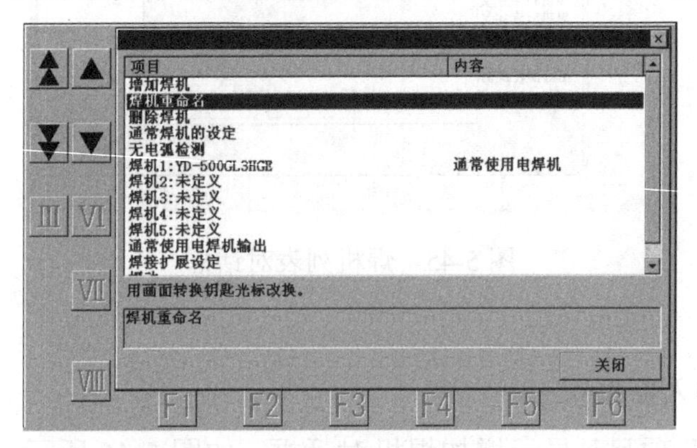

图5-47 选择“焊机重命名”项目

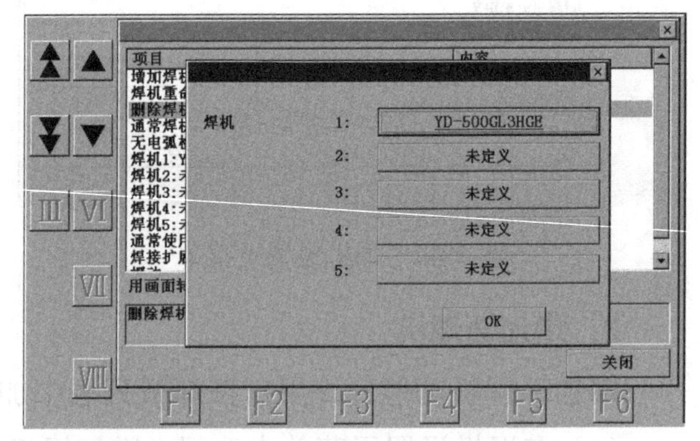

图5-48 删除焊机对话框

5.3.2 设置焊机参数

1. 进入焊机参数设置子菜单

设置焊机参数功能用于为每台已指定的焊机设置参数，进入焊机参数设置子菜单的操作方法如下。

(1) 先在“设置”菜单中点击“电弧焊”图标，然后点击用户所要设置的焊机（通常使用的焊机），在弹出的变更方法对话框（见图5-49）中点击“OK”按钮，即可进入焊机参数设置子菜单，如图5-50所示。

(2) 在图5-50所示的焊机参数设置子菜单中，选择要设置的项目，弹出相应的参数设置对话框，即可进行参数设置，设置完成后点击“OK”按钮确定。

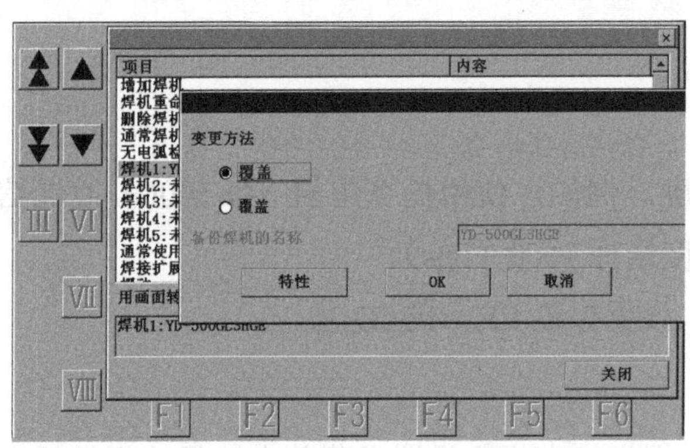

图5-49 变更方法对话框

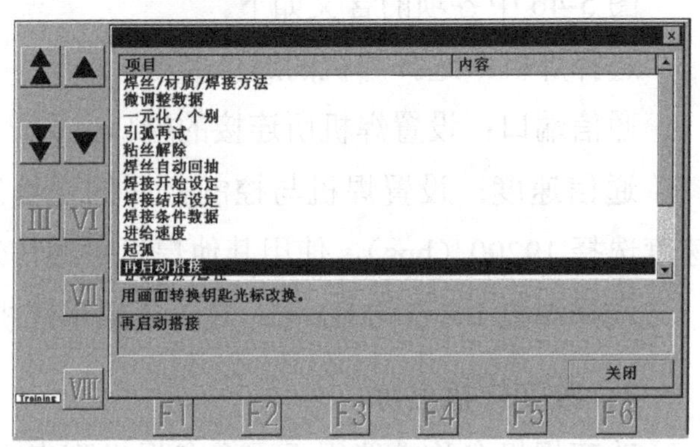

图5-50 焊机参数设置子菜单

2. 焊机参数设置

（1）焊丝/材质/焊接方法。

当机器人连接多台焊机时，用户须对每台焊机分别进行设置。在焊机参数设置子菜单中选择“焊丝/材质/焊接方法”项目，显示焊丝/材质/焊接方法设置对话框，如图 5-51 所示，可分别对材质、焊接方式、脉冲无/有、焊丝直径进行设置。

（2）调整值。

调整值功能允许用户校正焊机的电流、电压值。在焊机参数设置子菜单中选择“调整值”项目，显示校正焊机参数对话框，如图 5-52 所示。

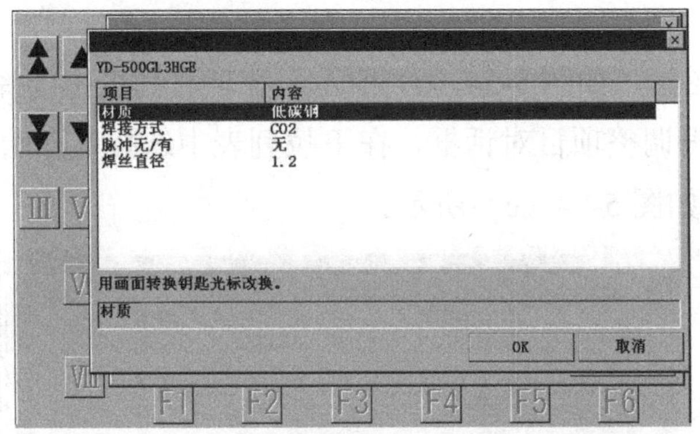

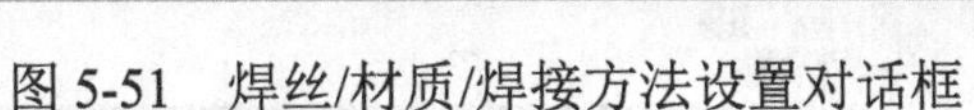

图 5-51 焊丝/材质/焊接方法设置对话框

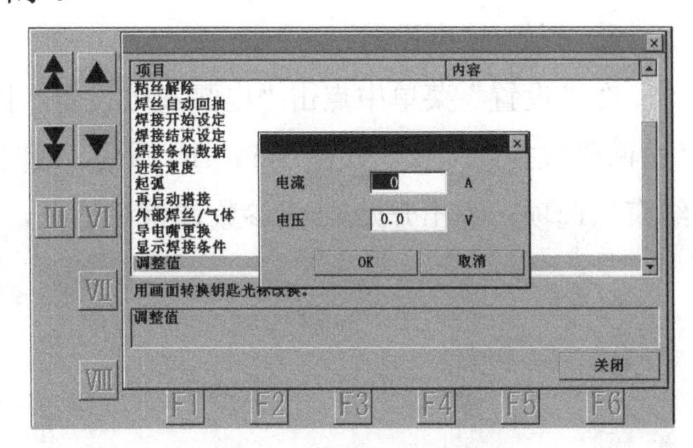

图 5-52 校正焊机参数对话框

图 5-52 中各项的含义如下。

电流：设置校正电流值。设置范围：-50～+50A。

电压：设置校正电压值。设置范围：-5.0～+5.0V。

对于电流和电压：校正值 = 输入数值-输出数值。例如，当示教器输入电流为 200A 时，如果焊机显示 199A，则校正电流值为 200A-199A=+1A；如果焊机显示 201A，则校正电流值为 200A-201A=-1A。

（3）波形调整数据。

具有脉冲功能的焊机，其波形调整数据功能用于成比例地微调整每个焊接参数，步骤如下。

① 微调整数据对话框。

在焊机参数设置子菜单中选择“微调整数据”项目，显示微调整数据对话框，如图 5-53 所示。

图 5-53 中各项的含义如下。

开始/结束：设置起弧/收弧时的参数。

电弧波形：设置电弧波形参数。

脉冲开始：设置脉冲上升过程参数。

脉冲波形：设置熔深参数。

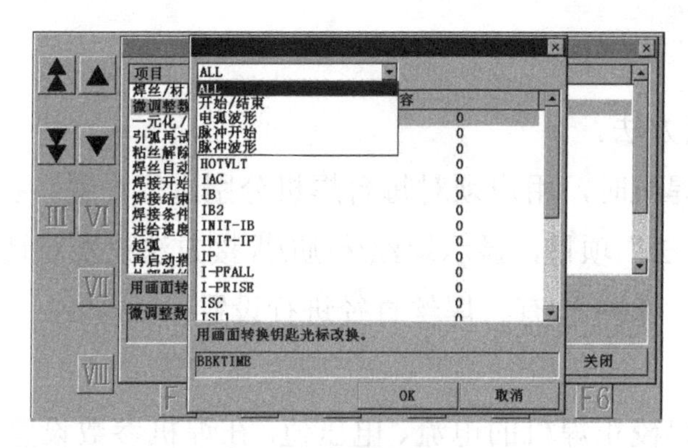

图 5-53 微调整数据对话框

② 开始/结束设定。

在“设置”菜单中点击“电弧参数设置”图标，如图 5-54（a）所示。在项目列表中选择“微调整数据”项目，如图 5-54（b）所示。弹出调整项目对话框，在下拉列表中选择“开始/结束”选项，弹出开始/结束参数调整对话框，如图 5-54（c）所示。

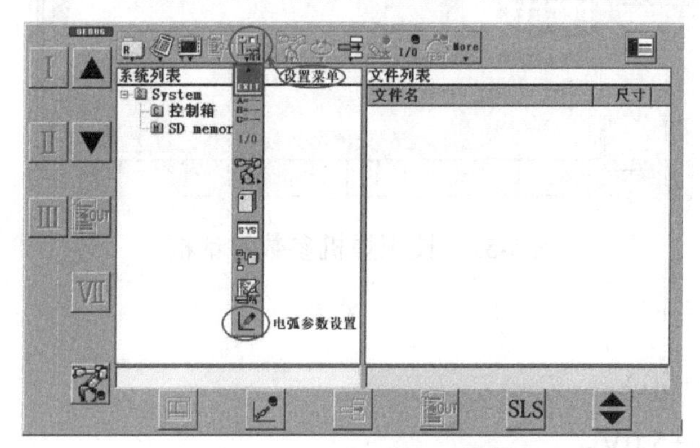

（a）点击“电弧参数设置”图标

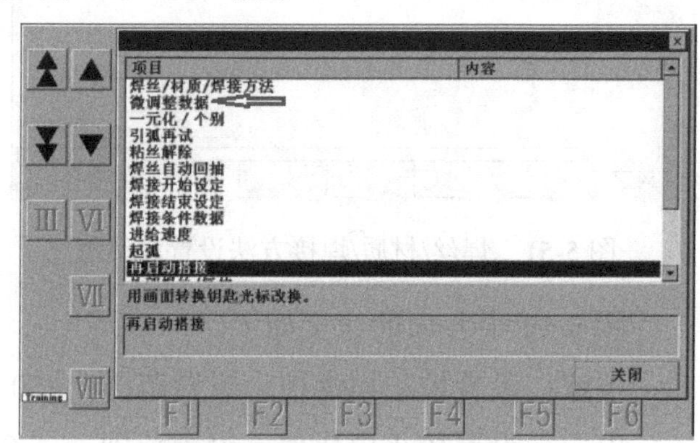

（b）选择“微调整数据”项目

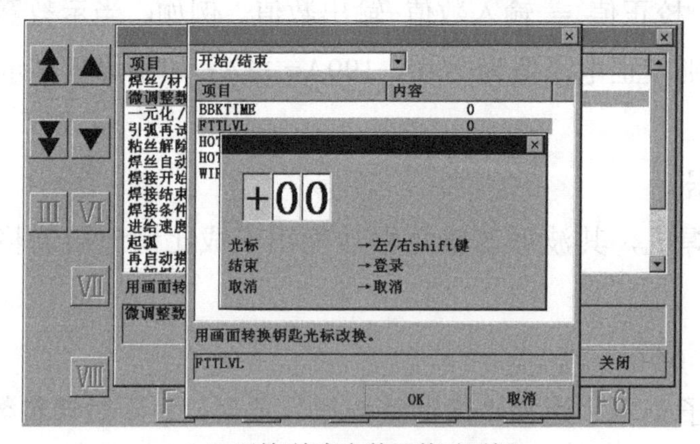

（c）开始/结束参数调整对话框

图 5-54 开始/结束设定

调整项目对话框中各项的含义如下。

HOTCUR：设置热电流调整数值。设置范围：−3～+3A。

HOTVLT：设置热电压调整数值。设置范围：−10～+10V。若增大此值，则电弧刚刚产生后的焊丝碰撞减少；若减小此值，则电弧刚刚产生后的焊丝燃烧得到控制。

WIRSLDN：设置焊丝缓慢下降速度调整数值。设置范围：-125～+125mm/s。若增大此值，则电弧发生之前的时间缩短；若减小此值，则电弧发生概率减小。

FTTLVL：设置 FTT 电压水平调整数值。设置范围：-50～+50V。若增大此值，则焊丝头形状为球形，发生粘丝概率降低；若减小此值，则焊丝头形状为尖形，下次起弧成功率提高。

BBKTIME：设置回烧时间调整值。设置范围：-20～+20ms。若增大此值，则焊丝的回烧时间变长，可降低粘丝的发生概率。

③ 电弧波形设定。

图 5-55 所示为电弧波形参数调整对话框，图 5-56 所示为电弧波形。

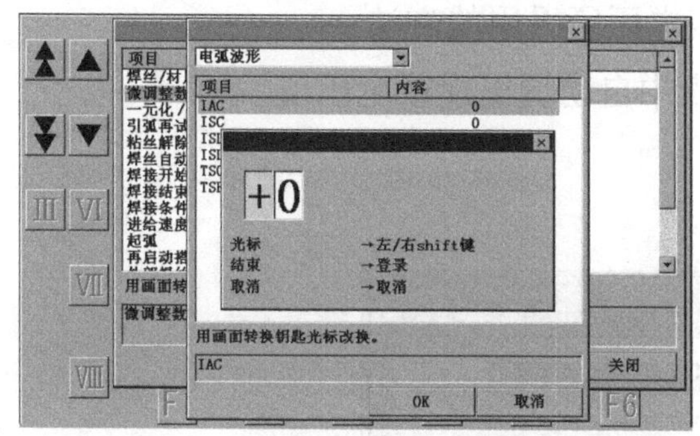

图 5-55 电弧波形参数调整对话框

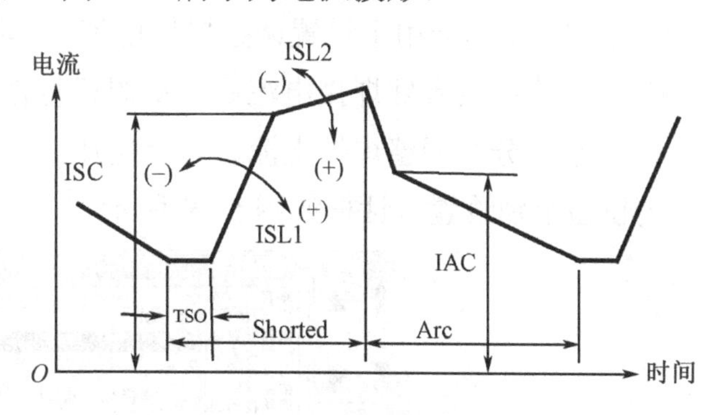

图 5-56 电弧波形

调整项目对话框中各项的含义如下。

ISL1：描述短路电流斜率 1。设置范围：-7～+7。

ISL2：描述短路电流斜率 2。设置范围：-7～+7。

ISC：描述开始段的短路电流弯曲值。设置范围：-3～+3。

IAC：描述结束段的短路电流弯曲值。设置范围：-3～+3。

TSO：描述短路过渡延迟时间。

TSP：描述撞击防止时间。

④ 脉冲波形设定。

图 5-57 所示为脉冲波形参数调整对话框，图 5-58 所示为脉冲波形。

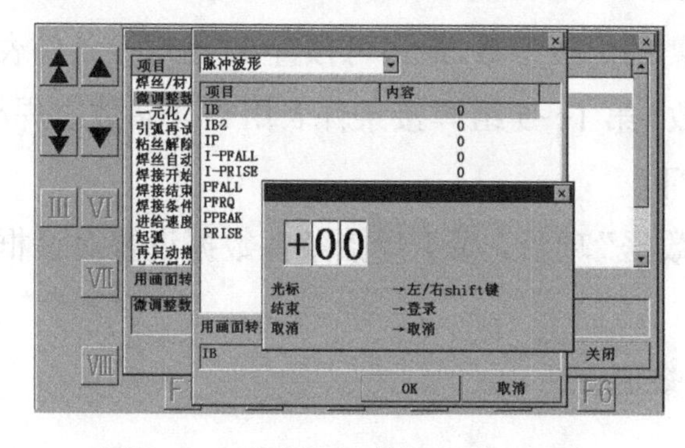

图 5-57 脉冲波形参数调整对话框

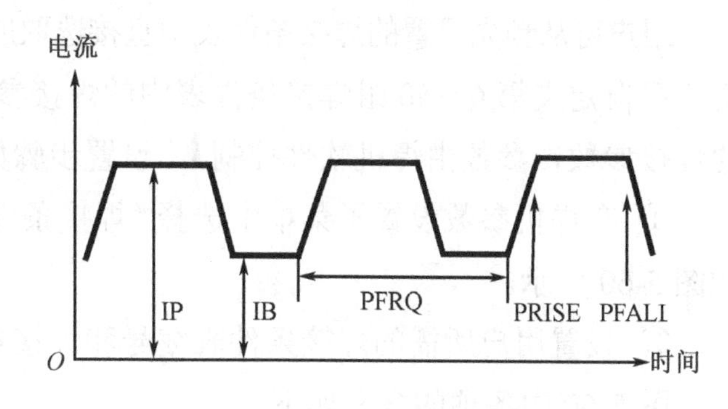

图 5-58 脉冲波形

调整项目对话框中各项的含义如下。

IP：描述脉冲焊接电流的峰值。设置范围：-50～+50A。

IB：描述脉冲焊接电流的谷值。设置范围：-50～+50A。

PFRQ：描述脉冲频率水平。设置范围：-10～+10Hz。

PRISE：描述脉冲上升角度。

PFALL：描述脉冲下降角度。

脉冲倾斜角度只有在使用通信速度为9600bps的焊机时才可进行设置。

PCTRLBLOW：抑制弧偏吹设置。只在使用TAWERS机器人时才会显示。

（4）一元化/个别。

一元化/个别功能用于设置调整焊接电流、焊接电压所采用的方法。

① 一元化：设置好焊接电流后，从焊机特性表中自动调出焊接电压值。

② 个别：分别调整焊接电流、焊接电压。

一元化/个别设置对话框如图5-59所示。

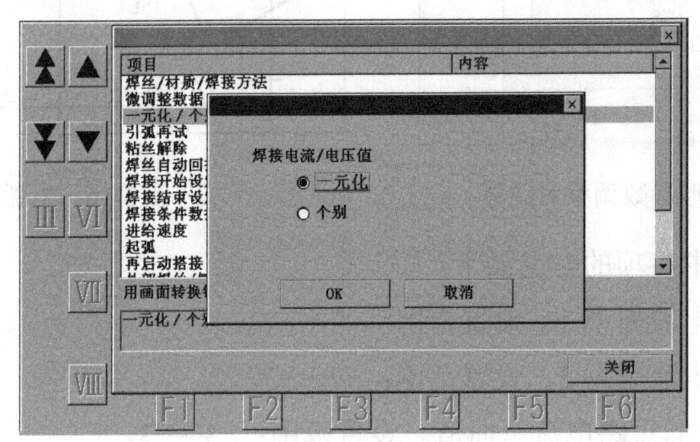

图5-59 一元化/个别设置对话框

图5-59中各项的含义如下。

一元化：在调整焊接电流时，焊接电压同时按比例随之变化。

个别：焊接电流和电压分别调整。

（5）焊接参数。

用户可从预先设置的焊接条件表中直接选取所需的焊接参数。最多可预置50组焊接条件表。用户可自定义第6～50组焊接条件表中的焊接参数（第1～5组焊接条件表用于存储数字焊机的焊接参数，参数由焊机软件控制），设置步骤如下。

① 在焊机参数设置子菜单中选择“焊接条件数据”项目，显示焊接条件数据设置对话框，如图5-60所示。

② 设置用户所需的焊接条件表编号和焊接参数值。

图5-60中各项的含义如下。

ARCSET：起弧条件，设置起弧参数。

CRATER：收弧条件，设置收弧参数。

（6）焊丝进给速度。

焊丝进给速度功能用于设置通过示教器送丝时的送丝速度。进给速度可设置为“高速”和“低速”。低速用于设置前 3s 的送丝速度，高速用于设置 3s 后的送丝速度。

在焊机参数设置子菜单中选择“进给速度”项目，显示进给速度设置对话框，如图 5-61 所示。

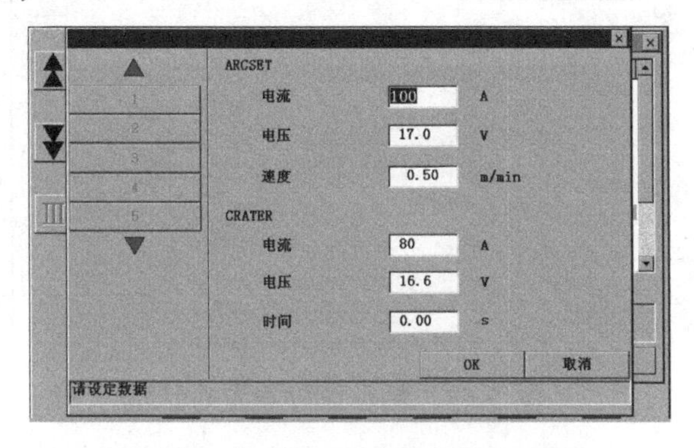

图 5-60　焊接条件数据设置对话框

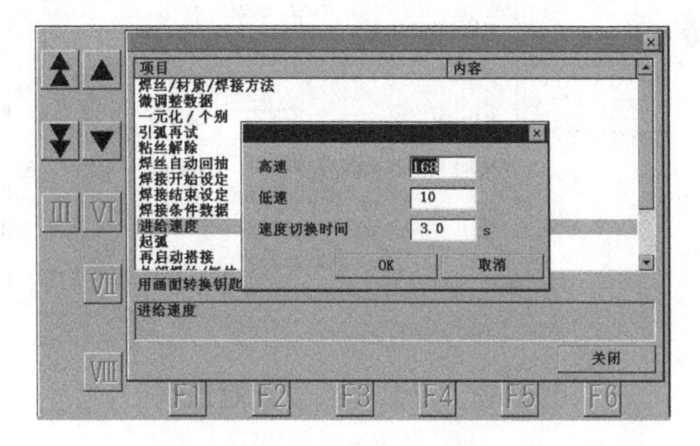

图 5-61　进给速度设置对话框

图 5-61 中各项的含义如下。

高速：设置高速时的送丝速度。数值越大送丝速度越快。

低速：设置低速时的送丝速度。数值越小送丝速度越慢。

（7）引弧再试。

当机器人在焊接开始阶段引弧（起弧）失败时用到此功能。机器人自动平移一段距离，重新引弧。

① 在焊机参数设置子菜单中选择“引弧再试”项目，显示引弧再试设置对话框，如图 5-62 所示。

② 选择所需的焊接条件表，进行参数设置。

图 5-62 中各项的含义如下。

暂停后再启动：设置是否使用此功能（有效/无效）。

电弧检测等待时间：设置引弧失败后，机器人重新引弧的等待时间（以 s 为单位）。设置范围：0.1～9.9s。

再试次数：设置机器人再引弧的次数。设置范围：1～9 次。

移动间距：设置每次再引弧时机器人沿焊缝方向平移的距离。设置范围：0.0～9.9mm。

返回速度：设置再引弧成功后机器人返回到最初引弧点的速度。设置范围：0.1～9.9 m/min。

抽丝时间：设置引弧失败后焊丝回抽的时间。设置范围：0.1～9.9s。

（8）粘丝解除。

焊接结束后，如果发生焊丝粘连现象，则通过粘丝解除功能机器人可自动将粘丝切断，设置步骤如下。

① 在焊机参数设置子菜单中选择“粘丝解除”项目，显示粘丝解除设置对话框，如图5-63所示。

② 选择所需的焊接条件表，进行参数设置。

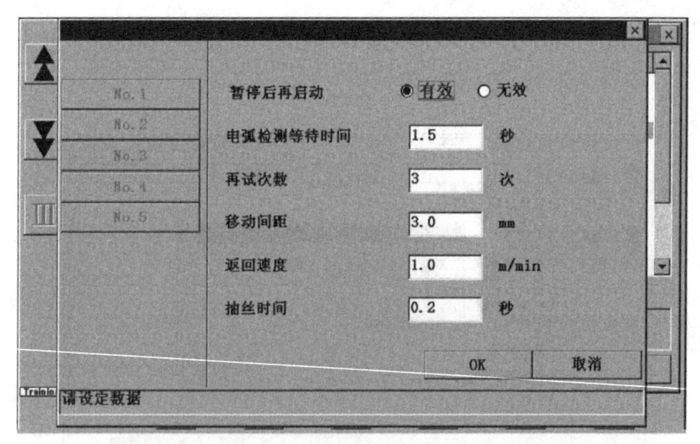

图5-62 引弧再试设置对话框

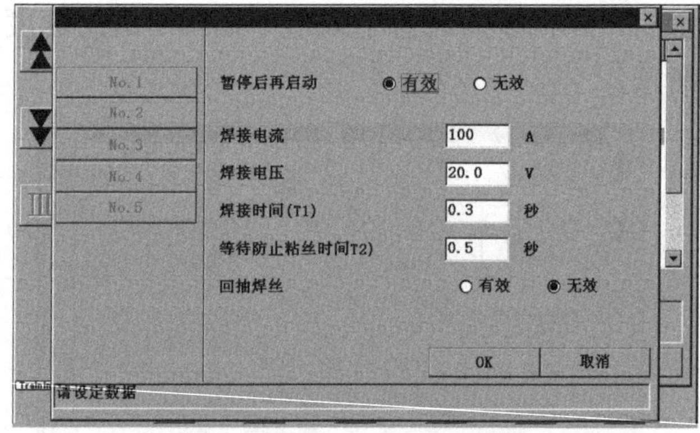

图5-63 粘丝解除设置对话框

图5-63中各项的含义如下。

暂停后再启动：设置是否使用此功能（有效/无效）。

焊接电流：设置焊丝熔化电流。设置范围：1～350A。

焊接电压：设置焊丝熔化电压。设置范围：1～50V。

焊接时间（T1）：设置焊丝熔化时间。设置范围：0.0～9.9s。

等待防止粘丝时间（T2）：设置机器人开始粘丝检测后的等待时间。设置范围：0.1～9.9s。

回抽焊丝：设置机器人开始粘丝检测前是否回抽焊丝（有效/无效）。

（9）再启动搭接。

焊接中途停止后，如果重新引弧，则为使焊缝接头搭接，机器人将自动向后平移一定距离再引弧。

在焊机参数设置子菜单中选择“再启动搭接”项目，显示再启动搭接设置对话框，如图5-64所示。

图5-64中各项的含义如下。

再启动搭接：设置是否使用此功能（有效/无效）。

搭接距离：设置搭接长度。设置范围：1～50mm。

返回速度：设置向后平移速度。设置范围：0.1～9.9m/min。

搭接错误时的处理：设置发生如下情况时机器人是停止（暂停）、继续焊接（继续），还是作为出错处理。

① 机器人平移一定距离后超出前一个示教点。

② 处于停止状态的机器人被跟踪到示教点。

（10）导电嘴更换。

导电嘴更换功能用于设置当需要更换导电嘴时，是否在示教器上显示警告信息，设置步骤如下。

在焊机参数设置子菜单中选择“导电嘴更换”项目，显示导电嘴更换设置对话框，如图 5-65 所示。

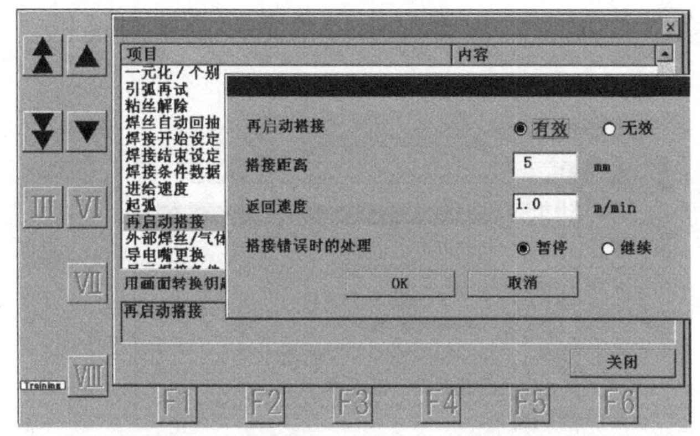

图 5-64 再启动搭接设置对话框

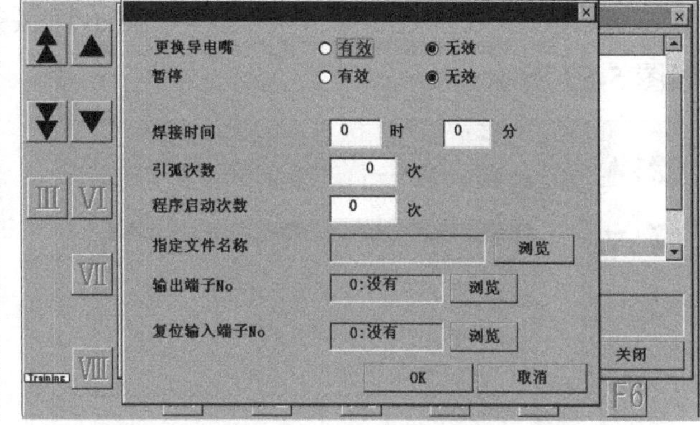

图 5-65 导电嘴更换设置对话框

图 5-65 中各项的含义如下。

更换导电嘴：设置是否使用此功能（有效/无效）。

暂停：设置出现更换导电嘴警告时机器人是否停止（有效/无效）。

焊接时间：设置焊接多长时间后更换导电嘴。设置范围：0 时 0 分～99 时 99 分。

引弧次数：设置引弧多少次后更换导电嘴。设置范围：0～999 次。

程序启动次数：设置某一程序运行多少次后更换导电嘴。设置范围：0～999 次。

指定文件名称：设置程序运行计数所需的程序。

输出端子 No：设置需要更换导电嘴时的信号输出端子号。

复位输入端子 No：设置进行累计值复位触发用的输入端子号。此功能独立于更换导电嘴功能。无论何时在向特定的输入端子输入信号时，都将进行累计值复位，而不考虑导电嘴更换时间。

（11）焊接监视。

焊接监视功能用于监测当前的焊接参数是否在设置的范围之内，主要用于维护和控制焊接质量，设置步骤如下。

在焊机参数设置子菜单中选择“焊接监视”项目，显示焊接监视设置对话框，如图 5-66 所示。

图 5-66 中各项的含义如下。

显示监视窗口：设置是否使用此功能（有效/无效）。如果使用（有效），则需要设置监视范围。电流的设置范围：-50～+50A。电压的设置范围：-5.0～+5.0 V。

监视输出：设置机器人移出监视范围后向哪个输出端子发出信号。

重设输入：设置机器人进入监视范围后向哪个输出端子发出信号。

（12）显示焊接条件。

显示焊接条件功能用于在示教器上显示焊机所输出的焊接参数（包括焊接电流、焊接电压）。

在焊机参数设置子菜单中选择“显示焊接条件”项目，出现显示焊接条件设置对话框，如图 5-67 所示。

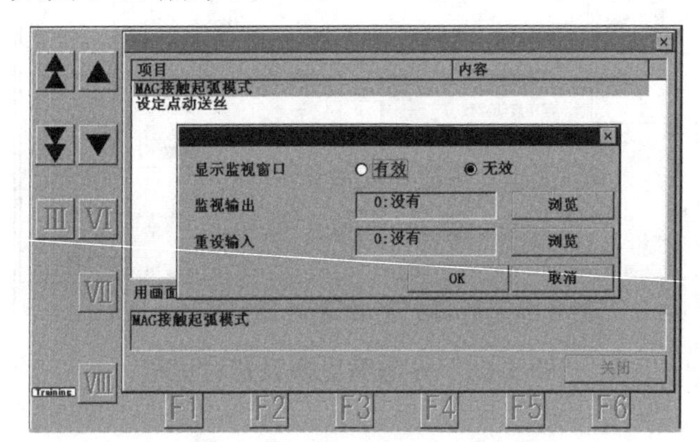

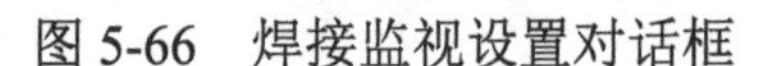
图 5-66　焊接监视设置对话框

图 5-67　显示焊接条件设置对话框

（13）脉冲设置。

脉冲设置功能用于设置所接脉冲焊机的默认脉冲模式。

在“设置”菜单中点击“电弧焊”图标，点击用户所设置的焊机名称（通常使用的焊机），进入焊机参数设置子菜单，先选择“焊丝/材质/焊接方法”项目，再选择“脉冲无/有”项目，显示脉冲无/有设置对话框，如图 5-68 所示。

当点击“有”单选按钮时，焊接方式必须为“MAG”。

（14）飞行起弧。

飞行起弧功能，即快速起弧功能，可使机器人预先执行起弧和收弧过程中的次序指令，以便减少机器人工作节拍，设置步骤如下。

在“设置”菜单中点击“电弧焊”图标，点击用户所设置的焊机名称，进入焊机参数设置子菜单，选择“起弧”项目，显示飞行起弧设置对话框，如图 5-69 所示。

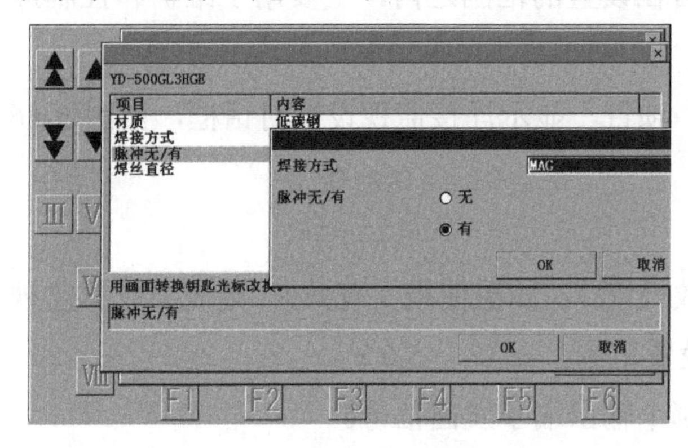

图 5-68　脉冲无/有设置对话框

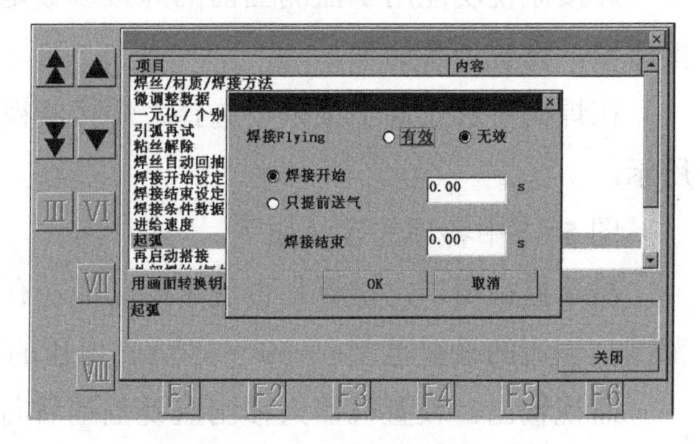

图 5-69　飞行起弧设置对话框

图 5-69 中各项的含义如下。

焊接 Flying：设置此功能是否有效（有效/无效）。

焊接开始：设置机器人提前开始执行起弧的时间。设置范围：0.00～1.00s。

焊接结束：设置机器人提前开始执行收弧的时间。设置范围：0.00～1.00s。

注意：

此功能依赖于系统的初始设置，初始设置不同，此对话框会有一定的不同。

（15）焊丝自动回抽。

焊丝自动回抽功能用于使焊丝在机器人空走时自动回抽，以保证在下一点良好起弧，不必设点抬枪，以避免引起焊丝与工件的刮擦。焊丝自动回抽设置对话框如图 5-70 所示。

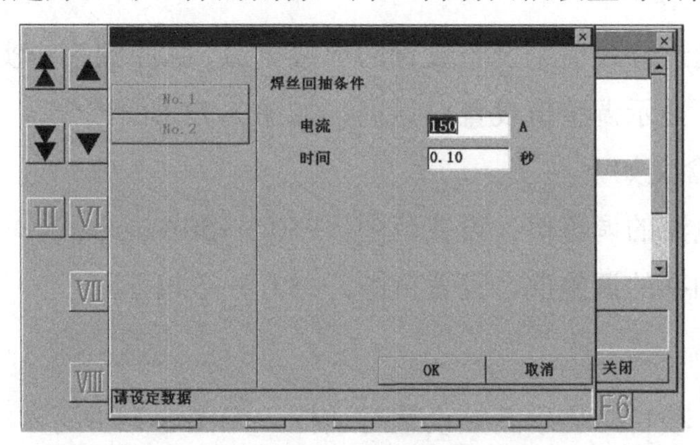

图 5-70 焊丝自动回抽设置对话框

图 5-70 中各项的含义如下。

电流：设置焊丝回抽电流。

时间：设置焊丝回抽时间。

5.3.3 TIG 焊机的设置

对于 G_{III}型机器人配 TIG 焊机的设置，其设置方法与焊接电源类似，步骤简述如下。

在“设置”菜单中点击“电弧焊”图标，点击用户所设置的焊机名称，显示 TIG 焊机参数设置子菜单，如图 5-71 所示。

1. TIG 焊接参数设置

选择“焊接条件数据”项目，显示 TIG 焊接参数设置对话框，如图 5-72 所示。

图 5-72 中各项的含义如下。

ARC-SET_TIGSYN：设置焊接参数，包括基值电流、峰值电流、基值送丝速度、峰值送丝速度、脉冲频率、（焊接）速度等。

CRATER_TIGSYN：设置收弧参数，包括基值电流、峰值电流、基值送丝速度、峰值送丝速度、脉冲频率、（收弧）时间等。

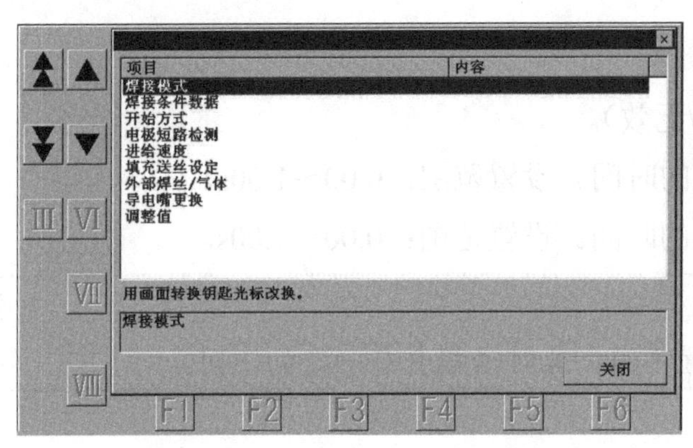

图 5-71　TIG 焊机参数设置子菜单

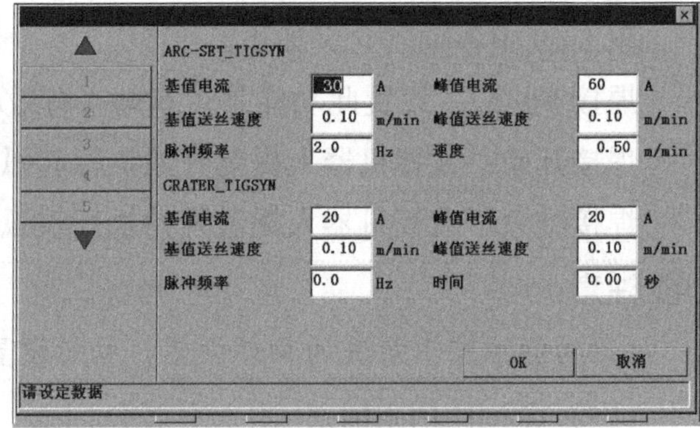

图 5-72　TIG 焊接参数设置对话框

2. 调整值设置

调整值功能用于通过预设值来调整设置的焊接电流、脉冲频率与实际显示值之间的误差。选择“调整值”项目，显示调整值设置对话框，如图 5-73 所示。

图 5-73 中各项的含义如下。

电流：设置焊接电流的调整值。设置范围：-50～+50A。

频率：设置脉冲频率的调整值。设置范围：-5.0～+5.0Hz。

3. 高频设置

选择“开始方式”项目，显示高频设置对话框，如图 5-74 所示，设置是否采用高频。

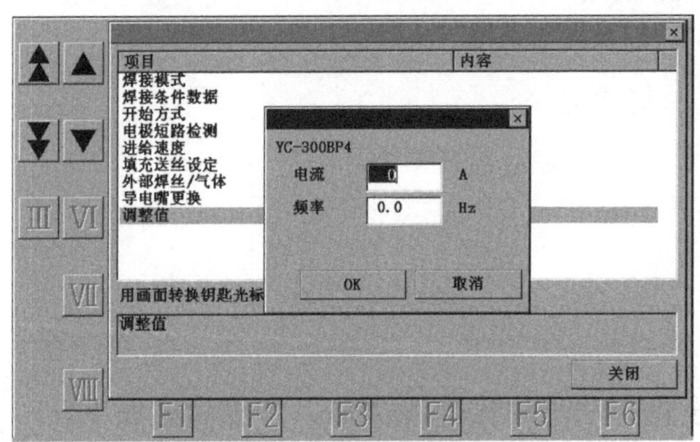

图 5-73　调整值设置对话框

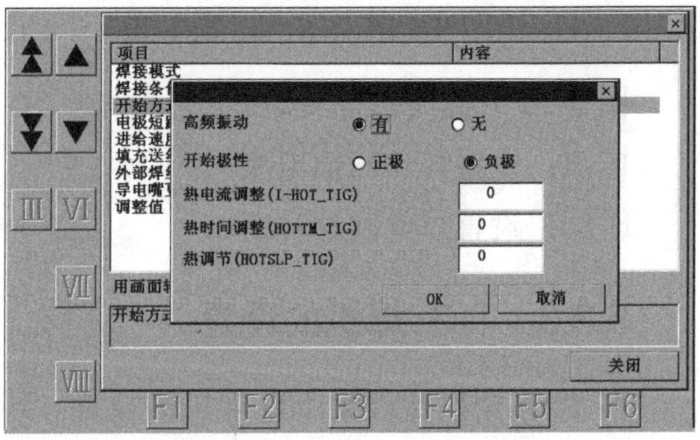

图 5-74　高频设置对话框

图 5-74 中，高频振动用于设置是否采用高频（有/无）。

4. 脉冲设置

脉冲设置用于设置是否采用脉冲及使用脉冲时的脉冲幅度大小。脉冲设置对话框如图 5-75 所示。

图 5-75 中各项的含义如下。

脉冲：设置是否使用脉冲功能（有/无）。

脉冲宽度：以百分比的形式设置脉冲幅度，设置范围：5%～95%。

5．送丝控制

送丝控制功能用于设置是否采用填丝功能，如果采用，则设置相关条件。送丝控制（填丝）设置对话框如图 5-76 所示。

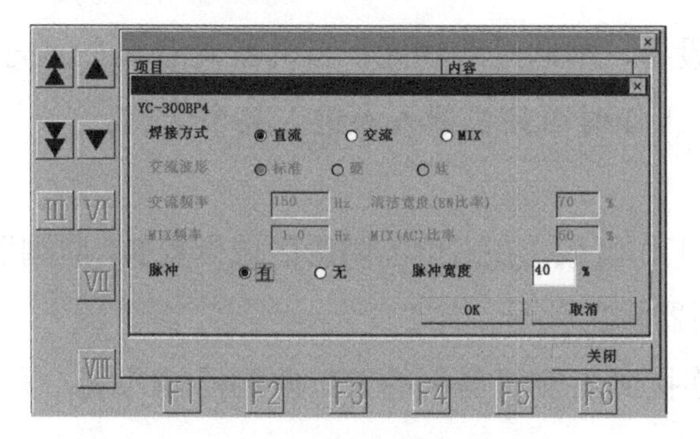

图 5-75　脉冲设置对话框

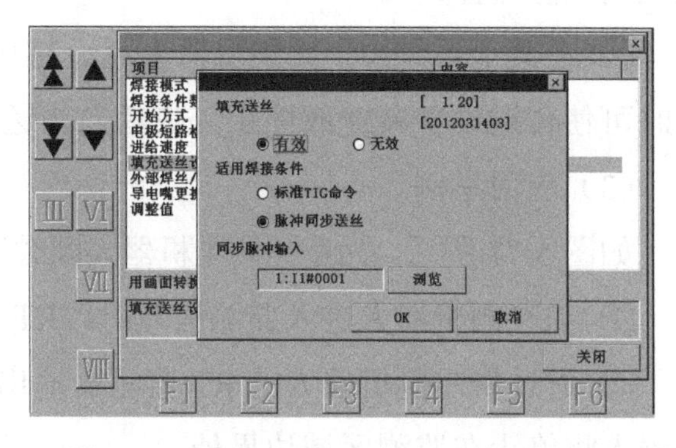

图 5-76　送丝控制（填丝）设置对话框

图 5-76 中各项的含义如下。

填充送丝：设置是否采用填丝（有效/无效）。

适用焊接条件：设置填充送丝适用的焊接条件，可设置为“标准 TIG 命令”或“脉冲同步送丝”。

标准 TIG 命令：匀速送丝。

脉冲同步送丝：脉动送丝。

同步脉冲输入：设置填丝速度特性。

5.4　其他功能设置

5.4.1　RT 监测设置

> ⚠危险
>
> ● 即使机器人由于 RT 监测功能而停机，人也不要进入安全防护栏范围内。
>
> ● 当机器人由于 RT 监测功能而停机时，要立即采取相应的解决措施。

1．RT 监测

通过监测 RT 轴转角可得到机器人的运动方向，用户可随意设定监测区域，以避免发生干涉。

（1）RT 监测功能。

① 当机器人处于监测区域时，输出一个信号。

② 机器人告知一个外部的装置其目前处于监测区域。

③ 当有外部信号输入时，机器人会在监测区域边界处停止。

（2）RT 监测功能的用途。

① 当在多个机器人共同工作时，它们相互之间有可能发生干涉，通过此功能可避免机器人间的相互碰撞。

② 在某个系统中，如果机器人附近有传送设备，则通过此功能，当机器人沿某个方向运动时可使传送设备减速或停止，或者当传送设备工作时可使机器人不进入某个区域。

（3）应用举例。

如图 5-77 所示，为避免两个机器人同时进入工作区域，在右侧的阴影区域设置 RT 监测器。

① 当左侧机器人进入监测区域时，RT 监测器输出信号。

② 通过将左侧机器人的 RT 监测器输出端连接到右侧机器人的 RT 监测器输入端，右侧机器人将停止在监测区域边界处。

2. 设置过程

在“设置”菜单中点击“扩展设定”→“范围监测”，选择“RT 监测”项目，显示 RT 监测设置对话框，如图 5-78 所示，可设置两个不同的 RT 监测器（RT01 和 RT02）。

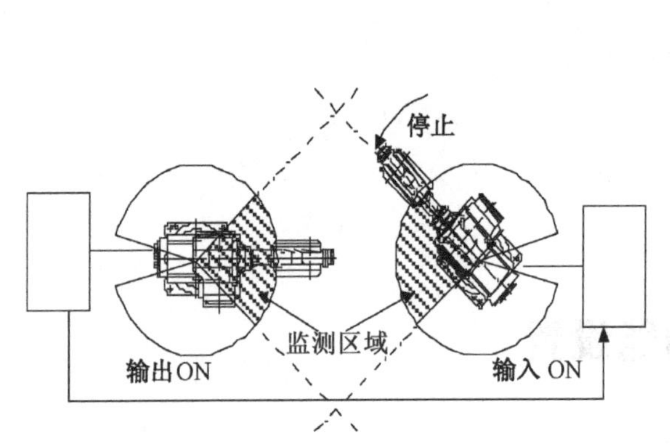

图 5-77　RT 监测示意图

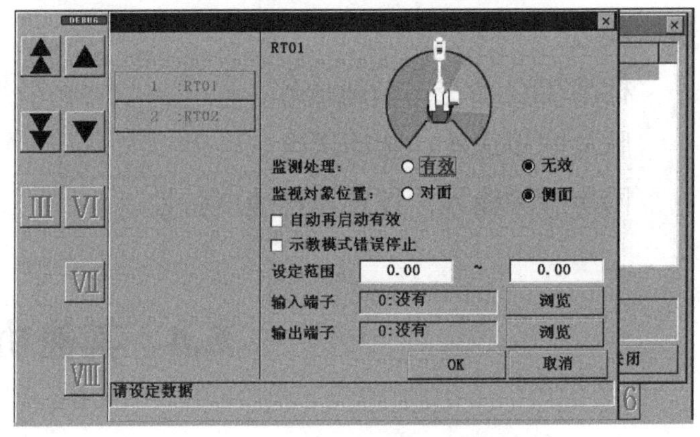

图 5-78　RT 监测设置对话框

图 5-78 中各项的含义如下。

监测处理：设置 RT 监测功能的有效性（有效/无效）。

监测对象位置：“对面”表示在设置范围内进行监测；“侧面”表示设置监测范围为机器人动作范围之外的部分。

自动再启动有效：当机器人停止在所设置的监测区域边界处时，如果选中此复选项，则输入信号 OFF 时，机器人将自动再启动。

设定范围：设置监测区域。

输入端子：设置输入信号端子。当此端子输入 ON 信号时，机器人将在所设置的监测区域边界处停止。

输出端子：设置输出信号端子。当机器人处于监测区域时，此端子输出 ON 信号。

5.4.2 块监测设置

> ⚠危险
>
> ❗即使机器人由于块监测功能而停机，人也不要进入安全防护栏范围内。应立即采取措施以便让操作者及时知道机器人由于块监测功能而停机。

1. 块监测

（1）块监测含义及功能。

块监测是指监测机器人的 TCP 是否处于特定区域内。所设置的监测区域为一个立方体区域，故称为块监测。当多个机器人在同一个工作区域内工作时，此功能通过监测机器人的 TCP 位置可避免机器人间的相互碰撞（干涉）。块监测功能如下。

① 当机器人处于监测区域时，自动输出一个信号。

② 当有信号输入时，机器人将自动停止在监测区域边界处。用户可最多设置 4 个监测区域。

（2）应用举例。

如图 5-79 所示，两个机器人在同一个工作区域内工作，当左侧机器人在监测区域内工作时，其将自动输出一个信号。

通过连接两个机器人的块监测输入/输出端子，当右侧机器人接收到此输入信号时将自动停止在监测区域边界处。

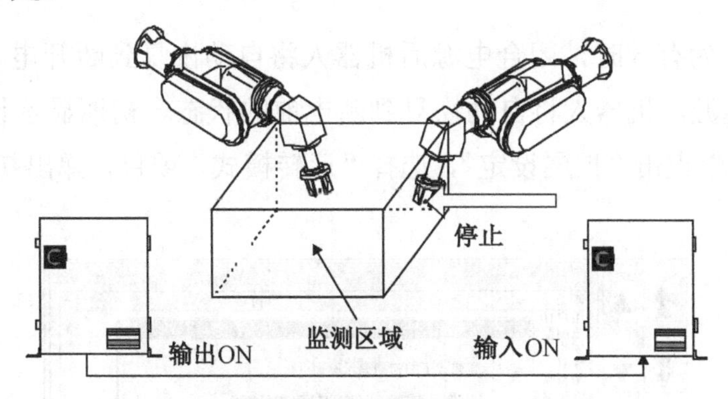

图 5-79 块监测示意图

2. 设置过程

在“设置”菜单中点击“扩展设定”→“范围监测”，选择“块监测”项目，显示块监测设置对话框，如图 5-80 所示。

图 5-80 中各项的含义如下。

点 1/点 2：设置监测区域的对角两点。

监测处理：设置块监测功能的有效性（有效/无效）。

自动再启动设定有效：当机器人停止在所设置的监测区域边界处时，如果自动再启动设定有效，则输入信号 OFF 时机器人将自动再启动。

输入端子：设置输入信号端子。当向此端子输入 ON 信号时，机器人将在所设置的监测区域边界处停止。

输出端子：设置输出信号端子。当机器人处于监测区域时，此端子输出 ON 信号。

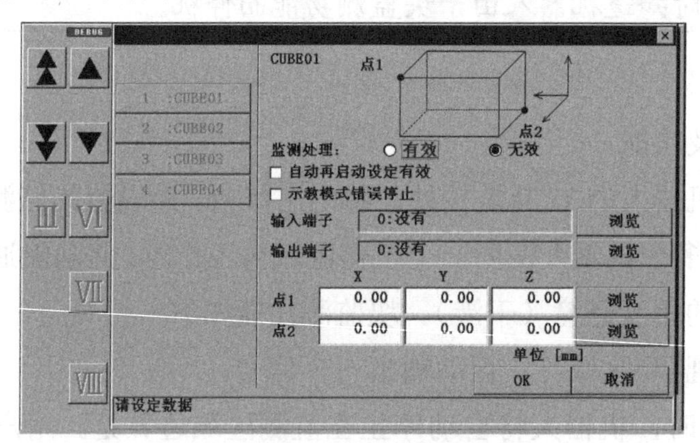

图 5-80　块监测设置对话框

注意：

当模式选择开关处于示教模式时，即使输入 ON 信号，也可操作机器人在监测区域内移动。但是，不管模式选择开关处于什么位置，当机器人处于监视区域时，都将输出信号。

5.4.3　初期显示设置

当初期显示设置为有效时，闭合电源后机器人将自动恢复到断开电源前的状态。例如，紧急停电后，闭合电源，机器人将自动恢复到断电前的状态。初期显示设置步骤如下。

在“设置”菜单中点击“扩展设定”，选择“运转模式”项目，弹出初期显示设置对话框，如图 5-81 所示。

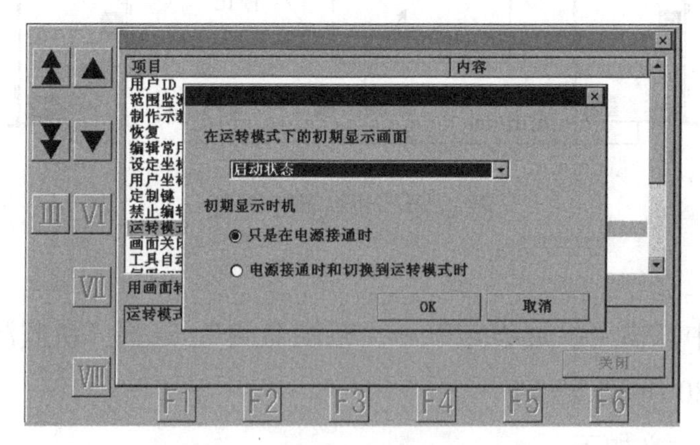

图 5-81　初期显示设置对话框

5.4.4　输入/输出时序设置

输入/输出时序可设置为以下两种状态。

（1）无条件状态：闭合电源后，当“准备就绪”输出信号输出时，“继续”输出信号同时输出且保持大约3s，如图5-82所示。

（2）有条件状态：如果指定条件后，当“继续”输出信号为ON状态后，“继续”输入信号有信号输入该信号才被接收，且“继续”输入信号被接收后，“继续”输出信号停止，如图5-83所示。

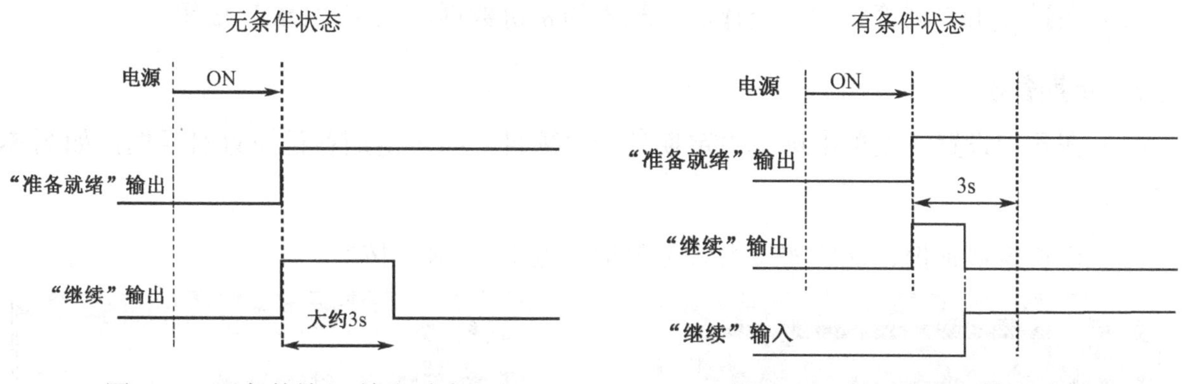

图5-82 无条件输入/输出时序

图5-83 有条件输入/输出时序

只有当“继续”输出信号为ON状态后，输入的信号才会被接收。因此，如果“继续”输出信号为ON状态时“继续”输入信号已经处于ON状态，则此输入信号不会被接收。

注意：

为了继续示教数据，需要把默认文件夹对话框中的“编辑时自动备份”功能设为有效。设置方法：点击“设置”→“TP”→“编辑文件夹”→“默认文件夹”。

5.4.5 备份设置

推荐使用者将程序和设置备份并保存在控制柜中，以便内存发生故障时可利用备份数据重新恢复。备份设置步骤如下。

在“设置”菜单中点击“备份”图标，如图5-84所示，进入备份设置子菜单。

1. 保存

（1）在备份设置子菜单中选择“保存”项目，显示保存设置对话框，如图5-85所示。

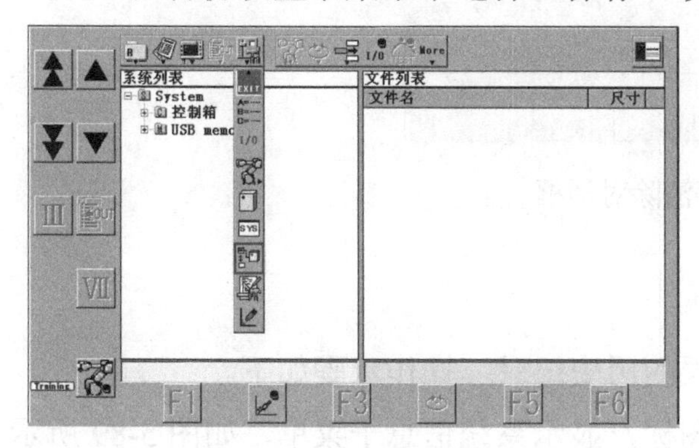

图5-84 点击“备份”图标

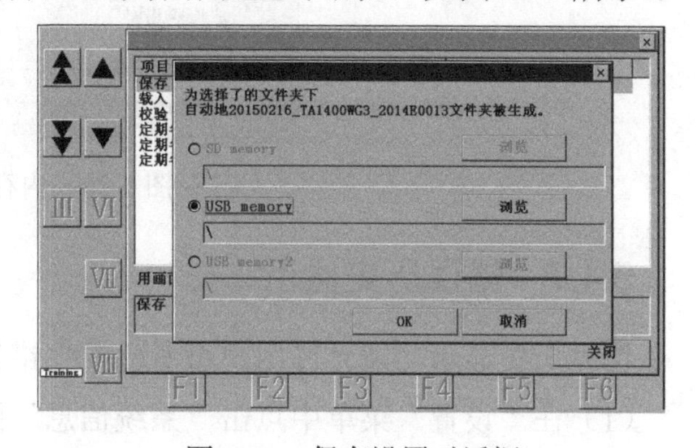

图5-85 保存设置对话框

（2）通过点击“浏览”按钮选择需要保存的文件，点击“OK”按钮。

2. 载入

（1）在备份设置子菜单中选择“载入”项目，显示载入备份数据设置对话框，如图5-86所示。

（2）通过点击“浏览”按钮选择需要载入的备份数据，点击“OK”按钮。

3. 定期备份

（1）在备份设置子菜单中选择“定期备份”项目，显示定期备份设置对话框，如图5-87所示。

（2）设置定期备份、周期和最大备份数量，点击“OK”按钮。

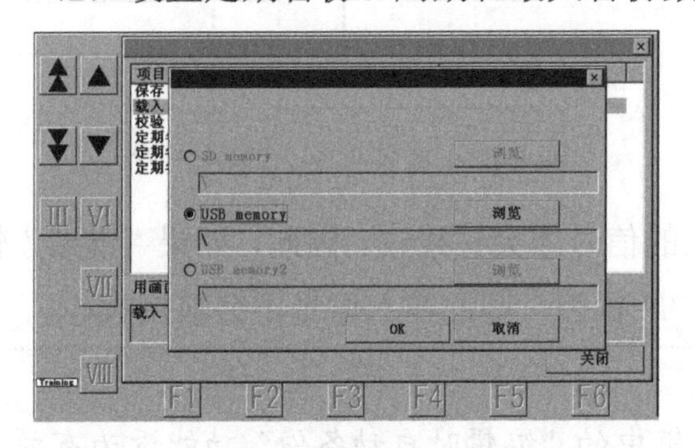

图5-86 载入备份数据设置对话框

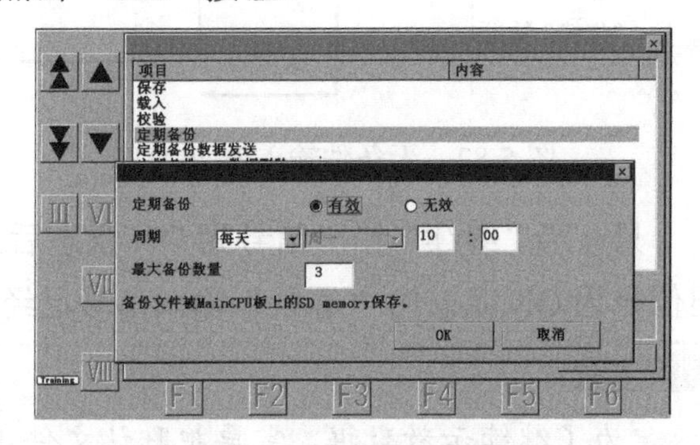

图5-87 定期备份设置对话框

5.4.6 内存清除

先在“设置”菜单中点击“管理工具”图标，然后选择“内存清除（控制箱）”项目，显示内存清除对话框，如图5-88所示。

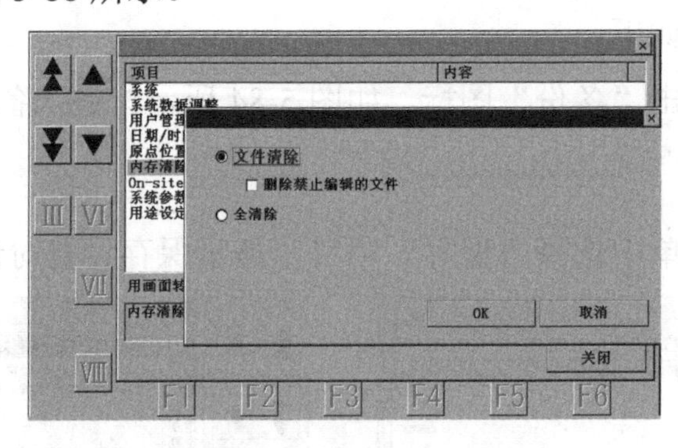

图5-88 内存清除对话框

5.4.7 错误历史显示

错误历史显示功能允许用户查看已发生错误的历史记录，操作步骤如下。

（1）在“设置”菜单中点击“系统信息”图标，显示系统信息子菜单，如图5-89所示。

（2）在系统信息子菜单中选择“错误历史”项目，显示错误历史子菜单，如图5-90所示。

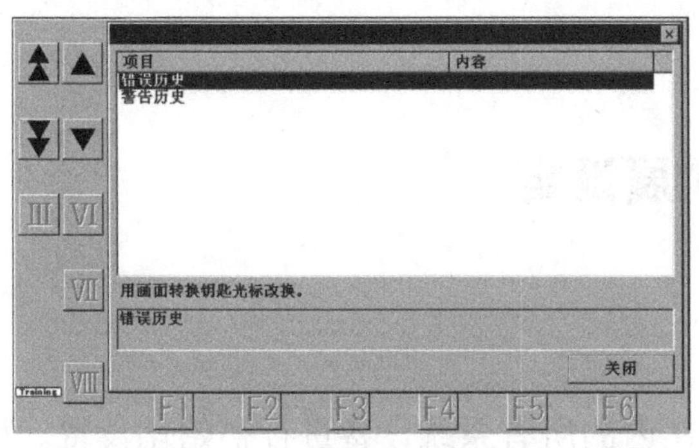

图 5-89　系统信息子菜单

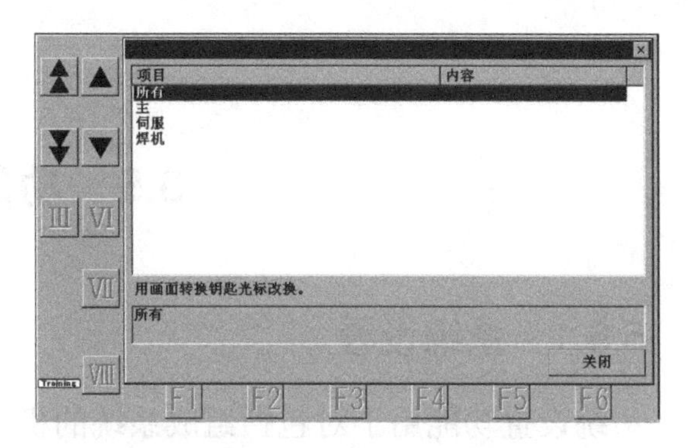

图 5-90　错误历史子菜单

（3）在错误历史子菜单中选择想要显示的错误类型，如选择“所有”项目，则可显示所有错误历史记录，如图 5-91 所示。

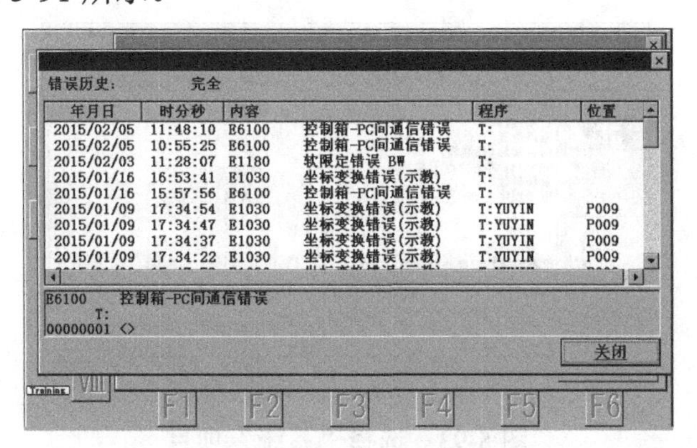

图 5-91　所有错误历史记录

5.4.8　警告历史显示

警告历史显示功能允许用户查看已发生警告的历史记录，操作步骤如下。

（1）在“设置”菜单中点击“系统信息”图标，显示系统信息子菜单。

（2）在系统信息子菜单中选择“警告历史”项目，显示警告历史子菜单。

（3）在警告历史子菜单中选择想要显示的警告类型，如选择“所有”项目，则可显示所有警告历史记录，如图 5-92 所示。

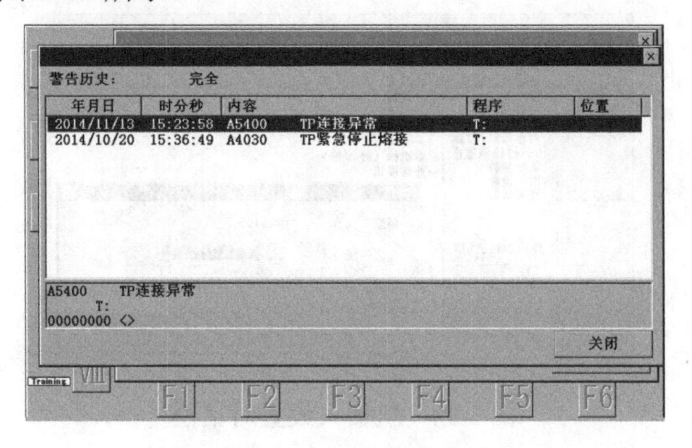

图 5-92　所有警告历史记录

5.5 功能扩展设定

5.5.1 系统设置

系统设置功能用于对包括组成系统的机器人在内的所有系统设备进行初始化设置。用户可通过此功能检查、更改、删除机器人和外部轴及其他选装设备间的连接设置。

（1）先在“设置”菜单中点击“管理工具”图标，然后选择“系统”项目，如图5-93所示，显示系统设置对话框。

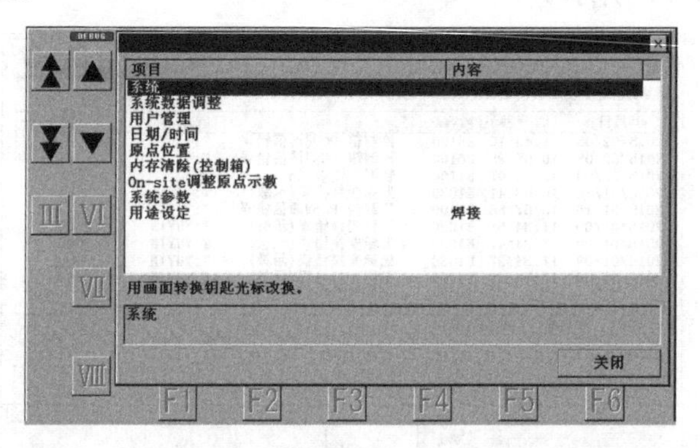

图5-93　选择“系统”项目

（2）如果项目的左侧带有⊞按钮，则说明此项目包含子项目，点击⊞按钮可打开子项目，点击⊟按钮可关闭子项目。

（3）在系统设置对话框中点击“编辑”，在显示的对话框进行设置或删除项目。

5.5.2 机器人设置

先在“设置”菜单中点击“管理工具”图标，然后选择“系统”项目，在“机器人”项目中点击“编辑”，显示机器人设置对话框，如图5-94所示。

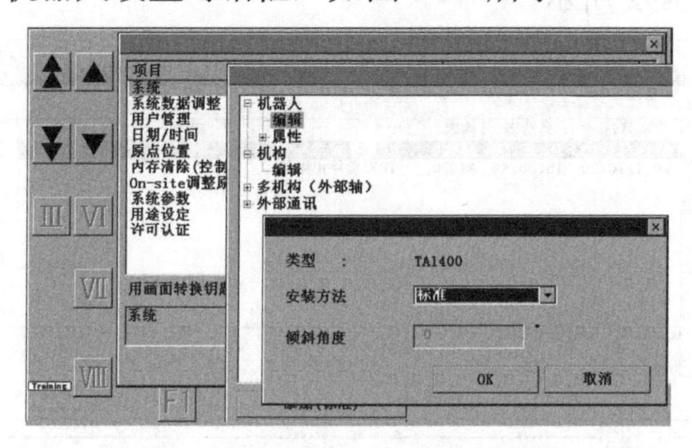

图5-94　机器人设置对话框

图5-94中各项的含义如下。

类型：设置所用机器人本体类型。

安装方法：设置机器人安装形式，包括标准、壁挂、天吊三种形式。

倾斜角度：如果机器人安装在倾斜面上，则需要设置倾斜角度。

5.5.3 外部轴设置

1．增加外部轴

增加外部轴功能用于设置增加机器人的外部轴，设置步骤如下。

（1）在系统设置对话框中，先点击“外部轴”，然后点击所需外部轴名称下面的“编辑”，显示外部轴设置对话框，如图 5-95 所示。

（2）选择需要增加的外部轴编号，点击“OK”按钮。

（3）设置所增加的外部轴的参数。

注意：

外部轴参数设置的详细内容请参考本书配套资料包，此处不再赘述。

2．切换到外部轴

有两种方式可切换动作功能键，以便分别控制外部轴和机器人各轴，切换方法如下。

（1）先点击菜单栏中的图标，然后点击所选外部轴，如图 5-96 所示。

（2）按左切换键，在机器人主轴和外部轴之间切换。

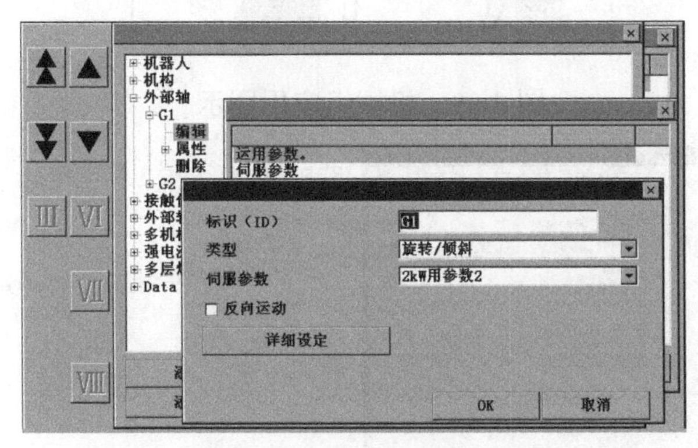

图 5-95　外部轴设置对话框

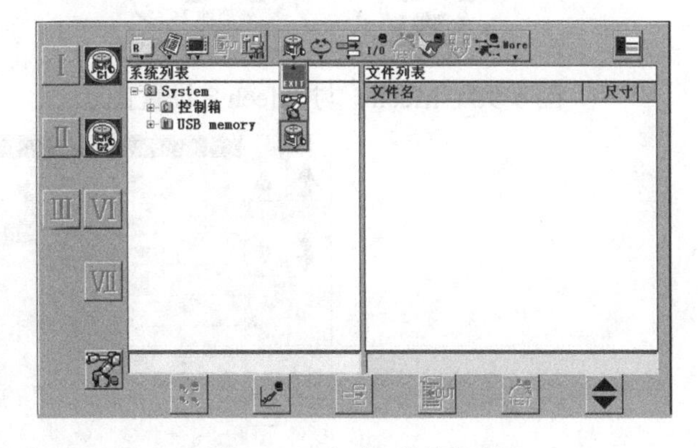

图 5-96　切换到外部轴

5.5.4 机械组设置

1．机械组概念

如果把组成系统的机器人、外部轴分成几个机械组，分别控制各个机械组，就可以将不同任务指派给不同机械组或把特定的机械组从操作中分离出来，如图 5-97 所示。

应用举例：某企业机器人系统由一个机器人和两套外部轴变位机组成，如图 5-98 所示，设置机械组的方法如下。

（1）将机器人和外部轴 1 设置成“Mech 1”（机械组 1）。

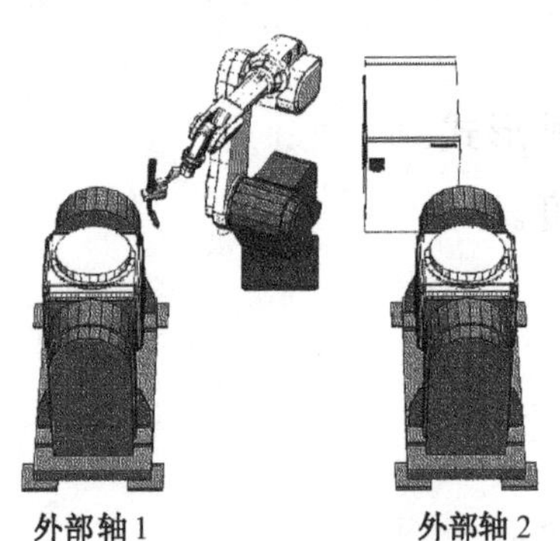

图 5-97　设置机械组

（2）将外部轴2设置成“Mech 2”（机械组2）。

（3）用 Mech 1 示教一个程序。

（4）当 Mech 1 运行程序时，可为 Mech 2 指定其他任务。如图 5-99 所示，Mech 1 运行一个程序（焊接工件），Mech 2 运行另一个程序（为装卸工件倾斜一定角度）。

多个机器人可连接起来构成一个更具柔性的多合作机器人，用户可将其作为一个机械组来进行操作，或者控制与主机器人连接的从机器人。

2. 机械组设置过程

（1）在系统设置对话框中，先点击“机构”，然后点击所需机构名称下面的“编辑”，显示机械组设置对话框，如图 5-100 所示。

（2）选择需要加入机构1（机械组1）的机器人及外部轴，点击“OK”按钮。

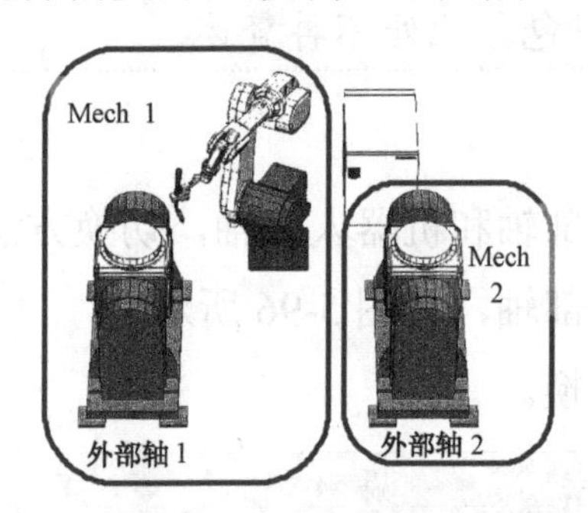

图 5-98　Mech 1 与 Mech 2 设置图示

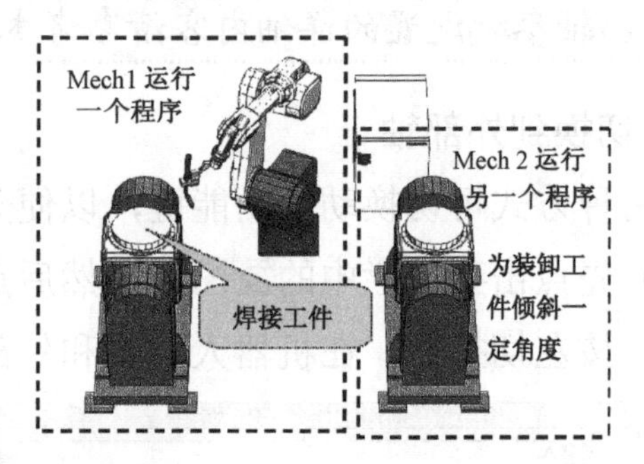

图 5-99　机械组应用图示

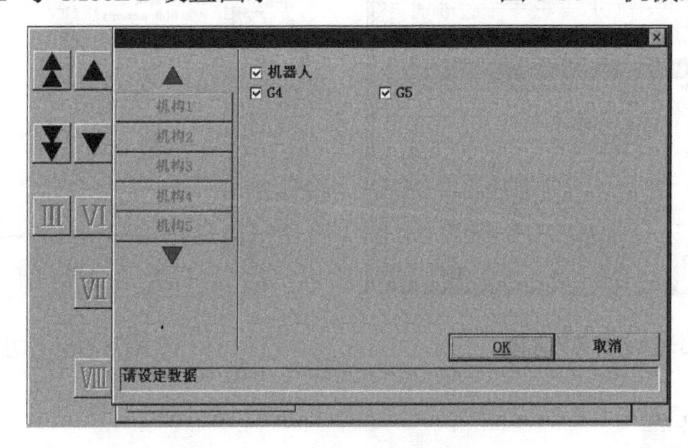

图 5-100　机械组设置对话框

5.6　原点设置

机器人重复定位精度的保证是以初始位置的零位为基准的，伺服电动机输出轴的角度与编码器的位置反馈值应时刻保持一致。但是，机器人在初次使用和更换电池等之后，可能发

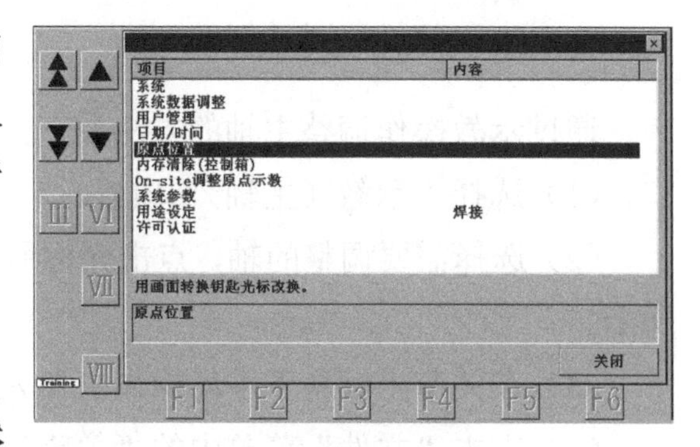

图 5-101　原点调整

生机器人各轴的实际角度与编码器的记忆值不符的情况，从而导致机器人重复定位精度下降或机器人无法运转。因此，需要对机器人的主轴和外部轴进行原点调整。

原点调整是指对机器人各轴的原点（0° 位置）进行初始零位调整，调整步骤如下。

先在“设置”菜单中点击“管理工具”图标，然后选择“原点位置”项目，如图 5-101 所示。

5.6.1　基准位置（主轴）

选择“基准位置（主轴）”项目，显示基准位置（主轴）设置对话框，如图 5-102 所示，在该对话框中进行设置。

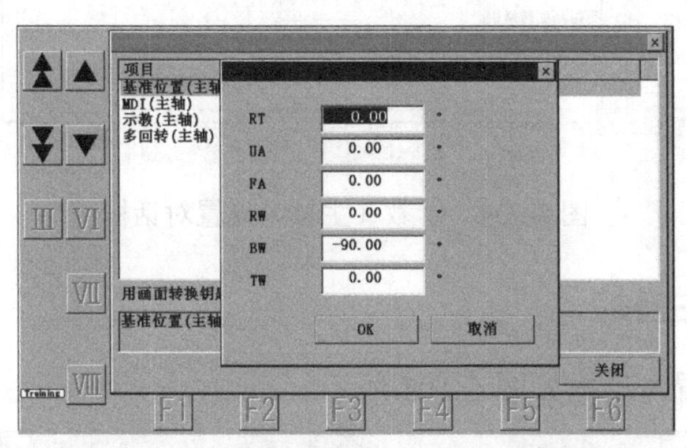

图 5-102　基准位置（主轴）设置对话框

5.6.2　MDI（主轴）

选择“MDI（主轴）”项目，显示 MDI（主轴）设置对话框，如图 5-103 所示。通过输入“角度脉冲*旋转数”的值设置各编码器脉冲。

若选择“MDI（外部轴 G#）”项目，同样可通过输入“角度脉冲*旋转数”的值设置各编码器脉冲。

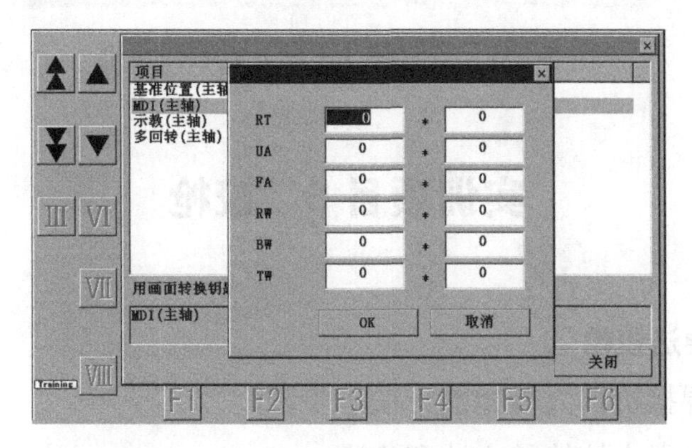

图 5-103　MDI（主轴）设置对话框

5.6.3　示教（主轴）

通过示教操作调整主轴的方法如下。

（1）选择“示教（主轴）”项目。

（2）选择需要调整的轴，点击光标所在位置，显示示教（主轴）设置对话框，如图5-104所示。

（3）在关节坐标系下手动操作机器人，先将其旋转到正确的原点位置，然后按登录键。

（4）点击“文件”菜单中的“关闭”图标，结束操作。

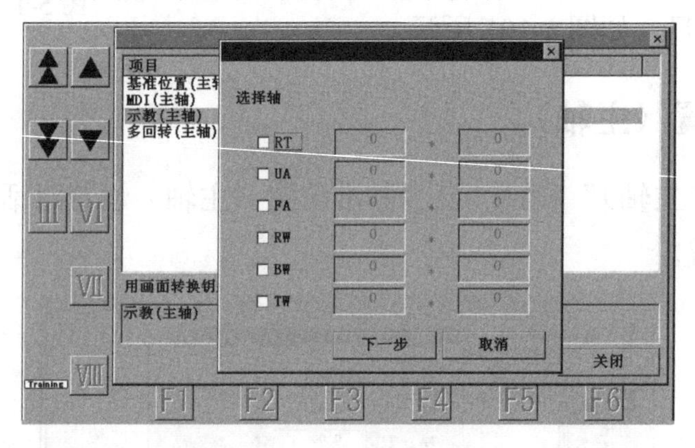

图5-104　示教（主轴）设置对话框

5.6.4　多回转（主轴）

多回转（主轴）设置对话框如图5-105所示。

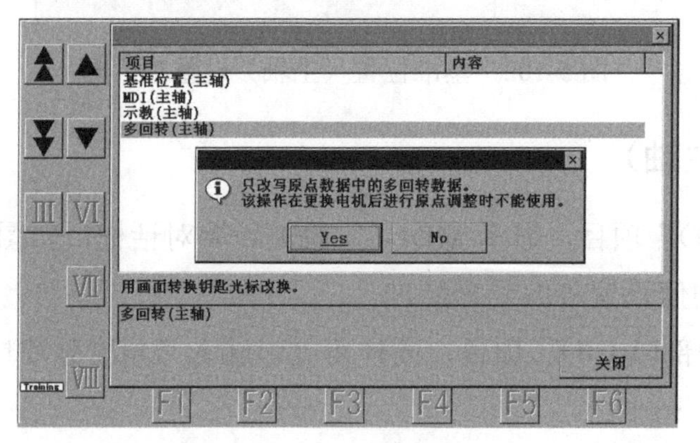

图5-105　多回转（主轴）设置对话框

实训项目5　校枪

一、L1型工具补偿法校枪

【实训目的】掌握焊接机器人校枪的方法和步骤。

【实训内容】焊接机器人校枪的方法和步骤。

【方法及建议】2～4 人为一个小组，注意螺钉的旋转方向，避免滑丝。

【相关知识】

焊接机器人重复定位精度是以焊丝末端（焊丝伸出长度一定）和机器人 TCP 位置一致为前提条件的，因此要经常确认 TCP 位置是否偏离，适时进行校枪。由于松下机器人型号升级，校枪方法有一些变化，请根据相应型号予以选择。

对于松下 TA 系列机器人搭载的标准焊枪，通常采用 L1 型工具补偿法校枪，即使用“校枪尺”进行校正，如图 5-106 所示。

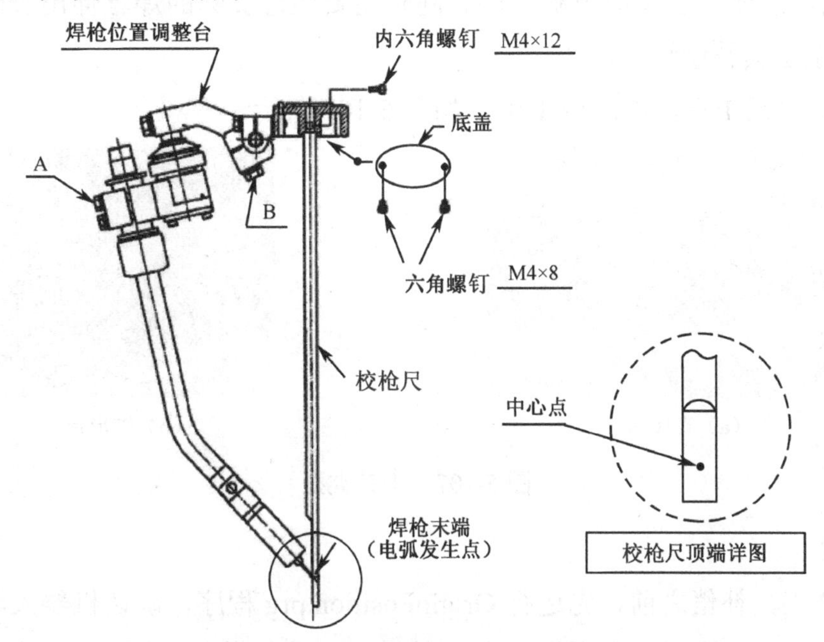

图 5-106 （采用校枪尺）校枪示意图

（A、B 是固定螺钉，A 处螺钉松开可调整焊枪左、右方向旋转角度和高低位置，B 处螺钉松开可调整焊枪前后位置）

提示：

校枪尺（又称对中尺）是机器人设备的随机部件，属于标准件，平时应妥善保管，避免弯曲和锈蚀。

【实训步骤】

（1）先通过跟踪操作将机器人调整到原点位置，然后关闭电源，旋开法兰平面下面圆形挡板的固定螺钉。

（2）先移开圆形挡板，将校枪尺圆柱端垂直插进法兰中心至底部，使校枪尺中心点正对焊枪一侧，再用法兰侧边的固定螺钉将校枪尺锁紧。

（3）松开夹枪器上的 4 个螺钉，调整焊枪的位置和角度，使焊丝末端正好顶在校枪尺的凹点（TCP）上。注：焊丝伸出长度为 15mm。

（4）将夹枪器上的螺钉旋紧，将圆形挡板复位锁紧，即完成 L1 型工具补偿法校枪。

注：松下 TM 系列机器人上自带 TCP（位于机器人腰部），当需要校枪时，运行校枪程序

至基准点，通过人工调整焊枪 TCP 位置，TCP 调整简单，对中精度提高。

二、非 L1 型工具补偿法校枪

如果焊枪不是松下机器人原配的标准型号，或者焊枪变形，则此时采用 L1 型工具补偿法校枪无法消除偏差，须采用非 L1 型工具补偿法进行 TCP 工具补偿。

TCP 工具补偿是在原点的基础上进行的，如果原点不准，那么 TCP 工具补偿也不会准。如果 TCP 工具补偿没有调整好，那么在改变焊枪姿势的情况下进行圆弧插补或协调动作，其轨迹会发生偏离，从而无法保证正确焊接。同时还要通过实际的焊丝伸出长度来进行调整。下面进行 XYZ 型工具补偿练习。

【工具准备】直尺 1 把，锥形台 1 个，如图 5-107 所示。

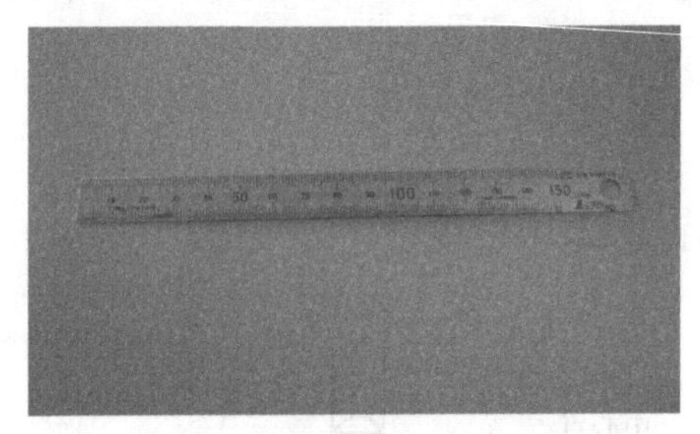

（a）直尺

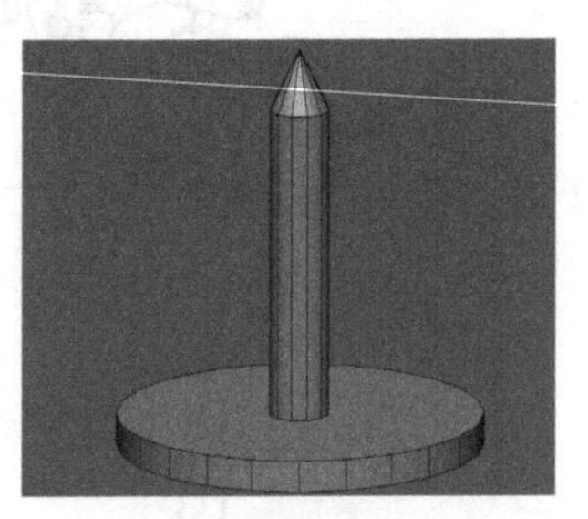

（b）锥形台

图 5-107　工具类型

【原点调整】

在进行 TCP 工具补偿之前，先运行 OriginPosition.prg 程序，确认机器人原点标识无偏离（手臂各轴箭头对齐）后用校枪尺校枪，使焊枪处在正确位置，如图 5-108 所示。

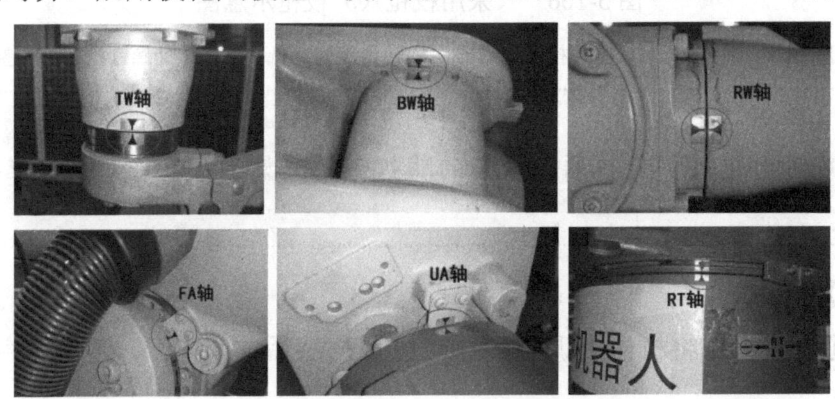

图 5-108　6 个轴的原点标识

注：即使只有一个轴的原点存在偏差，也无法准确完成 TCP 工具补偿。

【操作步骤】

（1）在“设置”菜单中点击“基本设定”图标，如图 5-109 所示。

（2）选择“工具”项目，进入下一个界面后先确认所选择的工具是否为标准工具（松下机器人原配的标准焊枪），然后选择“工具”项目，如图 5-110 所示。

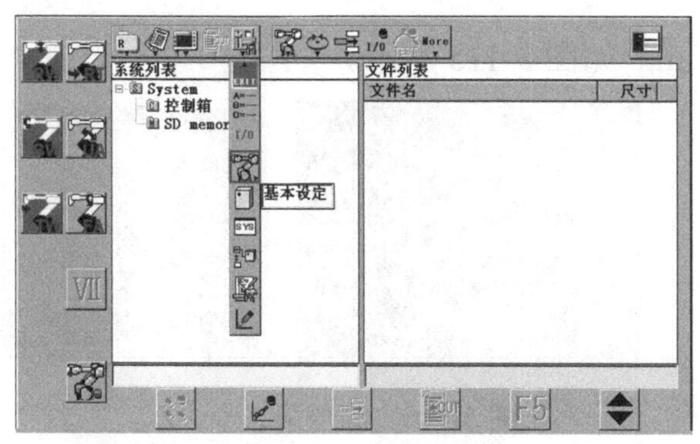

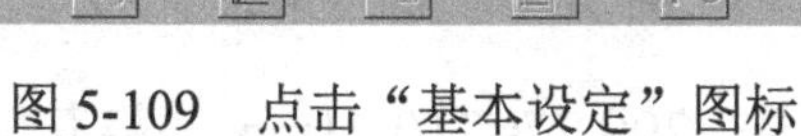
图 5-109　点击“基本设定”图标

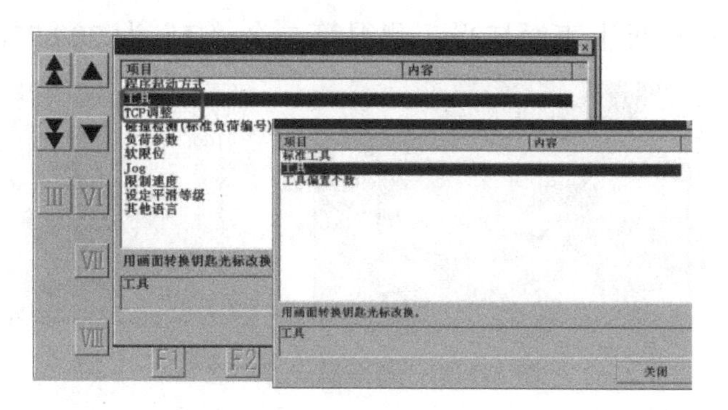

图 5-110　选择“工具”项目

（3）先选择 TOOL 里任意一个工具，将工具名 TOOL.01 改成选中的那个工具名。再将“L1 方式”复选框内的钩去掉，不选 L1 方式，则为 XYZ 方式，此时会出现“X”“Y”“Z”“TX”“TY”“TZ”这 6 个值，其中“TX”和“TZ”为 0，不需要填写，如图 5-111 所示。

（4）“X”是安全支架与 TW 轴法兰接合处到焊枪焊丝端部的距离（焊丝伸出长度设为标准值），单位是 mm；“TY”为 45（单位是度），表示焊枪的角度；“TX”为 0（单位是度）；“TZ”为 0（单位是度），如图 5-112 所示。

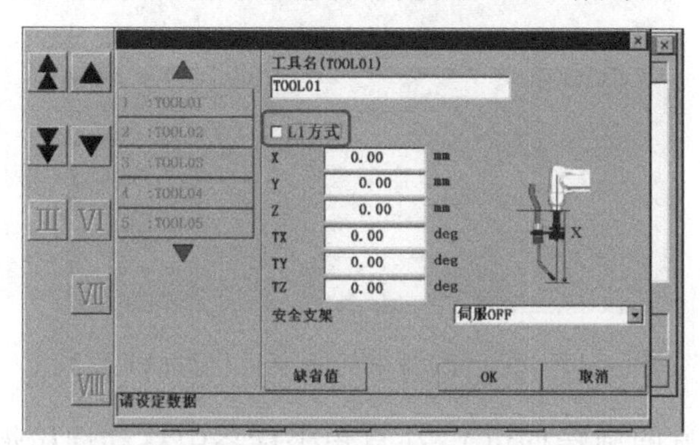

图 5-111　工具（焊枪）数值设定界面

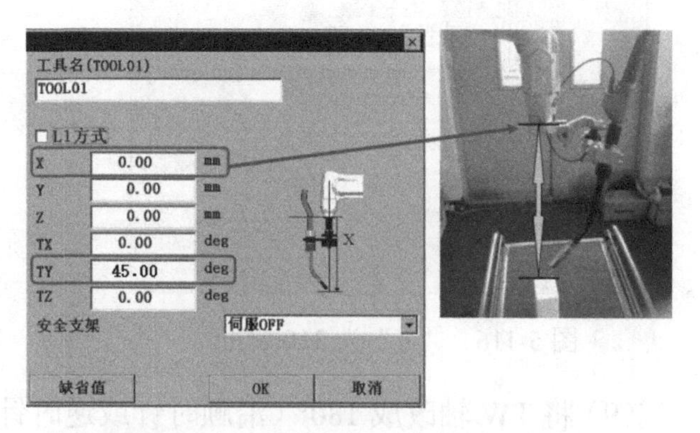

图 5-112　“X”和“TY”的设定依据

（5）将直尺的一半平放到工作台上，作为水平面基准，另一半悬空，使焊枪导电嘴伸出焊丝长度为伸出长度标准值 15mm，在原点状态下在直角坐标系中移动机器人焊枪，如图 5-113 所示。

图 5-113　将直尺作为基准面

当焊丝端部碰到悬空部分直尺上表面时，测得第一个“Z”为 519.98mm，如图 5-114 所示。

（6）在直角坐标系中移动焊枪使其沿 Z 轴负方向移动，使安全支架与 TW 轴法兰接合处与直尺上表面持平，测得第二个“Z”为209.77mm，如图5-115所示。

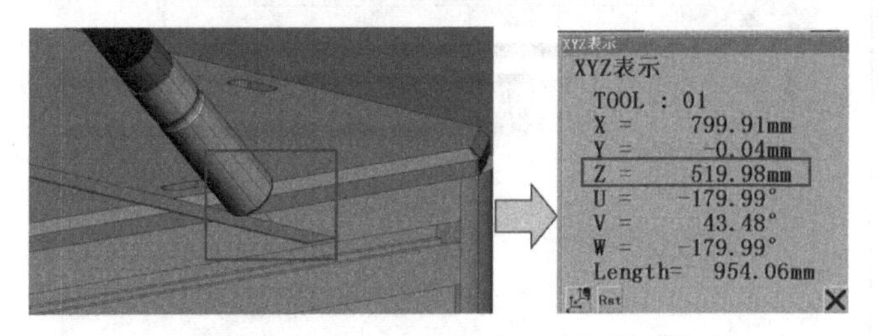

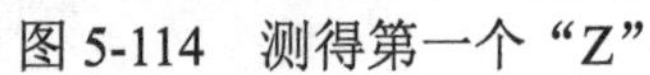
图5-114　测得第一个“Z”

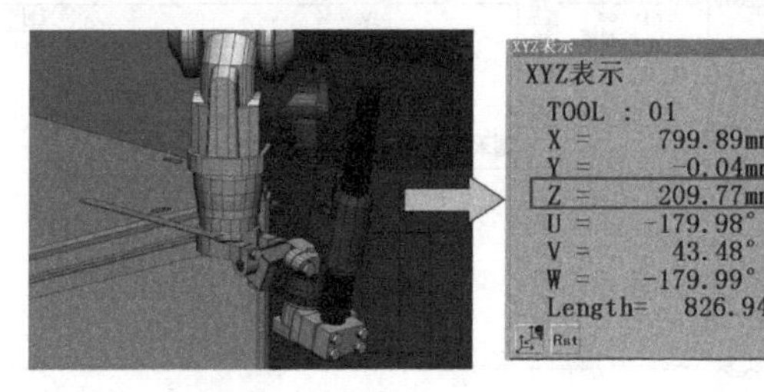

图5-115　测得第二个“Z”

（7）将两次测得的“Z”相减就是“X”，即X=519.98−209.77=310.21mm，将其输入工具（焊枪）数值设定界面，如图5-116所示。

（8）将锥形台放到工作台上作为基准点，调整机器人回到原点位置，在直角坐标系中调整机器人沿着Z轴负方向移动，使焊枪焊丝端部（焊丝伸出长度为15mm）与锥形台尖点相对正，记录下第一次测得的该点位置坐标($X1$,$Y1$)，如图5-117所示。

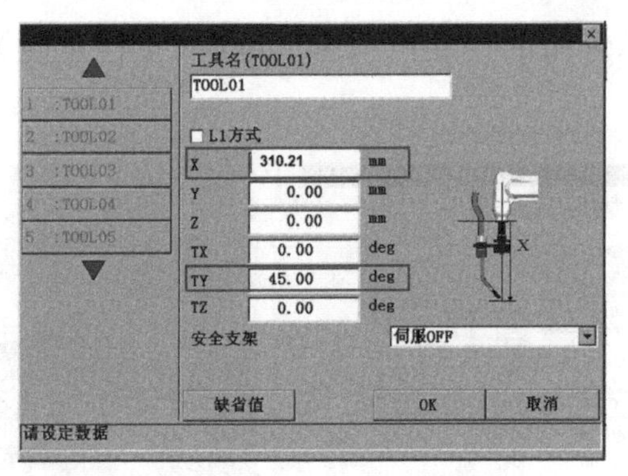

图5-116　“X”为310.21mm

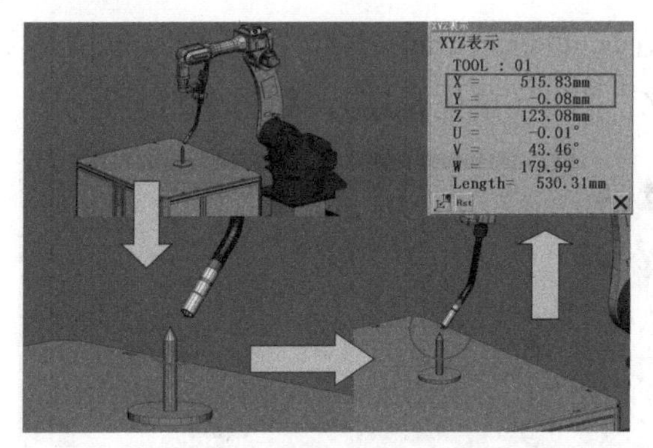

图5-117　第一次测得的基准点坐标($X1$,$Y1$)

（9）将TW轴改成180°（沿顺时针或逆时针方向旋转均可），在直角坐标系中移动焊枪焊丝端部（焊丝伸出长度为15mm），使其与锥形台尖点对准，并记录下第二次测得的该点位置坐标($X2$,$Y2$)，如图5-118所示。

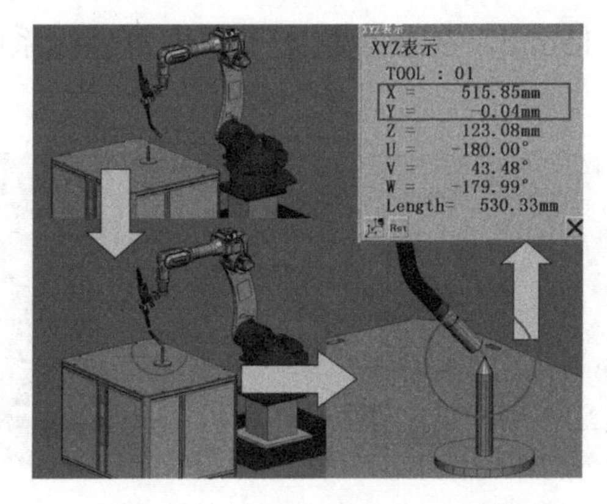

图5-118　第二次测得的基准点坐标($X2$,$Y2$)

（10）对两次测得的坐标值进行同一个坐标轴上的减法操作，即$X2-X1$、$Y2-Y1$，这样就又重新得到两个值$Y2-Y1=Y$和$X2-X1=X$，正、负号代表坐标点补偿方向。由此可计算出工具数值设定界面中的“Y”和“Z”，分别为−0.01mm 和−0.02mm 如图 5-119 所示。

（11）将数值输入并保存，如图 5-120 所示。在工具坐标系中进行检验。

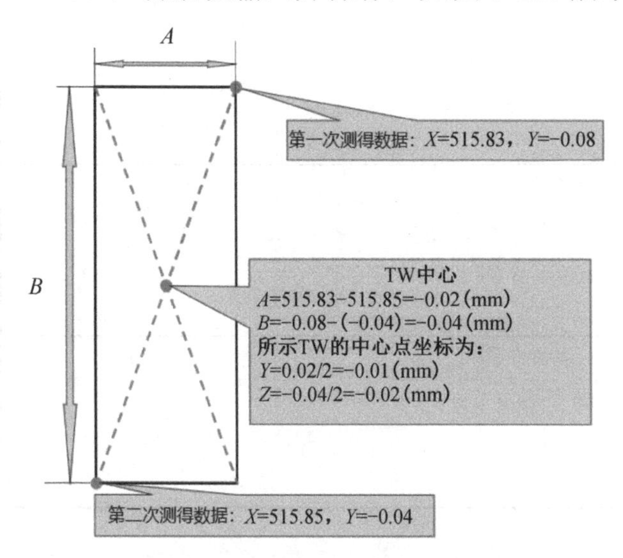

图 5-119　计算出工具（焊枪）数值设定界面中的“Y”和“Z”

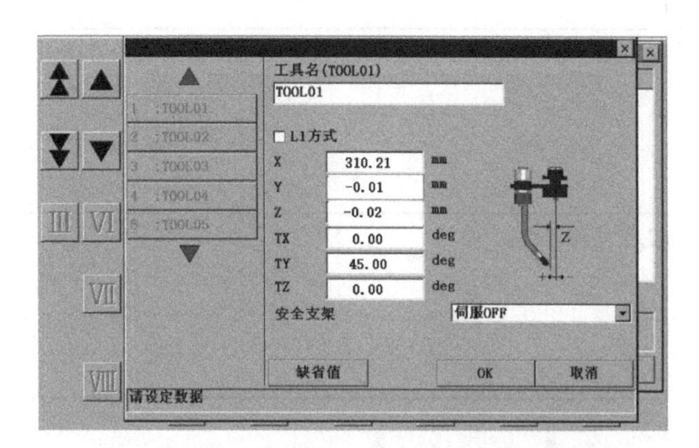

图 5-120　“Y”和“Z”的输入及保存

【补充说明】

（1）本节讲述的 XYZ 型工具补偿法是非 L1 型工具补偿法的一种，TY 建议值为 43.5°，具体操作时用工具坐标系下的 *X* 来确定，可找一个平面移动焊枪，检查是否平行，若不平行则修改 TY 值。

（2）松下机器人 TCP 工具补偿 6 点法在《中厚板焊接机器人及传感技术应用》一书中有介绍，主要针对非松下机器人原配的标准焊枪，此处不再赘述。

【实训报告 5】

实训报告 5

实训名称	校枪		
实训内容与目标	校枪		
考核项目	校枪的方法和步骤		
	理解 L1 型工具补偿法校枪与工具补偿的概念		
小组成员			
具体分工			
指导教师		学生姓名	
实训时间		实训地点	
计划用时/min		实际用时/min	
实训准备			
主要设备	辅助工具	学习资料	
焊接机器人			

续表

备注	
1.简述校枪的工作流程。	
2.设想一种在工作中快速判断TCP位置是否准确的方法。	
3.收获与体会。	

第5章单元测试题

一、判断题（下列判断题中，正确的请打“√”，错误的请打“×”）

1．工具中心点，即TCP（Tool Center Point），是指焊丝的伸出尖点与机器人TW轴法兰中心点的延长线相交的点。（　　）

2．工具补偿设定TCP是为了保证机器人重复（运行）精度所采取的办法。（　　）

3．在对松下机器人进行TCP调整时，通常采用4点法对TCP进行补偿。（　　）

二、单项选择题（下列每题的选项中只有1个是正确的，请将其代号填在横线空白处）

机器人的TCP是_________。

A．工具坐标原点　　B．直角坐标原点　　C．用户坐标原点　　D．关节坐标原点

三、多项选择题（下列每题的选项中至少有2个是正确的，请将其代号填在横线空白处）

外部启动按钮能够实现的控制功能有_________。

A．启动　　B．暂停　　C．紧急停止　　D．选择程序

E．调用指令

四、问答题

1．初始用户如何通过用户ID以系统管理员身份登录？

2．什么是TCP？如何设置TCP补偿值？

3．什么是软限界？如何设置？

4．如何设置用户坐标系？

5. 如何设置CL（手腕插补方式）和摆动方式？
6. 为什么要设置机器人速度限制？一般设置在什么范围内？
7. 什么是平滑等级？当平滑等级设置为0时，机器人移动至转角处会出现什么现象？
8. 如何设置输出过程？
9. 自动启动方式有哪几种？
10. 如何设置主程序启动方式？
11. 什么是信号启动方式？
12. 请描述BCD启动方式。
13. 如何设置焊接过程所使用的焊丝材料和焊接方法？
14. 如何设置焊接参数？
15. 什么是再启动搭接功能？如何设置？
16. 如何设置更换导电嘴的警告显示信息？
17. 如果焊接结束后发生焊丝粘连现象，应该如何设置相关参数？
18. TIG焊接参数的设置包括哪些内容？
19. 什么是RT监测？如何设置？
20. 什么是块监测？如何设置？
21. 如何进行备份设置？
22. 如何查看已发生的错误历史记录？
23. 如何查看已发生的警告历史记录？
24. 机器人设置包含哪些内容？
25. 如何将操作方式切换到外部轴？
26. 如何进行增加外部轴设置？
27. 为什么要设置机械组？如何设置？
28. 如何进行辅助IN/OUT和模拟I/O的设置？
29. 若需要增加单元，则应怎样设置“模拟I/O”单元的ID编号？
30. 为什么要进行原点调整？它们对示教有何影响？
31. 原点调整主要是指调整哪些内容？
32. 如何进入原点调整设置对话框？
33. L1型工具补偿法和非L1型工具补偿法有何不同？

第6章 机器人弧焊工艺

知识目标

了解焊接工艺在机器人焊接中所具有的重要性，及其与人工焊接作业的相同点和不同点，基本掌握机器人焊接工艺的内容，掌握减少工作节拍的方法。

能力目标

1. 掌握机器人焊接工艺及减少工作节拍的方法。
2. 了解焊接参数对焊道的影响，能够正确选择焊接参数。
3. 了解焊缝外观及焊缝成型过程，常见的焊接缺陷、焊接不良，及其产生的原因和防止措施。

情感目标

培养学生认真思考和分析问题的习惯。

6.1 CO_2/MAG 焊接

6.1.1 焊接原理

1. CO_2/MAG 焊接原理

焊接电源提供直流电（或脉冲），以母材为正极、焊丝为负极，焊丝作为焊接材料经送丝机构推送，通过送丝软管送到焊枪，与导电嘴接触导电，在 CO_2 气体保护下与母材之间产生电弧，靠电弧热量进行焊接。焊丝既是电极又是焊接材料，因此 CO_2 焊接也被称为熔化极气体焊接。CO_2/MAG 焊接原理如图 6-1 所示。

CO_2 焊接是以 CO_2 作为电弧介质及保护气体，以保护电弧和焊接区的一种电弧焊，焊接区示意图如图 6-2 所示。如果使用 80%Ar＋20%CO_2 混合气体作为保护气体进行焊接，则为 MAG 焊接，它具有改善热影响区的韧性、提高焊缝的外观质量、使焊缝表面过渡光滑、焊缝成型好等特点。

在图 6-2 中，电弧是指在两极间产生的强烈而持久的气体放电现象；母材是指被焊接的金属材料；熔滴是指焊丝前端受热后熔化，并向熔池过渡的液态金属滴；熔池是指熔焊时焊件上所形成的具有一定几何形状的液态金属部分。

由 CO_2/MAG 焊接原理可以看出，弧焊机器人（搭载焊接电源）的关键是电弧。

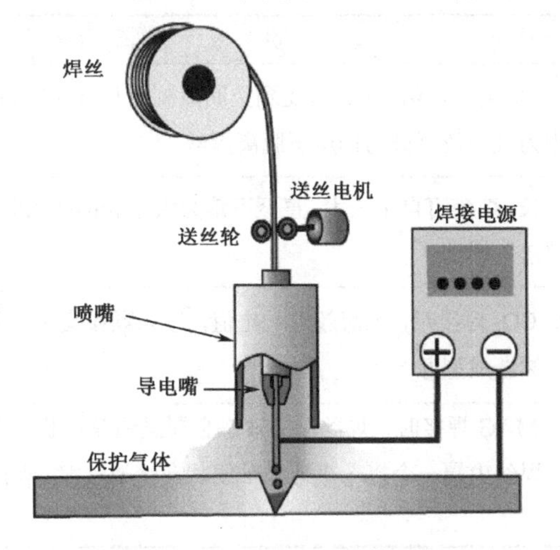

图 6-1　CO_2/MAG 焊接原理

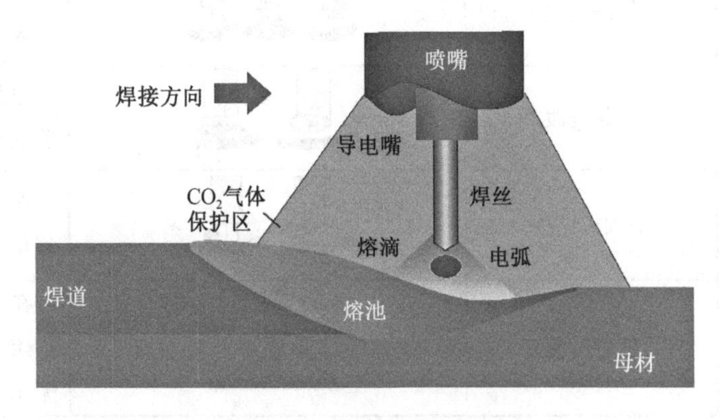

图 6-2　焊接区示意图

2. 焊接金属的熔合比

焊接金属的熔合比示意图如图 6-3 所示

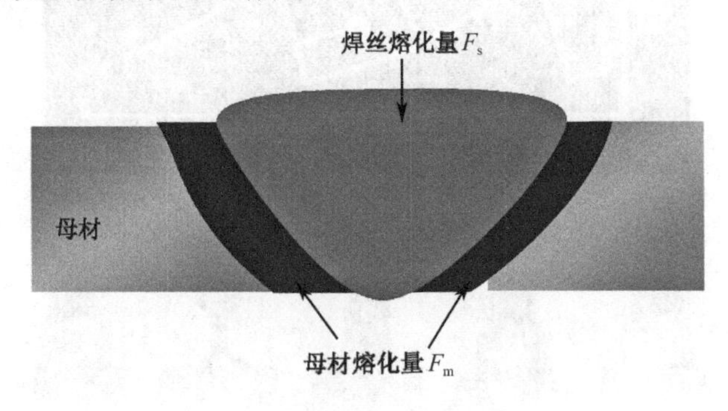

图 6-3　焊接金属的熔合比示意图

焊接金属的熔合比 r 是指焊缝金属中母材熔化量的百分数。计算公式：$r = F_m /(F_m+F_s)\times 100\%$。

3. 母材熔化与焊缝成型

焊缝熔池的特点如下。

（1）体积小、温差大、冷却快。

（2）温度高、呈过热状态（钢熔池平均温度为 1770℃± 100℃）。

（3）在运动下结晶、凝固及一次结晶过程极不平衡（熔池中的气泡、杂质在运动中上浮）。

（4）焊缝成分除焊接材料和熔化的结构材料之外，还与由焊接方法和焊接规范确定的熔合比有关。

（5）熔池的形状呈椭圆，似半个鸭蛋，通常以熔深、熔宽、熔池长度和余高描述熔池特性。

4. 熔滴过渡形式

熔滴的几种过渡形式如表 6-1 所示。

表 6-1 熔滴的几种过渡形式

名　称	示 意 图	说　明
短路过渡		小电流、低电压。熔滴长大后受到空间限制而与母材短路，在表面张力及小桥爆破力作用下脱离焊丝
滴状过渡		电弧较长，熔滴可自由长大，直至下落力大于表面张力时，脱离焊丝落入熔池
细颗粒过渡		在进行 CO_2 焊接时，电流超过一定值，过渡颗粒变小，飞溅量小，焊缝成型好
喷射过渡		在进行 MAG 焊接时，焊丝端部液态金属呈铅笔尖状，细小熔滴从焊丝尖端一个接一个地呈轴线状向熔池过渡。焊接无飞溅

CO_2/MAG 焊接熔滴短路过渡的电弧波形示意图如图 6-4 所示。

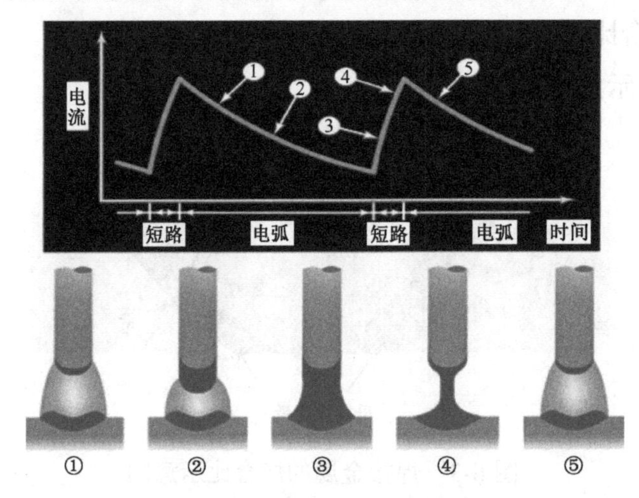

图 6-4　CO_2/MAG 焊接熔滴短路过渡的电弧波形示意图

脉冲 MIG/MAG 焊接熔滴喷射过渡的电弧波形示意图如图 6-5 所示。

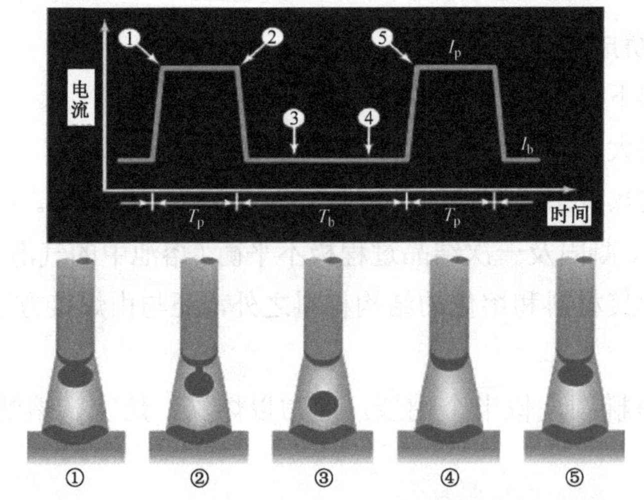

I_b—脉冲基值电流；I_p—脉冲峰值电流；T_b—脉冲间隔时间；T_p—脉冲时间。

图 6-5　脉冲 MIG/MAG 焊接熔滴喷射过渡的电弧波形示意图

6.1.2 焊接质量管理的五要素

焊接质量管理的五要素：①**人**——优秀的操作者；②**机**——一流的焊接设备；③**料**——合格的焊接材料；④**法**——严密的焊接规范；⑤**环**——良好的施焊环境。焊接质量管理五要素所包含的内容如图 6-6 所示。

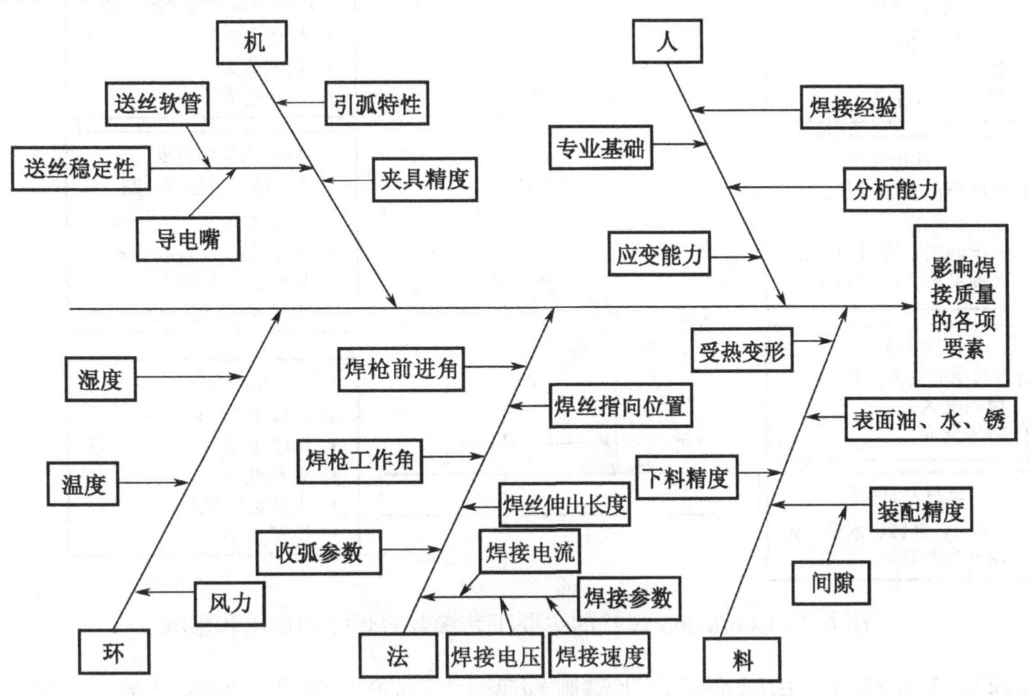

图 6-6 焊接质量管理五要素所包含的内容

6.2 机器人焊接工艺

6.2.1 焊接工艺参数

1. CO_2/MAG 焊接的主要工艺参数

CO_2/MAG 焊接的主要工艺参数对焊接的作用和影响如图 6-7 所示。

（1）焊接电流。

根据焊接条件（板厚、焊接方式、焊接速度、焊接材料等）选定相应的焊接电流。CO_2 焊机的焊接电流与送丝速度成正比，焊接电流越大，送丝速度越快，熔透力越强。焊接电流越大，热输入量越大，焊道越宽，熔深和余高越大。

（2）焊接电压。

焊接电压又称电弧电压，用于提供焊接能量。焊接电流与焊接电压存在匹配关系。焊接电压越高，焊接能量越大，焊丝熔化速度越快。焊接电压的选择可以点击参数设定界面中的标准值按钮。

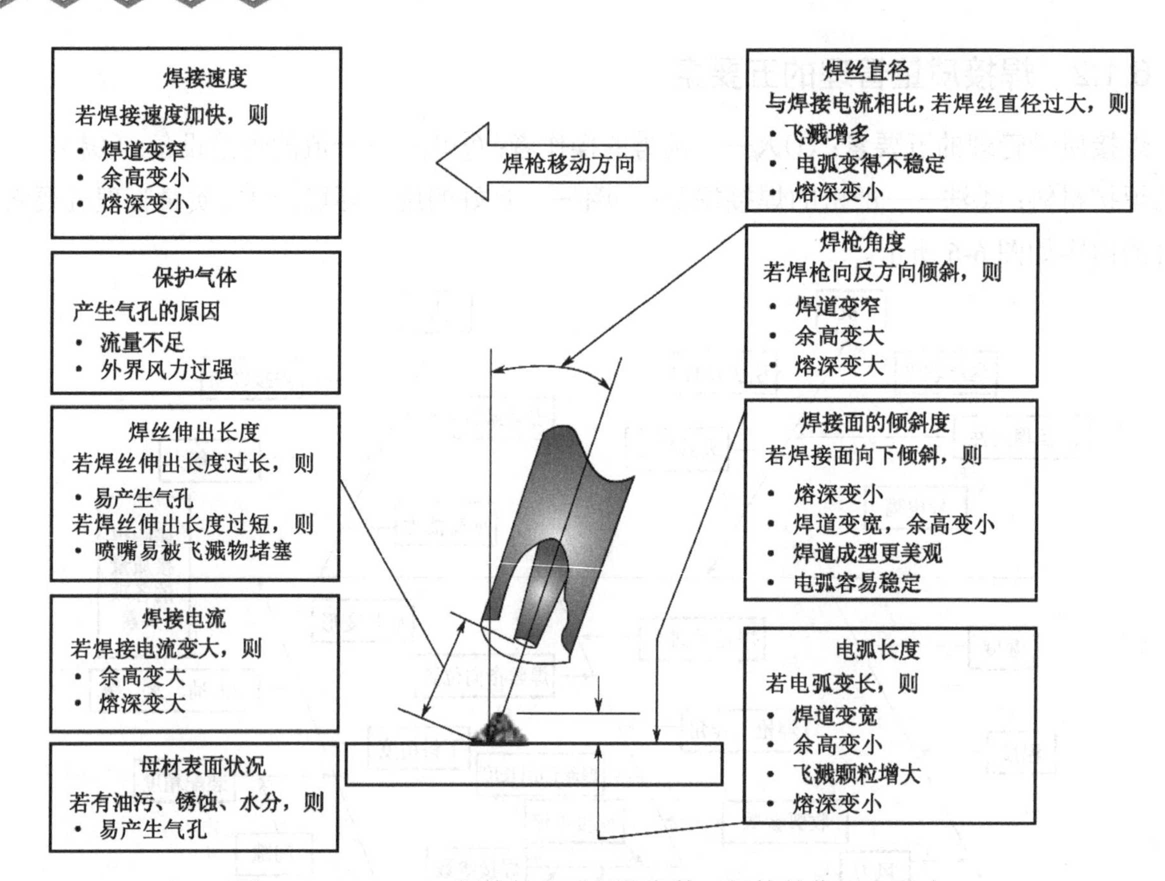

图 6-7　CO_2/MAG 焊接的主要工艺参数对焊接的作用和影响

当焊接电压升高时，电弧变长，飞溅颗粒变大，易产生气孔，焊道变宽，熔深和余高变小。当焊接电压降低时，焊丝插向母材，飞溅量增大，焊道变窄，熔深和余高变大。

（3）焊接速度。

焊接速度是指焊枪行走的速度。在焊接电压和焊接电流一定的情况下，焊接速度的选择决定了单位长度焊缝所吸收的热能量，即焊接线能量 Q（单位为 J/mm）。

$$Q = I \times U / S$$

式中，I 为焊接电流（单位为 A）；U 为焊接电压（单位为 V）；S 为焊接速度（单位为 mm/s）。

CO_2/MAG 半自动手工焊接的速度一般为 30～60cm/min。机器人焊接的焊接速度可达 250cm/min，甚至更快。若焊接速度加快，则焊道变窄，熔深和余高变小。

（4）焊丝伸出长度。

焊丝伸出长度是指从导电嘴端部到工件的距离。当焊丝伸出长度过长时，气体保护效果不好，易产生气孔，电弧不稳。当焊丝伸出长度过短时，喷嘴易被飞溅物堵塞，飞溅量大，焊丝易与导电嘴粘连。

（5）保护气体。

根据不同的材料和工艺要求，应选择不同的保护气体，通常有以下几种情况。

① CO_2（纯度> 99.98%）适用于药芯焊丝及普通碳钢焊接，有吸热冷却效果，用于实心焊丝时飞溅量较大。

② MAG（80%Ar + 20%CO_2 混合气体）或富氩保护气体用在一些焊接要求高的场合，焊缝成型好，飞溅量小。80%Ar + 20%CO_2 混合气体的工艺特点如下。

一方面，它具有氩弧的特性，电弧燃烧稳定、飞溅量小、喷射过渡。另一方面，它具有氧化性，降低了熔池的表面张力，克服了纯氩保护时的熔池液体金属黏稠、易咬边和斑点漂移等问题。

MAG 或富氩焊接可改善焊缝成型效果，具有深圆弧状熔深，可用于喷射过渡、脉冲射滴过渡、短路过渡等熔滴过渡形式。

③ MIG（99.99%Ar）适用于铝、镁金属焊接。98% Ar + 2%O_2 混合气体或 95%Ar + 5%CO_2 混合气体适用于不锈钢实心焊丝焊接不锈钢。Ar + O_2 混合气体的工艺特点如下。

a. 改善熔池的流动性、熔深和电弧稳定性，加入 O_2 能减小临界电流、降低咬边倾向。

b. 适用于喷射过渡和脉冲射滴过渡，为不锈钢实心焊丝焊接用保护气体。采用 Ar + CO_2 + O_2 三元混合气体焊接低碳钢和低合金钢将获得更好的工艺效果。

（6）焊接材料。

CO_2/MAG 焊接使用的焊丝既是填充金属又是电极，所以焊丝既要保证具有一定的化学性能和机械性能，又要保证具有良好的导电性能和工艺性能，焊接材料的选用参考图 6-8 中所列举的焊接生产的基本问题。

① 焊接材料选用原则。

a. 焊接性（接合性、实用性）。

b. 工艺性（操作性、成型性）。

c. 经济性（生产效率、消耗费用）。

② 注意因素。

a. 母材的化学活性。

b. 不应强求焊缝成分与母材成分相同。

c. 焊缝成分不等于焊接材料成分。

d. 遵循技术标准。

e. 等强性、等韧性、熔合比。

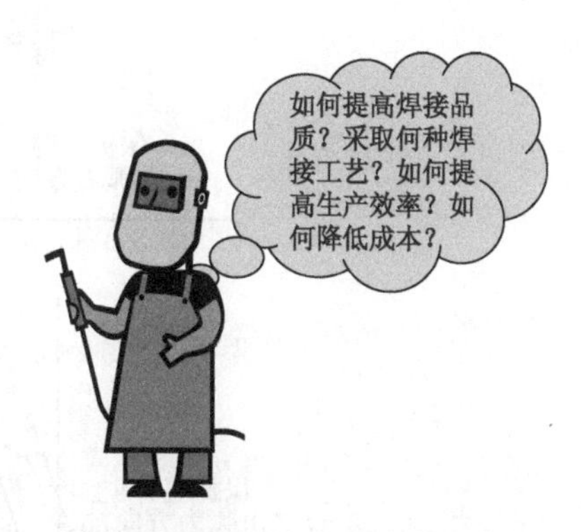

图 6-8　焊接生产的基本问题

2. 其他因素对焊接的影响

（1）母材规格、接头类别与形式、焊接方式。

① 母材规格：坡口形式（I 形、V 形、Y 形、X 形、U 形、X 形、K 形等）。

② 接头类别：板状、管状、管板状。

③ 接头形式：对接、搭接、角接、T 形接等。

④ 焊接方式：水平焊、立焊、横焊、仰焊等。

接头形式及焊接方式如图 6-9 所示。

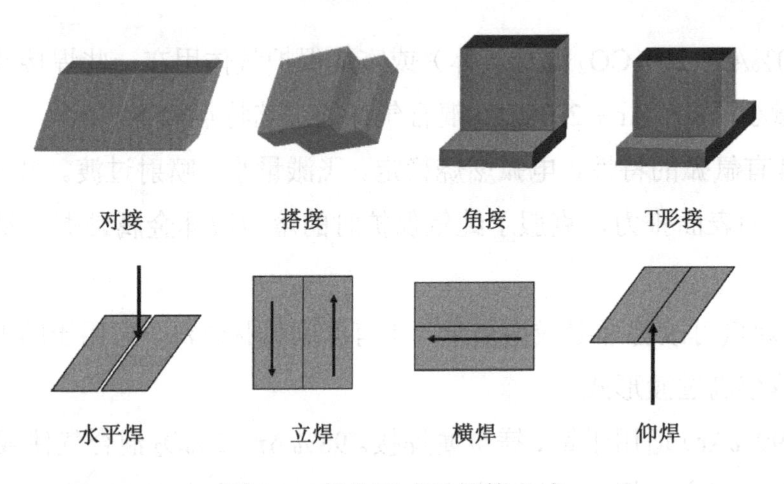

图 6-9　接头形式及焊接方式

（2）焊接方向与焊缝成型。

前进法，即电弧推着熔池走，不直接作用在工件上，焊道平而宽，气体保护效果好，熔深小，飞溅量较小，薄板焊接通常采用前进法，如图 6-10（a）所示。

后退法，即电弧躲着熔池走，直接作用在工件上，焊道较窄、余高较大、熔深较小，气体保护效果不如前进法，厚板焊接或要求熔深大时采用后退法，如图 6-10（b）所示。

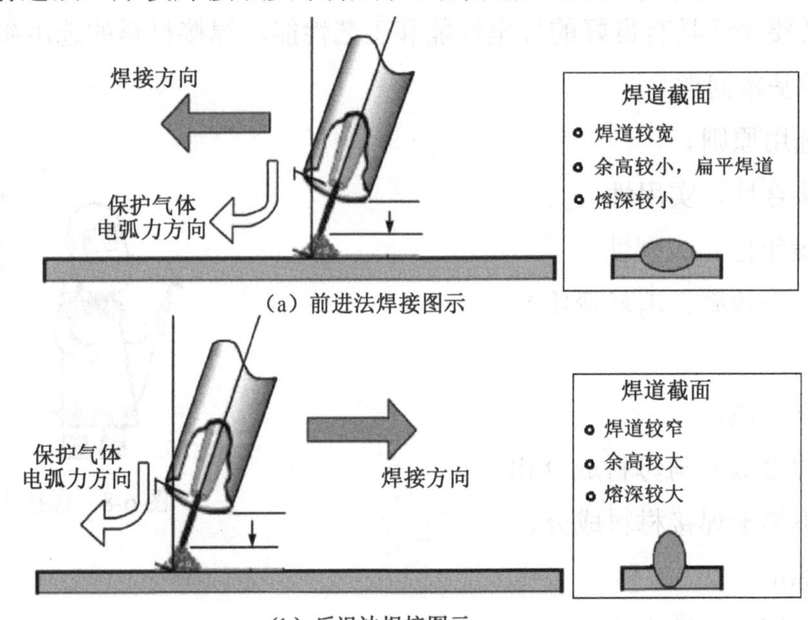

（a）前进法焊接图示

（b）后退法焊接图示

图 6-10　焊接方向与焊缝成型

（3）焊枪指向位置。

焊枪（焊丝端部）指向位置对焊缝成型影响较大，正确的焊枪指向位置图示如图 6-11 所示。

① 当焊接薄板时，原则上焊枪指向焊缝，如图 6-11（a）所示。

② 当板厚不同时，焊枪指向较厚的板，如图 6-11（b）所示。

③ 当焊接裙边时，如果工件精度低或焊丝有弯曲倾向，则虽然焊枪指向中心，但焊接仍

然偏向一侧，有可能会烧穿工件。解决办法：缩短焊丝伸出长度、降低焊接电压、减小焊接电流，加上摆动或工件倾斜放置，向下焊接，如图 6-11（c）所示。

④ 当有焊接间隙时，焊枪应指向离焊枪较近的一块板，以防止烧穿工件，如图 6-11（d）所示。

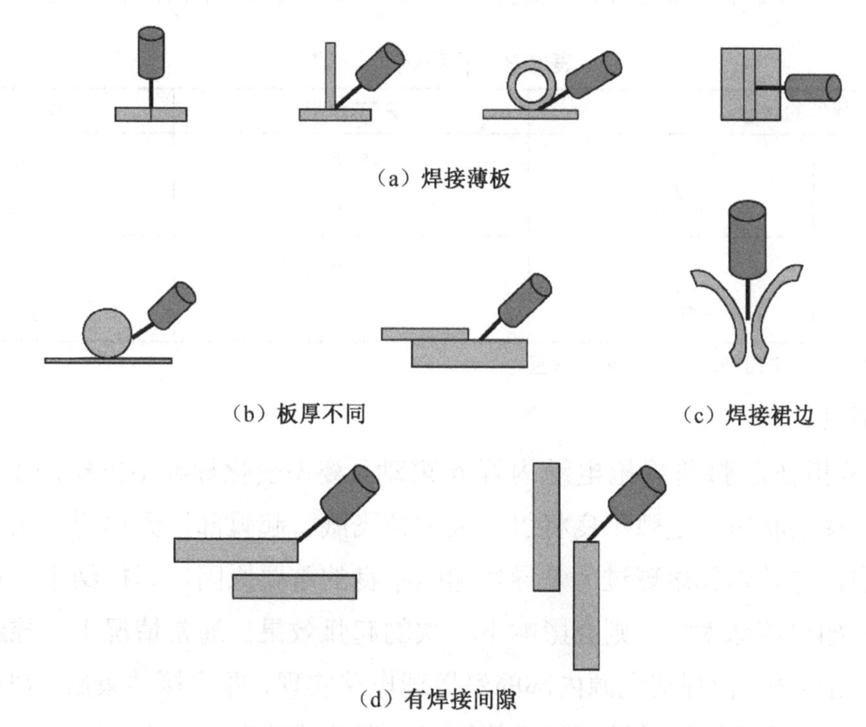

（a）焊接薄板

（b）板厚不同　（c）焊接裙边

（d）有焊接间隙

图 6-11　正确的焊枪指向位置图示

（4）起弧、收弧特性。

① 起弧特性。

为实现顺畅良好的起弧特性，避免出现崩丝，一般的 CO_2 焊接电源均可在起弧时使送丝速度比实际焊接时稍慢，同时加较高的焊接电压聚集热量，这种起弧方式称作高电压、慢送丝方式。

焊接机器人系统能够通过设置起弧规范在内部加以控制。若在起弧时发生“焊丝扎向母材”“焊丝跳动”“焊丝回烧”等状况，则为改善起弧特性，一般按照如表 6-2 所示的调整顺序微调。

表 6-2　起弧特性调整

焊丝的状态		慢送丝速度	热电压	热电压时间	起弧时间
焊丝扎向母材、焊丝跳动		“–”方向（减慢）	“+”方向（升高）	“+”方向（增加）	“+”方向（增加）
焊丝回烧		“+”方向（加快）	“–”方向（降低）	“–”方向（减少）	“–”方向（减少）

注：按照需要，从左（慢送丝速度）到右依次调整。

② 收弧特性。

一般在结束焊接时，送丝控制随即停止，但由于送丝电机的转动惯性，并不能立即停止送丝，因此会导致焊接结束后可能发生粘丝情况。若收弧时发生“焊丝母材粘连”“焊丝回烧过长”等状况，则为改善收弧特性，一般按照如表 6-3 所示的调整顺序微调。

表 6-3　收弧特性调整

焊丝的状态		FTT 水平	焊丝崩断时间
焊丝母材粘连		“+”方向 （上升）	“+”方向 （增加）
焊丝回烧过长		“–”方向 （下降）	“–”方向 （减少）

注：按照需要，从左（低 FTT 水平）到右依次调整。

（5）起弧不良。

起弧不良是指在起弧前焊枪电缆内焊丝窜动，姿态变化导致不出丝，或者焊丝和母材碰触后不起弧焊接的状态。起弧不良将引起大颗粒飞溅、起弧部位无焊道、熔深不足等各种不良状况。其中，焊丝端部熔球过大是导致起弧不良的重要原因。焊接结束后在焊丝端部易形成一个熔球，如果熔球太大，则会影响下一次的起弧效果。通常情况下，控制熔球直径在焊丝直径的 1.2 倍以内，由焊接电源内部的消熔球电路实现，即焊接结束后，在极短的时间内仍然输出部分电压，来消除焊丝端部形成的熔球。消熔球效果的对比如图 6-12 所示。

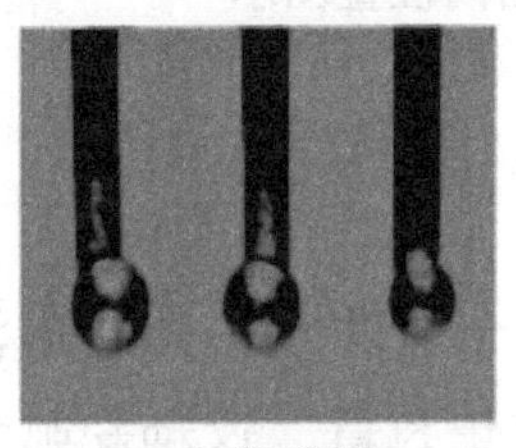

（a）熔球过大

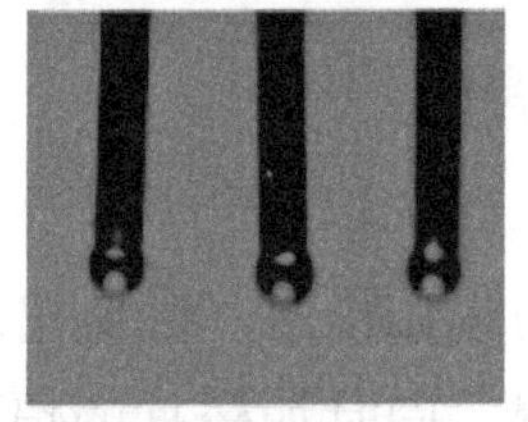

（b）消溶球效果较好

图 6-12　消熔球效果的对比

当遇到以上问题时，也可采取焊丝自动回烧的办法予以解决，但当使用多个机器人协调工作时，从动机器人不能使用该方法。

3. 焊接导航功能

松下 TM 系列机器人增加了焊接导航功能，使焊接规范的设定更加便捷，具体操作方法如下。

（1）选择接头形式后，界面中将显示相应的接头形式。

（2）输入板厚值（单位为 mm），系统从数据库中自动匹配最合适的标准焊接规范，如图 6-13（a）所示。随后，可进一步调整“脚长”“焊接速度”等内容，设置完毕后，系统会自动计算出实际的焊接电流和焊接电压，如图 6-13（b）所示。

同时，根据输入的数值还可显示标准焊枪角度、焊枪指向位置。

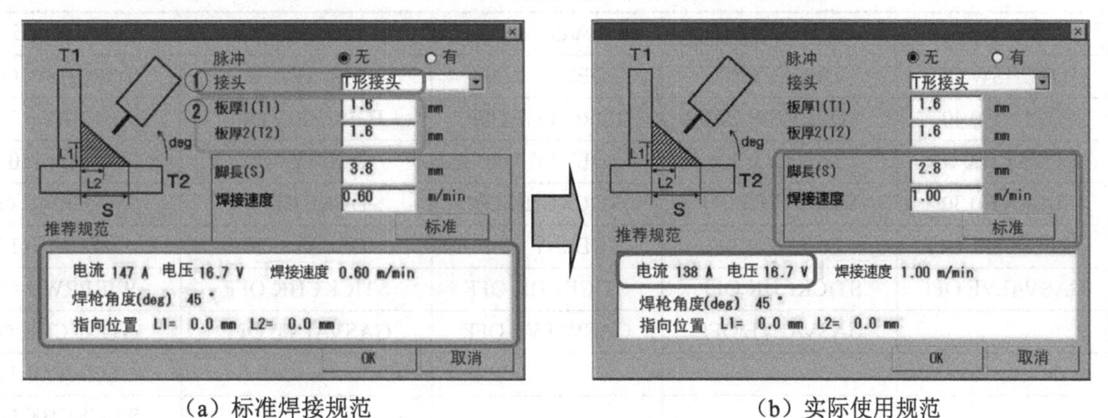

（a）标准焊接规范　　（b）实际使用规范

图 6-13　焊接导航功能范例

注意：

通过焊接导航功能设定的只是标准焊接规范，仅作为参考，不能保证各种不同工况下的焊接结果都正确。

6.2.2 机器人工作节拍

机器人工作节拍是指完成一个工件（或一道工序）的焊接任务所需要的全部时间，包括焊接时间、机器人移动时间、起弧时间和收弧时间等。针对一些焊点多、生产批量大的产品，减少机器人工作节拍对于提升产能、提高生产效率能起到至关重要的作用。在满足生产工艺要求的前提下，一般采取以下方法减少机器人工作节拍。

1. 减少起弧时间和收弧时间

减少焊接开始子程序和焊接结束子程序中的起弧时间和收弧时间，方法如下。

（1）打开出厂时设置的焊接开始子程序，减少里面的延时时间（DELAY），可减少起弧时间，如表 6-4 所示。

表 6-4　焊接开始子程序

序号	ArcStart1	ArcStart2	ArcStart3	ArcStart4	ArcStart5
1	GASVALVE ON	GASVALVE ON	GASVALVE ON	DELAY 0.10	DELAY 0.10
2	TORCHSW ON	DELAY 0.10	DELAY 0.20	GASVALVE ON	GASVALVE ON
3	WAIT-ARC	TORCHSW ON	TORCHSW ON	DELAY 0.20	DELAY 0.20
4		WAIT-ARC	WAIT-ARC	TORCHSW ON	TORCHSW ON
5				WAIT-ARC	WAIT-ARC
6					DELAY 0.20

（2）打开出厂时设置的焊接结束子程序，减少里面的延时时间（DELAY），可减少收弧时间，如表 6-5 所示。

表 6-5 焊接结束子程序

序号	ArcEnd1	ArcEnd2	ArcEnd3	ArcEnd4	ArcEnd5
1	TORCHSW OFF	DELAY 0.20	DELAY 0.20	DELAY 0.30	TORCHSW OFF
2	DELAY 0.40	TORCHSW OFF	TORCHSW OFF	TORCHSW OFF	DELAY 0.20
3	STICKCHK ON	DELAY 0.30	DELAY 0.40	DELAY 0.40	AMP=150
4	DELAY 0.30	STICKCHK ON	STICKCHK ON	STICKCHK ON	WIRERWD ON
5	STICKCHK OFF	DELAY 0.30	DELAY 0.30	DELAY 0.30	DELAY 0.10
6	GASVALVE OFF	STICKCHK OFF	STICKCHK OFF	STICKCHK OFF	WIRERWD OFF
7		GASVALVE OFF	GASVALVE OFF	GASVALVE OFF	STICKCHK ON
8					DELAY 0.30
9					STICKCHK OFF
10					GASVALVE OFF

2. 降低平滑等级

平滑等级为1～10，出厂时默认设置为6，平滑等级设置得越大，机器人在拐点处的运动越平滑，轨迹离示教点越远。当平滑等级设置为0时，机器人在拐点处有瞬间停留。因此，平滑等级的设置对机器人通过拐点的时间有一定影响。

3. 起弧重试

当在焊接开始点未能起弧时，缩回焊丝并向旁边移动，当再次起弧仍未能起弧时，缩回焊丝继续向旁边移动。再一次起弧如果成功，则自动返回焊接开始点继续进行焊接，该起弧重试的条件参数已存储在程序库中。焊接数据表编号可以在示教设置窗口中进行选择并执行，合理设置起弧重试的条件参数，可以减少机器人工作节拍，使整个焊接过程更加优质、高效。起弧重试图示如图6-14所示。

4. 粘丝解除

粘丝解除的条件参数已存储在程序库中，在示教设置窗口中选择登录的焊接数据表编号并执行，如图6-15所示。

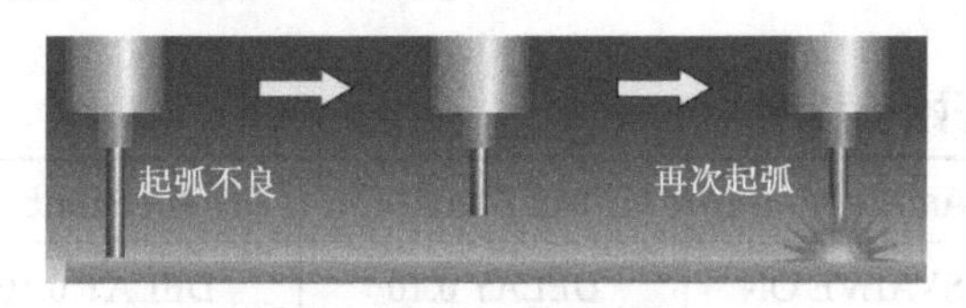

图6-14 起弧重试图示

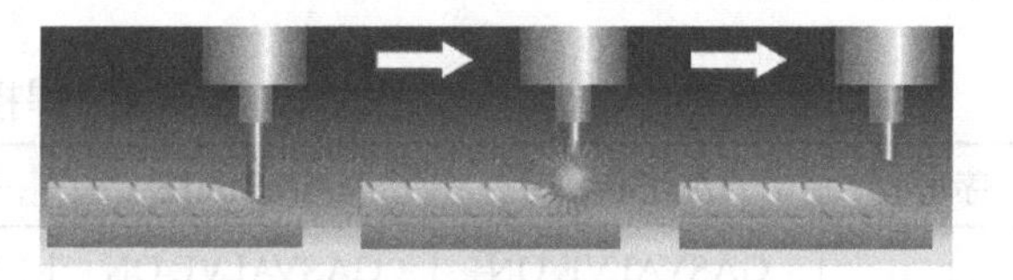
图6-15 粘丝解除图示

5. 电弧搭接

当焊接过程中发生暂停、重新启动状况时，焊枪后退，在暂停位置前重新起弧，与前一段焊道搭接，实现良好过渡，如图6-16所示。

6. 焊丝自动回抽

进行简单的设置可以使焊丝在机器人空走时自动回抽，以保证在下一点的良好起弧，不必设点抬枪，以避免引起焊丝与工件的刮擦，如图6-17所示。

图 6-16 电弧搭接图示

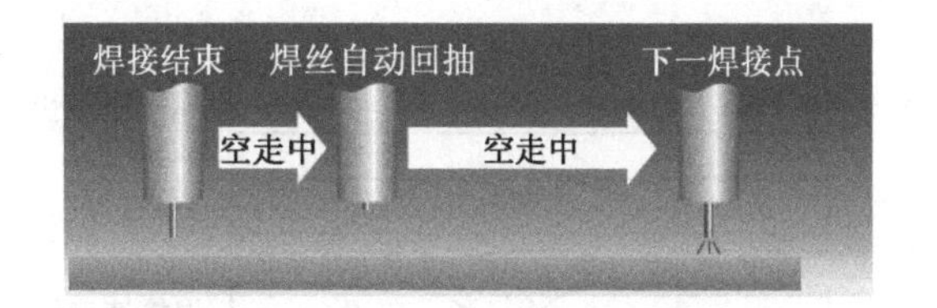

图 6-17 焊丝自动回抽图示

7．飞行起弧

（1）提前起弧方式。

在焊接开始点一般的起弧方式是到达焊接开始点后开始送丝，到起弧成功需要一段时间。提前起弧方式是指在焊接开始点之前开始送丝，焊枪一到达焊接开始点即起弧成功，这种方式可减少机器人工作节拍。

（2）提前收弧方式。

在焊接结束点一般的收弧方式是焊丝端部回烧处理（崩断—FTT），在焊丝端部进行粘丝检测。提前收弧方式是指在机器人提升焊枪的同时收弧。在到达焊接开始点之前，开始执行起弧次序指令，这种方式也可减少机器人工作节拍。

飞行起弧图示如图 6-18 所示。

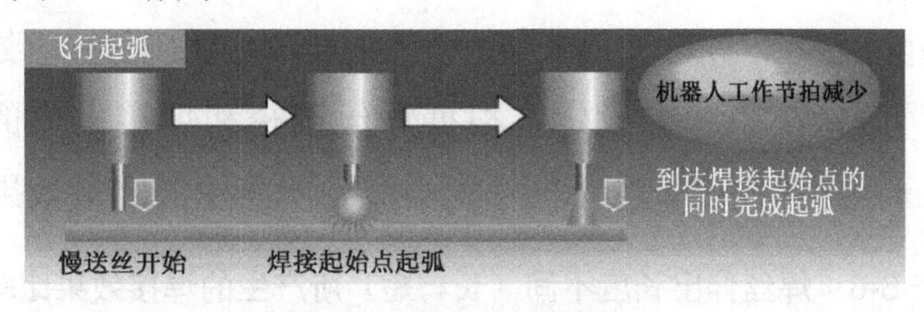

图 6-18 飞行起弧图示

8．其他方法

减少机器人工作节拍除以上几种方法以外，还可考虑以下方法。

（1）删除多余的示教点。

（2）提高焊接速度、增大焊接电流、调整波形、下坡焊接。

（3）提高空走速度：松下 TM 系列机器人的空走速度可达 180m/min，可在生产安全允许范围内适当提高空走速度。

（4）提高慢送丝速度。

（5）修改起弧处理规范。

（6）修改收弧处理规范。

（7）修改和外部设备的通信时间。

机器人工作节拍的计算方法将在 7.2 节通过实例进行讲解。

6.2.3 焊缝外观及焊缝成型过程

1．焊接速度

焊接速度对焊道的影响如图 6-19 所示。

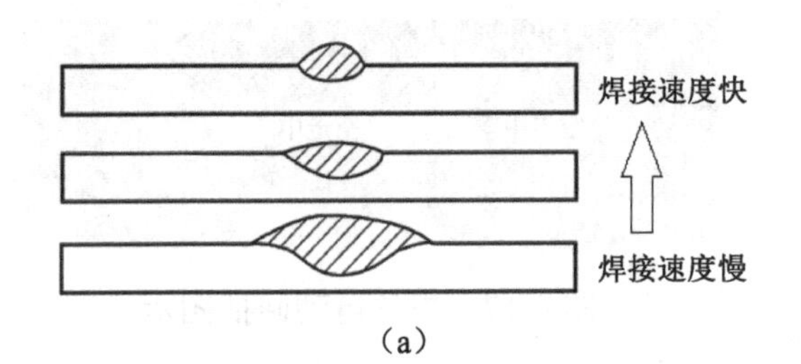

（a）

慢 ←	焊接速度	→ 快
大	熔深	小
宽	焊道宽	窄
大	余高	小
难	咬边	易
易	形成焊瘤	难

（b）

图 6-19　焊接速度对焊道的影响

2. 焊丝伸出长度

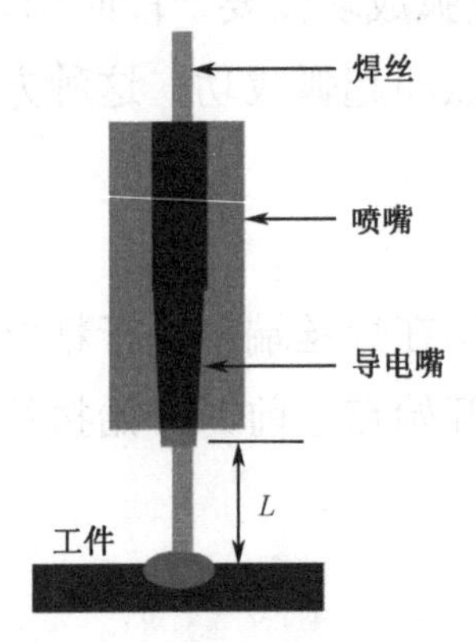

图 6-20　焊丝伸出长度示意图

焊丝伸出长度（L）是指从导电嘴端部到工件的距离，如图 6-20 所示。

当焊丝伸出长度过长时，气体保护效果不好，易产生气孔，起弧性能差，电弧不稳，飞溅颗粒加大，熔深变小，成型变坏。当焊丝伸出长度过短时，喷嘴易被飞溅物堵塞，飞溅量大，熔深变大，焊丝易与导电嘴粘连。在焊接过程中，如果焊丝伸出长度变化，那么焊接电流将随之变化，从而影响焊接质量。因此，在焊接过程中，焊枪的高度，即焊丝伸出长度和角度应自始至终保持一致。焊丝伸出长度须事先在系统中设定，根据焊丝直径和焊接电流的大小，一般设定为 10mm、15mm、20mm。焊丝伸出长度不同（长与短）所产生的焊接效果比较如表 6-6 所示。

表 6-6　焊丝伸出长度不同（长与短）所产生的焊接效果比较

短 ←	焊丝伸出长度	→ 长
差	焊丝预热效果	好
大	焊接电流	小
大	熔深	小
慢	相同电流下焊丝熔化速度	快
好	电弧稳定性	差
好	气体保护效果	差
差	焊道可视性	好
多	导电嘴消耗	少
多	喷嘴上飞溅物黏附	少
难	形成蛇形焊道	易
不易	熔合、熔深不良	易
不易	产生气孔	易

3. 焊丝伸出长度对焊道的影响

焊丝伸出长度对焊道的影响如图 6-21 所示。从图 6-21 中可以看出，焊丝伸出长度越长，焊道凸起越明显，熔深越小。

4．焊接方向对焊道的影响

根据生产工艺要求选择焊枪移动方向，即焊接方向。焊接方向对焊道的影响如图 6-22 所示。

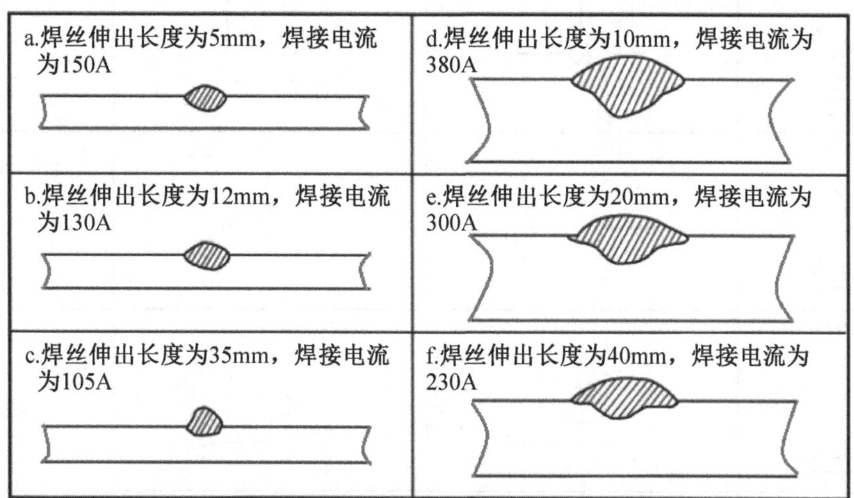

图 6-21　焊丝伸出长度对焊道的影响

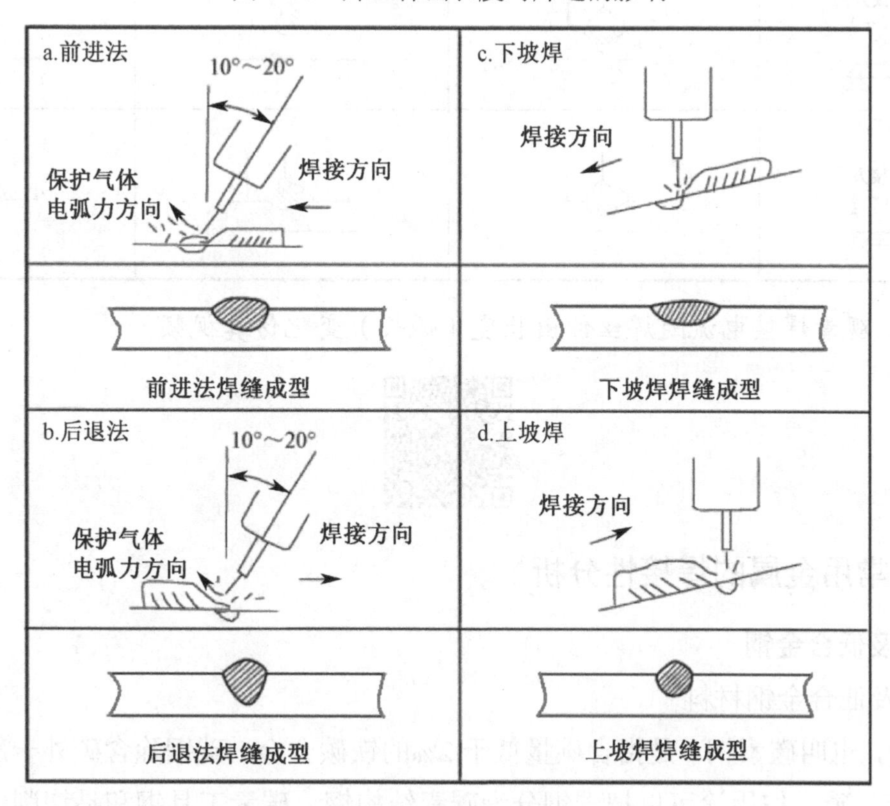

图 6-22　焊接方向对焊道的影响

5．保护气体、焊枪角度对焊道的影响

焊枪角度与焊接方向存在一定的关系。不同保护气体、焊枪前进角及焊接方向形成的焊接断面如表 6-7 所示。

表 6-7　不同保护气体、焊枪前进角及焊接方向形成的焊接断面

指向位置图示	焊接方法		
	CO_2 焊接 300A/34V	MAG 焊接 300A/30V	脉冲 MAG 焊接 300A/28V
焊枪前进角为45° 焊接方向（←） 45°			
焊枪前进角为20° 焊接方向（←） 20°			
焊枪前进角为0° 焊接方向（←）			
焊枪后退角为20° 20° 焊接方向（←）			
焊枪后退角为45° 45° 焊接方向（←）			

扫一扫：观看焊接电流随焊丝伸出长度（弧长）变化仿真视频

6.2.4　常用金属的焊接性分析

1. 碳钢及低合金钢

1）碳钢及低合金钢材料

（1）碳钢，也叫碳素钢，是指含碳量低于 2%的铁碳合金。碳钢除含碳外一般还含有少量的硅、锰、硫、磷。按用途可以把碳钢分为碳素结构钢、碳素工具钢和易切削结构钢三类。碳素结构钢又分为建筑结构钢和机器制造结构钢两种。按含碳量可以把碳钢分为低碳钢（含碳量低于 0.25%）、中碳钢（含碳量为 0.25%～0.6%）和高碳钢（含碳量高于 0.6%）。按磷、硫含量可以把碳钢分为普通碳钢（磷、硫含量较高）、优质碳钢（磷、硫含量较低）和高级优质碳钢（磷、硫含量更低）。一般碳钢中含碳量越高，硬度越高，强度也越高，但塑性越低。

（2）低合金钢，是指合金含量低于 5%的合金钢。低合金钢是相对于碳钢而言的，是在碳钢的基础上，为了改善碳钢的一种或几种性能而有意向碳钢中加入一种或几种合金形成的。当加入的合金量超过碳钢正常生产方法所具有的一般含量时，称这种钢为合金钢。合金含量低于 5%的合金钢称为低合金钢；合金含量为 5%～10%的合金钢称为中合金钢；合金含量高于 10%的合金钢称为高合金钢。

2）碳钢及低合金钢的焊接性

（1）碳钢的焊接性。各种碳钢的化学成分不同，其焊接性也不同，可分为 4 个等级：良好、一般、较差和不好。在碳钢的化学成分中，对焊接影响最大的元素是碳，所以往往把碳钢中的含碳量作为焊接性评价的主要指标，随含碳量和合金含量的增加，产生冷裂纹的敏感性增加。另外，低熔点的硫、磷化合物容易产生热裂纹，氢、氧、氮会增加气孔等缺陷。因此，低碳钢（如 10#、20#等）焊接性最好，中碳钢焊接性次之，高碳钢焊接性最差。

（2）低合金钢的焊接性。由于各种低合金钢的化学成分不同，其焊接性的差别也很大，一般按它们的强度分类。强度较低（如 30～40kg/mm^2）的低合金钢焊接性良好，接近普通的低碳钢；强度高于 50kg/mm^2 的低合金钢焊接性较差，易产生再热裂纹和层状撕裂。

2. 不锈钢

1）不锈钢材料

（1）马氏体不锈钢[1Cr13（410）、2Cr13、3Cr16]。

（2）铁素体不锈钢[1Cr17（430）、1Cr17Mo、00Cr18Mo2]。

（3）奥氏体不锈钢[0Cr19Ni9（304）、0Cr18Ni8（308）、00Cr18Ni12Mo2Ti（316L）、0Cr25Ni13（309）、0Cr25Ni20]。

（4）奥氏体+铁素体双相不锈钢[0Cr26Ni5Mo2]。

（5）奥氏体不锈钢+低合金钢复合材料。

（6）奥氏体不锈钢与其他材料的异种钢。

2）不锈钢的焊接性

由于不锈钢热敏感性较高，线膨胀系数大，因此会产生较大的焊接变形。不锈钢的焊接性主要表现在以下几个方面。

（1）高温裂纹。这里所说的高温裂纹是指与焊接有关的裂纹。高温裂纹可大致分为凝固裂纹、显微裂纹、HAZ（热影响区）的裂纹和再热裂纹等。

（2）低温裂纹。在马氏体不锈钢和部分具有马氏体组织的铁素体不锈钢中有时会产生低温裂纹。由于其产生的主要原因是氢扩散、焊接接头的约束程度高及其中的硬化组织，所以解决方法主要是在焊接过程中减少氢的扩散，适宜地进行预热和焊后热处理，以及减小约束程度。

（3）焊接接头的韧性。在奥氏体不锈钢中，为降低热敏感性，避免产生高温裂纹，在成分设计上通常使其中残存5%～10%的铁素体。这些铁素体的存在导致了低温韧性的下降。在对双相不锈钢进行焊接时，焊接接头区域的奥氏体含量减少，对韧性产生影响。另外，随着其中铁素体含量的增加，其韧性有显著下降的趋势。

已证实高纯铁素体不锈钢的焊接接头的韧性显著下降的主要原因是混入了碳、氮、氧。有一些不锈钢的焊接接头中的氧含量增加后形成了氧化物型夹杂，这些夹杂物成为裂纹发生源或裂纹传播的途径，使得韧性下降。还有一些不锈钢由于在保护气体中混入了空气，其中的氮含量增加在基体解理面｛100｝上产生板条状Cr2N，基体变硬从而使得韧性下降。

（4）σ相脆化。奥氏体不锈钢、铁素体不锈钢和双相钢易发生σ相脆化。由于组织中析出了百分之几的α相，所以韧性显著下降。σ相一般在600～900℃范围内析出，尤其在750℃左右最易析出。作为防止σ相产生的预防型措施，奥氏体不锈钢中应尽量减少铁素体含量。

（5）475℃脆化。当在475℃附近（370～540℃）长时间保温时，使Fe-Cr合金分解为低铬浓度的α固溶体和高铬浓度的α′固溶体。当α′固溶体中铬浓度大于75%时，变形由滑移变形转变为孪晶变形，从而发生475℃脆化。

3）不锈钢的焊接工艺

（1）纯CO_2气体保护+不锈钢药芯焊丝施焊。

（2）保护气体为98%Ar＋2%O_2混合气体或95%Ar＋5%CO_2混合气体，配合不锈钢实心焊丝实施脉冲MIG焊接。

不锈钢的焊接工艺须遵循如下原则。

① 脉冲电流大于或等于临界电流，实现脉冲射滴过渡。

② 小电流、快速焊接，小线能量、减少热输入。

③ 小直径焊丝，不摆动，多层多道焊。

④ 焊缝及热影响区强制冷却，减少450～850℃停留时间。

⑤ 厚板采用水冷却铜垫板。

⑥ 焊缝及热影响区钝化处理。

⑦ 与腐蚀介质接触的焊缝最后焊接。

⑧ TIG焊接的焊缝背面氩气保护。

3. 铝及铝合金

1）铝及铝合金材料

（1）纯铝（L1～L5、1060、1035、1200）（HS301）。

（2）铝铜合金（LY19、2219、2024）。

（3）铝锰合金（LF21、3003、3105）（HS321）。

（4）铝硅合金（LT1、4043、4047）（HS311）。

（5）铝镁合金（LF2～LF16、5052、5356）（HS331）。

（6）铝镁硅合金（LD2、LD31、6063、6070）。

（7）铝铜镁锌合金（7005、7050、7475）。

（8）铝铜镁锂合金（8090）。

2）铝及铝合金的焊接性

（1）强的氧化能力。铝在空气中极易与 O_2 结合生成致密结实的 AL_2O_3 薄膜，厚度约为0.1μm。AL_2O_3 的熔点高达 2050℃，远远超过铝及铝合金的熔点（约为 660℃），而且单位体积的质量大，约为铝的 1.4 倍。在焊接过程中，AL_2O_3 薄膜会阻碍金属之间的良好结合，并且易形成夹渣。AL_2O_3 薄膜还会吸附水分，焊接时会促使焊缝生成气孔。因此，焊前必须用化学和机械的方法清理铝表层氧化物。采用 MIG 焊接或交流 TIG 焊接、直流反接方法，电弧阴极雾化作用好，清理 AL_2O_3 薄膜十分有效。

（2）较大的热导率和比热容。铝及铝合金的热导率和比热容约比钢大 1 倍，焊缝熔池的温度场变化大，控制焊缝成型的难度较大。焊接过程中产生的大量热量被迅速传导到基体金属内部。因此，焊接铝及铝合金比焊接钢要消耗更多的热量，焊前常需要采取预热等工艺措施。

（3）热裂纹倾向大。铝及铝合金的线膨胀系数约为钢的 2 倍，凝固时的体积收缩率为 6.5%左右，易产生低熔点共晶物和焊接应力。因此，在焊接某些铝合金时，往往会由于过大的内应力而产生热裂纹。生产中常用调整焊丝成分的方法来防止产生热裂纹，如使用焊丝 HS311。

（4）容易产生气孔。产生气孔的气体是 H_2。H_2 在液态铝中的溶解度为 0.7mL/100g，而在660℃的凝固温度时，H_2 的溶解度突降至 0.04mL/100g，使原来溶解在液态铝中的 H_2 大量析出，形成气泡。同时，铝及铝合金的密度小，气泡在熔池中的上升速度较慢，加上铝及铝合金的导热性强，熔池冷凝快，因此上升的气泡往往来不及逸出便留在焊缝内成为气孔。电弧气氛中的水分、焊接材料及母材表面氧化膜吸附的水分都是氢的主要来源，因此焊前必须严格做好焊接材料及母材的干燥和表面清理工作。须采用高纯度氩气（氩含量高于 99.99%），使用大号喷嘴，实现层流气态保护。

（5）焊接接头强度不等。铝及铝合金的热影响区由于受热而发生软化，强度降低使焊接接头与母材无法达到相等的强度。纯铝及非热处理强化铝合金焊接接头的强度约为母材的75%～100%；热处理强化铝合金焊接接头的强度较小，只有母材的 40%～50%。

（6）焊穿。铝及铝合金在从固态转变为液态时，无明显的颜色变化，所以不易判断母材温度，施焊时经常会因温度过高无法察觉而导致焊穿。

4．铜及铜合金

1）铜及铜合金材料

（1）纯铜（紫铜）（C10200），焊丝（HS201）。

（2）磷青铜（C50500），焊丝（HS202）。

（3）硅青铜（C65100），焊丝（HS211）。

（4）铝青铜（C61300），焊丝（HS214）。

（5）黄铜（C21000），焊丝（HS221）。

（6）白铜（镍铜合金），焊丝（C70600）。

2）铜及铜合金的焊接性

（1）铜的高热导率（比钢大 7～11 倍）使母材与填充金属难以熔合，从而产生焊不透及未熔合的现象。

（2）低熔点共晶体使铜及铜合金具有明显的热脆性，焊接接头容易产生热裂纹。

（3）焊缝产生气孔的倾向比钢严重得多。

（4）焊接接头性能变化大，晶粒粗大，导电性和耐蚀性能低。

3）铜及铜合金的焊接工艺

（1）焊前需要预热到 400～600℃，使工件获得足够的热量，保证焊缝的良好成型。

（2）厚度为 0.5～4mm 的焊件，采用直流 TIG 焊接工艺（铝青铜工件采用交流 TIG 焊接工艺）。

（3）厚度在 2mm 以上的工件，采用 MIG 焊接工艺，效率高，热输入量大，焊缝成型好。

4）铜及铜合金的焊接实例

（1）汽车车体硅青铜、铝青铜采用 MIG 钎焊工艺（焊接电流为 90～110A、焊接电压为 14～16V）。

（2）铜母导线采用 MIG 焊接工艺（厚度大于 3.0mm，预热到 400～500℃）。

（3）厚度大于 0.5mm 的板状、管状对接或角接采用 TIG 焊接工艺。

6.2.5 机器人焊枪种类

针对不同的焊接工艺，应选配不同形式的焊枪。例如，对于普通碳钢中薄板焊接而言，如果采用 CO_2 作为保护气体，工作电流在 300A 以下，则可使用普通焊枪。如果工作电流较大，或者采用富氩（20%CO_2＋80%Ar 混合气体）焊接，则应使用水冷焊枪。焊接机器人焊枪的种类及应用实例如图 6-23 所示。

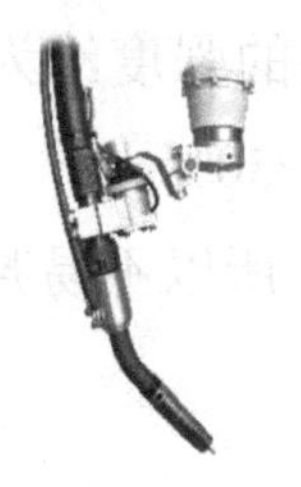

（a）CO_2/MAG 焊枪（碳钢焊接）

（b）MIG 焊枪（铝和不锈钢焊接）

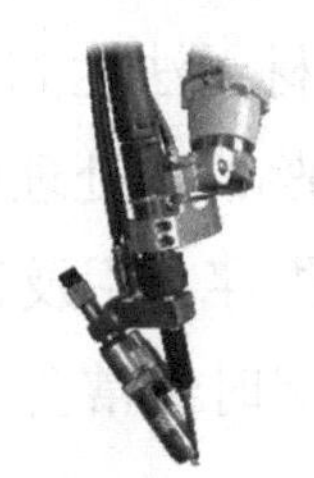

（c）TIG 填丝焊枪（薄板焊接）

图 6-23　焊接机器人焊枪的种类及应用实例

6.2.6 CO_2/MAG 焊接缺陷及原因分析

1. 焊接缺陷的分类

1）从表观上分类

（1）成型缺陷：咬边、焊瘤、未焊透、错边、焊脚尺寸不足、变形。

（2）结合缺陷：裂纹、气孔、未熔合。

（3）性能缺陷：硬化、软化、脆化、耐蚀性恶化、疲劳强度下降。

2）从主要成因上分类

（1）构造缺陷：构造不连续缺口效应，焊缝布置设计不当引起的应力与变形。

（2）工艺缺陷：咬边、焊瘤、未焊透、未熔合。

（3）冶金缺陷：裂纹、气孔、夹杂物、性能恶化。

2. 常见的焊接不良及原因

1）焊接飞溅

焊接飞溅包括CO_2气体急剧膨胀引起的飞溅，短路缩颈“小桥”爆断引起的飞溅。减少飞溅有以下几种方法。

（1）采用动特性好的波形控制电源。

（2）采用脉冲电源。

（3）采用混合气体，能做到飞溅少、焊缝成型好、韧性高。

（4）采用药芯焊丝。这是一种气渣联合保护的方法，飞溅少、气孔少、韧性高、熔深大、熔敷速度快、易于立向焊接且焊接速度快，一般在室外作业场合较多采用。

2）焊接气孔

① CO 气孔：由焊丝不合格、工件含碳量高引起。

② H 气孔：由水、油、锈引起。

③ N 气孔：主要产生原因是气体保护效果不好。

例如，气瓶无气、气路漏气（焊接接头处未紧固、流量计堵塞、流量过小、未加热、电磁阀损坏、送丝管密封圈损坏、热塑管损坏、枪管密封圈损坏、气筛损坏等）、喷嘴堵塞严重、喷嘴松动、焊枪角度太大、焊丝伸出长度大、规范不正确、焊接部位有风等情况都有可能产生气孔。

3）焊缝成型差

如果焊道凸起且狭窄，则焊缝成型差可能是导电嘴松动或磨损严重导致的。

4）焊道韧性低

电弧气氛具有较强的氧化性，焊道氧含量增加，导致其韧性降低。

5）焊接裂纹

焊接裂纹是最常见的一种严重缺陷。焊接裂纹不仅发生在焊接过程中，有的还有一定的潜伏期，有的则产生在焊后的再次加热过程中。焊接裂纹根据部位、尺寸、形成条件和机理不同有不同的分类方法。根据形成条件不同，焊接裂纹可分为热裂纹、冷裂纹、再热裂纹和层状撕裂四类。

（1）热裂纹：多产生于接近固相线的高温下，有沿晶界分布的特征，但有时也能在低于固相线的温度下沿多边化晶界形成。热裂纹通常产生在焊缝金属内，但也可能形成在焊接熔合线附近的被焊金属（母材）内。按形成过程的特点，热裂纹又可分为下述三种情况。

① 结晶裂纹：产生于焊缝金属结晶过程末期的脆性温度区间，此时晶粒间存在着薄的液相层，因而金属塑性极低。当由冷却的不均匀收缩产生的拉伸变形超过允许值时，即沿晶界液相层开裂。消除结晶裂纹的主要冶金措施为通过调整成分、细化晶粒、严格控制形成低熔点共晶的杂质元素等，达到提高材料在脆性温度区间内的塑性的目标。此外，可从设计和工艺上尽量减少在该温度区间的内部拉伸变形。结晶裂纹的位置、走向与焊缝结晶方向的关系如图 6-24 所示。

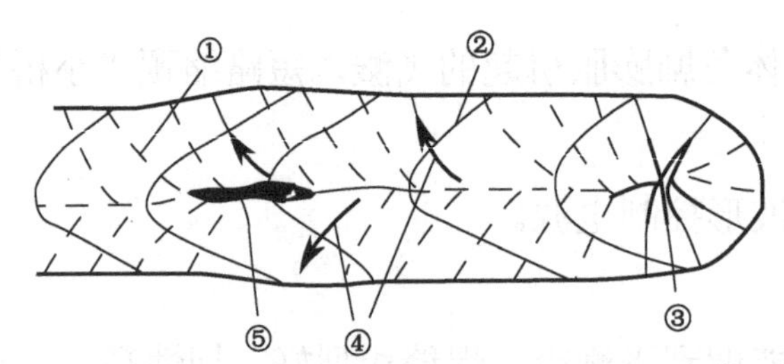

①—柱状晶界；②—焊缝表面焊波；③—弧坑裂纹；④—焊缝中心线两侧的弧形结晶裂纹；⑤—沿焊缝中心线的纵向结晶裂纹。

图 6-24 结晶裂纹的位置、走向与焊缝结晶方向的关系

② 液化裂纹：主要产生在焊缝熔合线附近的母材中，有时也产生在多层焊先施焊的焊道内。液化裂纹的形成原因是焊接时近焊缝区金属或焊缝层间金属在高温下使这些区域的奥氏体晶界上的低熔点共晶被重新熔化，在拉伸力的作用下沿奥氏体晶间开裂而形成液化裂纹。形成液化裂纹的情况有两种：一种是材料晶界有较多的低熔点物质；另一种是由于迅速加热，某些金属化合物分解后来不及扩散，致使局部晶界出现一些合金元素的富集甚至达到共晶成分。防止液化裂纹形成的原则为严格控制杂质含量，合理选用焊接材料，尽量减小焊接热的作用。

③ 多边化裂纹：焊接的高温过热和不平衡的结晶条件，使晶体内形成大量的空位和错位，在一定的温度、应力作用下排列成亚晶界（多边化晶界），当此亚晶界与有害杂质富集区重合时，往往会形成多边化裂纹。消除此种缺陷的方法是加入可以提高多边形化激活能的合金元素，如在 Ni-Cr 合金中加入 W、Mo、Ta 等，减少焊接时的过热，减小焊接应力。

（2）冷裂纹：根据形成的主要原因可分为淬火裂纹、氢致延迟裂纹和变形裂纹。

① 淬火裂纹：主要发生在中、高碳钢，低合金高强度钢，以及钛合金中，主要产生部位为热影响区及焊缝金属内。形成冷裂纹的主要因素：金属的氢含量偏高；存在脆性组织或对氢敏感的组织；存在焊接拘束应力（或应变）。

② 氢致延迟裂纹：其形成有明显的时间延迟特征，原因在于氢扩散、富集需要时间（孕育期）。形成氢致延迟裂纹的条件是存在氢和对氢敏感的组织，同时有较大的焊接拘束应力。因此，它常形成在应力集中严重的焊件根部和焊缝中，以及过热区。防止形成氢致延迟裂纹的措施：降低焊缝中的氢含量，建立低氢的焊接环境；合理地预热及后热；选用碳当量较低

的原材料；减小焊接拘束应力，避免应力集中。

③ 变形裂纹：其形成不一定是因为氢含量偏高，在多层焊或角焊缝产生应变集中的情况下，由于拉伸应变超过了金属塑性变形能力，所以会形成变形裂纹。

（3）再热裂纹：产生在某些低合金高强度钢中，一般认为当焊后再次加热到 500～700℃时，在热影响区的过热区内，特殊碳化物析出引起的晶内二次强化，一些弱化晶界的微量元素的析出，以及使焊接应力松弛时的附加变形集中于晶界，会导致沿晶界开裂。因此，再热裂纹具有晶间开裂的特征，并且都发生在应力集中严重的热影响区的粗晶区内。为了防止再热裂纹的形成，首先在设计时要选择再热裂纹敏感性低的材料，其次在工艺上要尽量减少近缝区的内应力和应力集中。

（4）层状撕裂：主要产生于厚板角焊时，其特征为平行于钢板表面，沿轧制方向呈阶梯形发展。层状撕裂往往不限于热影响区，也可出现在远离表面的母材中。其形成的主要原因是金属中非金属夹杂物的层状分布使钢板沿板厚方向的塑性低于沿轧制方向的塑性。另外，由于厚板角焊时在板厚方向造成了很大的焊接应力，所以会引起层状撕裂。为防止产成这种缺陷，主要应在冶金过程中严格控制夹杂物的数量和分布状态。另外，改进焊接接头设计和焊接工艺也有一定的作用。

6）焊接变形的种类及防止

焊接过程中产生的热量会引起焊件的焊接变形，直接影响焊件的性能和使用，因此需要采用不同的焊接工艺来控制和预防焊件的焊接变形，并对产生焊接变形的焊件进行校正。焊接变形的种类主要有 7 种，如图 6-25 所示。

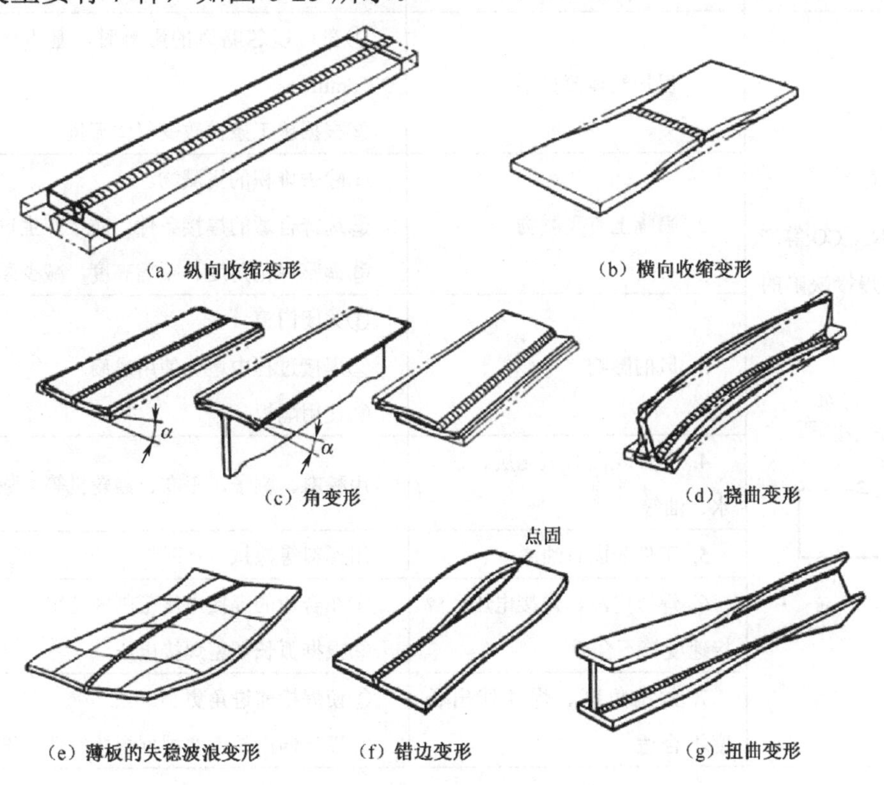

图 6-25　7 种焊接变形

焊接变形的大小与焊缝的尺寸、数量和布置有关。首先要从设计上合理地确定焊缝的数量、坡口的形状和尺寸，并恰当地安排焊缝的位置，这对于减小焊接变形十分重要。其次要在工艺上采用高能量密度的焊接方法和小线能量的工艺参量，采用合理的装配工艺、焊接顺序、反变形和刚性固定（工装夹具）方式，以减小焊接变形。焊接变形的预防和控制如表 6-8 所示。

表 6-8　焊接变形的预防和控制

变 形 种 类	预防和控制措施
焊缝的纵向收缩变形	合理安排焊缝布局和接头位置
焊缝的横向收缩变形	采用合理的焊接工艺参数，减少热输入
薄板的失稳波浪变形	选择合理的焊接顺序
角变形	采用分段退焊法、分段跳跃焊法等
挠曲变形	采用刚性固定法
扭曲变形	采用预留反变形法
错边变形	采用锤击消应法、预拉伸法

3．焊接缺陷产生的原因及解决方法实例

以 T 形接角焊缝为例，分析焊接缺陷产生的原因及解决方法，如表 6-9 所示。

表 6-9　焊接缺陷产生的原因及解决方法

焊 接 缺 陷	产生的原因	解 决 方 法
气孔：由 H_2、N_2、CO 等产生的坑、气孔等焊接缺陷的总称 坑 气孔	1. 保护气体流量不足	①在可以忽略风的影响时，基本气体流量为 15～30L/min。 ②根据施工条件改变气体流量
	2. 喷嘴上有飞溅物	①除去堆积的飞溅物。 ②选择合适的焊接条件，防止产生过多的飞溅物。 ③调整焊枪角度、喷嘴高度，减少黏附的飞溅物
	3. 风的影响	①关闭门窗。 ②焊接过程中避免使用风扇。 ③使用隔板
	4. 工件表面有氧化层、锈、水、油等	用稀料、刷子、干布、砂轮机等去除杂物
	5. 工件表面有油漆	用稀料等擦拭
	6. 焊接电流、焊接电压、焊接速度等不合适	①在合适的焊接电压范围内使用。 ②根据弧长调整焊接电压
	7. 焊枪角度、焊丝伸出长度不合适	①使焊枪前进角更小。 ②焊丝伸出长度要根据焊接条件来设定

续表

焊接缺陷	产生的原因	解决方法
咬边：焊接结束处母材上出现的未填满缺陷，即焊接金属的沟槽部分 咬边	1. 焊接电流过大	减小焊接电流
	2. 焊接电压不合适、弧长过长（焊接电压过高）	取合适的或偏低的焊接电压
	3. 焊接速度过快	降低焊接速度
	4. 焊枪角度、焊丝尖端点对准不当（焊丝指向了垂直侧）	①取合适的焊枪角度和焊丝尖端点位置。 ②减少输入热量，降低焊接电压，选择合适的焊枪角度，降低焊接速度。 ③薄板水平角焊，焊丝应指向焊缝；厚板水平角焊，须考虑垂直侧与水平侧的散热情况，上板散热差，下板散热好，则焊丝应指向下板（距焊缝 0.5～2mm 的位置）
虚焊：焊接界面没有充分融合的状态 虚焊	1. 焊接条件不合适	增加输入热量，调整焊接电流、焊接速度，选择合适的焊枪角度
	2. 焊接表面不清洁	去除锈、油、水、灰尘等杂物
熔深不足：母材熔融部分的最深处到焊接表面的距离不够长 0.2t以下 0.2t以下	焊接条件不合适，焊接电流太低或对于焊接电流来说焊接电压太低的情况容易发生	选取合适的焊接电流、焊接速度、焊丝尖端点的位置、焊枪角度等
焊瘤：突出于焊趾或焊缝根部的焊缝金属与母材之间未熔合而重叠的部分（T形搭接焊时常见） 焊瘤	1. 焊接电流过大	①设定较小的焊接电流，或设定合适的或稍高的焊接电压。 ②取适当提高焊接速度
	2. 焊丝尖端点位置不合适，焊丝指向过于朝向底板	焊丝指向移向焊缝方向
	3. 焊枪角度不合适，焊枪与水平方向的倾角（焊枪工作角）过大	①焊枪工作角为 40°～45°。 ②焊枪前进角（倾角）为 80°～90°
驼峰：焊缝表面有凸出部分，向上立焊或向下倾斜焊时常见 驼峰	1. 焊接电流太大	取合适的焊接电流
	2. 焊接电压太低	取合适的或稍高的焊接电压
	3. 焊接速度太慢或太快	取合适的焊接速度

续表

焊接缺陷	产生的原因	解决方法
塌陷：焊缝表面有凹下的部分，向下立焊或向下倾斜焊时常见	1．焊接电压太高	选择合适的或稍高的焊接电压
	2．焊接速度太快	降低焊接速度
蛇形焊道：焊缝弯曲呈蛇形	1．焊丝弯曲、扭曲	①缩短焊丝伸出长度。 ②使用桶装焊丝
	2．导电嘴内径变大	更换导电嘴
	3．磁偏吹的影响	①改变地线安装位置。 ②改变焊接方向

实训项目 6　平板对接多层焊

【实训目的】掌握厚板 V 形坡口 CO_2 气体保护平板对接多层焊工艺，增强对机器人焊接工艺的学习和掌握。

【实训内容】利用机器人直线摆动模式进行打底焊、填充焊和盖面焊。

【工具及材料准备】焊接机器人设备 TM-1400（机器人）+350GR3（全数字焊机），规格为ϕ1.2mm、材质为 ER50-6 的 CO_2 气体保护焊丝一盒，偏口钳一把。

【方法及建议】2 人为一个小组，钢板在焊接过程中会发生变形，建议分打底、填充、盖面三次示教和三次焊接，以避免焊偏。当背面成型有困难时，也可采用加铜垫板或陶瓷衬垫的方法。

【操作步骤】

1．焊前准备

（1）材料及尺寸。

材料为 Q235 钢，试件尺寸为 300mm×200mm×12mm，对接 V 形坡口，如图 6-26 所示。

（2）技术要求。

① 水平位单面焊双面成型。

② 根部间隙 $b=3\sim4$mm，钝边 $p=1\sim1.5$mm，坡口角度 $\alpha=60^{\circ}{}^{+5^{\circ}}_{\ 0}$。

③ 焊后变形量≤3°。

④ 焊缝表面平整、无缺陷。

⑤ 三层三道，直线摆动，单面焊双面成型。焊道分布示意图如图 6-27 所示。

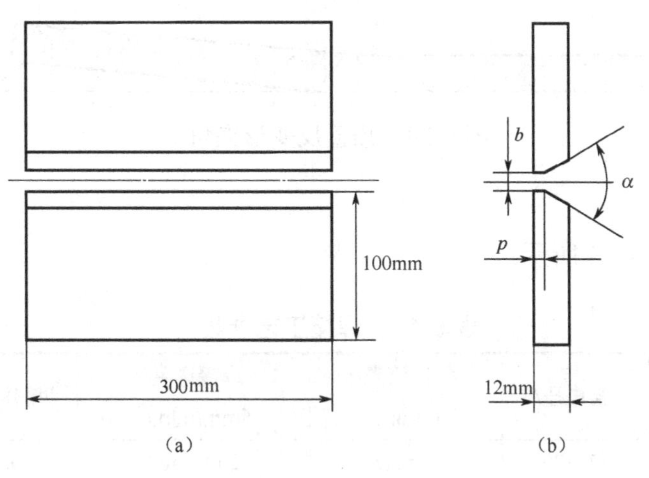

图 6-26 V 形坡口对接试件及 V 形坡口尺寸

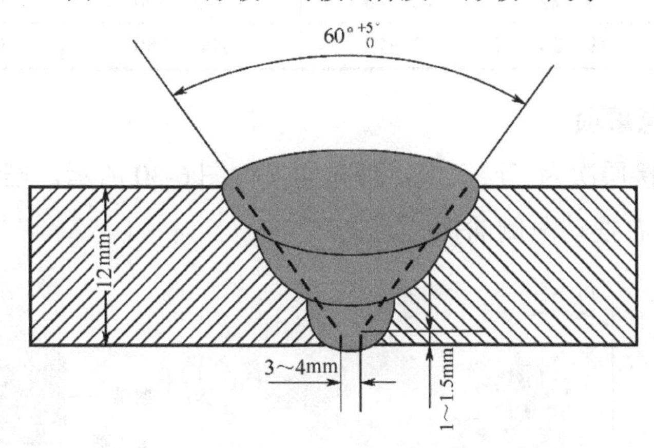

图 6-27 焊道分布示意图

2. 工件点固

（1）装配间隙中开始端间隙约为 2mm，收尾端间隙约为 3.2mm，错边量≤0.5mm。

（2）装配定位焊点在距焊件两端 15mm 的范围内，在试件坡口内定位焊。V 形坡口对接平焊装配如图 6-28 所示。

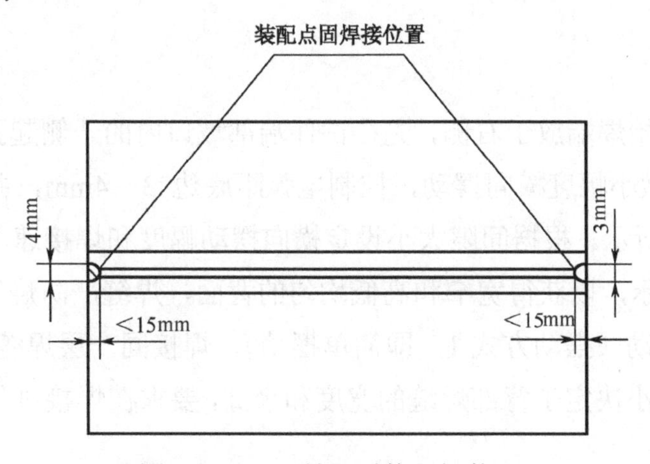

图 6-28 V 形坡口对接平焊装配

装配定位焊点的长度为 15～20mm，定位焊后应预置反变形夹角为 3°，如图 6-29 所示。

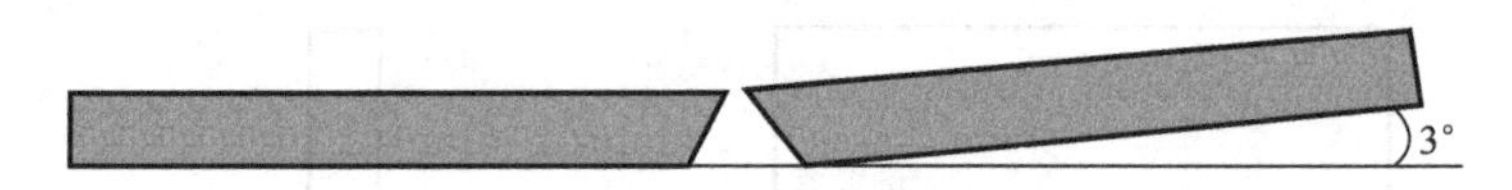

图 6-29 预置反变形夹角

3. 焊接工艺参数

焊接工艺参数如表 6-10 所示。

表 6-10 焊接工艺参数

焊道层次	焊接电流/A	焊接电压/V	气体流量/（L/min）	焊接速度/（mm/min）	两侧停留时间/s	摆动频率/Hz
打底层	80～120	17～20	12～15	200～300	0.3～0.4	0.5～0.7
填充层	120～150	19～22	12～15	200～350	0.1～0.2	0.6～0.8
盖面层	120～140	19～23	12～15	200～350	0.2～0.3	0.6～0.8

4. 操作要点及注意事项

采用左向焊法，焊接层次为三层三道，焊枪角度如图 6-30 所示，摆动焊接示意图如图 6-31 所示（其中①和②为左右摆动两侧的振幅点）。

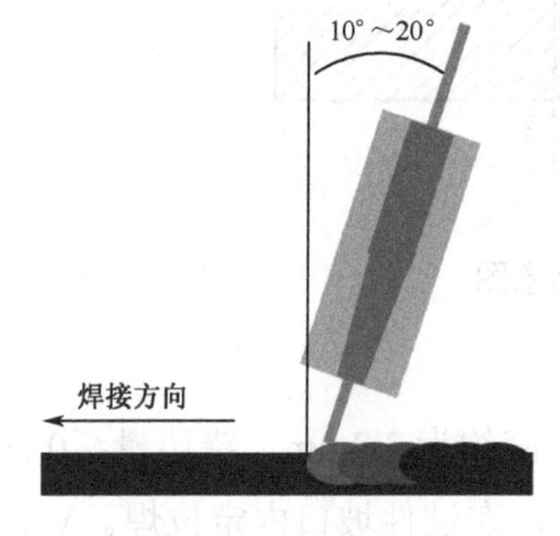

图 6-30 焊枪角度

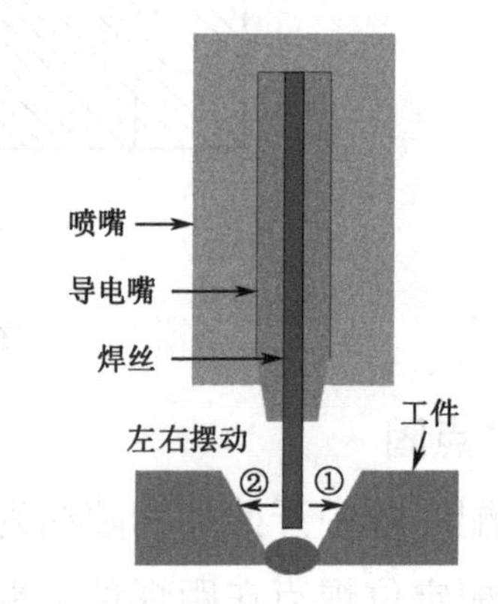

图 6-31 摆动焊接示意图

5. 示教编程

（1）打底焊。

① 起弧。将试件始焊端放于右侧，先在试件端部坡口内的一侧起弧，然后开始向左打底焊，焊枪沿坡口两侧做小幅度横向摆动，控制电弧距底边 3～4mm，并在坡口两侧稍微停留 0.3～0.4s，如图 6-32 所示。根据间隙大小设定横向摆动幅度和焊接速度，尽可能维持熔孔直径不变，如图 6-33 所示，以获得宽窄和高低均匀的背面，焊缝严防烧穿。

② 采用锯齿形摆动（摆动方式 1，即简单摆动），焊接同一层焊缝的枪姿不要变化。

③ 熔孔直径的大小决定了背部焊缝的宽度和余高，要求在焊接过程中控制熔孔直径始终比间隙大 1.2mm。

④ 控制电弧在坡口两侧的停留时间，打底层为 0.3～0.4s，填充层为 0.1～0.2s，盖面层为 0.2～0.3s，以保证坡口两侧熔合良好，使打底焊道两侧与坡口结合处稍下凹，焊道表面平整。

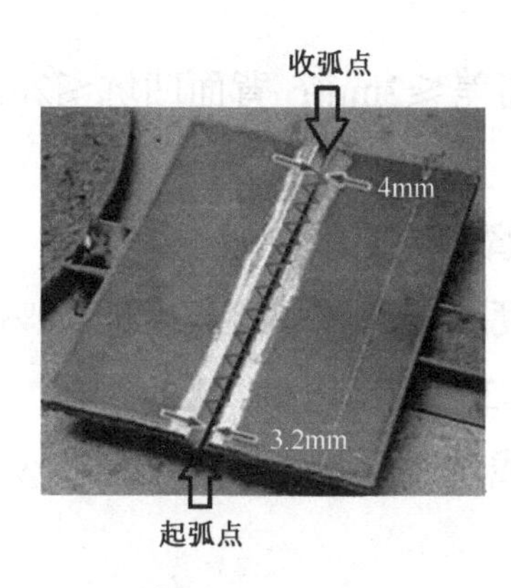

图 6-32 起弧点和收弧点示意图

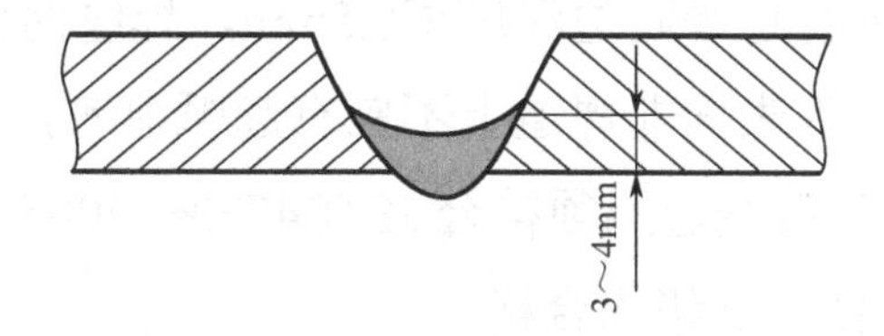

图 6-33 打底焊道

⑤ 控制焊丝伸出长度，电弧必须在离坡口底部 3～4mm 处燃烧，保证打底层厚度不超过 4mm。

（2）填充焊。

调试填充层焊接工艺参数，从试件右端开始焊填充层，焊枪的横向摆动幅度大于打底层焊缝宽度。要注意熔池两侧熔合情况，保证焊道表面平整并稍下凹，填充层应低于母材表面 1.5～2mm，焊接时不允许熔化坡口棱边，如图 6-34 所示。

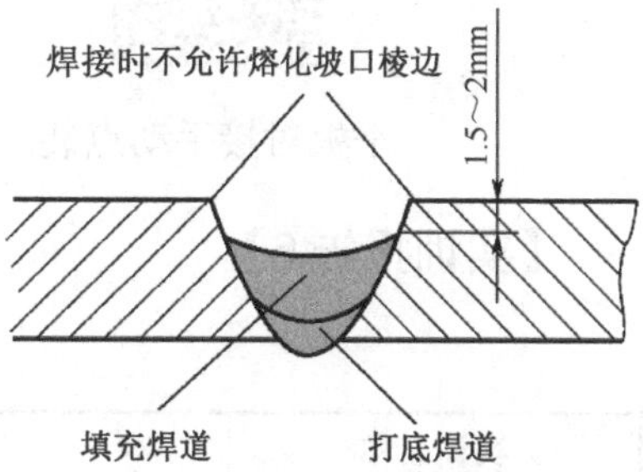

（3）盖面焊。

调试好盖面层焊接工艺参数后，从右端开始焊接，需要注意下列事项。

焊接时不允许熔化坡口棱边

1.5～2mm

填充焊道 打底焊道

图 6-34 填充焊道

① 保持喷嘴高度，焊接熔池边缘应超过坡口棱边 0.5～2.5 mm，并防止咬边。

② 焊枪横向摆动幅度应比填充焊时稍大，尽量保持焊接速度均匀，以使焊缝成型平滑。

③ 收弧时要填满弧坑，等熔池凝固后方能移开焊枪，以免产生弧坑裂纹和气孔。焊接试件正面成型和背面成型分别如图 6-35、图 6-36 所示。

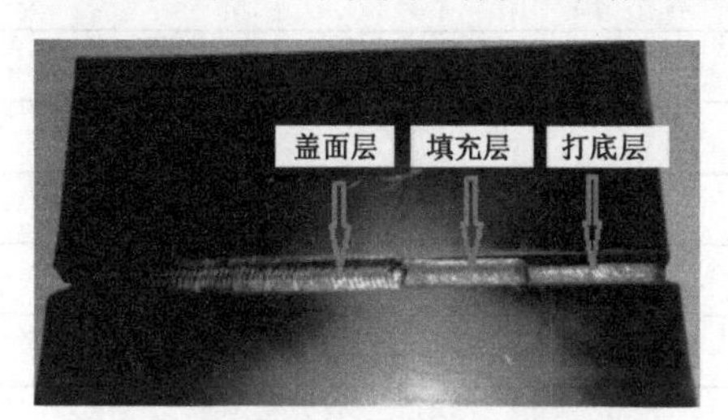

图 6-35 焊接试件正面成型

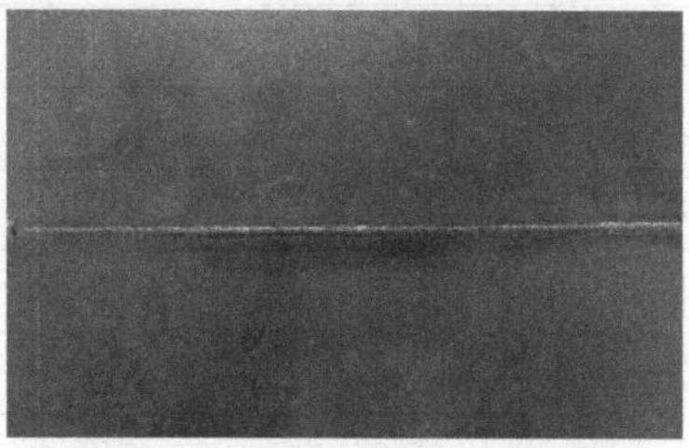

图 6-36 焊接试件背面成型

6．焊接质量要求

（1）试件检查项目和试样数量：外观检查试样 1 件，X 射线透照试样 1 件，弯曲试验试样 2 件，拉伸试验试样 1 件。

（2）外观检查。

① 焊缝边缘直线度≤2mm；焊道宽度比坡口每侧增宽 0.5～2.5mm，宽度差≤3mm。

② 焊缝与母材圆滑过渡；焊缝余高为0～3mm，余高差≤2mm；背面凹坑≤2mm，长度不得超过焊缝长度的10%。

③ 焊缝表面不得有裂缝、未熔合、夹渣、气孔、焊瘤等缺陷。

④ 焊缝边缘咬边深度≤0.5mm，焊缝两侧咬边总长度不得超过焊缝长度的10%。

⑤ 焊件表面非焊道上不应有起弧痕迹，试件变形量<3°，错边量≤1.2mm。

（3）X射线透照须符合JB/T 4730—2005规定，X射线透照质量不应低于AB级，焊缝缺陷等级不低于Ⅱ级为合格。

（4）进行弯曲试验，弯曲角度为180°（弯轴直径为3倍板厚）。弯曲后，试样拉伸面上不得有任一单条长度大于3mm的裂纹或其他缺陷。当两个弯曲试验试样都合格时，弯曲试验合格。

（5）拉伸试验须符合GB/T 228.1—2010规定。

扫一扫：观看视频

平板对接手动点装

短路过渡（MAG、120A）

脉冲射滴过渡

【实训报告6】

实训报告6

<table>
<tr><td>实训名称</td><td colspan="3">平板对接多层焊</td></tr>
<tr><td>实训内容与目标</td><td colspan="3">平板对接多层焊</td></tr>
<tr><td rowspan="3">考核项目</td><td colspan="3">掌握单面焊双面成型技术</td></tr>
<tr><td colspan="3">直线摆动焊接工艺参数设置</td></tr>
<tr><td colspan="3">多层焊的方法与步骤</td></tr>
<tr><td>小组成员</td><td colspan="3"></td></tr>
<tr><td>具体分工</td><td colspan="3"></td></tr>
<tr><td>指导教师</td><td></td><td>学生姓名</td><td></td></tr>
<tr><td>实训时间</td><td></td><td>实训地点</td><td></td></tr>
<tr><td>计划用时/min</td><td></td><td>实际用时/min</td><td></td></tr>
<tr><td colspan="4">实训准备</td></tr>
<tr><td>主要设备</td><td>辅助工具</td><td colspan="2">学习资料</td></tr>
<tr><td>焊接机器人</td><td></td><td colspan="2"></td></tr>
<tr><td>备注</td><td colspan="3"></td></tr>
<tr><td colspan="4">1. 简述平板对接多层焊的工作流程。</td></tr>
</table>

续表

2. 总结打底层、填充层、盖面层的工艺特点。
3. 收获与体会。

第 6 章单元测试题

一、判断题（下列判断题中，正确的请打“√”，错误的请打“×”）

1．前进法焊接是电弧推着熔池走，焊道平而宽，气体保护效果不好，飞溅量较大。（　　）

2．后退法焊接是电弧躲着熔池走，焊道较窄，余高较大，熔深较大。（　　）

3．CO_2焊接的熔滴过渡形式有短路过渡、滴状过渡、细颗粒过渡、喷射过渡。（　　）

4．混合气体的特点：具有氩弧的特性，电弧燃烧稳定、飞溅量小、易实现喷射过渡；具有氧化性，可降低熔池的表面张力；可克服纯氩保护时的熔池液体金属黏稠，易咬边和斑点漂移等问题；可改善焊缝成型，具有深圆弧状熔深。（　　）

5．影响焊接的主要因素有材料因素、工艺因素、结构因素、条件因素和保护气体因素。（　　）

6．在焊接结束时，在焊丝端部会形成一个熔球，熔球大将有助于下一次起弧。（　　）

7．控制熔球直径为焊丝直径的 1.2 倍，一般采用消熔球电路实现，当焊接停止后，在极短的时间内仍然输出部分电压，以消除焊丝端部形成的熔球。（　　）

8．删除多余的示教点和提高焊接速度或增大焊接电流都可有效减少机器人工作节拍。（　　）

9．合理的焊接工艺及参数是提高机器人焊接品质的唯一方法。（　　）

10．当焊丝伸出长度（L）过短时，喷嘴易被飞溅物堵塞，飞溅量大，熔深大，焊丝易粘连。（　　）

11．导致机器人焊接缺陷的原因主要是焊接电流不恰当。（　　）

二、单项选择题（下列每题的选项中只有 1 个是正确的，请将其代号填在横线空白处）

1．前进法焊接是电弧推着溶池走，不直接作用在工件上，其焊道 ______。

A．较窄　　B．余高较大　　C．平而宽　　D．熔深较大

2．当采用CO_2作为保护气体，焊接电流在100A以下时，其熔滴过渡形式为________。

A．细颗粒过渡　　B．滴状过渡　　C．短路过渡　　D．喷射过渡

3．通常情况下，当采用混合气体焊接（富氩焊接）时，Ar和CO_2的比例是________。

A．80∶20　　B．20∶80　　C．50∶50　　D．30∶70

4．影响焊接的因素有很多，其中焊接方法、坡口形式和加工质量等因素属于________。

A．材料因素　　B．结构因素　　C．条件因素　　D．工艺因素

5．在焊接结束时，在焊丝端部会形成一个熔球，熔球太大会影响下一次的起弧效果，通常情况下，控制熔球直径为焊丝直径的________。

A．1倍　　B．2倍　　C．1.2倍　　D．0.5倍

6．减少机器人工作节拍的途径有________。

A．提高焊接电压　　B．删除多余的示教点

C．降低焊接速度　　D．减小焊接电流

7．焊丝伸出长度对机器人焊接会产生影响，它是指________的距离。

A．从导电嘴端部到工件　　B．从喷嘴端部到工件

C．从焊丝端部到工件　　D．到工件5mm

三、多项选择题（下列每题的选项中至少有2个是正确的，请将其代号填在横线空白处）

1．机器人焊接的主要参数有________。

A．焊接电流　　B．焊接电压　　C．焊丝伸出长度

D．焊接速度　　E．焊缝尺寸　　F．焊接材料

2．焊接速度变快时________。

A．熔深变小　　B．熔深变大　　C．焊道变窄

D．焊道变宽　　E．余高变大　　F．不易形成焊瘤

3．焊丝伸出长度变长时________。

A．熔深变小　　B．易产生气孔　　C．电弧稳定性变差

D．焊接电流增大　　E．气体保护效果变好

4．从表观上分类，焊接成型缺陷包括________。

A．咬边　　B．焊瘤　　C．余高

D．未焊透　　E．错边　　F．裂纹

5．从主要成因上分类，焊接工艺缺陷包括________。

A．裂纹　　B．咬边　　C．焊瘤

D．未焊透　　E．气孔　　F．未熔合

6. 在 CO_2/MAG 焊接中，N 气孔产生的原因有__________。

A. 工件表面有油污　　B. 焊丝含碳量高

C. 工件表面有锈　　D. 气体保护不良

E. 气管漏气　　F. 焊接作业区有风

7. 机器人工作节拍包括__________。

A. 起弧时间　　B. 收弧时间　　C. 编程时间

D. 机器人移动时间　　E. 机器人焊接时间

四、问答题

1. 何谓前进法焊接和后退法焊接？它们对焊道有何影响？
2. CO_2 焊接的熔滴过渡形式有几种？
3. 什么是金属的熔合比？
4. 混合气体对焊接有何影响？
5. 影响焊接的主要因素有哪些？
6. 焊接结束后，焊丝端部的熔球对焊接有何影响？怎样消除熔球？
7. 可采用哪些方法减少机器人工作节拍？
8. 提高机器人焊接品质的方法有哪些？
9. 什么是焊丝伸出长度？焊丝伸出长度对机器人焊接会产生哪些影响？
10. 导致机器人产生焊接缺陷的原因有哪些？

第7章 企业应用案例

知识目标

1. 掌握工装夹具的基本知识，常用的焊接机器人系统形式，工装夹具的作用、分类和基本要求，焊接变位机的功能及规格。

2. 掌握各种次序指令在程序中的灵活运用，流程指令、焊接指令的应用。

能力目标

1. 能正确选择次序指令。

2. 掌握鱼鳞纹的焊法。

3. 掌握焊接机器人工作节拍的计算方法。

4. 能正确使用工装夹具。

情感目标

培养学生专注、细心、精准、有效率的职业素养。

7.1 焊接机器人系统构成案例

7.1.1 机器人工作台和底座

机器人焊接具有小批量、多批次的生产特点，便于成套生产和简易工装夹具的定位及更换。由于薄板及钣金行业属于劳动密集型行业，且以中小规模生产为主，因此随着对产品质量要求的提高和焊接人工成本的逐年增加，合适的熟练焊工人数严重不足，在焊接工序上出现了严重的瓶颈，各企业对于实现焊接自动化的愿望迫切。

1. 机器人工作台尺寸

固定的三工位机器人工作台的设备布置如图 7-1 所示。

在图 7-1 中，1.ST 为 1 工位，2.ST 为 2 工位，3.ST 为 3 工位。

2. 机器人底座尺寸

根据所焊工件不同，机器人在现场的安装高度和位置不同，机器人底座（又称抬高座）

的高度有差异。为最大限度地发挥机器人手臂的伸长距离的作用，机器人的安装高度要适宜，通常依据被焊工件的焊点位置与机器人底座上端面的垂直高度差为 300mm 来确定机器人底座的高度。例如，焊点位置距地面 800mm，对应的机器人底座高度为 800mm-300mm=500mm。机器人底座不属于机器人标准配置供货范围，需要根据工件情况定做或自制。机器人底座尺寸及技术要求如图 7-2 所示。

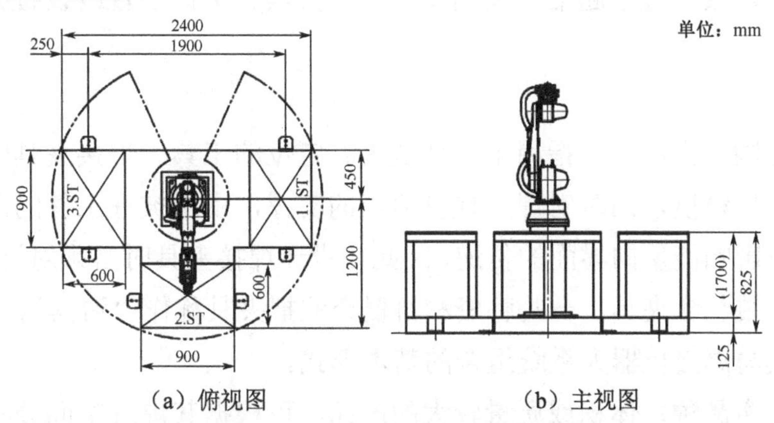

图 7-1 固定的三工位机器人工作台的设备布置

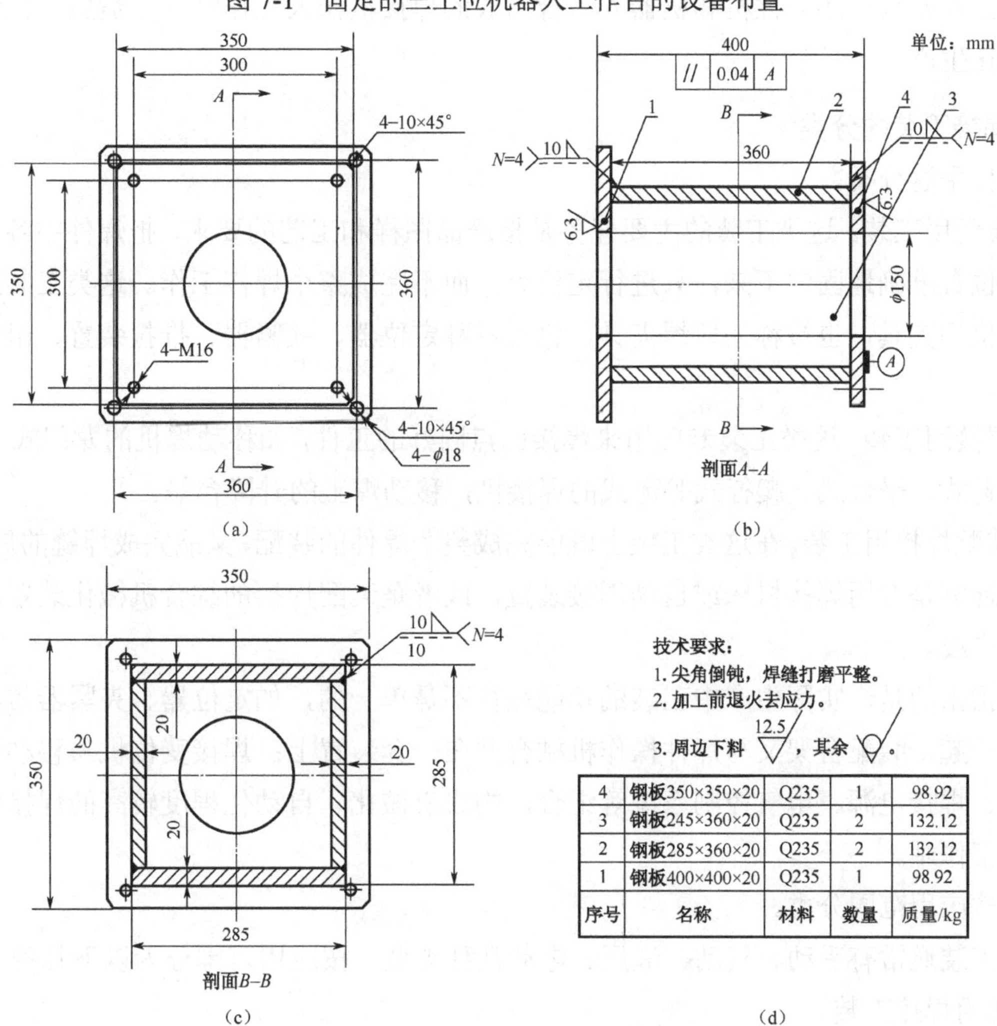

4	钢板350×350×20	Q235	1	98.92
3	钢板245×360×20	Q235	2	132.12
2	钢板285×360×20	Q235	2	132.12
1	钢板400×400×20	Q235	1	98.92
序号	名称	材料	数量	质量/kg

图 7-2 机器人底座尺寸及技术要求

7.1.2 工装夹具

1. 工装夹具的基本概念

（1）工装。

工装，即工艺装备，是制造过程中所用的各种工具的总称。用于焊接的工装是指在焊接结构生产的装配与焊接过程中起配合及辅助作用的夹具、机械装置或设备的总称，简称焊接工装。

（2）夹具。

夹具的使用范围相当广，是指用于工件装夹、定位的工具。焊接夹具的主要用途是固定被焊工件并保证定位精度，同时对焊件提供适当的支撑，由于被焊工件的几何形状、壁厚和零件的对称性均可影响能量向界面的传递，因此在设计焊接夹具时必须对这些因素加以考虑。夹具属于工装，工装包含夹具。一些韩资和日资企业把夹具称作“治具”。

（3）工装夹具与焊接机器人系统组合的基本形式。

对于小批量、多品种、体积或质量较大的产品，可根据其焊缝空间分布情况采用简易焊接机器人工作站或焊接变位机和机器人组合而成的焊接机器人工作站，以适应小批量、多品种的柔性化生产。

2. 焊接工装的分类

（1）按用途分类。

① 装配用工装。这类工装的主要任务是按产品图样和工艺的要求，把焊件中各零件或部件的相互位置准确地固定下来，只进行定位焊，而不完成整个焊接工作。这类工装通常被称为装配定位焊夹具，也被称为暂焊夹具，包括各种定位器、夹紧器、推拉装置、组合夹具和装配台架。

② 焊接用工装。这类工装专门用来焊接已点固好的工件，如移动焊机的龙门式、悬臂式、可伸缩悬臂式、平台式、爬行式等形式的焊接机，移动焊工的升降台等。

③ 装配焊接用工装。在这类工装上既能完成整个焊件的装配，又能完成焊缝的焊接工作。这类工装通常是专用焊接机床或自动焊接装置，或者是装配焊接的综合机械化装置，如一些自动化生产线。

应该指出的是，实际生产中工装的功能往往不是单一的，如定位器、夹紧器常与装配台架合并在一起，装配台架又与焊件操作机械合并在一套装置上；焊接变位机与移动焊机的焊接操作机、焊接电源、电气控制系统等组合，构成机械化、自动化程度较高的焊接中心或焊接机器人工作站。

（2）按应用范围分类。

焊接工装通常有手动、气动、液压、电动几种类型，按应用范围分为以下几种。

① 通用焊接工装。

通用焊接工装是指已标准化且有较大适用范围的工装。这类工装无须调整或稍加调整就能用于不同工件的装配或焊接工作。

② 专用焊接工装。

专用焊接工装只适用于某种工件的装配或焊接，产品变换后，该工装就不再适用。

③ 柔性焊接工装。

柔性焊接工装是一种可以自由组合的万能夹具，以适应在形状与尺寸上有所变化的多种工件的焊接生产。

3. 工装夹具的作用

（1）保证和提高产品质量。

采用工装夹具不仅可以保证装配定位焊时各零件有正确的相对位置，而且可以防止或减小工件的焊接变形。尤其是在批量生产时，可以稳定和提高焊接质量，减小焊件尺寸偏差，保证产品的互换性。

（2）提高劳动生产率，降低产品制造成本。

① 减少辅助工序的时间。

焊接结构生产过程一般包括准备（焊接材料的清洗、烘干、工件开坡口等）、装配（对正、定位、夹紧或点固焊等）、焊接、清理（从工装夹具上卸除工件、清除焊渣等）、检验、焊后热处理及校正、最后检验等工序。焊前和焊后各项辅助工序的劳动量往往超过焊接工序本身。采用高效率的工装夹具能够缩短产品的生产周期，提高劳动生产率，除采用自动化焊接工艺以外，还要采用先进的装配工艺，以及自动化程度高的工装夹具。

② 降低产品制造成本。

采用工装夹具能减少装配和焊接工时的消耗，从而提高劳动生产率；降低对装配、焊接工人的技术水平要求；由于焊接质量高，因此可以减免焊后校正变形或修补工序，简化检验工序等，缩短产品的生产周期，使产品制造成本降低。

（3）减轻劳动强度，保障安全生产。

采用工装夹具，工件定位快速，装夹方便、省力，减轻了焊件装配定位和夹紧时的繁重体力劳动；焊件的翻转可以实现机械化，变位迅速，使焊接条件较差的空间位置焊缝变为焊接条件较好的平焊位置焊缝，劳动条件大为改善，同时有利于焊接生产安全管理。例如，管-管、管-板组合件及其焊缝位置如图 7-3 所示，使用手动快速夹紧器制作的焊接夹具平台如图 7-4 所示。

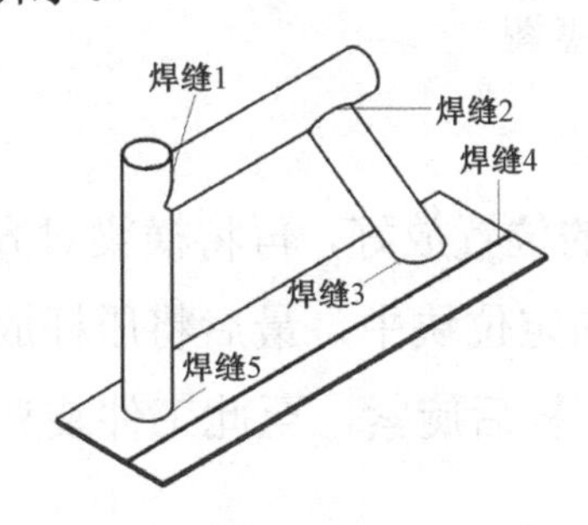

图 7-3　管-管、管-板组合件及其焊缝位置

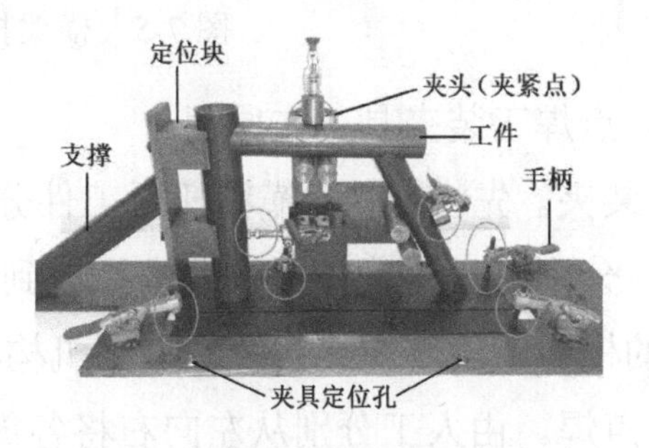

图 7-4　使用手动快速夹紧器制作的焊接夹具平台

4. 工装夹具的基本要求

（1）足够的强度和刚度。

由于工装夹具在生产中投入使用时要承受多种力的作用，所以工装夹具应具备足够的强度和刚度。

（2）夹紧的可靠性。

由于工装夹具有夹紧时不能破坏工件的定位位置，应保证产品形状、尺寸符合图样要求，所以既不允许工件松动滑移，又不允许工件的拘束度过大从而产生较大的拘束应力。

（3）焊接操作的灵活性。

使用工装夹具生产应保证有足够的装焊空间，使操作人员有良好的视野和操作环境，同时使焊接生产的全过程处于稳定的工作状态。

（4）便于焊件的装卸。

操作时应考虑产品在装配定位焊或焊接后能顺利地从工装夹具中取出，还要保证产品在翻转或吊运时不受损坏。

（5）良好的工艺性。

设计的工装夹具应便于制造、安装和操作，便于检验、维修和更换易损零件。在设计时还要考虑车间现有的夹紧动力源、吊装能力及安装场地等因素，以降低工装夹具的制造成本。

5. 工装夹具的应用案例

对于一些特殊结构的工件，需要事先在点焊工装上点固好，再放到焊接夹具上进行焊接。例如，横梁托板工装夹具定位示意图如图 7-5 所示。

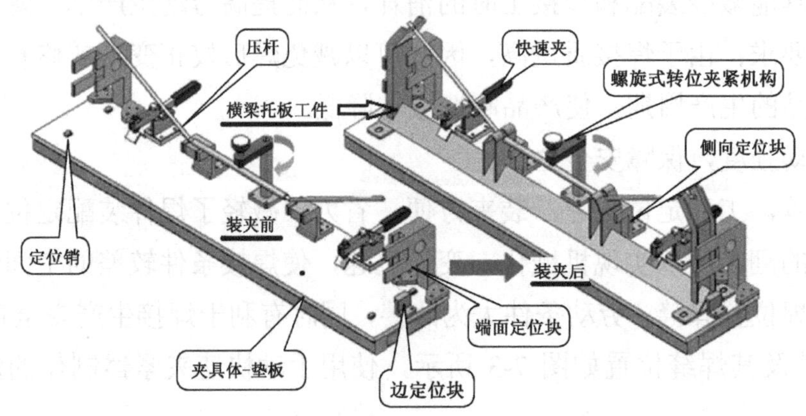

图 7-5　横梁托板工装夹具定位示意图

（1）点焊工装夹具工作原理。

① 装夹。先将零件、横梁托板工件分别按夹具定位销的位置放好，再将横梁对齐靠紧边定位块，分别将 4 个支撑板按要求插放到端面定位块和侧向定位块中，最后将压杆放在 4 个支撑板的槽中，旋转螺旋式转位夹紧机构将压紧螺母对正压杆后旋紧，至此工件装夹完毕。

② 点焊。由人工分别从左向右将各零件组焊成整体。

③ 拆卸。先松开压紧螺母，将螺旋式转位夹紧机构旋转 90° 以便让位，取下压杆，拉开快速夹，从焊件两端将整个焊件向上拉起后取出。如果焊件有微量变形，则可先用一字螺钉旋具（俗称螺丝刀）将焊件两端底部撬起，再将整个焊件向上拉起后取出。

（2）机器人焊接工装夹具工作原理。

① 固定工位单人装夹焊接方式。先将点焊好的焊件以 4 个通孔为定位孔放到夹具中，再用快速夹压紧固定工件，启动焊接按钮，至焊接结束，待机器人自动复位后，取下焊件。

② 焊接变位机人机协同装夹焊接方式。利用机器人在 1 工位进行焊接的同时，操作人员将点焊好的工件装夹在 2 工位夹具上，水平回转焊接变位机中间有遮光板用于保护操作人员作业安全。待焊接变位机在 1 工位焊接结束后，2 工位也装夹完毕，焊接变位机自动旋转至 2 工位，开始焊接 2 工位上的工件。操作人员（在原地）装卸 1 工位上的工件，如此循环往复，实现机器人连续作业。

（3）操作注意事项。

① 因机器人焊接定位准确，程序固定，所以在点焊过程中要注意零件的外加工面不能有明显的毛刺、飞边及变形，以免焊接位置误差过大。同时，在焊接时要启动焊弧跟踪功能，补偿点焊过程中的焊接位置误差。

② 焊渣要及时清理，尤其是定位销附近要保持洁净。

③ 在人机合作中，要特别注意安全，避免弧光伤害，机器人自动复位停止工作后，一定要待操作人员离开机器人工作区域以后再启动自动焊接按钮。

④ 在工装夹具使用过程中如果存在定位误差过大或不能夹紧等问题，则应立即停止操作，等待维修人员鉴定和维护。

（4）工装夹具的安装调试。

工装夹具的安装调试是决定焊件质量的重要因素之一。图 7-5 所示的夹具采用型面定位，根据标准件定位面在夹具支座上安装定位件和夹紧件。利用三坐标检测仪检测并精确调整，确保定位精度。一般以工件作为试样，连续试制 5～10 件，均检测合格即视为合格。

7.1.3 焊接变位机

在现代工业生产中，随着机器人应用越来越普遍，为充分发挥机器人的作用，通常将其与各种焊接变位机组合使用，从而实现高效、优质的焊接生产。目前，焊接变位机已成为焊接机器人工作站不可缺少的组成部分。一台较复杂的多轴焊接变位机的价格往往超过标准机器人本身的价格，可见焊接变位机的重要性。

1. 焊接变位机的特点

（1）使用焊接变位机可得到最合适的焊接姿态，实现高焊接品质。

（2）提高焊道美观和熔深稳定程度，提高焊接速度。

（3）采用焊接变位机+协调控制软件，可大幅减少示教点，同时减小示教难度。

（4）焊枪角度难调的复杂工件，也可用最少的示教点数实现焊接。

2. 焊接变位机的种类

目前与机器人配套使用的焊接变位机有多种结构形式。最常用的几种焊接变位机简述如下。

（1）固定式回转平台。固定式回转平台是一种简单的单轴变位机，其结构形式如图7-6（a）所示。固定式回转平台可采用电动机或风动马达驱动。通常固定式回转平台的回转速度是固定不变的，其功能是配合机器人按预编程序将工件旋转一定的角度。

（2）头架变位机。头架变位机也是一种单轴变位机，其结构形式如图7-6（b）所示。其卡盘通常由电动机驱动。与固定式回转平台不同，其旋转轴是水平的，适用于装夹短小型工件，可配合机器人将工件接缝转到适于焊接的位置。

（3）头尾架变位机。头尾架变位机由头架和尾架组成，其结构形式如图7-6（c）所示。它是焊接机器人工作站最常用的变位机。在一般情况下，头架上装有驱动机构，带动卡盘绕水平轴旋转。尾架则是从动的。如果工件长度较大或刚度较小，则亦可在尾架装上驱动机构，并与头架同步启动。严格来说，头尾架变位机仍属于单轴变位机。尾架在机座轨道上的水平移动在装夹工件时起作用，不与机器人协调动作。

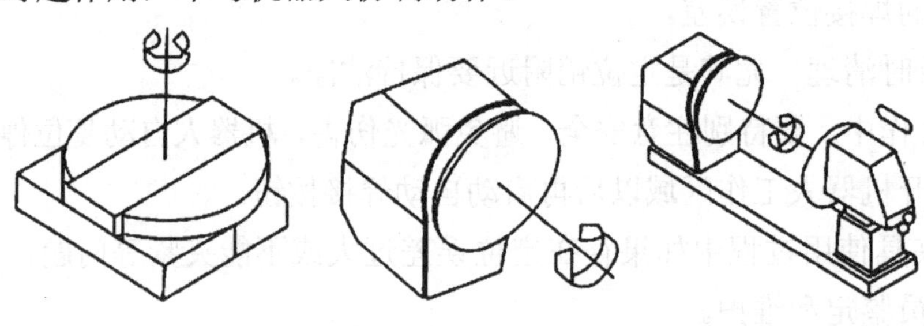

（a）固定式回转平台结构形式　（b）头架变位机结构形式　（c）头尾架变位机结构形式

图7-6　三种典型的变位机

（4）座式变位机。座式变位机是一种双轴变位机，可同时将工件旋转和翻转，如图7-7所示。与机器人配套使用的座式变位机的旋转轴和翻转轴均由电动机驱动，可按指令分别或同时进行旋转和翻转运动。座式变位机适用于焊缝三维布置、结构较复杂的工件。

（5）L形变位机。L形变位机可以设计成双轴变位机，即设计悬臂回转轴和工作平台旋转轴，如图7-8所示；也可以设计成3轴变位机，即在上述两个轴的基础上增加悬臂上下移动轴。L形变位机的最大特点是回转空间较大，适用于外形尺寸较大、质量不超过5t的框架构件焊接。

图7-7　座式变位机

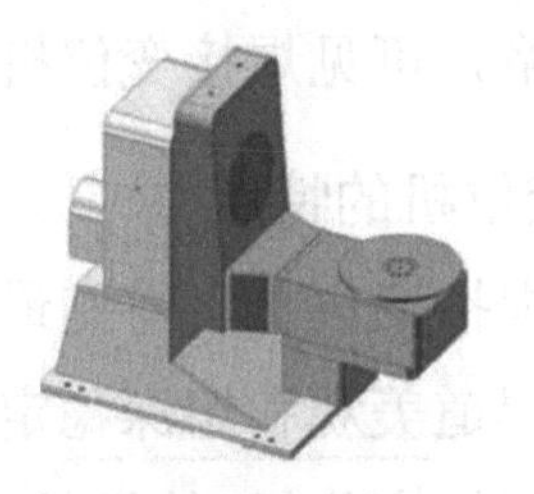

图7-8　L形变位机

（6）双头架变位机。双头架变位机是将两台头架变位机相背同轴安装在回转平台上形成的一种 3 轴变位机，使用双头架变位机可成倍提高生产效率。当使用一台头架变位机配合机器人进行焊接时，在另一台头架变位机上进行工件的装卸和夹紧，这样可大大缩短机器人待机时间，提高其利用率。

（7）双座式变位机。双座式变位机与双头架变位机相似，是将两台座式变位机相背同轴安装在大型回转平台上形成的 5 轴变位机。双座式变位机的功能与双头架变位机相似，由于增加了翻转轴，因此适用于焊接结构较复杂的工件，扩大了焊接机器人工作站的使用范围。

（8）组合式多轴变位机。当要求机器人焊接形状复杂且焊缝三维布置的工件时，需要配备三轴以上的变位机，一种简易且经济实用的解决方案是将各种标准型变位机通过机械连接组合成多轴变位机。由头架变位机与框架式头尾架变位机可组合成 5 轴变位机，将两台组合式 5 轴变位机安装在回转平台上可构成 11 轴变位机。由座式变位机与框架式头尾架变位机可组合成 6 轴变位机，将两台组合式 6 轴变位机安装在回转平台上可构成 13 轴变位机。

3. 机器人外部轴

由变频调速电动机、伺服电动机制成的变位装置的特点是结构简单，系统成本相对较低，但无法与机器人进行协调作业，对于曲面焊缝难以达到优质的焊接效果。

机器人外部轴，习惯上被称作机器人的第七轴，能与机器人实现协调作业。由外部轴组成的变位机可与机器人本体配合，使工件变位或机器人移位，到达焊接机器人的最佳作业位置。在实际工作中，为使工件的多个侧面处于最佳焊接位置，以及实现工件变位或机器人移位，或进行相贯线焊接和一些焊接要求较高的弧线焊接，经常借助外部轴变位机和机器人协调动作。外部轴装置由伺服电动机、减速机构、编码器和驱动电路等组成。目前，外部轴装置属于标准化设备，能很方便地与机器人组合。较为典型的 4 种外部轴规格和技术参数如表 7-1、表 7-2 所示。在选择外部轴时，除要考虑外部轴变位机的变位（行走）功能以外，还要考虑它所能承载的质量（功率）、形式和几个方向的变位等因素。

表 7-1　较为典型的 4 种外部轴规格

（1）G 系列小型变位机单元		
最大承载质量	500kg（YA-1GJB23）	
重复定位精度	±0.05mm（$R = 250$mm 的位置）	
（2）R 系列单持一轴变位机		
最大承载质量	250kg（YA-1RJB11） 500kg（YA-1RJB21） 1000kg（YA-1RJB31）	
复定位精度	±0.05mm（$R = 250$mm 的位置）	
（3）单持双轴回转倾斜变位机		
最大承载质量	250kg（YA-1RJB41） 500kg（YA-1RJB51）	
重复定位精度	±0.05mm（$R = 250$mm 的位置）	

续表

(4) 双持双轴回转倾斜变位机		
最大承载质量	300kg（YA-1RJC61） 500kg（YA-1RJC71）	
重复定位精度	±0.05mm（$R = 250$mm 的位置）	

表 7-2 较为典型的 4 种外部轴技术参数

名 称	小型变位机单元			
型 号	YA-1GJB23	YA-1RJB11	YA-1RJB21	YA-1RJB31
适合机器人	松下 G_{II}型机器人之后的所有机型			
最大负载	500kg	250kg	500kg	1000kg
最高输出转速	96(°)/s （16r/min）	180(°)/s （30r/min）	96(°)/s （16r/min）	120(°)/s （20r/min）
动作范围	最大±10r，带多回转复位功能			
容许力矩	1470N·m	1470N·m	1470N·m	6125N·m
容许回转扭矩	490N·m	1980N·m	490N·m	1470N·m
重复定位精度	±0.05mm（$R = 250$mm 的位置）			
中空轴直径	ϕ55mm	ϕ55mm	ϕ55mm	ϕ75mm
容许焊接电流	500A；额定持续负载率为 60%			
本体质量	125kg	125kg	125kg	255kg
适用焊接工艺	CO_2/MAG/MIG/TIG			
外部轴控制器	内藏型或外置型外部轴控制器			外置控制器
名 称	双持双轴回转倾斜变位机			
型 号	YA-1RJC61		YA-1RJC71	
适合机器人	松下 G_{II}型机器人之后的所有机型			
最大负载	300kg		500kg	
最高输出转速	回转：190(°)/s（31r/min）。 倾斜：125.5(°)/s （20r/min）		回转：165(°)/s（27r/min）。 倾斜：90(°)/s（15r/min）	
动作范围	回转最大±10r，带多回转复位功能 倾斜 -135°～+135°			
容许力矩	回转：323N·m。 倾斜：882N·m		回转：392N·m。 倾斜：1274N·m	
重复定位精度	±0.05mm（$R = 250$mm 的位置）			
中空轴直径	ϕ55mm		ϕ 55mm	
容许焊接电流	500A；额定持续负载率为 60%			
本体质量	285kg			
适用焊接工艺	CO_2/MAG/MIG/TIG			
外部轴控制器	内藏型或外置型外部轴控制器			

4. 外部轴的组合应用

由外部轴基本单元构成的简单应用系统如图 7-9 所示。

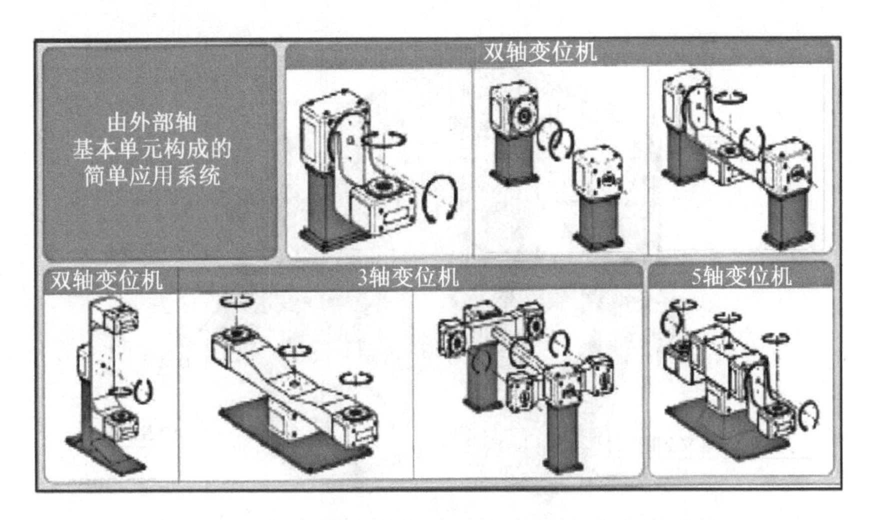

图 7-9 由外部轴基本单元构成的简单应用系统

5. 外部轴变位系统案例

图 7-10 所示为摩托车车架总成焊接外部轴变位系统模拟图。由于摩托车车架总成焊点多，焊缝复杂，工艺要求高，因此固定工位无法做到一次装夹完成焊接。采用外部轴变位系统可以实现360°轴向回转，使机器人对工件的任何部位均可实现到达最佳作业位置，而且外部轴变位系统能与机器人协调动作，进行弧形焊缝的高品质焊接，实现一次装夹便完成车架总成焊接的目标，提高了生产效率和焊接品质，降低了生产成本。

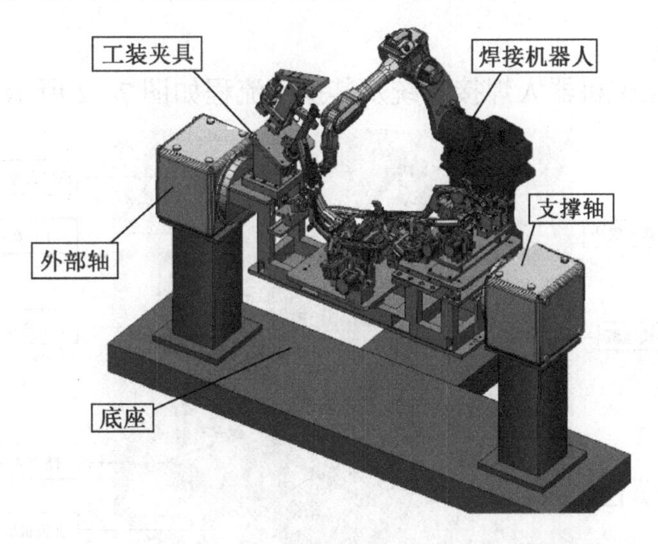

图 7-10 摩托车车架总成焊接外部轴变位系统模拟图

7.1.4 机器人系统形式

1. 八字形机器人系统

机器人系统通常采用八字形双工位布局，配有变位装置，可以最大限度地满足机器人作业空间要求。带有安全栅的卷帘门自动上下，既保证了人员安全，又起到与外界隔离的作用。另外，八字形工位便于遮光栅的摆放，使装卸工件的操作人员免受弧光侵害。通过触摸屏操作外部程序，整个系统功能完备。八字形机器人双工位系统及其操作流程如图 7-11 所示。

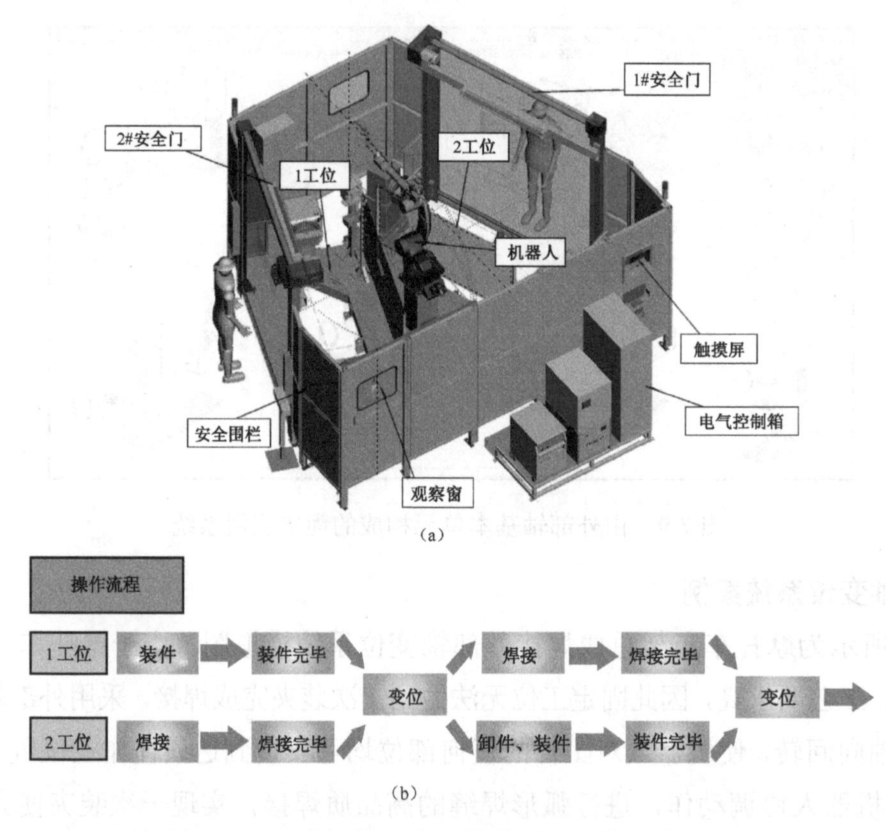

图 7-11　八字形机器人双工位系统及其操作流程

2. 水平回转系统

水平回转台式双工位机器人焊接系统及其操作流程如图 7-12 所示。

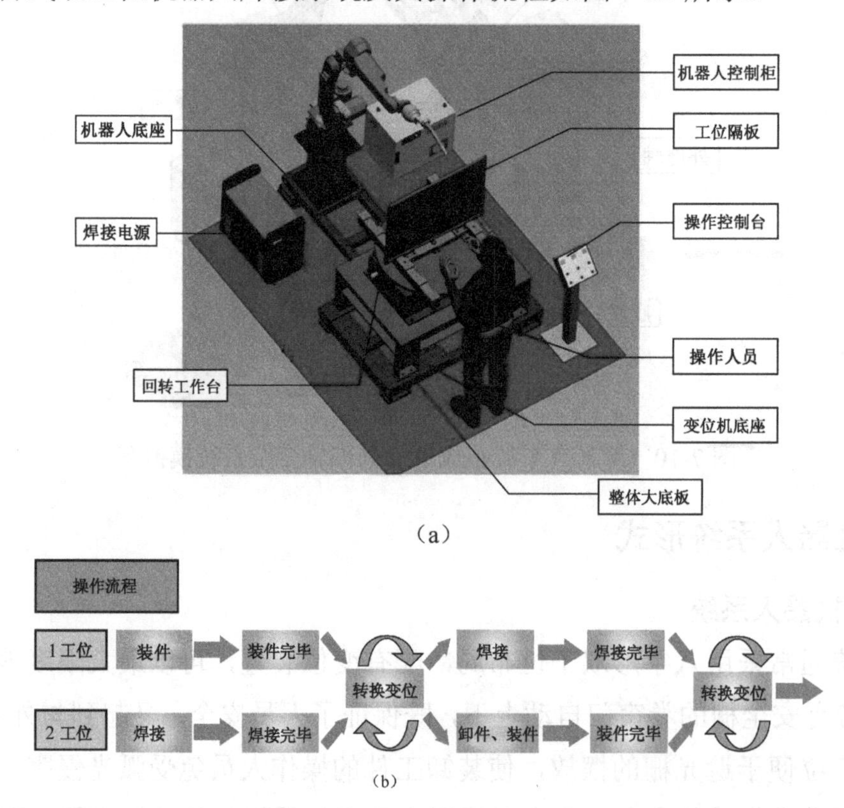

图 7-12　水平回转台式双工位机器人焊接系统及其操作流程

各工位上分别装有相同的夹具各一套，机器人在 1 工位进行焊接时，操作人员先把被焊工件安装到 2 工位夹具上，用气动夹具或手工夹紧工件，然后按下操作控制台上的预约启动按钮。当机器人在 1 工位完成焊接后，180° 变位装置实现自动变位，机器人对 2 工位的工件进行焊接，同时操作人员可在 1 工位进行工件装卸。工件焊接所需时间与工件装卸时间重合，由于工件装卸时间不包含在机器人工作节拍内，可实现连续作业，所以可提高生产效率。与双工位固定工作台相比，水平回转系统装卸工件在同一地点，节省人力，避免了双工位固定工作台工件装卸不在一处带来的不便。该系统在汽车配件、健身器材等生产批量较大的领域得以应用。

扫一扫：观看汽车下骨架焊接机器人水平回转系统视频

焊接工位视频

装夹工位视频

7.2 机器人协调变位焊接系统案例

7.2.1 装载机驱动桥焊接机器人系统

1. 系统形式

（1）系统构成：装载机驱动桥焊接机器人系统的基本结构是由 PLC 控制柜、TA-1400（弧焊机器人本体）、机器人控制柜、（焊接）电源 500-GR3、清枪剪丝器、变压器、系统底座、系统安全栏、定位夹具、伺服变位机组成的，如图 7-13 所示。

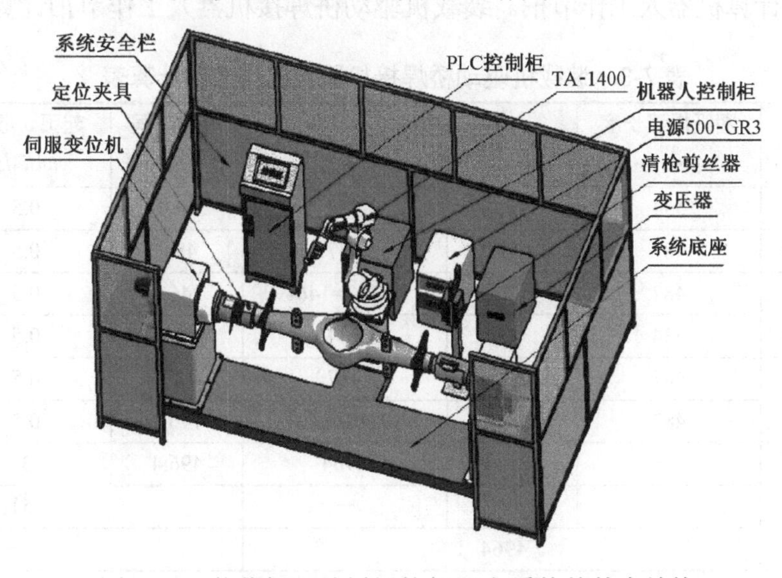

图 7-13 装载机驱动桥焊接机器人系统的基本结构

（2）安全防护：焊接机器人手臂可在半径为1400mm的圆形范围内动作，可对装载机驱动桥的任何位置进行焊接，系统中设置1个焊接工位，为改善操作人员的工作环境并确保操作人员的人身安全，在系统中设置了安全防护栏。该安全防护栏上设有光电保护器、门开关等安全保护装置，并与焊接机器人具有联动互锁功能。

（3）焊接工装：焊接工装一端采用自动定心的三爪卡盘，另一端采用顶尖形式定位、夹紧工件。顶尖的移动通过顶进滑座调整尾座的位置实现，既可用于定位、夹紧工件，又可适应工件长度的变化。

（4）作业过程：操作人员用专用行车吊将工件吊到焊接工位上，工件一端插入三爪卡盘，并将工件初步夹紧，另一端用尾座顶紧，松开吊装绳，将工件可靠定位、夹紧。操作人员启动焊接机器人系统，焊接机器人自动确定焊接位置并开始自动焊接，按预先编制好的程序实现各个焊缝的起弧、焊接（摆动）、收弧的整个焊接过程。对于不同位置的焊缝，变位机转速可自动调节。装载机驱动桥工件焊缝位置图如图7-14所示。

（a）装载机驱动桥左端

（b）装载机驱动桥右端

图7-14　装载机驱动桥工件焊缝位置图

2．机器人工作节拍计算

参数设置：焊接速度=0.6m/min=10mm/s，起弧时间=0.2s，收弧时间=0.3s，V形焊缝（摆动焊接）按3次焊接计算机器人工作节拍。装载机驱动桥焊接机器人工作节拍计算表如表7-3所示。

表7-3　装载机驱动桥焊接机器人工作节拍计算表

序号	焊接部件	图纸焊缝长度/mm	焊接次数	焊接长度/mm	焊接时间/s	起弧、收弧时间/s	机器人空走时间/s
1	法兰角焊缝1	534	1	534	53.4	0.5	2
2	法兰角焊缝2	487	1	487	48.7	0.5	2
3	V形焊缝1	487	3	487×3=1461	146.1	0.5	2
4	法兰角焊缝3	534	1	534	53.4	0.5	2
5	法兰角焊缝4	487	1	487	48.7	0.5	2
6	V形焊缝2	487	3	487×3=1461	146.1	0.5	2
小计		—	—	4964	496.4	3	12
合计焊接时间/s		—	—	—	511.4		
合计焊接长度/mm		4964			—		
工件装卸时间/s		—			600		

由表 7-3 可知，该工序的焊接时间 $T_{（焊接）}=511.4s$。若工件装卸时间 $T_{（装卸）}=600s$，则该工序的机器人工作节拍 $T_{（工作）}=T_{（焊接）}+T_{（装卸）}=511.4s+600s=1111.4s$。

经换算得出实际机器人工作节拍为 18.5min/件，因此单一工位的系统布局能满足机器人工作节拍（25min/件）的要求。

（1）计算相关参数取值。

① 单件的机器人工作节拍：18.5min。

② 一年按 244 个工作日计算。

③ 一班工作 8h。

④ 一天一班。

⑤ 设备运转率为 85%。

（2）生产量的计算。

一个机器人年生产量=(244×8×1×3600×0.85)÷1111.4≈5374（件）

7.2.2 轿车后桥总成焊接机器人工作站

某企业安装了一个轿车后桥总成焊接机器人工作站，要求达到年生产纲领要求 55 000 件。

1. 系统构成

轿车后桥总成焊接机器人工作站的系统构成主要包括可同时工作的 2 个焊接机器人，1 套 1000kg 的外部轴变位机，2 套 500kg 的外部轴，2 套夹具，以及各种保护装置等。轿车后桥总成焊接机器人系统平面布置如图 7-15 所示。

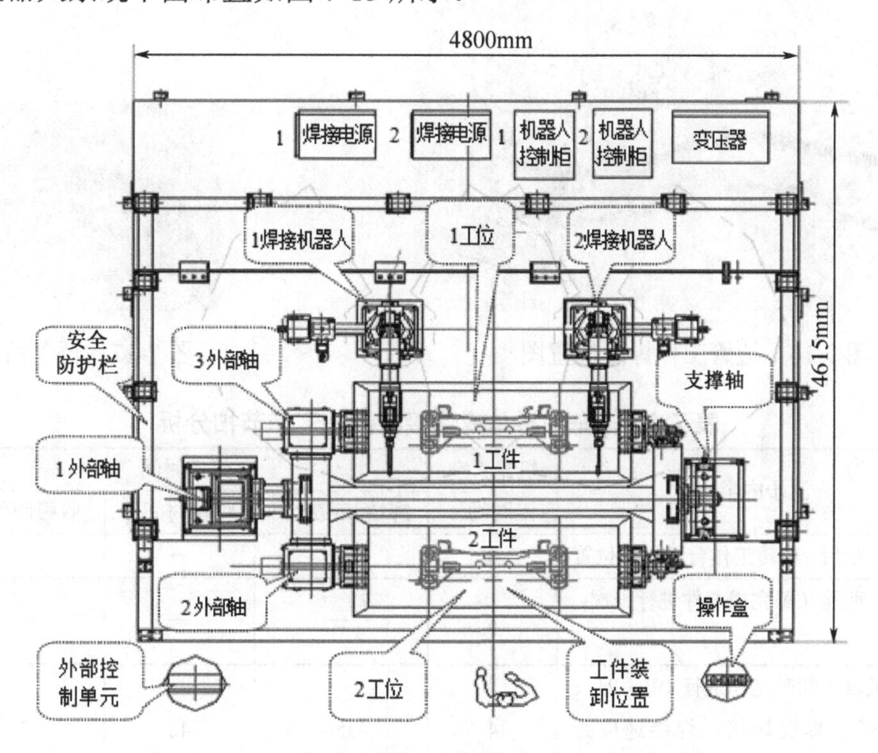

图 7-15 轿车后桥总成焊接机器人系统平面布置

2. 系统特点

（1）采用协调软件可实现两个机器人之间，以及机器人与外部轴之间的同步协调运动。因为采用两个机器人同时焊接，所以可以达到较佳的焊接条件、较佳的焊接姿势、较高的焊接质量及较高的生产效率。

（2）在机器人工作过程中可进行工件的装卸，当在一个工位进行焊接时，在另一个工位进行装卸，工件装卸所需时间不包含在机器人工作节拍内，所以可提高生产效率。

（3）采用了预约启动方式，工件装卸结束，按预约启动按钮，机器人焊接结束后工作台可自动旋转，操作人员可离开。

（4）系统具有多种自动保护功能，如果工件的定位、夹紧没有结束，则机器人焊接操作不能进行（有传感信号反馈给外部控制单元）。

轿车后桥总成有左、右两个边管，由左、右后摆杆支架，套筒，以及前摆杆支架组成，边管工件焊缝位置图如图 7-16 所示。

系统进行垂直翻转双工位焊接，各工位分别装有不同的夹具各一套。轿车后桥总成如图 7-17 所示。在焊接时两个机器人与一轴变位机配合完成该工位的焊接。当机器人在 1 工位进行焊接时，操作人员先把被焊工件安装到 2 工位夹具上，用气动夹具夹紧工件，然后按下操作控制台上的预约启动按钮。当机器人在 1 工位完成焊接后，垂直变位装置自动翻转变位 180°，机器人在 2 工位进行焊接，这时操作人员可在 1 工位进行工件装卸。工件装卸所需时间不包含在机器人工作节拍内，所以可实现高生产效率。轿车后桥总成焊接机器人工作节拍分析如表 7-4 所示。

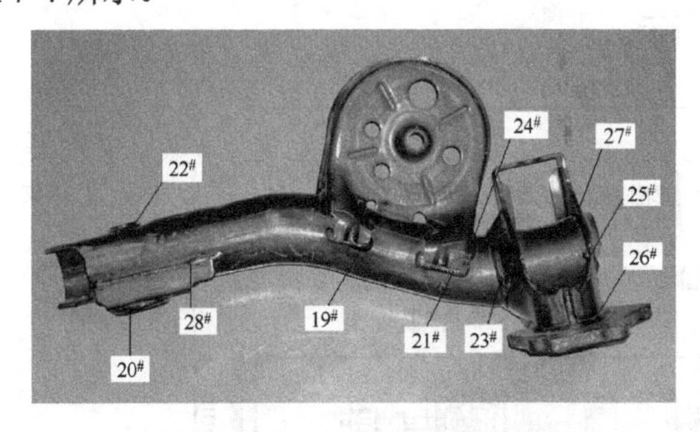

图 7-16　边管工件焊缝位置图

图 7-17　轿车后桥总成

表 7-4　轿车后桥总成焊接机器人工作节拍分析

序号	工步内容	机器人空走时间/s	焊接时间			合计时间/s
			焊缝长度/mm	焊接时间/s	收弧时间/s	
1	工件夹紧后，旋转工作台至焊接位置	6	—	—	—	6
2	清枪、剪丝（每完成 5 件进行一次：40s/次）	8	—	—	—	8
3	两个机器人同时工作进行 19#、21#、24#、28#、焊缝焊接，焊接速度为 0.5m/min	4	350	42	3	49

续表

序号	工步内容	机器人空走时间/s	焊接时间			合计时间/s
			焊缝长度/mm	焊接时间/s	收弧时间/s	
4	机器人与外部轴协调进行 23#、27# 焊缝焊接	4	200	24	2	30
5	夹具翻转至水平位置	12	—	—	—	12
6	两个机器人同时工作进行 20#、22#、25#、26#焊缝焊接	6	460	55	4	65
总作业时间/s		—	—	—	—	170

注：两套夹具交替工作，工件装卸时间少于上述作业时间，因此工件装卸时间已含在上述作业时间内，不再计算。也就是说，一套夹具装夹的工件正在焊接的同时，另一套夹具正在拆卸工件。每天的第一个工件的装夹时间及最后一个工件的拆卸时间本应计算在内，在此将其考虑在每天的工时有效利用率 85%之中。

机器人系统年生产能力计算公式如下：

$$N = 254\times15\times60\times60\times0.85\div170$$
$$= 68\,580\text{（件）}$$

式中，254 为年工作天数；15 为每天工作小时数（双班制）；0.85 为有效利用率（运转率）。

从计算中得出结论：机器人系统年生产能力（68 580 件）＞年生产纲领要求（55 000 件）。

轿车后桥总成焊接机器人系统如图 7-18 所示。

图 7-18　轿车后桥总成焊接机器人系统

7.3　机器人固定工位焊接案例

7.3.1　薄板焊接

1. 薄板焊接的特点

机器人固定工位焊接多用于薄板焊接及钣金行业，它的应用主要体现了以下几个特点。

（1）大量使用激光切割、数控冲、剪、折等设备，工件精度较高。

（2）焊缝较短，焊点较多，多使用断续焊。常见的焊接类型有以下几种。

① 碳钢薄板对接、角接的连续焊及断续焊和点焊。

② 碳钢管型材交叉及角焊。

③ 碳钢、不锈钢外角自熔焊。

（3）燃弧焊接时间相对较短，组对、装夹、定位时间相对较长。因此，机器人系统对工装夹具的设计制作和对工件的装卸要求较高。工作内容及注意事项如图 7-19 所示。

（4）焊接生产以中小批量、多批次为主，与之相适应的多工位多套夹具应用案例如图 7-20 所示。

2. 材料和工艺特点

（1）材料特点。

① 以碳钢为主，逐步向镀锌板等防腐材料转化。

② 多为板厚为 1～3mm 的不锈钢、铝合金制品。

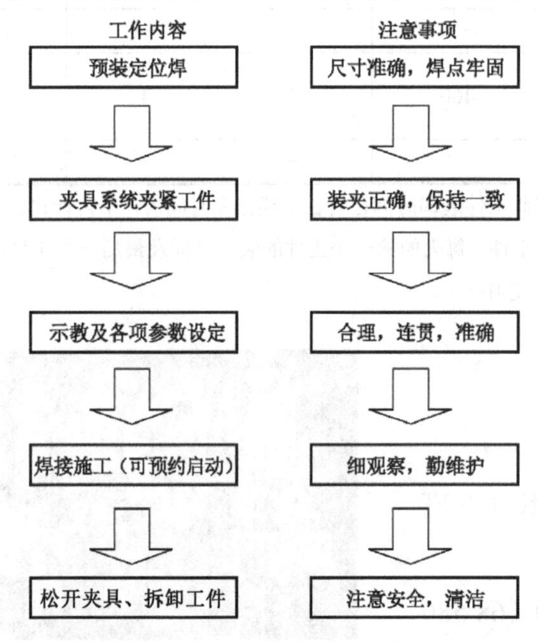

图 7-19 工作内容及注意事项

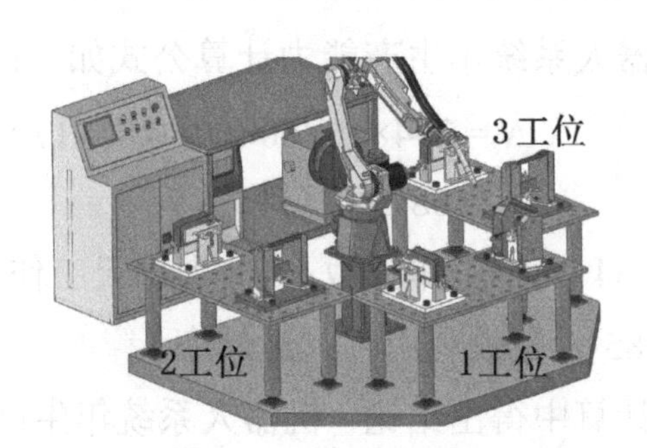

图 7-20 多工位多套夹具应用案例

（2）工艺特点。

① 斜面、圆弧等仿形结构多。加工精度难控制，易造成定位困难。折弯（加工）角度（材质、压延方向、刀模磨损不一等情况）的变化，压紧后导致弯曲。

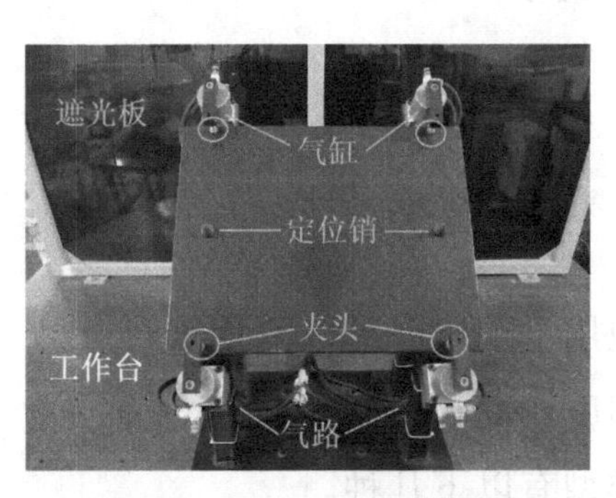

图 7-21 气动夹具案例

② 薄板长焊缝（常见于外观焊缝或液体容器）的焊接变形大，应采取散热和强制定位措施。

③ 产品外观要求高。

④ 铝和不锈钢的焊接变形较大，对工装夹具要求较高。

⑤ 对焊接效率和产品质量的要求不断提高。例如，采用气动夹具自动夹紧进行薄板定位焊，如图 7-21 所示。

利用定位销进行定位，工件或夹具更换速度快、精度高，适合频繁更换不同产品。

7.3.2 机器人圆周焊

1. 制订焊接工艺方案

机器人焊接同样需要事先制订好切实可行的焊接工艺方案，一般有以下几个步骤。

（1）分析已知条件：母材成分及牌号、板厚（管直径及壁厚）、接头形式、焊接位置、焊接质量要求等。

（2）整理解题要素：工艺案例 + 资料查询 + 实践经验 + 焊接实验 + 综合分析 + 机器人焊接可行性。

（3）求知：焊接方法（机器人及焊接电源选型）、系统形式、是否需要翻转变位，机器人的臂伸长（动作范围）、能否覆盖整个作业面，机器人最大承载质量，焊接材料（种类及规格）、焊接工艺参数、质量控制要点等。

（4）论证：从质量、效率、成本三个方面进行焊接工艺方案比较，选定最佳方案。

2．系统配置及示教

优化系统组合、焊接参数，确定合理的枪姿，正确把握影响焊接的几大要素，对焊缝复杂的工件增加变位系统，尽量使焊接位置处于最佳状态（水平或船形焊接位置）。

（1）环形焊缝。

对于管对接或圆筒形工件环形焊缝的焊接需要垂直方向的翻转变位装置配合，焊接位置及枪姿要合适，在现场实际调试时，工件圆度不够、长短误差等原因会造成被焊部位产生间隙，在焊接时，非常容易出现烧穿和未熔合现象，因此在焊接前需要调整焊枪角度，如图 7-22 所示。

注意：

对于薄板工件，在实际应用中还应考虑被焊工件直径的大小，进而决定瞄准位置。如果焊穿倾向严重，则焊枪角度应适度向水平方向偏转，调节焊枪角度，如图 7-23 所示，增加熔池流淌的作用，使其覆盖的面积更大，且不易烧穿，气体保护效果好，产品的合格率高。

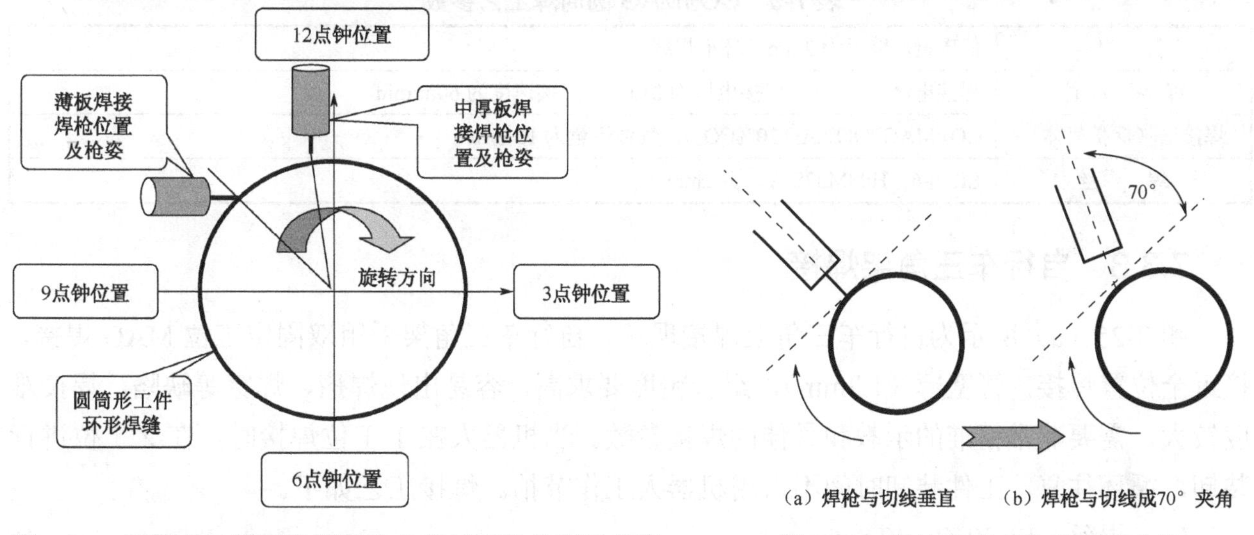

图 7-22　圆筒形工件环形焊缝自动焊接焊枪位置及枪姿　　图 7-23　焊枪角度变化带来的改善

（2）平角圆周焊。

平角圆周焊采用固定工位，机器人带动焊枪绕行焊缝一周即可完成，具体方法如下。

① 示教要从离机器人较近的位置开始。

② 工件的位置和高度不要影响手腕轴的正常旋转。

③ 一段圆弧原则上示教3点，太多的点会引起焊接速度不一致，轨迹不稳定。

④ 根据工件位置和形状，部分点可进行直线示教。

⑤ 在进行平角圆周焊时，开始位置用小焊接电流，搭接位置加大焊接电流，避免焊缝余高不一，应确保熔深一致。

⑥ 始终保持焊丝伸出长度和焊枪角度一定（焊枪前进角为 80°～90°、焊枪工作角为 45°）。

3．环形焊缝案例

图7-24所示为轿车消音（净化）器壳体 CO_2/MAG 环形圆周焊，由外部轴变位机带动工件做垂直方向的圆周运动，采用八字形双工位。CO_2/MAG 圆周焊工艺参数如表7-5所示。

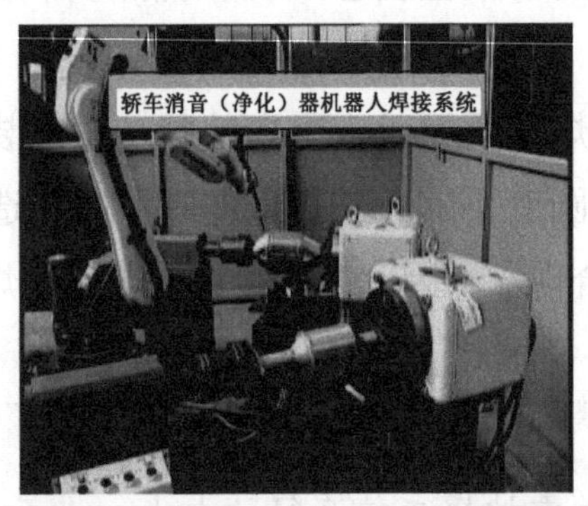

（a）轿车消音（净化）器机器人焊接系统

（b）消音（净化）器工件

图7-24　轿车消音（净化）器壳体 CO_2/MAG 环形圆周焊

表7-5　CO_2/MAG 圆周焊工艺参数

工　件	低碳钢，壁厚为2mm，环形焊缝
焊接条件	焊接电流为160A，焊接电压为21.0V，焊接速度为60m/min
焊接法（保护气体）	CO_2/MAG（80%Ar+20%CO_2），气体流量为15 L/min
焊　丝	ER50-6，H08Mn2SiA，ϕ1.2mm

7.3.3　自行车三角架焊接

图7-25（a）所示为自行车三角架焊接现场，自行车三角架采用双固定工位 MAG 焊接，接近全位置焊接，管壁薄（1.2mm），组合精度要求高，容易出现焊瘤、焊穿等缺陷，焊接难度较大，需要非常精准的示教和最佳的焊接参数。当机器人在1工位焊接时，在2工位进行装卸，循环往复，工件装卸时间不占用机器人工作节拍。焊接工艺如下。

（1）焊丝：ER50-6，ϕ0.8mm。

（2）保护气体：80%Ar＋20%CO_2。

（3）焊接参数：焊接电流为90A，焊接电压为18V，焊接速度为0.6m/min（起弧处电流为120A，电压为21V）。

（4）工艺要求：焊缝宽度为4～5mm，平滑不凸起，接头平滑，焊缝表面美观。

自行车三角架成品焊接效果如图7-25（b）所示。

（a）自行车三角架焊接现场

（b）自行车三角架成品焊接效果

图 7-25　自行车三角架固定双工位焊接

每个工件的平均损耗如表 7-6 所示。

表 7-6　每个工件的平均损耗

项　目	数　值	项　目	数　值
用气量	15L	用丝量	19.1g
用电量	0.053kW·h	机器人工作节拍	76s

扫一扫：观看自行车三角架机器人焊接视频

自行车三角架外部轴协调焊接

自行车三角架跟踪

自行车三角架焊接

自行车三角架外部轴协调仿真视频

7.3.4　鱼鳞纹焊接

鱼鳞纹焊接主要应用于薄板焊接，如自行车三角架可以按要求焊出鱼鳞纹效果。鱼鳞纹焊接是指非连续性焊接，机器人静止时施焊（机器人边移动边焊接），施焊完毕后机器人按设定的位移向前移动，然后再次施焊，反复进行起弧和收弧，使焊缝成型呈类似鱼鳞的焊接效果，该功能适用于 CO_2/MAG 薄板小电流焊接。G_{III}型机器人中有两种鱼鳞纹焊接方法，如下所述。

1．机器人每次停止后焊接（点线模式）

点线模式是指机器人每移动一段距离后停止，并进行焊接，如图 7-26 所示。

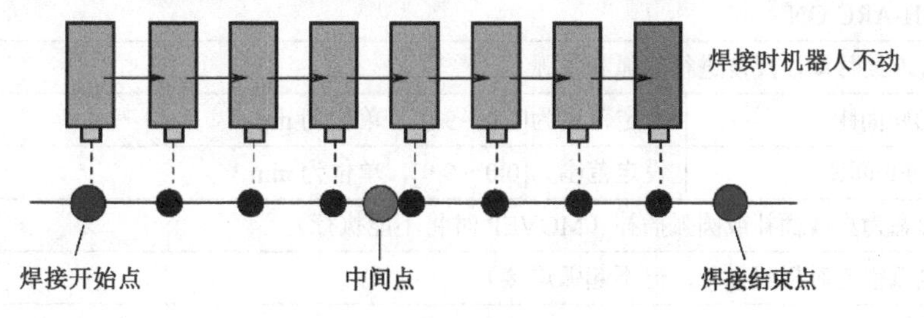

图 7-26　点线模式示意图

点线模式鱼鳞纹焊接开始指令如表 7-7 所示。

表 7-7　点线模式鱼鳞纹焊接开始指令

格式	STITCH-MOVE-ON　[位移间距] [焊接时间]	
指令	STITCH-MOVE-ON	
功能	指定位移间距和焊接时间（焊接时机器人停止时间）后，反复执行位移动作	
变量 1	位移间距	设定范围为[0.1～99.9]，单位为 mm
变量 2	焊接时间	设定范围为[0.00～9.99]，单位为 s
使用条件	插补形态为直线插补或圆弧插补（MOVEP 时将不能执行）	
锁定条件	无（电弧锁定时仍然执行，但不起弧焊接）	
指令组	标准焊接	

点线模式鱼鳞纹焊接结束指令如表 7-8 所示。

表 7-8　点线模式鱼鳞纹焊接结束指令

格式	STITCH-MOVE-OFF
指令	STITCH-MOVE-OFF
功能	结束鱼鳞纹焊接（如果在中间点插入该指令，则之后将进行普通焊接）
变量	无
锁定条件	无（电弧锁定时仍然执行）
指令组	标准焊接

2. 机器人边移动边焊接（虚线模式）

虚线模式是指在机器人移动过程中反复进行起弧和收弧，但机器人不停止，如图 7-27 所示。

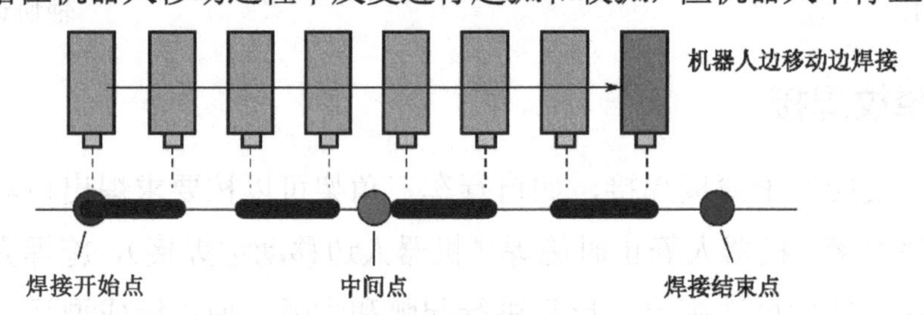

图 7-27　虚线模式示意图

虚线模式鱼鳞纹焊接开始指令如表 7-9 所示。

表 7-9　虚线模式鱼鳞纹焊接开始指令

格式	STITCH-ARC-ON　[ARC-ON 间距] [ARC-OFF 间距]	
指令	STITCH-ARC-ON	
功能	机器人连续移动，反复进行起弧和收弧	
变量 1	ARC-ON 间距	设定范围为[0.0～9.9]，单位为 mm
变量 2	ARC-OFF 间距	设定范围为[0.0～9.9]，单位为 mm
使用条件	插补形态为直线插补或圆弧插补（MOVEP 时将不能执行）	
锁定条件	无（电弧锁定时仍然执行，但不起弧焊接）	
指令组	标准焊接	

虚线模式鱼鳞纹焊接结束指令如表 7-10 所示。

表 7-10 虚线模式鱼鳞纹焊接结束指令

格式	STITCH-ARC-OFF
指令	STITCH-ARC-OFF
功能	停止断续焊接（如果在中间点插入该指令，则之后将进行普通焊接）
变量	无
锁定条件	无（电弧锁定时仍然执行）
指令组	标准焊接

3. 点线模式焊接示教

以下以点线模式焊接示教为例进行介绍，即焊接时机器人不动。

焊接开始点 ARC-ON 指令后紧跟 STITCH-MOVE-ON 指令。指定 STITCH-MOVE-ON 指令的变量“位移间距”和“焊接时间”。焊接结束点 ARC-OFF 指令后紧跟 STITCH-MOVE-OFF 指令（可省略）。鱼鳞纹点线模式焊接示教方法如图 7-28 所示。

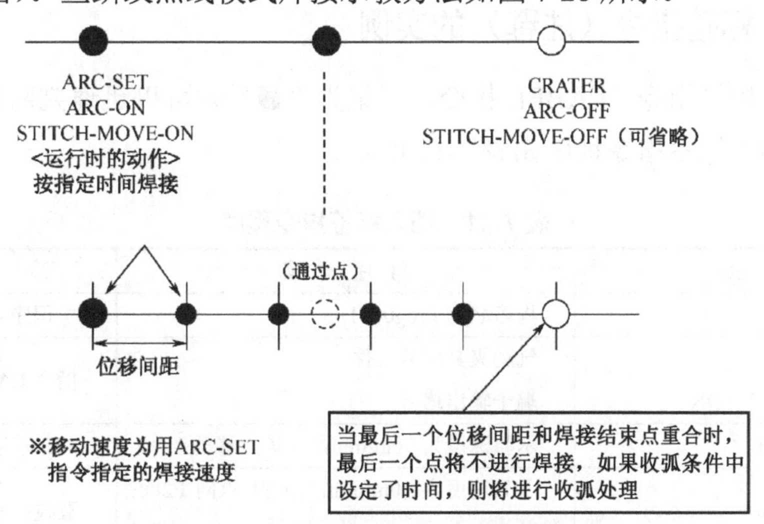

图 7-28 鱼鳞纹点线模式焊接示教方法

当中间点上有停止点时，将从停止点重新开始计算位移间距，如图 7-29 所示。

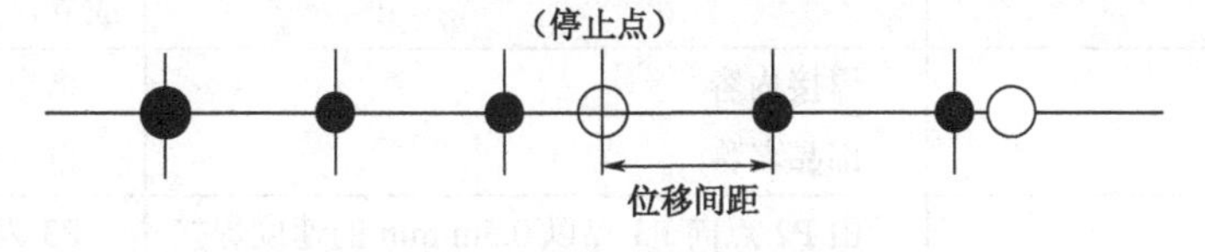

图 7-29 中间点位移间距

4. 案例参考

焊接工艺：自行车三角架鱼鳞纹焊接。

焊丝：ER50-6，ϕ0.8mm。

保护气体：80%Ar＋20%CO_2。

焊接参数：焊接电流为 90A，焊接电压为 18V，焊接速度为 0.6m/min（起弧处电流为 120A，电压为 21V）。

鱼鳞纹参数（参考值）：位移间距为 2.6mm，焊接时间为 0.15s。自行车三角架鱼鳞纹焊接效果如图 7-30 所示。

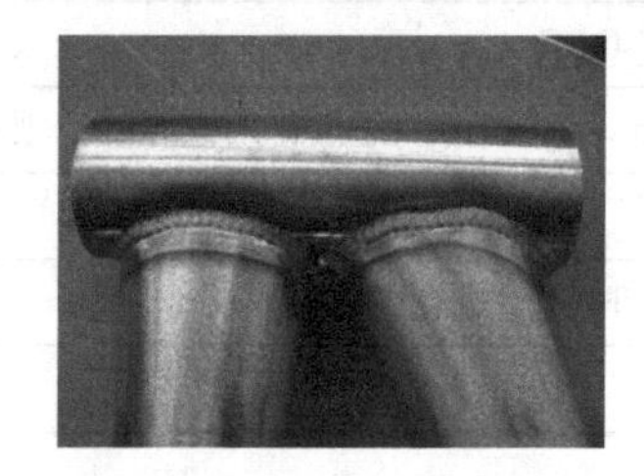

图 7-30　自行车三角架鱼鳞纹焊接效果

7.4　编程案例

7.4.1　插入标签指令（注释）的实例

在程序中插入标签指令（LABEL 指令，标记为“■”），可以迅速判断焊接内容、指令内容及部品名称。插入标签指令程序如表 7-11 所示。

表 7-11　插入标签指令程序

程序实例	程序解读	说　明
Prog0001.prg	程序名为 Prog0001	主程序名
■：压紧（夹具） OUT 01 #（10:01 # 010）=ON	气动夹具压紧工件 端子输出信号	指令 LABEL（标签 1）
MOVEP　P1　90m/min	示教速度为 90m/min，向该点移动	PTP 移动
MOVEL　P2　10m/min	示教速度为 10m/min，由 P1 点向 P2 点移动	直线指令
■：压紧确认 WAIT_IP　J1 #（15:J1 # 015）ON　T0.00	气动夹具压紧确认 输入等待内容，条件成立为 ON	指令 LABEL（标签 2） 流程指令 WAIT_IP（等待条件成立，开始运行）
■：直线焊接 JMZX 0601	焊接内容 部品名称	指令 LABEL（标签 3） 自行命名
MOVEL　P3　0.5m/min	由 P2 点向 P3 点以 0.5m/min 的速度焊接	P3 为焊接开始点（焊接点）
ARC-SET　AMP=120　VOLT=19　S=0.5	设置起弧条件：焊接电流为 120A、焊接电压为 19V、焊接速度为 0.5m/min	焊接参数
ARC-ON　ArcStart1.prg　RETRY=0	运行 ArcStart1 起弧文件，不使用引弧再试功能	设置焊接开始条件
MOVEL　P4　3m/min	焊接结束点，示教速度为 3m/min	P4 为焊接结束点（空走点）
CRATER　AMP =100　VOLT=18　RELEASE=0	设置收弧条件：收弧电流为 100A、收弧电压为 18V，不使用粘丝解除功能	收弧参数
■：放松（夹具） OUT 01 #（10:01 # 010）=OFF	气动夹具松开工件 焊接结束，输出关闭信号	指令 LABEL（标签 4）

7.4.2 利用计数器执行作业

由于在焊接过程中部分飞溅物会不断黏附在焊枪喷嘴上，因此可利用计数器功能和其他次序指令编辑清枪程序，配上清枪装置后，即可在间隔一定作业时间后实现自动清枪，自动清除黏附在焊枪喷嘴上的飞溅物。利用计数器执行作业的程序如表 7-12 所示。

表 7-12 利用计数器执行作业的程序

程序实例	程序解读	说明
Prog0001.prg	程序名为 Prog0001	主程序名
CALL Prog200.prg	执行程序 Prog200	CALL 为调用文件指令
ADD GB001，1	在全局变量 001 上加 1	ADD 为加法指令
IF GB001≥10 THEN JUMP LABL0001 ELSE LABL0002	当全局变量 001 大于 10 时，跳转到标签 0001，当全局变量小于 9 时，跳转到标签 0002	IF 为条件语句，THEN JUMP 表示跳转到指定的标签
■：LABL0001	标签 0001	LABL0001 为标签字符串
SET GB001，0	全局变量，RESET（进位、复位）	SET 代入变量值
CALL Prog300.prg	执行清枪程序 Prog300.prg	CALL 为调用文件指令
■：LABL0002	标签 0002	LABL0002 为标签字符串
STOP	停止	一个循环结束

7.4.3 清枪、剪丝、喷油程序

为实现定期清理焊枪喷嘴上黏附的飞溅物，以及避免焊丝端部形成的熔球对下次起弧的影响，配置清枪、剪丝、喷油装置，清枪、剪丝、喷油程序如表 7-13 所示。

表 7-13 清枪、剪丝、喷油程序

程序实例	程序解读	说明
1:Mech1LA:Robot+G1	机器人加外部轴变位机	机构
Begin of Program	程序开始	程序开始
TOOL=1:TOOL01	工具	指定为焊枪
MOVEL P1 6.00m/min	程序开始点	—
MOVEL P2 6.00m/min	过渡点 1	焊枪将由该点移动至剪丝处
MOVEL P3 1.00m/min	剪丝位置点	焊枪停于该处
AMP=200A	预设电流值	向前送丝速度
WIREFWD ON	接通向前送丝装置开关	送丝→延时 0.5s→停止送丝
DELAY 0.5s	延时 0.5s	
WIREFWD OFF	切断向前送丝装置开关	
OUT 01#（4:01#0004）=ON	接通剪丝装置开关	1#端子组的 4#端子接通
DELAY 2.0s	延时 2.0s	剪丝
OUT 01#（4:01#0004）=OFF	切断剪丝装置开关	4#端子切断
MOVEL P4 1.00m/min	过渡点 2	焊枪沿竖直方向抬升至该点
MOVEL P5 6.00m/min	清枪位置点	焊枪移至该点

续表

程序实例	程序解读	说明
OUT 01#（3:01#0003）=ON	接通清枪装置开关	3#端子接通
DELAY 10.0s	延时 10.0s	清枪装置工作
OUT 01#（3:01#0003）=OFF	切断清枪装置开关	3#端子切断
OUT 01#（2:01#0003）=ON	接通喷油装置开关	2#端子接通
DELAY 0.5s	延时 0.5s	喷油装置工作
OUT 01#（2:01#0003）=OFF	切断喷油装置开关	2#端子切断
MOVEL P6 1.00m/min	过渡点 3	焊枪沿竖直方向抬升至该点
MOVEL P7 6.00m/min	结束点	回到原点
End of Program	程序结束	—

实训项目 7 焊缝平移

【实训目的】 正确理解焊缝平移的目的和意义，掌握焊缝平移的应用。

【实训内容】 沿 *X* 轴、*Y* 轴、*Z* 轴方向平移的步骤及方法。

【工具及材料准备】 机器人设备、工件。

【方法及建议】 在沿 *X* 轴、*Y* 轴、*Z* 轴方向平移和 RT 轴平移的应用场合下进行针对性练习。

在实际生产中，有时需要对已经编号的工件进行沿 *X* 轴、*Y* 轴、*Z* 轴方向的平移，或者需要对某段程序进行平移，以提高工作效率，减少重复性工作，如图 7-31 所示。

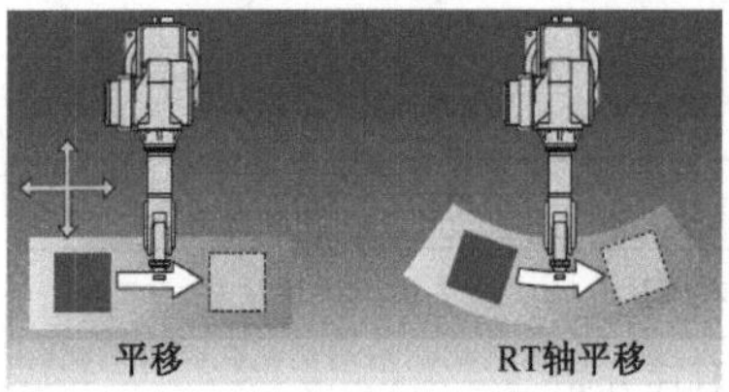

图 7-31 焊缝平移示意图

【实训步骤】 沿 *X* 轴、*Y* 轴、*Z* 轴方向平移的设置方法如下。

（1）在“编辑”菜单中，将光标移至“选项”图标+α上，如图 7-32 所示。

（2）点击“选项”图标+α后，进入平移操作界面，如图 7-33 所示。

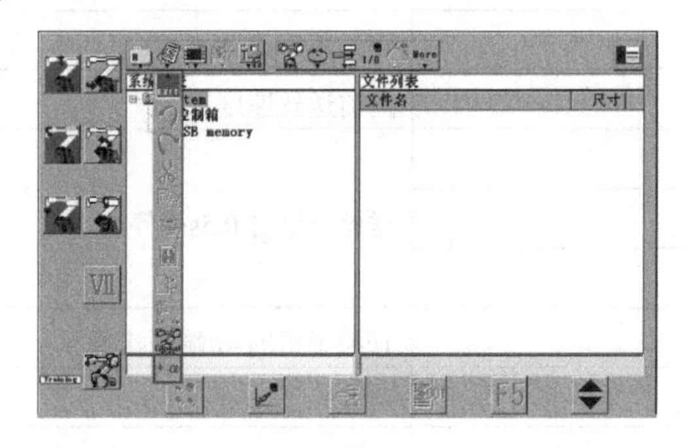

图 7-32 “编辑”菜单

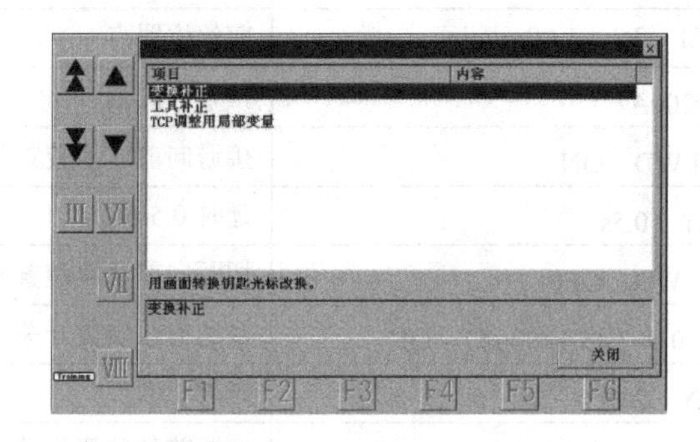

图 7-33 平移操作界面

（3）选择“变换补正”项目，显示指定变换补正程序对话框，如图 7-34 所示。

（4）点击“浏览”按钮，进入程序浏览界面，如图7-35所示，选择要进行变换补正的程序后，点击“OK”按钮。

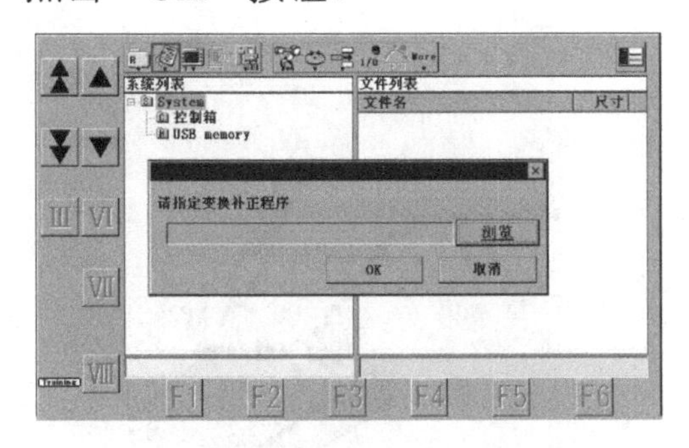

图7-34　指定变换补正程序对话框

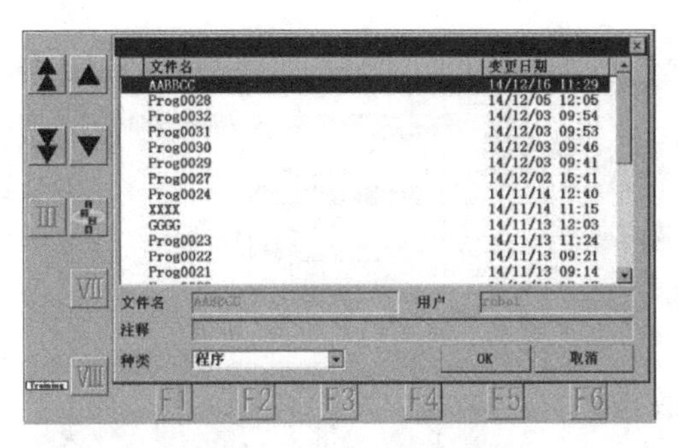

图7-35　程序浏览界面

（5）在指定变换补正程序对话框中点击“OK”按钮，确定要进行变换补正的程序，如图7-36所示。

（6）进入变换补正对话框后，在“请选择功能项目”下拉列表中选择“平行移动”选项或“RT轴平移”选项，点击“OK”按钮，如图7-37所示。

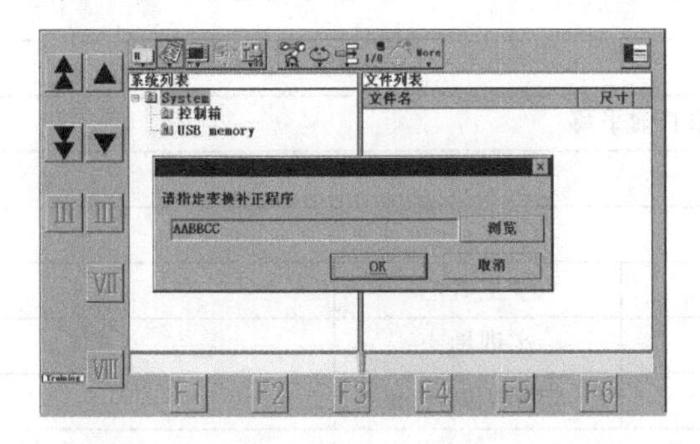

图7-36　确定要进行变换补正的程序

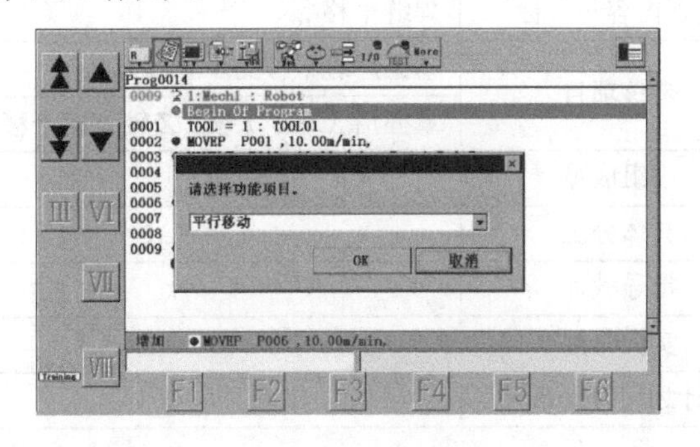

图7-37　选择功能项目

（7）选择变换区间进行平移，如图7-38所示，可选择“全部程序”（选择程序中所有的示教点）、“用Jog拨码盘选择”或“标签指定”。

（8）在“X”“Y”“Z”数值框中填入要平移的数值（单位是mm），在“变换区间”中选择在已选定程序中的变换区间，可选择“全区间”、“焊接区间”或“空走区间”，如图7-39所示。

图7-38　选择变换区间

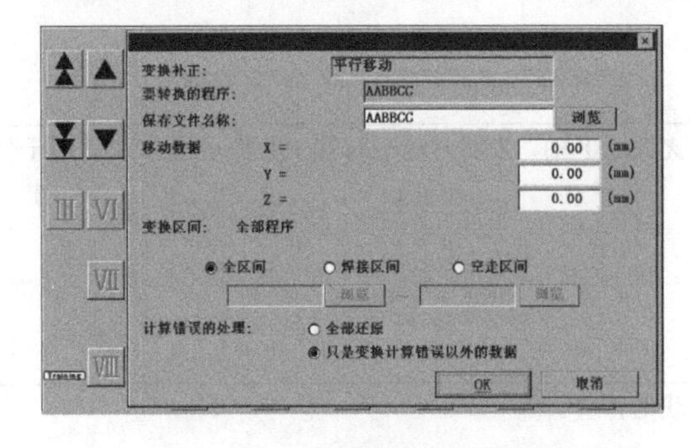

图7-39　平移数值的设置

（9）确定设置无误后，点击“OK”按钮，变换补正完成（焊缝平移设置完成），如图7-40所示。

（10）退出时点击“OK”按钮，保存焊缝平移设置。机器人再现时焊缝平移效果如图 7-41 所示。

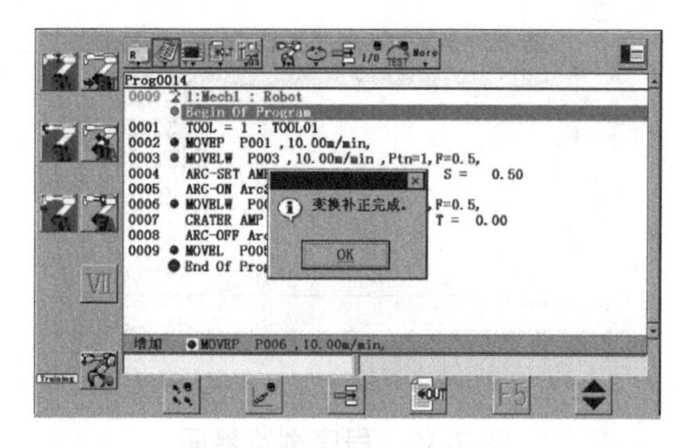

图 7-40　变换补正完成

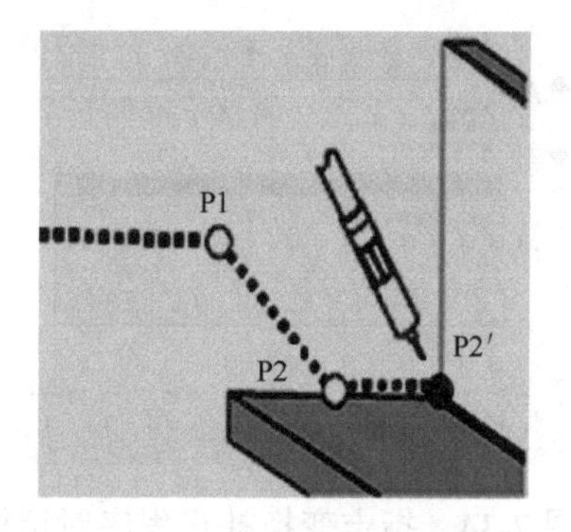

图 7-41　机器人再现时焊缝平移效果

【实训报告 7】

实训报告 7

<table>
<tr><td>实训名称</td><td colspan="3">焊缝平移</td></tr>
<tr><td>实训内容与目标</td><td colspan="3">焊缝平移</td></tr>
<tr><td rowspan="2">考核项目</td><td colspan="3">掌握焊缝平移的步骤及方法</td></tr>
<tr><td colspan="3">掌握沿 X 轴、Y 轴、Z 轴方向平移和 RT 轴平移</td></tr>
<tr><td>小组成员</td><td colspan="3"></td></tr>
<tr><td>具体分工</td><td colspan="3"></td></tr>
<tr><td>指导教师</td><td></td><td>学生姓名</td><td></td></tr>
<tr><td>实训时间</td><td></td><td>实训地点</td><td></td></tr>
<tr><td>计划用时/min</td><td></td><td>实际用时/min</td><td></td></tr>
<tr><td colspan="4">实训准备</td></tr>
<tr><td>主要设备</td><td>辅助工具</td><td colspan="2">学习资料</td></tr>
<tr><td>焊接机器人</td><td></td><td colspan="2"></td></tr>
<tr><td>备注</td><td colspan="3"></td></tr>
<tr><td colspan="4">1. 简述焊缝平移的工作流程。</td></tr>
<tr><td colspan="4">2. 沿 X 轴、Y 轴、Z 轴方向平移和 RT 轴平移分别适用于何种场合？</td></tr>
<tr><td colspan="4">3. 收获与体会。</td></tr>
</table>

第 7 章单元测试题

一、判断题（下列判断题中，正确的请打“√”，错误的请打“×”）

1．机器人系统的水平回转装置可进行 180° 自动变位，工件装卸所需时间与焊接时间重合，可实现连续作业，实现高效率生产。（　）

2．机器人工作一个周期所需的时间为机器人工作节拍。（　）

3．机器人系统的八字形双工位布局是广泛采用的系统形式，它可以最大限度地满足机器人的作业空间，使机器人实现最大的作业范围。（　）

4．双机器人系统可以有效地提高机器人的作业效率，减少机器人工作节拍；对称焊接，减小工件单边受热产生的变形。另外，还具有设备的综合成本低、减少占地空间等特点。（　）

5．双机器人系统中要设好每个机器人的作业时间，达到协调动作，必要时采用双协调软件。在使用中要注意相互干涉（碰撞）现象，可不必设定监测区。（　）

6．水平回转系统的驱动电动机一般只用于变换工位，不能与机器人进行协调焊接。（　）

7．三轴垂直方向翻转系统，可进行各类复杂工件焊缝的焊接，实现工件和机器人的协调作业，变位采用普通电动机和减速系统实现。（　）

8．外部轴的作用主要是变位和移位，使机器人的作业处于最佳焊接位置。（　）

9．外部轴是由伺服电动机和减速机构组成的。（　）

二、单项选择题（下列每题的选项中只有 1 个是正确的，请将其代号填在横线空白处）

1．使机器人在连续工作的情况下，实现在一个工位进行装卸的系统形式是_________。

A．八字形工位　B．固定三工位　C．自动水平回转　D．固定扇形工位

2．机器人移动装置移动的是________，它是扩大机器人动作范围的装置。

A．机器人本体　B．变位机　C．工件　D．移动装置

3．外部轴的作用是_______。

A．夹紧工件　B．翻转　C．变位和移位　D．方便装夹

三、多项选择题（下列每题的选项中至少有 2 个是正确的，请将其代号填在横线空白处）

1．机器人系统为保证被焊工件的一致性，所采用的工装夹具的作用是_________。

A．保证焊接尺寸　B．提高焊接效率

C．提高装配效率　D．防止焊接变形

E．防止产生焊接应力　F．防止产生缺陷

2．焊接机器人系统包括__________。

A．安全门　　　　B．安全防护栏　　　C．机器人底座

D．机器人工装夹具　E．机器人控制柜　　F．工件

四、问答题

1．叙述水平回转机器人系统的构成及原理。

2．通常的焊接机器人系统为什么采用双工位？

3．八字形双工位是什么形式的？它有什么特点？

4．双机器人系统有什么特点？在使用中应注意什么问题？

5．机器人替代人工焊接的意义有哪些？

6．八字形双工位和水平回转系统各自的优势有哪些？

7．外部轴的作用是什么？它有哪些组成部分？

五、简述题

针对示教编程人员需要做到专注、细心、精准、有效率的基本要求，阐述自己如何在实际工作中做好机器人示教编程工作。

第8章 机器人设备的日常检查与保养

知识目标

掌握对机器人本体、控制装置及示教器、连接电缆、焊接电源、焊枪、送丝机进行日常检查与保养的方法。

能力目标

1. 能够进行一般故障的检查和处理，准确描述机器人的故障现象及原因。

2. 能够配合厂方售后专业人员诊断和处理现场机器人各系统的故障问题。

情感目标

培养学生的合作意识。

8.1 机器人的日常检查与保养

8.1.1 机器人本体的日常检查与保养

机器人本体的日常检查与保养如表8-1所示。

表8-1 机器人本体的日常检查与保养

序号	检查内容	检查事项	方法及对策
1	外观	机器人本体外观上有无脏污及损伤	清扫并进行处理
2	机器人本体安装螺钉	（1）机器人本体的安装螺钉是否紧固。 （2）焊枪本体安装螺钉、母材线、地线是否紧固	（1）紧固螺钉。 （2）紧固螺钉和各零部件
3	伺服电动机安装螺钉	伺服电动机安装螺钉是否紧固	紧固伺服电动机安装螺钉（思考：安装螺钉的紧固力矩是多少？）
4	同步皮带（牙轮皮带）	（1）检查同步皮带（牙轮皮带）的松紧程度。 （2）检查同步皮带（牙轮皮带）的损伤程度	（1）同步皮带（牙轮皮带）的扩张程度松弛时应进行调整。[思考：如何确认同步皮带（牙轮皮带）的松紧程度？如何进行调整？] （2）同步皮带（牙轮皮带）损伤严重时应进行更换[思考：如何确定同步皮带（牙轮皮带）的损伤程度？]

续表

序号	检查内容	检查事项	方法及对策
5	超程开关的运转	闭合电源开关（伺服电源断开），打开各轴的超程开关，检查运转是否正常	（思考：机器人本体上有几个超程开关？）
6	原点标志	原点复位，确认原点标志是否吻合	目测原点标志是否吻合，当不吻合时，若用户反馈信息，则应帮助其进行示教修正，使原点标志吻合（思考：不吻合时如何进行示教修正？）
7	腕部	（1）伺服锁定时腕部有无松动。 （2）在所有运转领域中腕部有无松动	松动时要调整锥齿轮（思考：如何确定腕部松紧程度？松动时如何调整锥齿轮？）
8	防碰撞传感器	闭合电源开关及伺服电源，拨动焊枪使防碰撞传感器运转，紧急停止功能是否正常	防碰撞传感器损坏或不能正常工作时应进行更换
9	空转（刚性损伤）	运转各轴检查是否有刚性损伤	（思考：如何确认是否有刚性损伤？）
10	谐波油（黄油）	以3年为一个周期更换黄油	建议由售后专业人员指导解决
11	电线束	检查在机器人本体内的电线束上黄油的情况	在机器人本体内的电线束上涂抹黄油
12	所有轴的异常振动、声音	检查所有轴运转中的异常振动、声音	用示教器手动操作转动各轴，不能有异常振动、声音（思考：有异常振动或声音时进行哪些判断和操作？）
13	所有轴的运转区域	用示教器手动操作机器人各轴运动，检查在软限位报警时是否达到硬限位	根据示教器显示确认各轴的运动区域，目测是否达到硬限位
14	所有轴与原点标志的一致性	原点复位后，检查所有轴与原点标志是否一致	用示教器手动操作转动各轴，目测所有轴与原点标志是否一致，与原点标志不一致时重新调整至零位
15	锂电池	每2年更换一次	按时间更换锂电池
16	检测后现场的运转	检测后需要操作人员进行现场的运转检查	运转机器人，目测机器人各方面是否正常

8.1.2 控制装置及示教器的日常检查与保养

控制装置及示教器的日常检查与保养如表8-2所示。

表8-2 控制装置及示教器的日常检查与保养

序号	检查内容	检查事项	方法及对策
1	外观	（1）机器人本体和控制装置是否洁净。 （2）连接电缆外观有无损伤。 （3）通风孔是否堵塞	（1）清洁机器人本体和控制装置。 （2）目测连接电缆外观有无损伤，如果有，则应进行紧急处理，损坏严重时应进行更换。 （3）目测通风孔有无堵塞，并进行处理
2	指示灯	（1）面板、示教器、外部机器、机器人本体的指示灯是否正常。 （2）其他常用指示灯是否正常	（1）目测面板、示教器、外部机器、机器人本体的指示灯有无异常。 （2）目测其他常用指示灯有无异常

续表

序号	检查内容	检查事项	方法及对策
3	异常停止按钮	（1）面板异常停止按钮是否正常。 （2）示教器异常停止按钮是否正常。 （3）外部控制异常停止按钮是否正常	（1）开机后用手按动面板异常停止按钮，确认有无异常，损坏时进行更换。 （2）开机后用手按动示教器异常停止按钮，确认有无异常，损坏时进行更换。 （3）开机后用手按动外部控制异常停止按钮，确认有无异常，损坏时进行更换
4	印制电路板、放大器等器件	印制电路板、放大器等器件是否洁净	清洁印制电路板、放大器等器件
5	冷却风扇	所有冷却风扇运转是否正常	打开控制电源，目测所有冷却风扇运转是否正常，不运转的予以更换
6	P板上的固定螺钉、螺母、接线端子等	（1）P板上的固定螺钉、螺母是否紧固。 （2）各接线端子是否接好	（1）紧固P板上的固定螺钉、螺母。 （2）用手确定接线端子连接状态，若有松动，则将其连接好
7	放大器输入/输出电缆、安装螺钉	放大器输入/输出电缆是否连接，安装螺钉是否紧固	连接放大器的输入/输出电缆，并紧固安装螺钉
8	次序板上输入/输出端子连接的导线	次序板上输入/输出端子是否连接导线，安装螺钉是否紧固	连接次序板上输入/输出端子的导线，并紧固安装螺钉
9	磁性开关的接点	伺服侧及控制侧的磁性开关的接点有无损坏	确认接点是否损坏，损坏时进行更换
10	蓄电池	（1）关闭所有电源，检查P板上的存储器挡板上的蓄电池电压是否正常。 （2）机器人本体内的编码器挡板上的蓄电池电压是否正常	（1）如需更换，先将机器人控制柜断电，将新电池换上，然后给机器人控制柜加电（每5年更换一次）。 （2）当电池没电，机器人遥控盒显示编码器复位时，需要按照机器人维修手册上的方法更换电池（所有机型每2年更换一次）
11	伺服放大器的输入/输出电压（AC、DC）	打开伺服电源，参照各机型维修手册测量伺服放大器的输入/输出电压（AC、DC）是否正常，判定基准在±15%范围内	建议由售后专业人员指导解决
12	直流电源的输入/输出电压	打开伺服电源，参照各机型维修手册测量各DC电源的输入/输出电压及P板上的输入电压是否正常	建议由售后专业人员指导解决
13	制动器打开时的电压	在电机制动器部位测量其电压，判定基准：DC 90V（+0，–15）、DC 24V（+0，–4）	建议由售后专业人员指导解决
14	输入/输出端子功能	用示教器确认各输入/输出端子功能是否正常	建议由售后专业人员指导解决

8.1.3 连接电缆的日常检查与保养

连接电缆的日常检查与保养如表8-3所示。

表 8-3　连接电缆的日常检查与保养

序号	检 查 内 容	检 查 事 项	方法及对策
1	机器人本体与伺服电动机相连的电缆	（1）接线端子的松紧程度。 （2）电缆外观有无损伤	（1）用手确认接线端子的松紧程度。 （2）目测电缆外观有无损伤，如果有，则应进行紧急处理，损伤严重时应进行更换
2	焊机与接口箱相连的电缆	（1）接线端子的松紧程度。 （2）电缆外观有无损伤	（1）用手确认接线端子的松紧程度。 （2）目测电缆外观有无损伤，如果有，则应进行紧急处理，损伤严重时应进行更换
3	与控制装置相连的电缆	（1）接线端子的松紧程度。 （2）电缆（包括示教器及外部轴电缆）外观有无损伤	（1）用手确认接线端子的松紧程度。 （2）目测电缆外观有无损伤，如果有，则应进行紧急处理，损伤严重时应进行更换
4	接地线	（1）本体与控制装置间是否接地。 （2）外部轴与控制装置间是否接地	（1）目测并连接接地线。 （2）目测并连接接地线

8.2　焊机的日常检查与保养

8.2.1　焊接电源的日常检查与保养

焊接电源的日常检查与保养如表 8-4 所示。

表 8-4　焊接电源的日常检查与保养

序号	检 查 内 容	检 查 事 项	方法及对策
1	焊接电源内部	焊接电源内部是否有脏污	清洁焊接电源内部
2	冷却风扇	闭合电源，检查冷却风扇运转状态是否正常	闭合电源，目测冷却风扇运转状态，损坏时进行更换
3	主变压器接线、安装螺钉的松紧	主变压器接线、安装螺钉是否紧固	紧固主变压器接线、安装螺钉
4	1 次电缆、2 次电缆接线的安装螺钉	1 次电缆、2 次电缆接线的安装螺钉是否紧固	紧固 1 次电缆、2 次电缆接线的安装螺钉
5	磁性开关的接点，接线安装螺钉	（1）磁性开关的接点是否损坏。 （2）接线安装螺钉是否紧固	（1）确认磁性开关的接点是否损坏，损坏时进行更换。 （2）紧固接线安装螺钉
6	其他部件的接线	其他部件的接线是否紧固	紧固其他部件的接线

8.2.2　焊枪的日常检查与保养

焊枪的日常检查与保养如表 8-5 所示。

表 8-5 焊枪的日常检查与保养

序号	检查内容	检查事项	方法及对策
1	飞溅物及灰尘	焊枪有无飞溅物及灰尘附着	清洁飞溅物及灰尘
2	外观	焊枪外观有无损伤	目测焊枪外观有无损伤，如果有，则应进行紧急处理，损伤严重时要更换零件
3	绝缘件	焊枪安装部位的绝缘件及送丝电机安装部位的绝缘件是否损坏	清洁各部位，目测绝缘件是否损坏，必要时进行更换
4	焊枪安装螺钉及CC零件、焊接地线、保护接地线的松紧	焊枪安装螺钉及CC零件、焊接地线、保护接地线是否紧固	紧固焊枪安装螺钉及CC零件、焊接地线、保护接地线
5	易损件是否损坏	检查导电嘴、喷嘴、喷嘴接头是否损坏，以及是否拧紧	导电嘴磨损严重时要进行更换，喷嘴接头有老化现象时进行更换，喷嘴有烧损时进行更换

8.2.3 送丝机构的日常检查与保养

送丝机构的日常检查与保养如表 8-6 所示。

表 8-6 送丝机构的日常检查与保养

序号	检查内容	检查事项	方法及对策
1	送丝轮	送丝轮有无油污及金属屑附着，磨损是否严重，是否紧固好	清理送丝轮槽中的油污及金属屑，磨损严重时进行更换
2	送丝电机齿轮	送丝电机齿轮部位有无脏污、金属屑	清理送丝电机齿轮部位的脏污、金属屑
3	压臂轮	加压手柄是否压力可调	调整使加压手柄压力及刻度一致
4	SUS 导套帽	SUS 导套帽与送丝轮槽是否同心	调整使 SUS 导套帽与送丝轮槽同心
5	中心管	中心管是否堵塞	清理中心管堵塞物

实训项目 8 机器人焊接操作综合能力测试

【实训目的】通过管、板组合件进行机器人焊接操作综合能力测试。

【实训内容】管、板组合件多位置示教编程焊接综合实操。

【实训建议】处理好转角位置点的枪姿变化并注意焊丝伸出长度的变化。

【实训步骤】

1．焊前准备

（1）试件及焊接位置。

焊接位置：外四周全部平角满焊；四条立缝满焊。试件焊接示意图如图 8-1 所示。

（2）试件材料及规格、数量如表 8-7 所示。

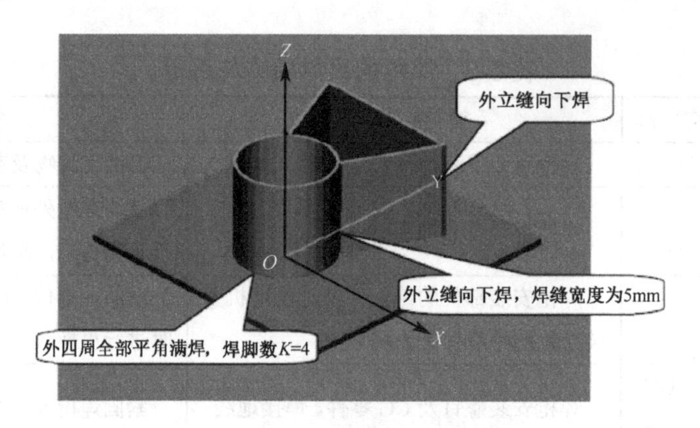

图 8-1 试件焊接示意图

表 8-7 试件材料及规格、数量

实训项目	试件材料	试件规格、数量			
		底板	管/mm	立板/mm	侧板/mm
管、板组合件	Q235	200mm×200mm×6mm、1 件	ϕ57mm×3mm、高 50mm、1 件	120mm×50mm×2mm、1 件	80mm×50mm×2mm、2 件

（3）设备、方法及材料准备。

① 使用设备为松下 TA-1400 + 350GR3 焊接机器人系统。

② 采用 CO_2 焊接工艺。

焊丝：ER50-6，ϕ1.0mm。

使用纯度在 99.5%以上的 CO_2 保护气体，气体流量自定。

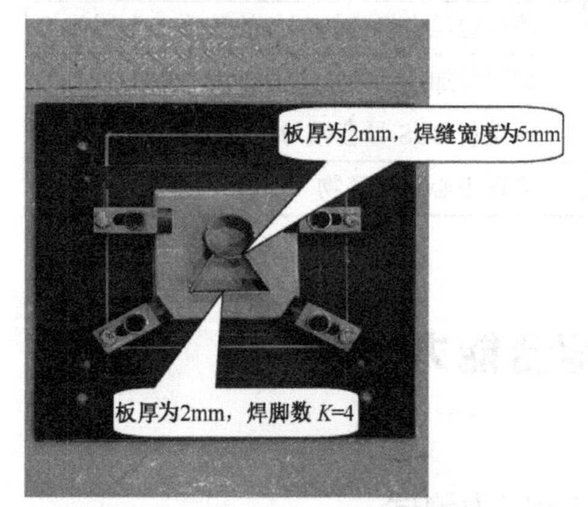

图 8-2 试件组对和装夹示意图

③ 焊接工艺参数、焊接顺序及枪姿自定。

④ 将试件在焊前点固好。试件组对和装夹示意图如图 8-2 所示。

时间：示教编程时间+焊接时间，60min 内完成；每超时 2min 扣 1 分（该项仅作为参考）。

2. 示教编程

（1）焊接顺序：先焊接立缝，再焊接平角。

（2）焊丝伸出长度始终保持在 15mm。

（3）立焊由上至下进行，分成两段示教，如图 8-3 所示。在第一段 *AB* 和 *DE*，焊枪以 80°～90° 夹角向下拉焊，由于这种枪姿无法焊到底部，因此在第二段 *BC* 和 *EF*，在焊接中应改变枪姿向下推焊。应注意避免因立缝焊接参数和枪姿不当产生焊瘤。立焊（一侧）各示教点的枪姿如图 8-4 所示。

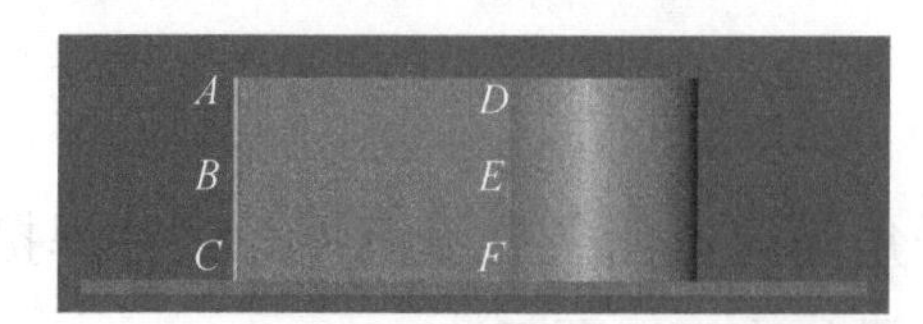

图 8-3 左视图（立焊示教点示意图）

平角焊的焊枪工作角始终保持 45°，起弧从机器人近点开始，焊枪逆时针扭转 180°，焊接方向为顺时针方向，起弧和收弧部位有 2～3mm 的搭接。平角焊示教点及焊接方向示意图如图 8-5 所示。

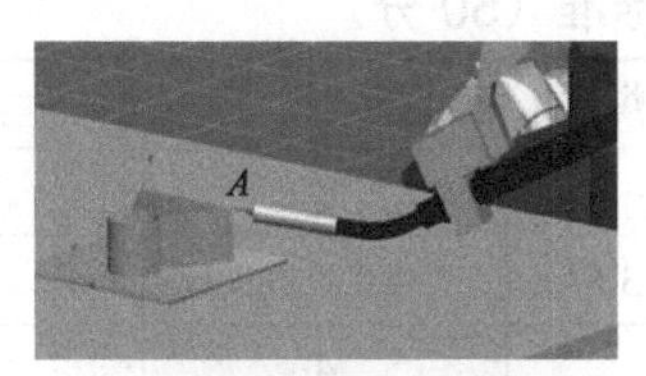

（a）A 点的枪姿

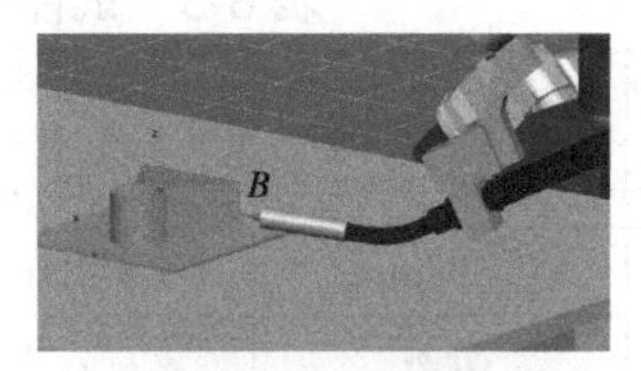

（b）B 点的枪姿

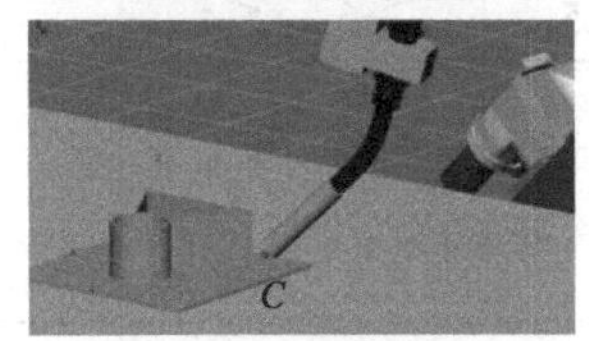

（c）C 点的枪姿

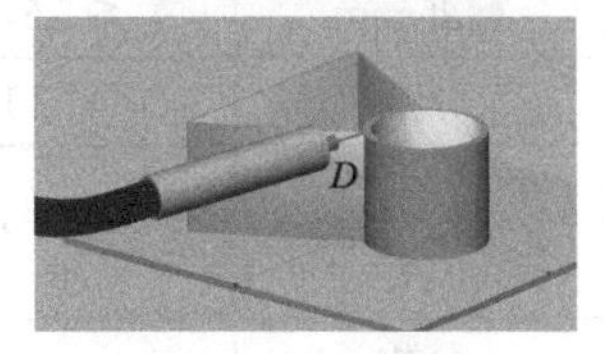

（d）D 点的枪姿

图 8-4　立焊（一侧）各示教点的枪姿

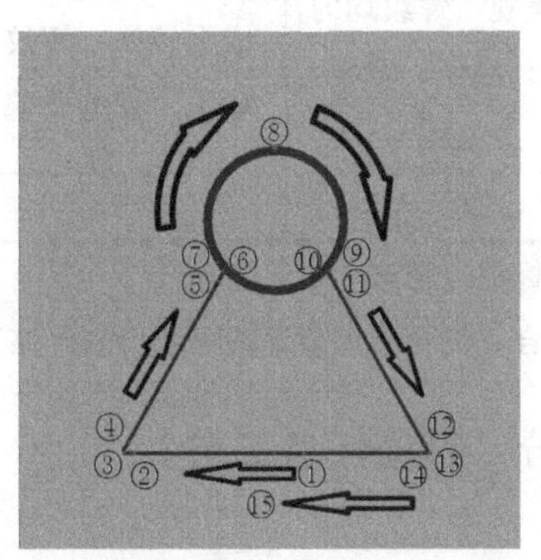

图 8-5　平角焊示教点及焊接方向示意图

在图 8-5 中，①、⑮为平角位焊接开始点和焊接结束点，设为 MOVEL；②、③、④为转角位，设为 MOVEC；⑤、⑥、⑦为转角位，设为 MOVEC；⑦、⑧、⑨为圆弧段，设为 MOVEC，其中⑦和⑨为圆弧分离点，在同一点重复登录两次，分别设为 MOVEL、MOVEC 和 MOVEC、MOVEL；⑨、⑩、⑪为转角位，设为 MOVEC；⑫、⑬、⑭为转角位，设为 MOVEC。

注意：

平角焊的直线段枪姿不要变，应在圆弧段的示教点匀速变换枪姿。除⑮为空走点以外，其他均为焊接点。其中，⑤、⑪重复登录 2 次增设一个 MOVEL 点；⑦、⑨设为圆弧分离点。各个示教点的枪姿如图 8-6 所示。

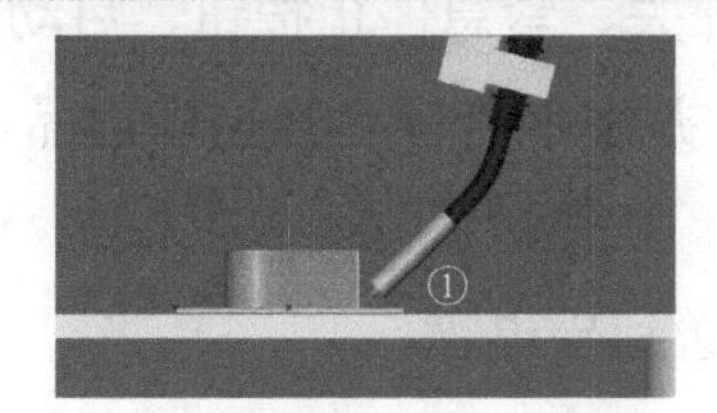

（a）平角焊枪工作角（45°）

（b）焊接开始点①与焊接结束点⑮的枪姿

图 8-6　各个示教点的枪姿

3．试件技术要求及评分标准

试件外观检验项目及评分标准（50分）如表8-8所示。

表8-8　试件外观检验项目及评分标准（50分）

检查项目	标准、分数	焊缝等级			
		Ⅰ	Ⅱ	Ⅲ	Ⅳ
焊脚高	标准/mm	≤4.3，＞3.6	＞4.3，≤3.6	＞4.7，≤3.1	＞5.2，≤2.8
	分数	10	7	4	0
焊缝宽度	标准/mm	≤5.5，＞4.5	＞5.5，≤4.5	＞6，≤4	＞6.5，≤3.5
	分数	10	7	4	0
咬边	标准/mm	0	深度≤0.5		深度＞0.5或总长度＞15mm
	分数	10	长度每多1mm减1分		0
焊缝外观	标准/mm	优	良	一般	差
		成型美观，焊纹均匀细密，高低、宽窄一致	成型较好，焊纹均匀，焊缝平整	成型尚可，焊缝平直	焊缝弯曲，高低、宽窄明显，有表面焊接缺陷
	分数	20	15	10	5

注：（1）若焊缝表面已修补或试件做舞弊标记，则该单项记为0分。

（2）凡焊缝表面有裂纹、夹渣、未熔合、气孔、焊瘤等缺陷之一的，该试件外观记为0分。

4．任务项目测试考核（50分，每项任务2分）

（1）安全测试。

任务1：在所有测试开始之前，检查机器人系统并确认其是否有潜在的安全隐患。

任务2：确认机器人系统中能对人身造成切断、挤压伤害的危险点。

任务3：向考评人员演示基本的机器人单元操作。

任务4：演示安全进入机器人系统单元并进行维护的过程。

任务5：确认所有紧急停止按钮可用并对其中的一个进行操作。

任务6：演示在紧急停止条件下对机器人系统进行恢复。

（2）设备熟悉度测试。

任务7：识别以下各项弧焊机器人单元的组件。

机器人控制器、机器人手臂、机器人的各轴、变位机、示教器、安全防护栏、焊接电源、送丝机构、送丝轮、焊枪、送气系统、焊接单元安全开关、紧急停止按钮、启动按钮。

任务8：演示检查焊枪、气筛、送丝轮和导电嘴，并演示怎样更换这些部品。

任务9：演示怎样打开焊接电源和机器人控制器。

任务10：演示将焊丝从焊丝盘中通过送丝机构输送到导电嘴。

任务11：用示教器或者其他方法检查送丝机构。

任务12：通过清理确保供气系统正常。

任务 13：如果使用带循环水的焊枪，则应确保焊枪循环水系统正常运行。

此时，考评人员将允许使用一些废弃试件进行实际的焊接练习，以便正确地选择焊接参数，达到满意的焊接效果。

（3）试件准备和编程。

任务 14：按照考评人员的指示，展示通过示教器移动机器人的能力。

任务 15：检查是否为焊枪选好正确的 TCP。

任务 16：用机器人系统编写下列与测试件相关的点。

① 原点。

② 焊接准备位置。

任务 17：将试件放到位，使机器人焊枪能接触到试件所需焊接的所有焊缝。

任务 18：为指定的试件写出一个基本的焊接程序，该程序须包含以下几个基本点。

① 通过手臂关节移动到焊接准备位置。

② 直线移动到第一道焊缝的开始点。

③ 焊接开始点。

④ 焊接结束点。

⑤ 在每道焊缝结束点和下一道焊缝开始点之间顺畅移动。

任务 19：依据提供的试件图，在所有的焊缝上重复跟踪。先从第一道焊缝接近位置进枪直线移动到结束焊接退避位置，再从退避位置移动到安全位置。

注意：

使用两个焊接规程编写该试件程序，务必保存编写的程序。

任务 20：考评人员此时可以对操作者进行机器人示教安全知识方面的提问。

任务 21：将试件固定在柔性工作台上，并用夹具固定好，确保试件稳妥且夹紧装置不影响焊接过程。

任务 22：编辑焊接示教点，使这些点都处在焊接过程中的正确位置上。此时可以考虑在焊接程序中插入一个延迟或等待指令。

（4）焊接工件并评估。

任务 23：考评人员确定测试完毕，到达试焊阶段，操作者、可以焊接试件。

任务 24：对焊接试件时输入焊接程序的焊接参数进行记录，将这些信息填写到实际操作测试记录表中。

任务 25：（选择项目）依据焊接质量评估表中列出的检验标准对焊缝进行目测评估。在对焊缝进行切断并进行腐蚀之前，操作者向考评人员报告评估结论。如果操作者不亲自对焊缝进行切断和腐蚀，则必须标记清楚在何处切断焊缝。根据目测评估和宏观腐蚀结果，填写焊接质量评估表。

5．实际操作测试记录表和焊接质量评估表

实际操作测试记录表和焊接质量评估表如表 8-9 所示。

表 8-9　实际操作测试记录表和焊接质量评估表

<table>
<tr><td>操作者姓名</td><td></td><td>考评日期</td><td></td></tr>
<tr><td>所在岗位</td><td></td><td>考评编号</td><td></td></tr>
<tr><td colspan="4">实际操作测试记录表——实际使用的参数</td></tr>
<tr><td colspan="4">说明：请操作者把使用的焊接工艺参数填写在下面的表格中以完成最后的测试模块，并在适当的位置填写这些数值</td></tr>
<tr><td>参数/焊缝编号</td><td>（1）　（2）</td><td>（3）　（4）</td><td>（5）　（6）</td></tr>
<tr><td>焊接电流
焊接电压
焊接速度
焊枪行走角
焊枪工作角
焊丝伸出长度
焊丝类型
气体流量</td><td></td><td></td><td></td></tr>
<tr><td colspan="4">焊接质量评估表</td></tr>
<tr><td colspan="4">说明：主要采用外观检验方法，参考横断面金相宏观检测的方法，测评考评人员所指定的焊缝。使用焊缝专用检测尺，检验焊缝是否满足焊脚尺寸的要求，如进行根部熔深测量，横断面应该包含切割、抛光、腐蚀等步骤，以检查横断面焊缝熔深及熔合情况。将检测结果填在下面的表格中，如果焊缝质量合格，则将其总结写在工件底部</td></tr>
<tr><td>检测项目</td><td>要求公差</td><td>实际检测结果</td><td>合格/不合格</td></tr>
<tr><td>焊脚尺寸</td><td>4.0mm±1.0mm</td><td></td><td></td></tr>
<tr><td>焊脚差</td><td>0～1.0mm</td><td></td><td></td></tr>
<tr><td>咬边</td><td>深度≤0.3mm</td><td></td><td></td></tr>
<tr><td>咬边长度</td><td>两侧累计≤10mm</td><td></td><td></td></tr>
<tr><td>根部熔深
（选做）</td><td>深度≥0.3mm</td><td></td><td></td></tr>
<tr><td>表面气孔</td><td>ϕ≤1.0mm，≤2 个</td><td></td><td></td></tr>
<tr><td>裂纹</td><td>不容许</td><td></td><td></td></tr>
<tr><td>焊脚凹凸度</td><td>≤1.0mm</td><td></td><td></td></tr>
</table>

注：（1）若焊缝表面已修补或试件做舞弊标记，则该考核项目记为 0 分。

（2）凡焊缝表面有裂纹、夹渣、未熔合、气孔、焊瘤等缺陷之一的，该试件外观记为 0 分。

扫一扫：观看机器人仿真视频

机器人综合实训仿真视频

机器人离线程序导入

机器人开机操作

【实训报告8】

实训报告8

实训名称	机器人焊接操作综合能力测试		
实训内容与目标	通过管、板组合件进行机器人焊接操作综合能力测试		
考核项目	管、板组合件的焊接工艺分析与要领		
	示教点的轨迹规划		
小组成员			
具体分工			
指导教师		学生姓名	
实训时间		实训地点	
计划用时/min		实际用时/min	
实训准备			
主要设备	辅助工具	学习资料	
焊接机器人			
备注			
1．简述管、板组合件示教焊接的工作流程。			
2．分析在不同位置可能产生的焊接缺陷。			
3．收获与体会。			

第8章单元测试题

一、判断题（下列判断题中，正确的请打“√”，错误的请打“×”）

1．机器人属于高科技的机电一体化产品，在工厂生产环境下，受磁、电、光、振动、粉尘等影响，同时机器人处于长时间连续工作状态，会产生发热、磨损等变化，一些小问题可能会酿成大事故，影响整个生产过程。（　　）

2．机器人为高科技产品，一般情况无须对机器人进行日常检查与保养。（ ）

3．由于机器人处于长时间连续工作状态，会产生发热、磨损等变化，一些小问题可能会酿成大事故，影响整个生产过程，因此要及时发现问题、解决问题。（ ）

4．机器人系统长期动作，振动等原因会造成各部件的螺钉松动，由此可能会引起部件脱落、接触不良等后果，需要通知专业人员来紧固松动的螺钉。（ ）

5．未经正式培训的人员，不能随意打开机器人控制柜和其他部件，以免造成损坏。（ ）

6．机器人发生任何故障都需要马上通知售后专业服务人员前来处理。（ ）

二、单项选择题（下列每题的选项中只有1个是正确的，请将其代号填在横线空白处）

进行机器人日常检查的主要目的是＿＿＿＿＿＿。

A．发现问题　　B．通知维修人员

C．保持外观整洁　　D．及时发现问题、解决问题

三、问答题

1．为什么要进行机器人的日常检查与保养？

2．为什么要经常查机器人系统各部件的螺钉是否松动和及时清理脏污？

3．如果发生机器人故障是否应马上通知专业人员处理？为什么？

附录A 机器人指令

A.1 移动指令

1．MOVEC

格　式	MOVEC [位置名称][手动速度]		
功　能 锁定条件 语法检查	圆弧插补 机器人锁 无	位置名称 手动速度	示教位置型变量 机器人向此点移动的速度
举　例	以 7.5m/min 的速度、圆弧插补的方式移动到示教点 P3。 MOVEC P3 7.5m/min		

2．MOVECW

格　式	MOVECW [位置名称][手动速度][方式编号][频率]（[定时器]）		
功　能 锁定条件 语法检查	圆弧摆动插补 机器人锁 无	位置名称 手动速度 方式编号 频　率 定 时 器	示教位置型变量 机器人向此点移动的速度 摆动方式（*n*） 摆动频率 （对于摆动方式 2 和 3）摆动定时器
举　例	以 7.5m/min 的速度、摆动方式 1、摆动频率为 0.5Hz 的圆弧摆动插补指令移动到示教点 P5。 MOVECW P5 7.5m/min Ptn=1 F=0.5 说明：a. 如果下一示教点是 MOVECW，则此处设置的摆动方式应用于下一点的运动。 b. 如果前一示教点是 MOVECW，则此处设置的频率、定时器适用于向此点移动		

3．MOVEL

格　式	MOVEL [位置名称][手动速度]		
功　能 锁定条件 语法检查	直线插补 机器人锁 无	位置名称 手动速度	示教位置型变量 机器人向此点移动的速度
举　例	以 7.5m/min 的速度、直线插补的方式移动到示教点 P2。 MOVEL P2 7.5m/min		

4．MOVELW

格　式	MOVELW [位置名称][手动速度][摆动方式] [频率]（[定时器]）		
功　能 锁定条件 语法检查	直线摆动插补 机器人锁 无	位置名称 手动速度 方式编号 频　率 定 时 器	示教位置型变量 机器人向此点移动的速度 摆动方式（*n*） 摆动频率 （对于摆动方式 2 和 3）摆动定时器
举　例	以 7.5m/min 的速度、直线摆动插补的方式移动到示教点 P4，使用摆动方式 1，摆动频率为 0.5Hz。 MOVELW P4 7.5m/min Ptn=1 F=0.5 说明：a. 如果下一示教点是 MOVELW，则此处设置的摆动方式应用于下一点的运动。 b. 如果前一示教点是 MOVELW，则此处设置的频率、定时器适用于向此点移动		

5．MOVEP

格　式	MOVEP　[位置名称][手动速度]		
功　能 锁定条件 语法检查	PTP 插补 机器人锁 无	位置名称 手动速度	示教位置型变量 机器人向此点移动的速度
举　例	以 7.5m/min 的速度、PTP 插补的方式移动到示教点 P1。 MOVEP　P1　7.5m/min		

6．WEAVEP

格　式	WEAVEP　[位置名称][手动速度][定时器]		
功　能 锁定条件 语法检查	摆动幅度点 机器人锁 无	位置名称 手动速度 定 时 器	示教位置型变量 机器人向此点移动的速度 摆动定时器
举　例	设定 P6 为摆动幅度点，定时器是 0。 WEAVEP　P6　7.5m/min　T=0.0		

A.2　输入/输出指令

1．IN

格　式	IN　[变量]=[端子类型]（[端子名称]）		
功　能 条　件 锁定条件 语法检查	数字信号输入，将输入/输出端子的信号状态输入一变量名 无 I/O 锁 无	变　量 端子类型 端子名称	输入的端子编号指定给变量［GB（全局字节型变量），LB（局部字节型变量）］ 输入端子类型［数值或变量（GB，LB）］ i1#——1 位输入端子 i4#——4 位输入端子 i8#——8 位输入端子 端子标签或编号［数值或变量（GB，LB）］
举　例	从 1 位输入端子 001 输入状态信号。 IN　LB001=i1#（001）		

2．OUT

格　式	OUT　[端子类型]（[端子名称]）=[数值]		
功　能 条　件 锁定条件 语法检查	数字信号输入（向输出端子输出信号） 端子类型 i4#、i8#、o4#和 o8#一定要使用定义 I/O 锁 无	端子类型 输出数值 端子名称	输出端子类型［数值或变量（GB，LB）］ o1#——1 位输出端子 o4#——4 位输出端子 o8#——8 位输出端子 ON/OFF 或变量（GB，LB） 端子标签或编号［数值或变量（GB，LB）］
举　例	向 1 位输出端子 001 输出高电平（ON）。 OUT　01#（001）=ON 注意：输入值被转换为二进制数，输出下位的 bit 值（0：OFF。1：ON）。例如，如果是 o1#端口，则下位是 1bit；如果是 o4#端口，则下位是 4bit。		

A.3 流程指令

1．CALL

格　式	CALL [文件名称]		
功　能 条　件 锁定条件 语法检查	调用一个程序并运行它，调用程序结束后继续运行原程序 标准 I/O 锁 被调用的程序不存在	文件名称	要调用的程序名称
举　例	调用程序 PROG001.prg。 CALL PRG001.prg		

2．DELAY

格　式	DELAY T=s		
功　能 条　件 锁定条件 语法检查	延时，使机械组停止工作一段时间 标准 无 无	定 时 器	停止时间（0.01s 的增量，单位：s）
举　例	停止操作 10s。 DELAY 10.00 s		

3．HOLD

格　式	HOLD [信息]		
功　能 条　件 锁定条件 语法检查	暂时停止（或用户错误）。此功能反映一个错误状态。如果当前操作产生错误，则用此功能停止操作。例如，互锁 标准 无 无	信　息	在屏幕上显示错误状态信息(最多 32 个字母)
举　例	停止操作 10s。 HOLD 10.00 s		

4．IF

格　式	IF[因素 1][条件][因素 2] THEN[执行 1] ELSE[执行 2]		
功　能 条　件 锁定条件 语法检查	条件跳转语句，根据条件判断结果跳转到下一动作 标准 无 无	因 素 1	比较因素 1，如果是端子类型，则其必须为[端子类型]+[端子编号]
		条　件	[关系条件] = 等于 < 小于 > 大于 <= 小于或等于 >= 大于或等于 <> 不等于
		因 素 2	比较因素 2
		执 行 1	条件满足时运行的指令
		执 行 2	条件不满足时运行的指令

续表

举　例	如果LB001的值是10，则跳转到标签LABL0001。 IF　LB001=10　THEN　JUMP　LABL0001　ELSE　NOP

5．JUMP

格　式	JUMP　[标签]		
功　能	跳转到某一特定标签（不一定是次序中的下一个）并执行操作	标　签	跳转到的标签名称（字符串，最多8个字母）
条　件	标准		
锁定条件	无		
语法检查	同一程序内不存在设置跳转的标签		
举　例	跳转到LABL0001。 JUMP　LABL0001		

6．LABEL

格　式	LABEL		
功　能	跳转地址标签	LABEL（标签）	跳转到的标签名称（字符串，最多8个字母） 同一程序中不能有同名的标签
条　件	标准		
锁定条件	无		
语法检查	无		
举　例	跳转到LABL0001。 JUMP　LABL0001		

7．NOP

格　式	NOP
功　能	无操作。使用它来提高程序的易读性
条　件	标准
锁定条件	无
语法检查	无
举　例	NOP

8．REM

格　式	REM　[注释]		
功　能	注释。为文件加注释，以便于理解	注　释	字符串（最多 32 个字母）
条　件	标准		
锁定条件	无		
语法检查	无		
举　例	增加一个注释“开始焊接”。 REM 开始焊接		

9．RET

格　式	RET
功　能	返回原程序。结束当前程序，返回并继续运行原程序。如果当前程序为原程序，则结束此程序
条　件	标准
锁定条件	无
语法检查	无
举　例	RET

10. STOP

格　式	STOP
功　能	结束当前操作
条　件	标准
锁定条件	无
语法检查	无
举　例	STOP

11. WAIT_IP

格　式	WAIT_IP [输入端口号][条件][输入数值] T=[数值]s		
功　能	直到条件满足时才结束等待。如果给定的是一个时间条件（T＝t），则在给定时间后重新开始运行	输入端口号	端子类型： i1# —— 1 位输入端子 i4# —— 4 位输入端子 i8# —— 8 位输入端子 端子编号： 数值或变量名（GI，LR）
条　件	标准	条　件	[关系条件]： = 端子状态值和输入数值相等
锁定条件	I/O 锁	输入数值	与端子状态进行比较的数值（数值或变量名，或 1 位输入的 ON/OFF 值）
语法检查	无	数　值	设置在多长时间内满足条件后执行下一条指令[数值或变量名（GR，LR）][设置范围：0～99.99] T=0：等候直到条件满足
举　例	机器人处于等待状态直到 i1# 输入高电平 ON，如果 20s 之后条件还不满足，则继续运行操作。 WAIT_IP i1#（001）=ON T=20		

12. WAIT_VAL

格　式	WAIT_VAL [输入编号][条件][输入数值] T=[定时器]s		
功　能	输入等待。到条件成立之前停止运行。如果给定时间条件（T＝t），则即使条件不成立，也在给定的时间后重新开始运行	输入编号	变量（GB，LB，GI，LI）
条　件	标准	条　件	[关系条件]： = 等于 < 小于 > 大于 <= 小于或等于 >= 大于或等于 <> 不等于
锁定条件	I/O 锁	输入数值	与端子状态进行比较的数值（数值或变量名，或 1 位输入的 ON/OFF 值）
语法检查	无	定 时 器	设置在多长时间内满足条件后执行下一条指令[数值或变量名（GR、LR）][设置范围：0～99.99] T=0：等候直到条件满足
举　例	机器人处于等待状态直到 i1# 输入高电平 ON，如果 20s 之后条件还不满足，则继续运行操作。 WAIT_VAL i1#（001）=ON T=20		

A.4 焊接指令

1. ADJRST

格　式	ADJRST		
功　能	将焊接微调整重新设置为默认值	注　意	将重新设置下列各项值： HOTVLT FTTLVL BBKTIME WIRSLDN
条　件	焊接包		
锁定条件	焊接锁定（内部执行）		
语法检查	无		
举　例	ADJRST		

2. AMP

格　式	AMP [安培数]		
功　能	设置焊接电流值	安培数	焊接电流[设置范围：1～999A]
条　件	焊接包		
锁定条件	焊接锁定（内部执行，设置数值）		
语法检查	无		
举　例	设定焊接电流为200A。 AMP=200A		

3. ARC-OFF

格　式	ARC-OFF [文件名称] RELEASE=[表]		
功　能	结束焊接操作	文件名称	用于结束焊接操作的文件名
条　件	焊接包	表	执行自动粘丝解除操作的表的编号[0～5]，输入“0”无粘丝解除
锁定条件	电弧锁定（内部执行）		
语法检查	所设置的文件名不存在		
举　例	运行ArcEnd1 文件结束焊接操作。 ARC-OFF ArcEnd1		

4. ARC-ON

格　式	ARC-ON [文件名称] RETRY=[表]		
功　能	开始焊接操作	文件名称	用于开始焊接操作的文件名
条　件	焊接包	表	执行自动起弧重试操作的表的编号[0～5]，输入“0”无粘丝解除
锁定条件	电弧锁定（内部执行）		
语法检查	所设置的文件名不存在		
举　例	运行ArcStart1 文件开始焊接操作，不使用起弧重试功能。 ARC-ON ArcStart1 RETRY=0		

5. ARC-SET

格　式	ARC-SET AMP = [电流] VOLT=[电压] S=[速度]		
功　能	设置焊接操作参数	电　流	焊接电流[设置范围：1～999A]
条　件	焊接包	电　压	焊接电压[设置范围：0.1～99.9V]
锁定条件	电弧锁定（内部执行，设置数值）	速　度	焊接速度[设置范围：0.01～120.00m/min]
语法检查	无		
举　例	设置焊接操作参数：焊接电流是180A，焊接电压是20 V，焊接速度是0.5m/min。 ARC-SET AMP=180 VOLT=20 S=0.50		

6．ACR-SET_TIG

格　式	ACR-SET_TIG Ib=[基值电流]　Ip=[峰值电流]　WF=[填丝速度]　FRQ=[频率]　S =[速度]		
功　能	设置 TIG 焊接条件	基值电流	基值电流（单位：A）
条　件	焊接包	峰值电流	峰值电流（单位：A）
锁定条件	电弧锁定（内部执行，设置数值）	填丝速度	填丝速度（单位：cm/min）
语法检查	无	频　率	频率（单位：Hz）
		速　度	焊接速度（单位：m/min）
举　例	设置 TIG 焊接参数：基值电流是 120A，峰值电流是 180A，填丝速度是 10cm/min，频率是 0.5Hz，焊接速度是 0.50m/min ACR-SET_TIG　Ib=120　Ip=180　WF=10　FRQ=0.5　S=0.50		

7．BBKTIME

格　式	BBKTIME　[数值]		
功　能	调整焊丝回烧时间。增大数值可延长焊丝回烧时间，减小出现粘丝的概率；减小数值可缩短焊丝回烧时间，减小烧导电嘴的概率	数　值	对系统设定值的微调整数值[设置范围：-15～+15]
条　件	焊接包	注　意	执行+1 调整两次并不等同于+2
锁定条件	焊接锁定（内部执行）		
语法检查	无		
举　例	调整焊丝回烧时间，设置微调整数值为“+1”。 BBKTIME　+1		

8．CRATER

格　式	CRATER　AMP =[电流]　VOLT=[电压]　T=[定时器]		
功　能	设置焊接收弧参数	电　流	收弧电流[设置范围：1～999A]
条　件	焊接包	电　压	收弧电压[设置范围：0.1～99.9V]
锁定条件	电弧锁定（内部执行，设置数值）	定 时 器	收弧时间[设置范围：0～99s]
语法检查	无		
举　例	设置焊接收弧参数：收弧电流是 120A，收弧电压是 16V，收弧时间是 0.2s。 CRATER　AMP=120　VOLT=16　T=0.2		

9．CRATER_TIG

格　式	CRATER_TIG　Ib=[基值电流]　Ip=[峰值电流]　WF=[填丝速度]　FRQ=[频率]　S =[速度]　T=[定时器]		
功　能	设置 TIG 焊接的收弧条件	基值电流	基值电流（单位：A）
条　件	焊接包	峰值电流	峰值电流（单位：A）
锁定条件	电弧锁定（内部执行，设置数值）	填丝速度	填丝速度（单位：cm/min）
语法检查	无	频　率	频率（单位：Hz）
		速　度	焊接速度（单位：m/min）
		定 时 器	收弧时间
举　例	设置 TIG 焊接收弧参数：基值电流是 100A，峰值电流是 120A，填丝速度是 10cm/min，频率是 1.0 Hz，焊接速度是 0.50m/min，收弧时间是 0.20s。 ACR-SET_TIG　Ib=100　Ip=120　WF=10　FRQ=1.0　S=0.50　T=0.20		

10．FTTLVL

格　式	FTTLVL　[数值]

续表

功　　能	调整 FTT 电压等级。增大数值可使焊丝头部为球形，其结果是减小粘丝的概率；减小数值可使焊丝端部为尖形，可提高起弧成功率	数　　值	对系统设定值的微调整数值[设置范围：−15～+15]
条　　件	焊接包	注　　意	执行+1 调整两次并不等同于+2
锁定条件	焊接锁定（内部执行）		
语法检查	无		
举　　例	调整 FTT 电压等级，设置微调整数值为“+1”。 FTTLVL　+1		

11．GASVALVE

格　　式	GASVALVE　[ON/OFF]		
功　　能	打开或关闭气阀	ON/OFF	ON：打开气阀 OFF：关闭气阀
条　　件	焊接包		
锁定条件	焊接锁定（内部执行）		
语法检查	无		
举　　例	打开气阀。 GASVALVE　ON		

12．HOTVLT

格　　式	HOTVLT　[数值]		
功　　能	调整热电压。若将数值调大，则起弧后焊丝触碰率减小；若将数值调小，则起弧后焊丝回烧受到的抑制减小	数　　值	对系统设定值的微调整数值[设置范围：−15～+15]
条　　件	焊接包	注　　意	执行+1 调整两次并不等同于+2
锁定条件	焊接锁定（内部执行）		
语法检查	无		
举　　例	调整热电压值，设置微调整数值为“+1”。 HOTVLT　+1		

13．IAC

格　　式	IAC　[数值]		
功　　能	调整焊接电流波形的电弧电流折射值	数　　值	对系统设定值的微调整数值[设置范围：-3～+3]
条　　件	焊接包	注　　意	执行+1 调整两次并不等同于+2
锁定条件	焊接锁定（内部执行）		
语法检查	无		
举　　例	调整焊接电流波形的电弧电流折射值，设置微调整数值为“+1”。 IAC　+1	电流 ISL2 (−) (+) ISC (−) (+) ISL1 IAC 电弧 TSO 短路 时间 O	

14．IB

格　　式	IB= [基值电流]

续表

功　能	调整基值电流	基值电流	基值电流的调整值[设置范围：-3～+3]；对于模拟量焊机输入真实电流[设置范围：0～999A]
条　件	焊接包		
锁定条件	焊接锁定（内部执行）		
语法检查	无		
举　例	调整基值电流，设置调整值为“+1”。 IB = +1		

15．IB_TIG

格　式	IB_TIG= [基值电流]		
功　能	调整 TIG 焊接的基值电流	基值电流	基值电流的调整值[设置范围：0～999A]
条　件	焊接包		
锁定条件	焊接锁定（内部执行）		
语法检查	无		
举　例	设置基值电流到 100 A。 IB_TIG = 100		

16．IP

格　式	IP=[峰值电流]		
功　能	调整峰值电流	峰值电流	峰值电流的调整值[设置范围：-3～+3]；对于模拟量焊机输入真实电流[设置范围：0～999A]
条　件	焊接包		
锁定条件	焊接锁定（内部执行）		
语法检查	无		
举　例	调整峰值电流，设置调整值为“+1”。 IP = +1		

17．IP_TIG

格　式	IP_TIG=[峰值电流]		
功　能	设置 TIG 焊接峰值电流	峰值电流	峰值电流[设置范围：0～999A]
条　件	焊接包		
锁定条件	焊接锁定（内部执行）		
语法检查	无		
举　例	设置 TIG 焊接峰值电流为 150A。 IP_TIG = 150		

18．ISC

格　式	ISC　[数值]		
功　能	调整焊接电流波形的短路电流倾斜角	数　值	对系统设定值的微调整数值[设置范围：-3～+3]
条　件	焊接包		
锁定条件	焊接锁定（内部执行）	注　意	执行+1 调整两次并不等同于+2
语法检查	无		
举　例	焊接电流波形的短路电流倾斜角，设置微调整数值为“+1”。 ISC　+1		

19．ISL1

格　　式	ISL1　[数值]		
功　　能 条　　件 锁定条件 语法检查	调整焊接电流波形的短路电流倾斜角 ISL1，增大数值可使倾斜角变小 焊接包 焊接锁定（内部执行） 无	数　　值 注　　意	对系统设定值的微调整数值[设置范围：-3～+3] 执行+1 调整两次并不等同于+2
举　　例	调整焊接电流波形的短路电流倾斜角 ISL1，设置调整值为“+1”。 ISL1　+1		

20．ISL2

格　　式	ISL2　[数值]		
功　　能 条　　件 锁定条件 语法检查	调整焊接电流波形的短路电流倾斜角 ISL2，增大数值可使倾斜角变小 焊接包 焊接锁定（内部执行） 无	数　　值 注　　意	对系统设定值的微调整数值[设置范围：-3～+3] 执行+1 调整两次并不等同于+2
举　　例	调整焊接电流波形的短路电流倾斜角 ISL2，设置微调整数值为“+1”。 ISL2　+1		

21．PDUTY

格　　式	PDUTY　[脉冲幅度]		
功　　能 条　　件 锁定条件 语法检查	设置脉冲幅度 焊接包 焊接锁定（内部执行） 无	脉冲幅度	脉冲幅度[设置范围：5%～95%]
举　　例	设置脉冲幅度为 50%。 PDUTY　50 %		

22．PDUTY_TIG

格　　式	PDUTY_TIG　[脉冲宽度]		
功　　能 条　　件 锁定条件 语法检查	设置 TIG 焊接脉冲宽度 焊接包 焊接锁定（内部执行） 无	脉冲宽度	脉冲宽度[设置范围：5%～95%]
举　　例	设置脉冲宽度为 50%。 PDUTY_TIG　50 %		

23. PENET

格　式	PENET [调整数值]		
功　能 条　件 锁定条件 语法检查	调整熔深控制数值 焊接包 焊接锁定（内部执行） 无	数　值 注　意	对系统设定值的微调整数值[设置范围：-3～+3] 执行+1 调整两次并不等同于+2
举　例	调整熔深控制数值，设置调整值为“+1”。 PENET +1		

24. PFRQ

格　式	PFRQ [脉冲频率]		
功　能 条　件 锁定条件 语法检查	调整脉冲频率 焊接包 焊接锁定（内部执行） 无	脉冲频率	数字 MIG 焊机的调整值[设置范围：-10～+10] 不可以应用于模拟型焊机
举　例	调整脉冲频率，设置调整值为“+1”。 PFRQ +1		

25. PFRQ_TIG

格　式	PFRQ_TIG [脉冲频率]		
功　能 条　件 锁定条件 语法检查	设置 TIG 焊接脉冲频率 焊接包 焊接锁定（内部执行） 无	脉冲频率	数字 TIG 焊机的脉冲频率[设置范围：0 或 0.8～500.0Hz] 模拟焊机的脉冲频率[设置范围：0～49.9Hz]
举　例	将脉冲频率设置为 10Hz。 PFRQ_TIG 10.0		

26. PMODE

格　式	PMODE [模式]		
功　能 条　件 锁定条件 语法检查	设置脉冲模式 焊接包 焊接锁定（内部执行） 无	模　式	脉冲模式[设置范围：软/硬/混合]
举　例	将脉冲模式设置为“软”。 PMODE SOFT		

27. STICKCHK

格　式	STICKCHK [ON/OFF]		
功　能 条　件 锁定条件 语法检查	启动或结束粘丝监测 焊接包 焊接锁定 无	ON/OFF	ON：启动粘丝监测 OFF：结束粘丝监测
举　例	启动粘丝监测。 STICKCHK ON		

28. TIGSLP

格　式	TIGSLP Ib=[电流 1] Ip=[电流 2][类型][数值]

续表

功　能 条　件 锁定条件 语法检查	设置TIG焊接中某一距离或时间内的焊接条件 焊接包 焊接锁定 无	电　流1 电　流2 类　型 数　值	新的基值电流 新的峰值电流 使用新参数进行焊接的时间或距离 T：通过时间设置 D：通过距离设置 NEXT*：到下一示教点 数值或变量 对应于T：输入时间（单位：s） 对应于D：输入距离（单位：mm） 对应于NEXT*：没有数值
举　例	以基值电流为120A、峰值电流为240A的参数焊接100mm。 TIGSLP　Ib=120　Ip=240　D=100		

29．TORCHSW

格　式	TORCHSW　[ON/OFF]		
功　能 条　件 锁定条件 语法检查	闭合或断开焊枪开关 焊接包 焊接锁定 无	ON/OFF	ON：闭合焊枪开关 OFF：断开焊枪开关
举　例	闭合焊枪开关。 TORCHSW　ON		

30．VOLT

格　式	VOLT=[电压]		
功　能 条　件 锁定条件 语法检查	设置焊接电压 焊接包 焊接锁定（内部执行，设置数值） 无	电　压	焊接电压[设置范围：0.1～99.9 V]
举　例	设置焊接电压为24 V。 VOLT=24		

31．WAIT-ARC

格　式	WAIT-ARC
功　能 条　件 锁定条件 语法检查	停止机械组的操作直到检测到起弧成功（检测焊接电流） 焊接包 焊接锁定 无
举　例	WAIT-ARC

32．WFED

格　式	WFED　[送丝速度]		
功　能 条　件 锁定条件 语法检查	设置焊丝供给速度 焊接包 焊接锁定（内部执行） 无	送丝速度	焊丝供给速度[设置范围：0.00～15.00m/min]
举　例	设置送丝速度为10m/min。 WFED　10.00		

33．WIREFWD

<table>
<tr><td>格　式</td><td colspan="3">WIREFWD　[ON/OFF]</td></tr>
<tr><td>功　能</td><td>启动或结束焊丝正送（向前送丝）</td><td>ON/OFF</td><td>ON：送丝
OFF：停止送丝</td></tr>
<tr><td>条　件</td><td>焊接包</td><td></td><td></td></tr>
<tr><td>锁定条件</td><td>焊接锁定（内部执行）</td><td>注　意</td><td>在此指令之前，需要插入决定送丝速度的“AMP =”指令</td></tr>
<tr><td>语法检查</td><td>无</td><td></td><td></td></tr>
<tr><td>举　例</td><td colspan="3">向前送丝。
WIREFWD　ON</td></tr>
</table>

34．WIRERWD

<table>
<tr><td>格　式</td><td colspan="3">WIRERWD　[ON/OFF]</td></tr>
<tr><td>功　能</td><td>启动或结束焊丝逆送（回抽焊丝）</td><td>ON/OFF</td><td>ON：开始焊丝回抽
OFF：停止焊丝回抽</td></tr>
<tr><td>条　件</td><td>焊接包</td><td></td><td></td></tr>
<tr><td>锁定条件</td><td>焊接锁定</td><td>注　意</td><td>在此指令之前，需要插入决定送丝速度的“AMP =”指令</td></tr>
<tr><td>语法检查</td><td>无</td><td></td><td></td></tr>
<tr><td>举　例</td><td colspan="3">回抽焊丝。
WIRERWD　ON</td></tr>
</table>

35．WIRSLDN

<table>
<tr><td>格　式</td><td colspan="3">WIRSLDN　[数值]</td></tr>
<tr><td>功　能</td><td>调整慢送丝速度。增大数值将缩短起弧时间，减小数值可获得较高起弧成功率</td><td>数　值</td><td>对系统设定值的微调整数值[设置范围：-15～+15]</td></tr>
<tr><td>条　件</td><td>焊接包</td><td></td><td></td></tr>
<tr><td>锁定条件</td><td>焊接锁定（内部执行）</td><td>注　意</td><td>执行+1 调整两次并不等同于+2</td></tr>
<tr><td>语法检查</td><td>无</td><td></td><td></td></tr>
<tr><td>举　例</td><td colspan="3">调整慢送丝速度，设置微调整数值为“+1”。
WIRSLDN　+1</td></tr>
</table>

36．WLDCHK

<table>
<tr><td>格　式</td><td colspan="8">WLDCHK　[ON/OFF]</td></tr>
<tr><td rowspan="5">功　能
条　件
锁定条件
语法检查</td><td rowspan="5">打开或关闭焊接检测功能（检测异常焊接）
焊接包
焊接锁定（内部执行）
无</td><td colspan="2">ON/OFF</td><td colspan="4">焊接检查标识
ON：检查
OFF：不检查</td></tr>
<tr><td colspan="6">注意：运转开始时为 ON，并且当机器人向下一示教点移动时自动检测。无论焊接检测功能开或关，都将检测焊接电流。焊接检测设置如下</td></tr>
<tr><td></td><td>电流检测</td><td>焊枪接触</td><td>保护气、焊丝</td><td>无电弧</td><td>粘丝</td></tr>
<tr><td>ON</td><td>检测</td><td>检测</td><td>检测</td><td>检测</td><td>检测</td></tr>
<tr><td>OFF</td><td>检测</td><td>不检测</td><td>不检测</td><td>不检测</td><td>不检测</td></tr>
<tr><td>举　例</td><td colspan="7">关闭检测功能。
WLDCHK　OFF</td></tr>
</table>

37．WPLS

<table>
<tr><td>格　式</td><td colspan="3">WPLS　[ON/OFF]</td></tr>
<tr><td>功　能</td><td>设置是否使用脉冲控制</td><td rowspan="4">ON/OFF</td><td rowspan="4">ON：使用脉冲控制
OFF：不使用脉冲控制</td></tr>
<tr><td>条　件</td><td>焊接包</td></tr>
<tr><td>锁定条件</td><td>焊接锁定（内部执行）</td></tr>
<tr><td>语法检查</td><td>无</td></tr>
<tr><td>举　例</td><td colspan="3">设置使用脉冲控制。
WPLS　ON</td></tr>
</table>

A.5 运算操作指令

1. ADD

格　式	ADD [变量]，[数值]		
功　能	加法运算，将变量增加一个数值	变　量	变量值将作为增加的基值，加法运算后所得数值将赋给此变量（GB，LB，GI，LI，GL，LL，GR，LR，GD）
条　件	焊接包		
锁定条件	焊接锁定（内部执行）	数　值	增加的数值或变量
语法检查	无	注　意	如果数值部分是一个变量，则该变量要与前面的变量类型相同
举　例	将变量 LR001 加 10。 ADD LR001，10		

2. ATAN

格　式	ATAN [变量 1] [变量 2]		
功　能	计算变量 2 的余切，将结果赋给变量 1	变 量 1	储存运算结果的变量[返回数值：-90°～+90°]
条　件	标准		
锁定条件	无	变 量 2	计算数值
语法检查	无		
举　例	计算 arctan1（$=\tan^{-1}1$），并将结果赋给 LR001。 ATAN LR001 1		

3. CLEAR

格　式	CLEAR [变量][参数]		
功　能	清除变量的值	变　量	变量名或类型，其值将被清零
条　件	标准	参　数	Individual：设置需要清零的变量名
锁定条件	无		ALL：对指定类型的所有变量进行清零
语法检查	无	注　意	运行后变量数值变成零
举　例	清除变量 LR001 的值。 CLEAR LR001		

4. CNVPT

格　式	CNVPT [变量 1]（[坐标系 1]）=[变量 2]（[坐标系 2]）		
		变 量 1	将被赋值的变量（示教点型变量、3D 型变量或机器人型变量）
功　能	坐标系变换标准	坐标系 1	变换后的坐标（示教点型变量、机械组名称或坐标系名称）
条　件	无		
锁定条件	无	变 量 2	在变换坐标系之前的位置变量（示教点型变量、3D 型变量或机器人型变量）
语法检查	检查变量类型是否匹配		
		坐标系 2	变换前的坐标系（示教点型变量、机械组名称或坐标系名称）
举　例	将 P1 点从机器人坐标系变换到用户坐标系 USER1，并赋给 P2。 CNVPT P2（USER1）=P1（ROBOT）		

5. COS

格　式	COS [变量 1][变量 2]

续表

功　能	计算变量 2 的余弦值将结果赋给变量 1	变 量 1	计算结果赋给此变量（GR，LR）
条　件	标准	变 量 2	计算数值或变量（单位：度）
锁定条件	无		
语法检查	无		
举　例	计算 cos45°，将结果赋给 LR001。 COS　LR001　45		

6. DEC

格　式	DEC　[变量]		
功　能	将变量值递减 1	变　量	此变量数值将被减 1（GB，LB，GI，LI，GL，LL）
条　件	标准		
锁定条件	无		
语法检查	无		
举　例	将变量 LR001 的值减 1。 DEC　LR001		

7. DIV

格　式	DIV　[变量 1]，[变量 2]		
功　能	除法运算，如果变量 2 为整型变量，则省略其小数部分	变 量 1	此变量值作为被除数，并将运算结果赋给此变量（GB，LB，GI，LI，GL，LL）
条　件	标准	变 量 2	除数
锁定条件	无		
语法检查	如果变量 1 或变量 2 有任何一个是示教点型变量或 3D 型变量，则出错		
举　例	将变量 LR001 除以 10。 DIV　LR001，10		

8. GETEL

格　式	GETEL　[变量 1]=[变量 2]		
功　能	对示教点型变量、3D 型变量或机器人型变量的某一元素取值	变 量 1	目标变量
条　件	无	变 量 2	被取值的变量元素（D，GA，GP） X：X 轴上的点 Y：Y 轴上的点 Z：Z 轴上的点 G1 到 G12：外部轴 1 到 12 上的点（仅适用于示教点型变量）
锁定条件	无		
语法检查	如果被取值的变量不是示教点型变量、3D 型变量或机器人型变量，则出错		
举　例	将变量 GP001 的 X 值赋给 LR001。 GETEL　LR001=GP，X GP001		

9. GETPOS

格　式	GETPOS　[变量]		
功　能	将当前的机器人位置数据储存到位置变量中	变　量	储存位置数据的变量（示教点型变量、3D 型变量或机器人型变量）
条　件	无		
锁定条件	无		
语法检查	无		
举　例	将机器人位置数据储存到变量 P1 中。 GETPOS　P1		

10. INC

格　式	INC　[变量]		
功　能	将变量值递增 1	变　量	此变量的值将递增 1
条　件	标准		
锁定条件	无		
语法检查	无		
举　例	将变量 LR001 的值递增 1。 INC LR001		

11. MOD

格　式	MOD　[变量 1]，[变量 2]		
功　能	进行除法运算后将余数赋给变量 1		
条　件	标准	变 量 1	被除数，同时将余数赋给此变量
锁定条件	无	变 量 2	除数，数值或变量（与变量 1 类型相同）
语法检查	无		
举　例	计算 LR002 除以 LR003 并将余数赋给 LR002。 MOD　LR002，LR003		

12. MUL

格　式	MUL　[变量 1]，[变量 2]		
功　能	将两变量的值相乘		
条　件	标准	变 量 1	此变量值参与操作，同时将计算结果储存到此变量中
锁定条件	无		
语法检查	如果变量 1 或变量 2 有任何一个是示教点型变量或 3D 型变量，则出错	变 量 2	数值或变量
举　例	将变量 LR001 乘以 2。 MUL　LR001，2		

13. SET

格　式	SET　[变量 1]=[变量 2]		
功　能	将数值或变量赋给另外的变量		
条　件	标准	变 量 1	目标变量（GB，LB，GI，LI，GL、LL、GR、LR、GD）
锁定条件	无	变 量 2	设置的数值或变量
语法检查	无		
举　例	将 10 赋给变量 LR001。 SET　LR001=10		

14. SETEL

格　式	SETEL　[变量 1]=[变量 2]		
功　能	为变量的某一元素赋值	变 量 1	目标变量元素（GD，GA，GP） X：X 轴上的点 Y：Y 轴上的点 Z：Z 轴上的点 G1 到 G12：外部轴 1 到 12 上的点（仅适用于示教点型变量）
条　件	无		
锁定条件	无		
语法检查	如果变量不是示教点型变量、3D 型变量或机器人型变量，则出错	变 量 2	被赋值的变量或数值
举　例	将 100 赋给 GP001。 SETEL　GP，X　GP001 = 100		

15．SIN

格　式	SIN　[变量 1][变量 2]		
功　能 条　件 锁定条件 语法检查	计算变量 2 的正弦值并将结果赋给变量 1 标准 无 无	变 量 1 变 量 2	运算结果将赋给此变量 运算数值（单位：度）
举　例	计算 sin45°将结果赋给 LR001。 SIN　LR001　45		

16．SQRT

格　式	SQRT　[变量 1][变量 2]		
功　能 条　件 锁定条件 语法检查	对变量 1 进行开方运算，并将结果储存到变量 1 中 标准 无 无	变 量 1 变 量 2	此变量数值参与操作，运算结果储存到此变量（GR，LR）中 运算数值
举　例	计算 LR001 的 2 次方。 SQRT　LR001　2		

17．SUB

格　式	SUB　[变量 1]，[变量 2]		
功　能 条　件 锁定条件 语法检查	减法运算 标准 无 如果两个变量的数值不匹配，则出错。如果变量为示教点型变量、3D 型变量或机器人型变量的组合，则只进行 XYZ 部分的减法运算	变 量 1 变 量 2 注　意	此变量数值参与操作，并将运算结果储存到此变量（GB，LB，GI，LI，GL，LL，GR，LR，GD）中 数值或变量 如果变量 2 也是变量，则变量类型应该与变量 1 相同
举　例	从 LR001 中减去 10。 SUB　LR001，10		

A.6　逻辑运算指令

1．AND

格　式	AND　[变量 1]，[变量 2]		
功　能 条　件 锁定条件 语法检查	进行逻辑“与”运算 标准 无 如果设置的不是位变量，则将出错	变 量 1 变 量 2	此变量数值参与操作，并将运算结果储存到此变量（GB，LB）中 比较变量，此变量应该是位变量（GB，LB）
		注意：分别进行每一位的逻辑“与”运算	
举　例	将 LB001 和 LB002 的逻辑“与”运算结果储存到 LB001 中。 AND　LB001，LB002		

A	B	A　AND　B
0	0	0
0	1	0
1	0	0
1	1	1

2. NOT

<table>
<tr><td>格　式</td><td colspan="3">NOT　[变量 1]，[变量 2]</td></tr>
<tr><td rowspan="6">功　能
条　件
锁定条件
语法检查</td><td rowspan="6">进行逻辑“非”运算
标准
无
如果设置的不是位变量，则将出错</td><td>变 量 1</td><td>此变量值参与操作，并将运算结果储存到此变量（GB，LB）中</td></tr>
<tr><td>变 量 2</td><td>比较变量，此变量应该是位变量（GB，LB）</td></tr>
<tr><td colspan="2">注意：分别进行每一位的逻辑“非”运算
（NOT　0）=11111111= 255</td></tr>
<tr><td>A</td><td>NOT　A</td></tr>
<tr><td>0</td><td>1</td></tr>
<tr><td>1</td><td>0</td></tr>
<tr><td>举　例</td><td colspan="3">将 LB002 的逻辑“非”运算结果储存到 LB001 中。
NOT　LB001，LB002</td></tr>
</table>

3. OR

<table>
<tr><td>格　式</td><td colspan="4">OR　[变量 1]，[变量 2]</td></tr>
<tr><td rowspan="8">功　能
条　件
锁定条件
语法检查</td><td rowspan="8">进行逻辑“或”运算
标准
无
如果设定的不是位变量，则将出错</td><td>变 量 1</td><td colspan="2">此变量值参与操作，并将运算结果储存到此变量（GB，LB）中</td></tr>
<tr><td>变 量 2</td><td colspan="2">比较变量，此变量应该是位变量（GB，LB）</td></tr>
<tr><td colspan="3">注意：分别进行每一位的逻辑“或”运算</td></tr>
<tr><td>A</td><td>B</td><td>A　OR　B</td></tr>
<tr><td>0</td><td>0</td><td>0</td></tr>
<tr><td>0</td><td>1</td><td>1</td></tr>
<tr><td>1</td><td>0</td><td>1</td></tr>
<tr><td>1</td><td>1</td><td>1</td></tr>
<tr><td>举　例</td><td colspan="4">将 LB001 和 LB002 的逻辑“或”运算结果储存到 LB001 中。
OR　LB001，LB002</td></tr>
</table>

4. SWAP

<table>
<tr><td>格　式</td><td colspan="3">SWAP　[变量 1]，[变量 2]</td></tr>
<tr><td rowspan="2">功　能
条　件
锁定条件
语法检查</td><td rowspan="2">交换两个变量的值
标准
无
如果设置的不是位变量，则将出错</td><td>变 量 1</td><td>此变量数值参与操作，并将运算结果储存到此变量（GB，LB）中</td></tr>
<tr><td>变 量 2</td><td>比较变量，此变量应该是位变量（GB，LB）</td></tr>
<tr><td>举　例</td><td colspan="3">交换 LB001 和 LB002 的值。
SWAP　LB001，LB002</td></tr>
</table>

5. XOR

<table>
<tr><td>格　式</td><td colspan="4">XOR　[变量 1]，[变量 2]</td></tr>
<tr><td rowspan="8">功　能
条　件
锁定条件
语法检查</td><td rowspan="8">进行逻辑“异或”运算
标准
无
如果设置的不是位变量，则将出错</td><td>变 量 1</td><td colspan="2">此变量数值参与操作，并将运算结果储存到变量（GB，LB）中</td></tr>
<tr><td>变 量 2</td><td colspan="2">比较变量。变量应该是位变量（GB，LB）</td></tr>
<tr><td colspan="3">注意：分别进行每一位的逻辑“异或”运算</td></tr>
<tr><td>A</td><td>B</td><td>A XOR B</td></tr>
<tr><td>0</td><td>0</td><td>0</td></tr>
<tr><td>0</td><td>1</td><td>1</td></tr>
<tr><td>1</td><td>0</td><td>1</td></tr>
<tr><td>1</td><td>1</td><td>0</td></tr>
<tr><td>举　例</td><td colspan="4">将 LB001 和 LB002 的逻辑“异或”运算结果储存到 LB001 中。
XOR　LB001，LB002</td></tr>
</table>

A.7 运动辅助指令

1．SMOOTH

<table>
<tr><td>格　式</td><td colspan="3">SMOOTH=[参数]</td></tr>
<tr><td>功　能
条　件
锁定条件
语法检查</td><td>设置平滑等级
标准
无
无</td><td>变 量 1

注　意</td><td>平滑等级参数[设置范围：0~10]；等级越高，获得的平滑尺寸越大
此指令仅在自动运行状态下有效，跟踪操作时无效</td></tr>
<tr><td>举　例</td><td colspan="3">设置平滑等级为 3。
SMOOTH=3</td></tr>
</table>

2．TOOL

<table>
<tr><td>格　式</td><td colspan="3">TOOL　[工具编号]</td></tr>
<tr><td>功　能
条　件
锁定条件
语法检查</td><td>切换工具
标准
无
无</td><td>工具编号</td><td>使用的工具编号和工具名</td></tr>
<tr><td>举　例</td><td colspan="3">将工具切换为[1：STD]。
TOOL　1：STD</td></tr>
</table>

A.8 平移指令

1．SHIFT-OFF

<table>
<tr><td>格　式</td><td>SHIFT-OFF</td></tr>
<tr><td>功　能
条　件
锁定条件
语法检查</td><td>结束坐标系平移
标准
无
无</td></tr>
<tr><td>举　例</td><td>结束坐标系平移。
SHIFT-OFF</td></tr>
</table>

2．SHIFT-ON

<table>
<tr><td>格　式</td><td colspan="3">SHIFT-ON　[坐标系]=[变量]</td></tr>
<tr><td>功　能
条　件
锁定条件
语法检查</td><td>开始坐标系平移
标准
无
无</td><td>坐 标 系
变　　量</td><td>将要平移的坐标系
平移量</td></tr>
<tr><td>举　例</td><td colspan="3">在机器人坐标系中将坐标系平移 LD001。
SHIFT-ON　ROBOT=LD001</td></tr>
</table>

A.9 传感器指令

1．SNSSFTLD

格　式	SNSSFTLD　[变量]

续表

功　能 条　件 锁定条件 语法检查	设置传感平移量 标准 无 如果变量类型不匹配，则出错	变　量	平移量（3D型变量）
举　例	设置LD001作为传感平移量。 SNSSFTLD　LD001		

2．SNSSFT-OFF

格　式	SNSSFT-OFF
功　能 条　件 锁定条件 语法检查	结束传感平移 标准 无 无
举　例	结束传感平移。 SNSSFT-OFF

3．SNSSFT-ON

格　式	SNSSFT-ON
功　能 条　件 锁定条件 语法检查	开始传感平移 标准 无 无
举　例	开始传感平移。 SNSSFT-ON

4．SNSSFTRST

格　式	SNSSFTRST
功　能 条　件 锁定条件 语法检查	清除传感平移量 标准 无 无
举　例	清除传感平移量。 SNSSFTRST

5．SNSSFTSV

格　式	SNSSFTSV　[变量]		
功　能 条　件 锁定条件 语法检查	将当前传感平移量赋给变量1 标准 无 如果变量类型不匹配，则出错	变　量	平移量（3D型变量）
举　例	将传感平移量储存到LD001中。 SNSSFTSV　LD001		

6．TCHSNS

格　式	TCHSNS　SPD=[速度]		
功　能 条　件 锁定条件 语法检查	开始接触传感 标准 无 无	速　度 注　意	以0.1～1.0m/min的速度进行传感 接触传感结果（平移量）将存储在传感平移量中

续表

举　例	以 0.5m/min 速度开始传感。 TCHSNS　SPD=0.5

A.10　外部轴指令

1．RSTREV

格　式	RSTREV　[外部轴]		
功　能 条　件 锁定条件 语法检查	调整旋转角。其值应在−180°～+180°范围内 连接有旋转类型的外部轴 无 无	外部轴 注　意	外部轴的名称（旋转类型） 如果所设外部轴不是旋转类型的，则所设指令将被忽略
举　例	重新设置 G1 轴的多旋转。 RSTREV　G1		

2．VELREF

格　式	VELREF　[速度参照]		
功　能 条　件 锁定条件 语法检查	依据设置的机械组计算速度 标准 无 无	速度参照	所参照的机械组名称
举　例	从这个指令往后，基于机器人计算速度。 VELREF　ROBOT		

附录 A 单元测试题

一、判断题（下列判断题中，正确的请打“√”，错误的请打“×”）

1．指令 COLL 是调用程序的指令。　（　）

2．指令 WITE 是延时的指令。　（　）

3．指令 label 是标签指令。　（　）

4．指令 DELAY 是延时指令。　（　）

5．指令 IN 是输入指令。　（　）

6．指令 OUT 是输出指令。　（　）

7．指令 TOOL 是工具指令。　（　）

8．指令 JUMP 是跳转指令。　（　）

9．指令 AMP 是电流指令。　（　）

10．指令 CRATER 是弧坑焊接条件设定指令。　（　）

11．指令 BBKTIME 是回烧时间微调指令。　（　）

二、多项选择题（下列每题的选项中，至少有2个是正确的，请将其代号填在横线空白处）

下列属于机器人次序指令的是________。

A．输入/输出　　B．流程　　C．焊接

D．工作温度　　E．逻辑操作　　F．工艺等级

三、问答题

1．机器人指令有哪几类？

2．移动指令有哪些？

3．焊接指令有哪些？

4．CALL指令属于哪种指令？有什么作用？

附录B 错误和警报代码

B.1 警报代码

警报代码如附表 B-1 所示。

附表 B-1 警报代码

警报代码	信 息	发生原因	处理方法
A4000	温度异常	检测出温度异常上升，如果继续使用可能会造成内部机器损坏	切断电源，等温度下降后，再闭合电源
A4010	焊接接触：预约紧急停止	电路短路。安全卡可能被损坏	请检查与警报信息说明的端子相连接的回路，必要时更换安全卡
	焊接接触：TP 紧急停止		
	焊接接触：门停止		
	焊接接触：hand 紧急停止		
	焊接接触：过载		
	焊接接触：外部紧急停止		
	焊接接触：软件紧急停止		
	焊接接触：安全继电器停止		
	焊接接触：协调紧急停止 1		
	焊接接触：协调紧急停止 2		
	焊接接触：TP 自动停止开关反馈		
	焊接接触：模式选择开关		
A4020	过载解除输入检测	在过载解除输入中发生矛盾	切断电源，检查过载解除开关
A4030	安全回路 24V 电源异常	在安全回路供给电压中检测异常	切断电源，检查安全卡熔丝
A4040	次序 PWR 24V 电源异常	在次序回路的供给电压中检测异常	切断电源，检查电源控制基板的熔丝和电源供给的接线
A5000	系统警告	系统中发生错误	先切断电源，然后闭合电源
A5010	系统数据错误	发现系统数据的内容错误	先切断电源，然后闭合电源
A6000	伺服关闭	控制装置异常或噪声混入	先切断电源，然后闭合电源
A6010	伺服通信异常	控制装置异常，伺服基板异常或噪声混入	先切断电源，然后闭合电源
A6020	次序通信异常	次序回路异常	先切断电源，然后闭合电源
A6030	T.P.通信异常	控制装置、示教器异常或噪声混入	先切断电源，然后闭合电源

续表

警报代码	信　　息	发生原因	处理方法
A6040	主 CPU 异常	控制装置异常或噪声混入	先切断电源，然后闭合电源
A6050	伺服 CPU 异常		
A6060	输入/输出 CPU 异常	控制装置异常	先切断电源，然后闭合电源
A6110	外 1 伺服通信异常	控制装置异常或噪声混入	先切断电源，然后闭合电源
A6110	外 2 伺服通信异常	控制装置异常或噪声混入	先切断电源，然后闭合电源
A7010	放大器准备错误	伺服放大器准备错误	先切断电源，然后闭合电源
A7020	IPM 异常	控制装置异常或噪声混入	先切断电源，然后闭合电源
	放大电压过低		
	伺服电源异常		
A7030	电动机速度过快	检测速度超限	先切断电源，然后闭合电源
	电流检测异常	检测电流超限	
	位置偏差过大	真实的机器人位置超过控制器描述的允许范围	
	安装程序偏差过大	安装程序时检出偏差过大	
	伺服控制异常	在分配数据处理中检测异常	
	偏差异常	发生偏差异常	
A7040	伺服记忆异常	伺服回路发生异常	先切断电源，然后闭合电源
	伺服 CPU 定时器异常		
	伺服 CPU 通信异常		
	伺服接收数据异常		
A7050	伺服未定义代码异常	伺服回路与主线间发生异常	先切断电源，然后闭合电源
	伺服未定义代码超出		
A7110	Ext.1 放大器准备异常	伺服放大器准备异常	先切断电源，然后闭合电源
A7120	Ext.1 IPM 异常	控制装置异常或噪声混入	先切断电源，然后闭合电源
	Ext.1 放大电压过低		
	Ext.1 伺服电源异常		
A7130	Ext.1 电动机速度过快	检测速度过快	先切断电源，然后闭合电源
	Ext.1 电流检测异常	检测电流过大	
	Ext.1 位置偏差过大	真实的机器人位置超过控制器描述的允许范围	
	Ext.1 安装程序偏差过大	安装程序时检出偏差过大	
	Ext.1 伺服控制异常	在分配数据处理中检测异常	
	Ext.1 偏差异常	偏差异常	
A7140	Ext.1 伺服记忆异常	伺服回路发生异常	先切断电源，然后闭合电源
	Ext.1 伺服 CPU 定时器异常		
	Ext.1 伺服 CPU 通信异常		
	伺服接收数据异常		
A7150	Ext.1 伺服未定义代码	伺服回路与主线间发生异常	先切断电源，然后闭合电源
	Ext.1 伺服未定义代码超出		

续表

警报代码	信　息	发生原因	处理方法
A7210	Ext.1 放大器准备异常	伺服放大器准备异常	先切断电源，然后闭合电源
A7220	Ext.2 IPM 异常	控制装置异常或噪声混入	先切断电源，然后闭合电源
	Ext.2 放大器电压过低		
	Ext.2 伺服电源异常		
A7230	Ext.2 电机速度过快	速度超过设定值	先切断电源，然后闭合电源
	Ext.2 电流检测异常	电流超过设定值	
	Ext.2 位置偏差过大	真实的机器人位置超过控制器描述的允许范围	
	Ext.2 安装程序偏差过大	安装程序时检出偏差过大	
	Ext.2 伺服控制异常	在分配数据处理中检测异常	
	Ext.2 偏差异常	发生偏差异常	
A7240	Ext.2 伺服记忆异常	伺服回路错误或在伺服回路与主线间发生异常	先切断电源，然后闭合电源
	Ext.2 伺服 CPU 定时器异常		
	Ext.2 伺服 CPU 连接异常		
	伺服接收数据异常		
	Ext.2 伺服未定义代码错误		
	Ext.2 伺服未定义代码超出		
A7250	Ext.2 伺服未定义代码错误	伺服放大准备错误	先切断电源，然后闭合电源
	Ext.2 伺服未定义代码超出		
A8000	编码器电池错误	编码器数据支持用电池的电压过低	更换电池
	编码器速度异常	编码器速度超过规定值	先切断电源，然后闭合电源
	编码器计数器过满	编码器计数器超过规定值	
A8010	编码器数据错误	编码器数据错误	先切断电源，然后闭合电源
A8020	绝对编码器异常	绝对编码器数据异常	先切断电源，然后闭合电源，如果时常发生，则向售后服务部门咨询
A8030	编码器电缆异常	检测编码器电缆断线	向售后服务部门咨询
A8040	绝对数据异常	位置计数器和绝对编码器之差超过允许范围	先切断电源，然后闭合电源，如果时常发生，则向售后服务部门咨询
A8050	不对称错误	gantry 轴和对轴的编码器脉冲差异超过允许范围	先切断电源，然后闭合电源，如果时常发生，则向售后服务部门咨询
A8110	Ext.1 编码器数据错误	编码器数据错误	先切断电源，然后闭合电源
A8120	Ext.1 绝对编码器错误	不能读取绝对编码器数据	先切断电源，然后闭合电源，如果时常发生，则向售后服务部门咨询
A8130	Ext.1 编码器电缆错误	检测编码器电缆断线	向售后服务部门咨询
A8140	Ext.1 绝对数据异常	位置计数器和绝对数据之差超过允许范围	先切断电源，然后闭合电源，如果时常发生，则向售后服务部门咨询
A8210	Ext.2 编码器数据异常	检测编码器数据异常	先切断电源，然后闭合电源
A8220	Ext.2 绝对编码器异常	不能读取绝对编码器数据	先切断电源，然后闭合电源，如果时常发生，则向售后服务部门咨询
A8230	Ext.2 编码器电缆错误	检测编码器电缆断线	向售后服务部门咨询

续表

警报代码	信　　息	发生原因	处理方法
A8240	Ext.2 绝对数据异常	位置计数器和绝对数据的差超过允许范围	先切断电源，然后闭合电源，如果时常发生，则向售后服务部门咨询
A9020	传感器通信异常	在传感器一侧检测接收指令异常，中断异常	先切断电源，然后闭合电源，如果时常发生，则向售后服务部门咨询
A9030	传感器停电	检测传感器停电	先切断电源，排除故障，然后闭合电源
A9040	传感器 CPU 异常	传感器 CPU 发生异常	先切断电源，排除故障，然后闭合电源
A9050	传感器记忆异常	传感器记忆的内容发生异常	先切断电源，排除故障，然后闭合电源
A9060	电弧传感器：输入参数	工具编号，电流检测器或 RPM 超出设定范围	先切断电源，排除故障，然后闭合电源
A9070	电弧传感器：主要通信	当前位置要求超时	先切断电源，排除故障，然后闭合电源

B.2　编码错误代码

编码错误代码如附表 B-2 所示。

附表 B-2　编码错误代码

编码错误代码	信　　息	可能原因	处理方法
E1010	不能启动	没有选定启动程序或伺服电源没有闭合	确定是否选择启动程序，是否闭合伺服电源
E1020	摆动参数错误	摆动类型、速度、频率、时间等参数错误	改正摆动参数
E1030	坐标变换（运行）（手动）	插补动作不能进行	确认程序内容
E1040	移动数据超出（运行）（手动）		
E1050	示教姿势与实际姿势不一致	示教姿势与实际姿势不相符	改变示教姿势
E1060	手腕 180° 以上的动作	插补形态中指定了不能登录的手腕插补方式（CL 号）登录示教点	指定正确的手腕插补方式
E1070	试运行不存在或不能运行的程序	在 CALL 指令中指定的程序不存在	检查并改正程序
E1080	标签不存在，请进行标签确认	跳转地址标签，在程序内不存在	检查并改正程序
E1090	没有全局位置变量	指定的全局变量不存在	检查并改正程序
E1100	不能调用	调用指令数超过最大值（8）	检查并改正程序
E1120	没有局部变量	指定的局部变量不存在	检查并改正程序
E1130	脉冲指令执行数过大	同时执行 17 个以上的脉冲指令	变更至同时执行 16 个及以下的脉冲指令
E1140	程序运行数过大	超过运行程序数的最大值	检查并改正程序
E1150	演算指令执行错误	发生不可能执行的错误（如除数为零、负平方根等）	检查并改正程序

续表

编码错误代码	信　　息	可能原因	处理方法
E1160	未定义指令错误	试图执行不支持的指令	检查并改正程序
E1170	指令参数错误	指令参数不在允许范围	检查并改正程序
E1180	软限位错误	关节轴达到软限位	修改关节轴的软限位
E1190	RT 监视运行	试图在 RT 监视输入打开时侵入监视领域	如果 RT 监视输入关闭，则可重新启动
E1200	分程序监视运行	试图在分程序监视输入打开时侵入监视领域	如果分程序监视输入关闭，则可重新启动
E1210	重复不可得	在再启动时重复将会带机器人到前面的示教点	在再启动之前的跟踪操作中，将机器人移回到前面的示教点
E1220	重复失败	机器人在重复操作中，移到前面的示教点	先切断电源，然后重新闭合电源
E1900	（指定信息）	运行 HOLD 指令	—
E2010	不可读取	运行接触传感器动作指令时已经打开输入信号	先向后跟踪，然后启动
E2020	读取输入无效	在读取距离内没有对象	先向前或向后跟踪，然后启动
E2030	平移演算错误	演算错误	变更示教位置示教速度，确认摆动场合和条件
E2120	电弧传感器：焊机	焊机的相关设置不适当	改正焊机的相关设置
		旋转电弧传感器：电机不良、PC（控制单元电路）不良、接口接触不良	先切断机器人电源和旋转电弧传感器控制单元的电源，然后重新闭合电源
E2130	电弧传感器：焊丝	焊丝的相关设定不适当	改正焊丝设置
		旋转电弧传感器：计数器数据错误	先切断电源，然后重新闭合电源
E2140	电弧传感器：焊接电流	焊接电流设定在 100～400A 范围外	确认焊接电流设定值
E2150	电弧传感器：焊接速度	焊接速度设定在 0.1～1.2m/min 范围外	确认焊接速度设定值
E2160	电弧传感器：摆动频率	摆动频率设定在 1～5Hz 范围外	确认摆动频率设定值
		旋转电弧传感器：旋转速度超过 4500r/min	先切断旋转单元的电源，然后重新闭合电源
E2170	电弧传感器：摆动振幅	摆动振幅在 2～6mm 范围外	修改示教摆动振幅点
E2180	电弧传感器：摆动类型	设定系统支持以外的类型	确认摆动类型号码
E2190	电弧传感器：电流检测	焊前开关打开 3s 以上电流检测信号没有输入	检查电流检测信号未输入原因及电弧没有发生的原因
E2200	电弧传感器：缓冲超出	示教位置和实际工作的偏移过大	改变示教位置（s）
E2210	电弧传感器：跟踪距离超出	跟踪和程序焊接路径间的距离超出范围	改变示教位置，改变跟踪范围设置
E2220	电弧传感器：数据通信	控制装置异常，噪声混入。电弧传感器的电源单元没有打开	先切断电源，然后重新闭合电源
E2230	电弧传感器：放大器错误	旋转控制器内的伺服驱动器的检测异常。旋转盖内的电动机温度异常	拆下旋转控制器的盖并确认伺服控制器的错误表示，调查发生原因

续表

编码错误代码	信　息	可能原因	处理方法
E2240	电弧传感器：演算错误	控制装置异常，由于噪声混入平移量的演算错误	先切断电源，然后重新闭合电源
E2260	电弧传感器：旋转速度	旋转机构的电动机旋转速度超出或不足	先切断电源，然后重新闭合电源
E2270	电弧传感器：数据通信	控制装置异常，噪声混入电弧传感器单元电源打开	先切断电源，然后重新闭合电源
E2280	电弧传感器：检测位相	在检测位相（前/后）设定中有不一致时发生	按更正键，确认检测位相（前/后）设置
E2290	电弧传感器：编码器位相	编码器位相在范围外	确认编码器位相（前/后）设置
E3020	多旋转转换停止错误	由于负荷惯性等的影响，多旋转转换指令执行时，外部轴并不完全停止	在 RSTREV 指令前追加 delay 指令，等待 1～2s
E4000	过载	过载发生时硬限位输入工作	用过载解除模式把过载轴返回到可动范围内
E4010	安全支架工作	由于相撞，安全支架起作用	解除干涉因素
E4020	24V 输入电源异常	检测次序输入/输出回路的 24V 输入异常	确认次序线路板上的熔丝。确认输入电源是否供给
E4030	示教模式输入打开	示教模式输入打开	把示教模式选择开关切换到 TEACH 侧
E4040	运行模式输入打开	运行模式输入打开	把示教模式选择开关切换到 AUTO 侧
E7000	超负荷（平均）	伺服电流值平均负荷率超过限定值	减小负荷或速度，变换机器人姿势或增加延迟指令
	超负荷（最大）	伺服电流值超过限定值	
E7010	电机超负荷错误	电机负荷超过限定值	改变机器人姿势，减小电机负荷
E7110	Ext.1 电机过负载错误	电机负荷超过限定值	改变机器人姿势，减小电机负荷
E7210	Ext.2 电机过负载错误	电机负荷超过限定值	改变机器人姿势，减小电机负荷
E7020	锁定检测	电机不能转动	检查机器人是否干扰
E7120	Ext.1 锁定检测		
E7220	Ext.2 锁定检测		
E7030	碰撞停止	发生碰撞或类似的干扰	先除去干扰，然后重新启动
E7130	Ext.1 碰撞暂停	发生碰撞或类似的干扰	先除去干扰，然后重新启动
E7230	Ext.2 碰撞暂停	发生碰撞或类似的干扰	先除去干扰，然后重新启动
E9000	系统数据错误	在系统数据中发现错误	先切断电源，然后重新闭合电源

补充：

发生 E1050 错误时的处理方法如附表 B-3 所示。

当机器人动作轨迹、工具前端的位置及工具姿势与示教姿态相同，但各轴的位置和示教值不同时，发生 E1050 错误。

附表 B-3　发生 E1050 错误时的处理方法

序号	发生原因	处理方法
1	在两个直线示教点之间，若示教时 RW 轴和 TW 轴转过的角度超过 180°，则在跟踪或自动运行时将会发生该错误	更改为 PTP 动作，修改示教位置，使 FA 轴和 BW 轴有一个角度（在相同的工具坐标位置上，只更改工具姿势）
2	当跟踪第一个示教点，或者手动操作移动手腕后再进行跟踪时，由于 RW 轴和 TW 轴的位置关系，有时也会发生该错误	
3	当 FA 轴和 BW 轴接近平行姿态（特异姿势）时，会发生该错误报警，如附图 B-1 所示。 附图 B-1　手腕部位特异姿态 注： “特异姿态”是指 BW 轴接近 0°，TW 轴与 RW 轴接近平行姿态	在紧接着特异点的后面，通过登录手腕插补方式 3（CL=3）示教点，可以避免发生该错误。另外，当在特异点附近登录直线或圆弧插补示教点时，将自动登录手腕插补方式 3（CL=3）

【举例】如附图 B-2 所示，当机器人从 A 点到 B 点采用直线插补方式移动，在 C 点形成特异姿态，发生错误时，处理方法如下。

① 向后往 A 点稍稍跟踪一些（D 点的位置）。

② 手腕插补方式设为 0，追加登录示教点。

③ 使用关节坐标系，经过特异姿态后，移动到 E 点。

④ 手腕插补方式改为 3，追加登录示教点。

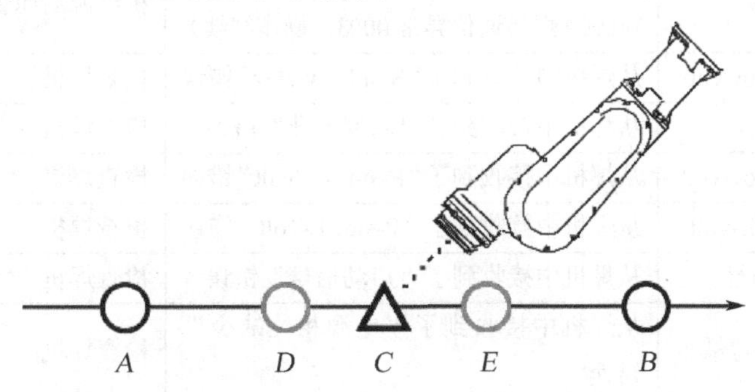

附图 B-2　增加示教点关节计算

注意：

由于采用手腕插补方式 3 的插补动作不能够保持工具姿态不变，因此要尽量缩短 CL=3 编辑的插补区间，且采用低速跟踪充分确认动作。

当采用手腕插补方式 3 编辑的示教点间移动距离短，而工具姿态变化比较大时，为保证安全，机器人的动作速度将变慢，此时，将直线示教点更改为 PTP，且用百分数（%）指定速度。

B.3 焊接错误代码

焊接错误代码以“W”开头，是指数字通信型焊机接收数据或向数字通信型焊机发送数据时发生的错误。焊接错误代码如附表B-4所示。

附表B-4 焊接错误代码

焊接错误代码	信　息	发生原因	处理方法
W0000	焊接异常：P-side ov/curr	从焊机中接收到了“P-side ov/curr”错误	检查焊机
W0010	焊接异常：无电流检测	从焊机中接收到了“无电流检测”信号	检查没有焊接电流的原因，在使用气压检测器时，确认是否气压过低
W0020	焊接异常：无电弧	从焊机中接收到了“无电弧”错误	检查焊接条件，确认送丝线路是否异常
W0030	焊接异常：粘丝	从焊机中接收到了“粘丝”错误	切断粘丝部分，改变示教点的位置到不易粘丝的位置，检查焊接电源
W0040	焊接异常：焊枪接触	从焊机中接收到了“焊枪接触”错误	排除故障
W0050	焊接异常：无焊丝/气体	从焊机中接收到了“无焊丝/气体”错误	排除故障
W0060	焊接异常：导电嘴融合	从焊机中接收到了“导电嘴融合”错误	更换导电嘴
W0070	焊接异常：焊嘴接触	从焊机中接收到了“焊嘴接触”错误	检查焊枪焊嘴周围，排除故障
W0080	没有一元化特性	由于没有一元化特性工作台，不能进行焊接条件指令的修正（闭合电源时，发生W0900焊接通信异常0003，操作继续）	断开控制器电源开关，确认电缆，闭合焊机电源后闭合控制器电源开关
W0090	焊接异常：S-side ov/curr	从焊机中接收到了“S-side ov/curr”错误	检查焊机
W0100	焊接异常：温度上升	从焊机中接收到了“温度上升”错误	检查焊机
W0110	焊接异常：P-side ov/volt	从焊机中接收到了“P-side ov/volt”错误	检查焊机
W0120	焊接异常：P-side L-volt	从焊机中接收到了“P-side L-volt”错误	检查焊机
W0130	焊接异常：启动信号	从焊机中接收到了“启动信号”错误	检查焊机
W0140	焊接异常：电源相位缺少	从焊机中接收到了“电源相位缺少”错误	检查焊机
W0150	再试超出（断弧）	从焊机中接收到了“再试超出（断弧）”错误	检查原因并改善后再启动
W0160	冷却水回路异常	从焊机中接收到了“冷却水回路异常”错误	检查焊机
W0170	焊接错误：冷却水回路	从焊机中接收到了“冷却水回路”错误	检查焊机
W0180	焊接异常：气体减压	从焊机中接收到了“气体减压”错误	检查气体压力
W0190	焊接异常：温度上升	从焊机中接收到了“温度上升”错误	检查焊机
W0200	焊接异常：送丝电机	从焊机中接收到了“送丝电机”错误	检查焊机
W0210	焊接异常：外部输入1	从焊机中接收到了“外部输入1”错误	检查焊机
W0220	焊接异常：外部输入2	从焊机中接收到了“外部输入2”错误	检查焊机
W0230	焊接异常：紧急停止	从焊机中接收到了“紧急停止”错误	检查焊机

续表

焊接错误代码	信　　息	发生原因	处理方法
W0240	焊接异常：CPU 异常	从焊机中接收到了“CPU 异常”错误	检查焊机
W0250	焊接异常：记忆异常	从焊机中接收到了“记忆异常”错误	检查焊机
W0260	焊接异常：送丝调节器	从焊机中接收到了“送丝调节器”错误	检查焊机
W0270	焊接异常：送丝编码器	从焊机中接收到了“送丝编码器”错误	检查焊机
W0280	焊接异常：CT 补偿	从焊机中接收到了“CT 补偿”错误	检查焊机
W0290	焊接异常：VT 补偿	从焊机中接收到了“VT 补偿”错误	检查焊机
W0300	焊接异常：启动输入信号	从焊机中接收到了“启动输入信号”错误	检查焊机
W0310	焊接异常：启动时输出电压异常	从焊机中接收到了“启动时输出电压异常”错误	检查焊机
W0320	焊接异常：请更换导电嘴	满足导电嘴变化情况之一	更换新的导电嘴，并重设导电嘴变化对话框中的值（先在“查看”菜单点击“电弧焊信息”图标，再进入更换导电嘴显示对话框）
W0900	焊机通信错误 0001	发生同焊机通信中的错误	按更正键，去除错误信息，当在运行模式中发生时，一旦运行模式结束，选择再次运行模式
	焊机通信错误 0002	在同焊机通信中焊机电源切断或电缆断线	
	焊机通信错误 0003	焊机电源没通电或电缆断线	断开控制器电源开关。确认导线故障后，闭合焊机电源，闭合控制器电源
	焊机通信错误 0004	在接收一元化特性数据的检测中发生异常	重新设置焊机特性
	焊机通信错误 0005	在同焊机通信中焊机电源切断或电缆断线	检查焊机
W0910	未对应焊机检测	没有与对应的焊机相连接	机器人软件版本的升级，咨询售后服务部门
W0920	焊机电源断开	焊机电源被切断	检查被切断电源的焊机

B.4　机器人关节轴负荷过载警报

在机器人关节轴要素（轴承和减速机）运行中，机器人会监视各轴的电机电流，当检测到电流过大时，将停止机器人运行，同时出现机器人关节轴负荷过载警报，如附表 2-5 所示。

附表 2-5　机器人关节轴负荷过载警报代码

代码	信息
E7000	超过平均功率
	超过额定功率
E7010	电机过负荷错误
E7110	Ext.1 电机过负荷错误
E7210	Ext.2 电机过负荷错误

如果设置最高负荷率为 150%（超过最高功率），则当平均负荷率在 125%（超过平均功率）时，会出现机器人关节轴负荷过载警报。

注意：

机器人关节轴负荷过载报警功能是基于测量电机电流的。由于电机或伺服驱动的个体差异及摩擦温度特性，所以会有 10%左右的误差。

该功能只用于警告：机器人的负荷过大可能会缩短机器人部件的寿命。该功能不能保证负载持续率，相关内容请按设备规定的要求使用。

B.5　编码器电池电量不足警报

机器人可以使用锂电池记忆编码器数据，即记忆机器人各轴的位置。当锂电池电量不足时，电源闭合后会出现附图 B-3 所示的提示信息。由于焊接机器人有 6 个轴，所以须一次更换 6 组锂电池，更换锂电池后必须对各轴的原点重新进行调整。

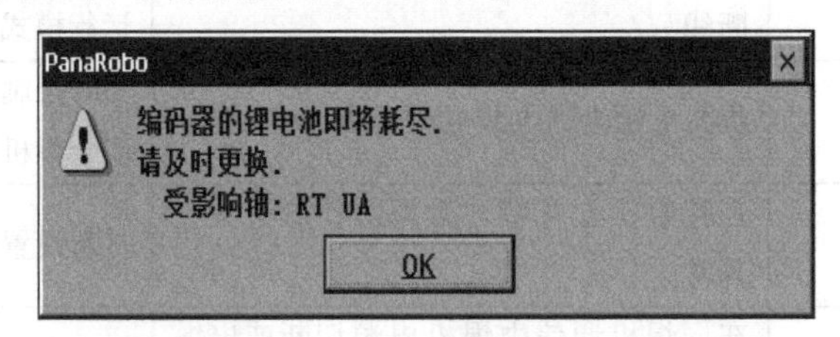

附图 B-3　锂电池电量不足警报

注意：

由于锂电池的特性，当它的电量被耗尽时，可能发生电压的快速下降。如果发生，则机器人不可能维持它所需的电压，下次打开电源时显示附图 B-3 所示的提示信息。为了避免数据丢失，应定期更换锂电池。

在标准操作下（每天 10h），锂电池的使用寿命一般是 2 ~ 3 年。

B.6　停电处理

如果发生 0.01s 之内的瞬间停电，则系统无异常，可继续操作。

如果发生 0.01s 以上的停电，则正在示教中，再通电时程序只能恢复定时保存时间内的数据（定时保存时间可以设置），机器人伺服电源为切断状态，通电后操作机器人，需要再次闭合伺服电源。

附录 B 单元测试题

一、判断题（下列判断题中，正确的请打“√”，错误的请打“×”）

1．警报代码 A8020 信息是绝对编码器异常，处理方法是先切断电源，再闭合电源。（ ）

2．焊接错误代码 W0020 的信息是“焊接异常：粘丝”，处理方法是切断电源。（ ）

二、多项选择题（下列每题的选项中，至少有 2 个是正确的，请将其代号填在横线空白处）

当 FA 轴和 BW 轴接近于平行姿态（特异姿势）时，会发生该错误报警，正确的处理方法有__________。

A．更改为 PTP 动作，修改示教位置，使 FA 轴和 BW 轴之间有一个角度

B．将直线示教点更改为 PTP，且用百分数（%）指定速度

C．在特异点附近登录直线或圆弧插补示教点时，将自动登录手腕插补形式 3（CL=3）

D．要尽量缩短 CL=3 编辑的插补区间，且采用低速跟踪充分确认动作

E．采用较快的速度通过特异点

F．将直线示教点更改为 MOVEC，并采用低速跟踪充分确认动作

三、问答题

1．错误代码的类型有哪些？分别以什么英文字头表示？

2．什么是机器人的特异姿态？应如何解决？

3．E7010 代表什么含义？如何处理？

4．锂电池起什么作用？它的使用寿命有多长？

5．锂电池将要耗尽时，电源闭合后会出现什么提示？

参 考 文 献

[1] 中国焊接协会成套设备与专用机具分会，中国机械工程学会焊接学会机器人与自动化专业委员会．焊接机器人实用手册．北京：机械工业出版社．2014.

[2] 刘极峰．机器人技术基础．北京：高等教育出版社．2006.

[3] 叶晖，管小清．工业机器人实操及应用技巧．北京：机械工业出版社．2010.

[4] 日本机器人学会．机器人技术手册．宗光华，程君实，等译．北京：科学出版社．2007.

[5] 中国机械工程学会焊接学会．焊接手册．北京：机械工业出版社．2001.